GAODENG ZHIYE JIAOYU GONGCHENG ZAOJIA ZHUANYE GUIHUA JIAOCAI

高等职业教育
工程造价专业规划教材

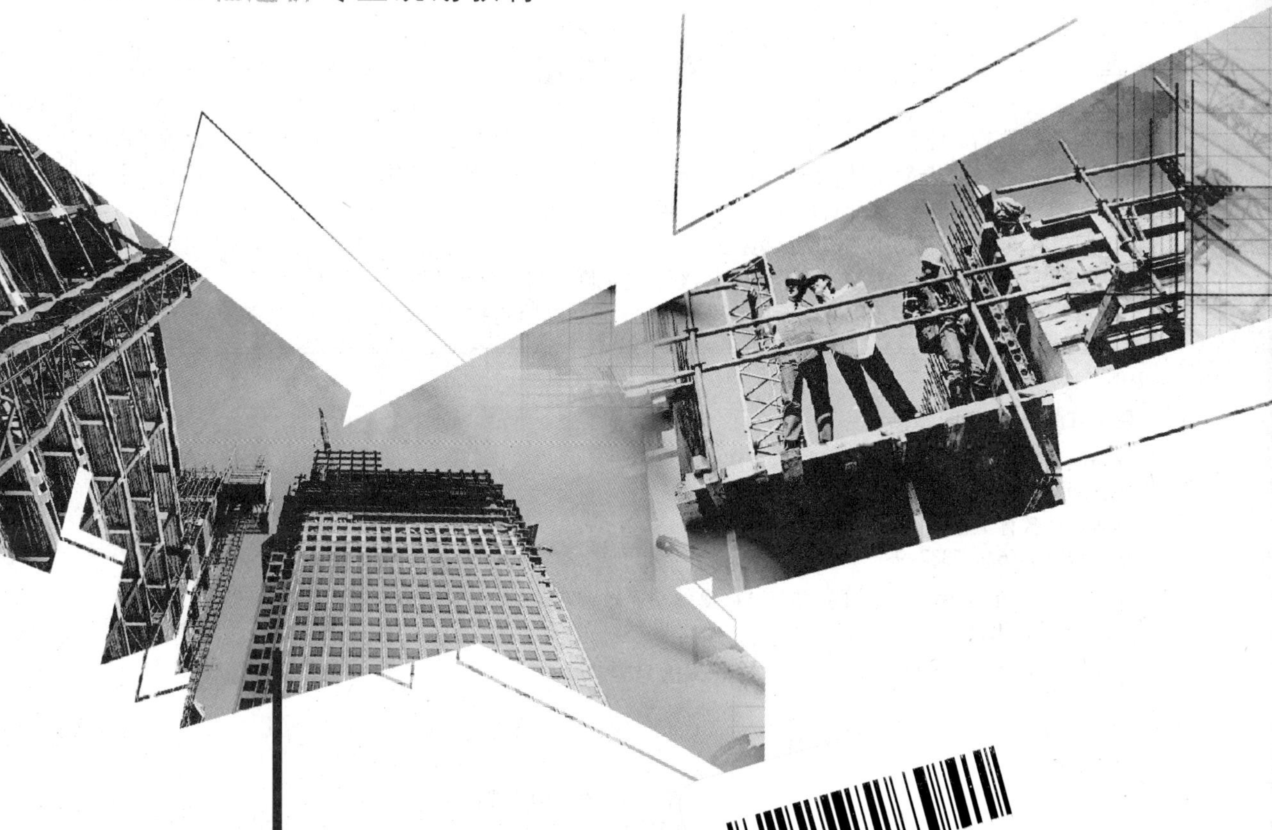

JIANZHU
JIEGOU JICHU

建筑结构基础

主　编　林伟民
副主编　李　红　姜有生
参　编　(以姓氏笔画为序)
张红霞　浮海梅　蔡丽朋
主　审　张　川

重庆大学出版社
http://www.cqup.com.cn

内容提要

本书是《高等职业教育工程造价专业规划教材》之一。本书结合我国近年来颁布的结构设计规范进行编写，主要内容包括：建筑结构的设计标准和设计方法，材料的力学性能，混凝土受弯、受压、受拉及受扭构件的承载力计算，变形和裂缝宽度验算，预应力混凝土构件的基本概念，多高层建筑结构设计，砌体结构与钢结构知识，地基与基础知识，建筑结构抗震基本知识，并结合《混凝土结构施工图平面整体表示方法制图规则和构造详图》(11G 101—1)，较系统地介绍了结构施工图平面整体表示方法。

本书为高等职业教育工程造价专业的教学用书，也可供相关土建类技术人员学习参考。

图书在版编目(CIP)数据

建筑结构基础/林伟民主编．—重庆：重庆大学出版社，2013.8(2016.6重印)

高等职业教育工程造价专业规划教材

ISBN 978-7-5624-7387-9

Ⅰ.①建… Ⅱ.①林… Ⅲ.①建筑结构—高等职业教育—教材 Ⅳ.①TU3

中国版本图书馆CIP数据核字(2013)第160418号

高等职业教育工程造价专业规划教材

建筑结构基础

主 编 林伟民

副主编 李 红 姜有生

主 审 张 川

责任编辑：刘颖果 王 伟 版式设计：范欣渝

责任校对：邬小梅 责任印制：赵 晟

*

重庆大学出版社出版发行

出版人：易树平

社址：重庆市沙坪坝区大学城西路21号

邮编：401331

电话：(023) 88617190 88617185(中小学)

传真：(023) 88617186 88617166

网址：http://www.cqup.com.cn

邮箱：fxk@cqup.com.cn(营销中心)

全国新华书店经销

自贡兴华印务有限公司印刷

*

开本：787mm×1092mm 1/16 印张：17.25 字数：431千

2013年8月第1版 2016年6月第2次印刷

印数：3 001—5 000

ISBN 978-7-5624-7387-9 定价：32.00元

编委会

特别鸣谢（排名不分先后）

天津理工大学经济管理学院
重庆市建设工程造价管理总站
重庆大学
重庆交通大学应用技术学院
重庆工程职业技术学院
平顶山工学院
江苏建筑职业技术学院
番禺职业技术学院
青海建筑职业技术学院
浙江万里学院
济南工程职业技术学院
湖北水利水电职业技术学院
洛阳理工学院
邢台职业技术学院
鲁东大学
成都大学
四川建筑职业技术学院
四川交通职业技术学院
湖南交通职业技术学院
青海交通职业技术学院
河北交通职业技术学院
江西交通职业技术学院
新疆交通职业技术学院
甘肃交通职业技术学院
山西交通职业技术学院
云南交通职业技术学院
重庆三峡学院
重庆市建筑材料协会
重庆市交通大学管理学院
重庆市建设工程造价管理协会
重庆泰莱建设工程造价咨询有限公司
重庆江津市建设委员会

《高等职业教育工程造价专业规划教材》于1992年由重庆大学出版社正式出版发行，并分别于2002年和2006年对该系列教材进行修订和扩充，教材品种数也从12种增加至36种。该系列教材自问世以来，受到全国各有关院校师生及工程技术人员的欢迎，产生了一定的社会反响。编委会就广大读者对该系列教材出版的支持、认可与厚爱，在此表示衷心的感谢。

随着我国社会经济的蓬勃发展，建筑业管理体制改革的不断深化，工程技术和管理模式的更新与进步，以及我国工程造价计价模式和高等职业教育人才培养模式的变化等，这些变革必然对该专业系列教材的体系构成和教学内容提出更高的要求。另外，近年来我国对建筑行业的一些规范和标准进行了修订，如《建设工程工程量清单计价规范》(GB 50500—2008)等。为适应我国“高等职业教育工程造价专业”人才培养的需要，并以系列教材建设促进其专业发展，重庆大学出版社通过全面的信息跟踪和调查研究，在广泛征求有关院校师生和同行专家意见的基础上，决定重新改版、扩充以及修订《高等职业教育工程造价专业规划教材》。

本系列教材的编写是根据国家教育部制定颁发的《高职高专教育专业人才培养目标及规格》和《工程造价专业教育标准和培养方案》，以社会对工程造价专业人员的知识、能力及素质需求为目标，以国家注册造价工程师考试的内容为依据，以最新颁布的国家和行业规范、标准、法规为标准而编写的。本系列教材针对高等职业教育的特点，基础理论的讲授以应用为目的，以必需、够用为度，突出技术应用能力的培养，反映国内外工程造价专业发展的最新动态，体现我国当前工程造价管理体制改革的精神和主要内容，完全能够满足培养德、智、体全面发展的，掌握本专业基础理论、基本知识和基本技能，获得造价工程师初步训练，具有良好综合素质和独立工作能力，会编制一般土建、安装、装饰、工程造价，初步具有进行工程造价管理和过程控制能力的高等技术应用型人才。

由于现代教育技术在教学中的应用和教学模式的不断变革，教材作为学生学习功能的唯一性正在淡化，而学习资料的多元性也正在加强。因此，为适应高等职业教育"弹性教学"的需要，满足各院校根据建筑企业需求，灵活调整及设置专业培养方向。我们采用了专业"共用课程模块+专业课程模块"的教材体系设置，给各院校提供了发挥个性和设置专业方向的空间。

本系列教材的体系结构如下：

共用课程模块	建筑安装模块	道路桥梁模块
建设工程法规	建筑工程材料	道路工程概论
工程造价信息管理	建筑结构基础	道路工程材料
工程成本与控制	建设工程监理	公路工程经济
工程成本会计学	建筑工程技术经济	公路工程监理概论
工程测量	建设工程项目管理	公路工程施工组织设计
工程造价专业英语	建筑识图与房屋构造	道路工程制图与识图
	建筑识图与房屋构造习题集	道路工程制图与识图习题集
	建筑工程施工工艺	公路工程施工与计量
	电气工程识图与施工工艺	桥隧施工工艺与计量
	管道工程识图与施工工艺	公路工程造价编制与案例
	建筑工程造价	公路工程招投标与合同管理
	安装工程造价	公路工程造价管理
	安装工程造价编制指导	公路工程施工放样
	装饰工程造价	
	建设工程招投标与合同管理	
	建筑工程造价管理	
	建筑工程造价实训	

注：①本系列教材赠送电子教案。

②希望各院校和企业教师、专家参与本系列教材的建设，并请毛遂自荐担任后续教材的主编或参编，联系 E-mail：linqs@ cqup. com. cn。

本次系列教材的重新编写出版，对每门课程的内容都作了较大增加和删改，品种也增至 36 种，拓宽了该专业的适应面和培养方向，给各有关院校的专业设置提供了更多的空间。这说明，该系列教材是完全适应工程造价相关专业教学需要的一套好教材，并在此推荐给有关院校和广大读者。

编委会

2012 年 4 月

前言

2008年以来，土木工程类相关国家规范陆续重新修订和颁布实施，为了反映土木建筑工程学科的进展、动态，为适应高等职业教育"工程造价"专业的教学需要，结合专业教学大纲要求，并依据已颁布的现行规范，编写了《建筑结构基础》教材。教材主要内容包括：建筑结构的设计标准和设计方法，材料的力学性能，混凝土受弯、受压、受拉及受扭构件的承载力计算，变形和裂缝宽度验算，预应力混凝土构件的基本概念，多高层建筑结构设计，砌体结构与钢结构知识，地基与基础知识，建筑结构抗震基本知识和结构施工图平面整体表示方法。

本教材力求内容精练，概念清楚，文字简明，由浅入深、循序渐进，注重理论联系实际。教材编写时，贯彻了两个方面的指导思想：一是熟悉基本概念、理解混凝土结构构件和砌体结构构件的简要设计方法，了解钢结构的连接形式和钢屋盖形式和特点，了解地基基础基本知识，了解建筑结构抗震知识，能够应用一些实例来做简单的设计计算和验算；二是重点掌握混合结构、框架结构等结构的构造要求。另外结合国家建筑标准设计图集《混凝土结构施工图平面整体表示方法制图规则和构造详图》(11G 101—1)，介绍了结构施工图平面整体表示方法，教材内容实用性强。为了便于读者掌握重点内容，各章均附有小结、思考题与习题。

本书共分14章。全书由林伟民任主编，负责统稿定稿，由李红、姜有生任副主编。全书由张川教授主审。具体编写分工为：

林伟民(第1章、第2章、第14章)；李红(第3章、第5

章);蔡丽朋(第4章、第9章);姜有生(第6章、第7章);张红霞(第8章、第10章);浮海梅(第11章、第12章、第13章)。

在本书编写过程中,参考了一些公开出版和发表的文献资料,在此向相关作者谨表谢意。

本书在编写过程中得到了重庆大学出版社的大力支持,在此一并致谢。

限于编者的水平,书中难免有不妥疏漏之处,恳请广大读者批评指正,已便进一步修改完善。

编　者

2013年6月

目录

1 绪 论

1.1 建筑结构的基本概念

建筑一般是指建筑物和构筑物的通称。建筑物是供人们在其中从事生产、生活和进行各种社会活动的房屋或场所,如住宅、厂房和展览馆等;构筑物是仅仅为满足生产、生活的某一方面需要而建造的工程设施,如烟囱、水塔等。

在房屋建筑中,由构件组成的能承受“作用”的体系,称为建筑结构。这里的“作用”是指施加在结构上的荷载(如永久荷载、可变荷载等),以及引起结构变形的各种因素(如地震、基础沉降、温度变化等)。前者称为直接作用,后者称为间接作用。

建筑结构可按所用的材料和承重结构的形式来分类。

·1.1.1 按所用材料分类·

1)钢筋混凝土结构

钢筋混凝土结构是由钢筋和混凝土两种材料构成的。钢筋混凝土结构应用范围十分广泛,除应用于多层与高层住宅、办公楼、教学楼、剧院、展览馆和单层工业厂房等外,还应用于烟囱、水塔、水池等构筑物。钢筋混凝土结构具有以下优点:

①取材容易。混凝土所用的砂、石一般易于就地取材,另外还可有效利用矿渣、粉煤灰等工业废料。

②合理用材。钢筋混凝土结构合理地发挥了钢筋和混凝土两种材料的性能,与钢结构相比,可以降低造价。

③耐久性。密实的混凝土有较高的强度,同时由于钢筋被混凝土包裹,不易锈蚀,维修费用也很少,所以钢筋混凝土结构的耐久性比较好。

④耐火性。混凝土包裹在钢筋外面,火灾时钢筋不会很快达到软化温度而导致结构整体破坏,与裸露的木结构、钢结构相比耐火性要好。

⑤可模性。根据需要,可以较容易地浇筑成各种形状和尺寸的钢筋混凝土结构。

⑥整体性。整浇或装配整体式钢筋混凝土结构有很好的整体性,有利于抗震和抗冲击。

钢筋混凝土结构也存在一些缺点,主要是:自身重力较大,这对大跨度结构、高层建筑结构以及抗震不利,也给运输和施工吊装带来困难;钢筋混凝土结构抗裂性较差,受拉和受弯等构件在正常使用时往往带裂缝工作,对一些不允许出现裂缝或对裂缝宽度有严格限制的结构,要满足这种抗裂要求就需要提高工程造价;钢筋混凝土结构的隔热、隔声性能也较差。针对这些缺点,可采用轻质高强混凝土及预应力混凝土,以减轻自重和改善钢筋混凝土结构的受力性能。

2)砌体结构

砌体结构是指用普通黏土砖、承重黏土空心砖(简称空心砖)、硅酸盐砖、混凝土中小型砌块、粉煤灰中小型砌块、料石和毛石等块材通过砂浆砌筑而成的结构。

古代遗留下来的砖石砌体结构很多,如驰名中外的万里长城,隋代李春所建的河北赵县的安济桥(赵州桥),南北朝时建的河南登封嵩岳寺塔等。现今砌体结构多应用于多层住宅楼。

砌体结构有就地取材、造价低廉、耐火性能好以及容易砌筑等优点。因此,在工业与民用建筑中获得了广泛应用。在现代建筑中,除用于单层和多层建筑外,在构筑物中,如烟囱、水塔、小型水池和重力式挡土墙等也广泛应用砌体结构。

砌体结构除具有上述一些优点外,也存在着自重大、强度低、抗震性能差等缺点。

3)钢结构

钢结构是由钢材制成的结构。它的主要优点是强度高、质量轻、质地均匀、制作简单、运输方便等。

钢材是国民经济各部门不可缺少的材料,必须最大限度地节约钢材。因此,在工程建设中应当按照合理使用,充分发挥其优点的原则来利用钢材。目前,钢结构多用于工业与民用建筑的屋盖、重工业厂房、广播电视发射塔架等。

钢结构的主要缺点是容易锈蚀,维修费用高,耐火性能差等。

4)木结构

木结构是指全部或大部分用木材材料制成的结构。由于木结构具有就地取材、制作简单、便于施工等优点,因此,过去在一般工业与民用建筑中应用颇为广泛。近几年,因木材产量受到自然生长条件的限制,目前在大中城市的房屋建筑中已很少采用木结构,只在林区和农村的房屋建筑中还有应用。

木结构有易燃、易腐和结构变形大等缺点,因此,在火灾危险性大或周围环境温度高的建筑中,以及在经常受潮且不易通风的生产性房屋中,均不宜采用木结构。

·*1.1.2 按承重结构形式分类*·

1)砖混结构

砖混结构是指由砌体构件和钢筋混凝土构件为主要承重构件所组成的结构。其竖向承重构件采用砖墙、砖柱,水平承重构件采用钢筋混凝土梁、板。

由于砖混结构具有就地取材、施工方便、造价低等优点,广泛应用于6层以下的住宅楼、办公楼、教学楼以及跨度小的单层工业厂房。

2)框架结构

框架结构是以梁、柱为主要承重骨架组成的结构。目前较多的是钢筋混凝土框架结构。

框架结构具有建筑平面布置灵活的特点,容易满足生产工艺和生活使用的要求。它既可用于大空间的商场、生产车间等,也可用于住宅楼、办公楼、医院和学校建筑。

框架结构与砖混结构相比具有较好的延性和整体性,因此抗震性能较好。但框架结构超过一定高度后，在水平荷载作用下，其侧向位移较大，刚度将明显减小，因此，框架结构多用于15层以下的建筑。

3）框架-剪力墙结构

框架-剪力墙结构是在框架纵、横向的适当位置，在柱与柱之间设置几道一定厚度的钢筋混凝土墙体而组成的。由于这种结构中墙体的侧向刚度比框架的侧向刚度大得多，因此，在水平荷载作用下产生的剪力主要由墙（剪力墙）来承受，而竖向荷载主要由框架承担，这样就充分发挥了剪力墙和框架的各自优点，因此在高层建筑中采用框架-剪力墙结构比框架结构更经济合理。

4）剪力墙结构

剪力墙结构是由纵、横向的钢筋混凝土墙所组成的结构，这种墙体除抵抗水平荷载和竖向荷载作用外，也可对房屋起维护和分割作用。剪力墙结构的侧向刚度大，适应于高层住宅的建筑。

5）筒体结构

当建筑物的高度进一步增加，结构需要具有更大的侧向刚度，以抵抗水平荷载作用，因而出现了筒体结构。

筒体结构是用钢筋混凝土墙围成侧向刚度很大的筒体，为了满足采光的要求，在筒壁上开有孔洞，称为空腹筒或框筒。当建筑物高度更高，侧向刚度要求更大时，可采用筒中筒结构。筒中筒结构由空腹外筒和实腹内筒组成，内外筒之间用刚度很大的楼板相联系，使之共同工作，形成一个空间结构。

筒体结构多应用于高层和超高层建筑物，如酒店、通信大楼等。

6）大跨结构

大跨结构通常采用钢筋混凝土柱作为竖向承重结构，屋盖采用网架、薄壳或悬索结构。主要应用于体育馆、铁路及航空港等公共建筑。

1.2 建筑结构的历史和发展趋势

大量的考古发掘资料表明，在4 500—6 000年前新石器时代末期，我国就出现木架建筑和木骨泥墙建筑。至西周时期（公元前1134—前771年）已有烧制的瓦，在战国时期（公元前403—前221年）有了烧制的砖，到东晋（公元317—419年）砖的使用已十分普遍。中国封建时期采用砖木建造的寺院、庙宇、宫殿和宝塔等，体现了中国古代砌体结构的成就。建于公元1056年的山西应县木塔（图1.1），塔高67.31 m，为目前我国最高的木结构建筑；河南登封嵩岳寺塔建于523年，是中国最古老的密檐式砖塔，为砖砌单筒体结构；西安大雁塔也为砖砌7层单筒体结构，塔高64 m。石料在我国的应用历史也是十分悠久的，多用于建造桥梁、房屋的台基、栏杆等。如公元前2世纪修建的驰名中外的万里长城；隋朝（公元581—617年）石工李春所建的赵州桥（图1.2），虽经历洪水和大地震的袭击，但仍完好无损。但由于当时生产力发展水平的限制，这些无数高超的建筑技艺未能总结成系统的科学理论。

17世纪工业革命后，随着资本主义国家工业化的发展，建筑、铁路和水利工程的兴建，推

图 1.1　应县木塔

图 1.2　赵州桥

动了建筑结构的发展。17 世纪 70 年代开始使用生铁,19 世纪初开始用熟铁建造桥梁和房屋,这是钢结构出现的前奏。从 19 世纪中叶开始,在冶金业中冶炼并轧成强度很高、延性好、质地均匀的建筑钢材,随后又生产出高强钢丝、钢索,钢结构得到了迅速发展。新的结构形式不断推出,如桁架、框架、网架和悬索结构。建筑结构的跨度从砖石、木结构的几米、几十米发展到钢结构的几百米,直至现代的千米,如建于 1998 年的日本明石海峡大桥(图 1.3),全长 3 910 m,主跨 1 990 m,是 20 世纪世界最大跨径的桥梁。建筑的高度也不断增加,达到现代的几百米,如美国芝加哥的钢结构西尔斯大厦(图 1.4)110 层,高 442 m,是目前世界上最高的全钢结构建筑。

图 1.3　明石大桥

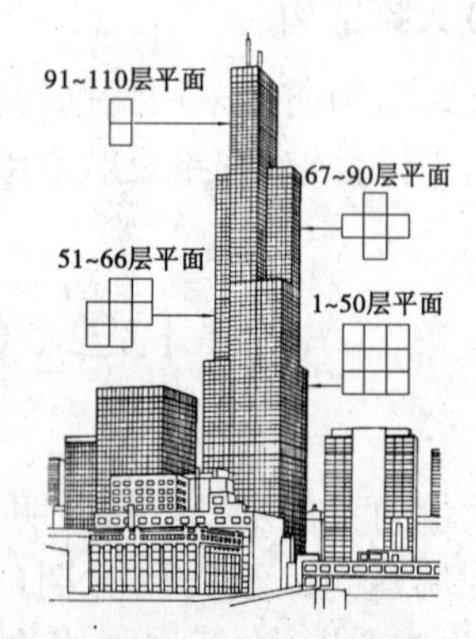

图 1.4　西尔斯大厦

19 世纪 20 年代波特兰水泥制成后,混凝土相继问世。由于混凝土抗拉强度较低,应用受到限制,于是便出现了钢筋混凝土结构。20 世纪以来,钢筋混凝土结构已广泛应用于建筑工程各个领域。由于钢筋混凝土结构抗裂性差、刚度低,到 30 年代又出现了预应力混凝土结构,扩大了混凝土的应用范围。混凝土的出现,使建筑结构的发展又一次得到飞跃。

随着经济建设的发展,我国建筑结构发展十分迅速,在短短的 50 年间,取得了长足发展。目前有上海金茂大厦(图 1.5),高 421 m,93 层(地上含尖塔);上海证券大厦(图 1.6),长 120 m,宽 37 m,高 120.9 m,27 层,中央横跨天桥 63 m;上海东方明珠塔(图 1.7),总高 468 m;

图1.5　金茂大厦

图1.6　上海证券大厦

还有北京西客站(图1.8)等。这些都表明我国的建筑技术已跨入世界先进行列。

建筑结构设计及计算理论也在不断发展。先是凭经验估算构件截面,新中国成立初期采用容许应力法确定截面;到20世纪70年代,采用破损极限状态法设计结构构件;80年代发展为多系数考虑单一系数表达的半概率极限状态法,80年代末引用了近似概率极限状态设计法。到21世纪初,又修订成现行使用的一套规范体系,使建筑结构设计计算理论得到进一步的完善。

图1.7　东方明珠塔

图1.8　北京西客站

1.3　本课程的任务和学习方法

本课程主要包括以下几部分内容:

1）钢筋混凝土结构

这部分内容主要讲述混凝土、钢材的基本力学性质，钢筋混凝土结构按概率极限状态的设计方法，钢筋混凝土和预应力混凝土结构构件的计算和一般构造要求。学完这部分内容后，应能进行一般工业与民用建筑结构构件的选型与计算，并学会绘制施工图，了解并熟悉混凝土结构构件的一般构造要求。

2）砌体结构

主要讲述砌体结构的基本计算原理，材料的力学性质，砌体结构构件及砖混结构房屋的设计与计算。学完这部分内容后，应能进行单层及多层砖混结构房屋的受力分析及计算，了解并熟悉砌体结构构件的一般构造要求。

3）钢结构

主要讲述钢结构计算的基本原理和钢结构构件的连接与计算。通过学习本部分内容，要了解钢结构构件的连接与计算，了解钢屋盖的构造。

4）建筑结构抗震

主要讲述地震的基本知识和地震对建筑物的影响，以及建筑抗震验算和常见抗震构造措施。

本课程的内容是根据我国《建筑结构可靠性设计统一标准》（GB 50068—2001）及有关建筑结构设计规范编写的。这些设计规范反映了我国50多年来建筑结构科学研究成果和工程实践经验，它是贯彻国家技术经济政策，提高设计质量，加快设计速度，达到设计标准化、统一化的规范性文件，是工程设计人员进行设计的重要依据。因此，我们在学习本课程的同时也必须熟悉规范，学会正确地使用规范。

本课程与工程实践联系十分密切，在学习时要特别注意理论联系实际，注意公式的适用范围，同时要抓住重点，弄清基本概念，掌握基本计算原理，学会分析问题和解决问题的方法，提高处理工程问题的能力。

工程造价与建筑结构类型有密切的关系，采用不同的结构类型，工程造价差别很大，如混凝土结构的住宅楼每平方米造价要比混合结构住宅楼造价高，采用钢结构其造价更高。学习并了解建筑结构的相关知识，可以为学习工程造价专业相关课程打下基础。对工程造价专业的学生，学习本课程时要特别注意理论联系实际，弄清基本概念，重点掌握各种结构构件的构造要求，如混凝土保护层厚度、钢筋锚固与搭接，材料的选用、抗震节点构造等，通过学习建筑结构知识，提高工程预决算的能力。

小结1

本章主要讲述以下内容：

①建筑一般是指建筑物和构筑物的通称。

②在房屋建筑中，由构件组成的能承受“作用”的体系，称为建筑结构。按所用材料划分，可分为钢筋混凝土结构、砌体结构、钢结构、木结构；按承重结构形式划分，可分为砖混结构、框架结构、框架-剪力墙结构、剪力墙结构、筒体结构和大跨结构。

复习思考题 1

1.1 什么是建筑结构？

1.2 简述建筑结构的分类和应用范围。

1.3 学习本课程时应注意的问题有哪些？

2　建筑结构的设计标准和设计方法

2.1　建筑结构材料及其设计指标

·2.1.1　混凝土·

1）混凝土强度

混凝土是由水泥、细骨料（如砂子）、粗骨料（如碎石、卵石）和水按一定比例配合搅拌，并经一定的条件养护，经凝结和硬化后形成的人工石材。混凝土的种类是以混凝土的强度等级划分的。混凝土的强度与所用的水泥标号、骨料质量、混凝土配合比、水灰比大小有关，还与制作方法、养护条件、龄期以及测定其强度时所采用的试件形状尺寸、试验方法等有着密切关系。在实际工程中，常用的混凝土强度有立方体抗压强度、轴心抗压强度、轴心抗拉强度等。

（1）混凝土立方体抗压强度（立方强度）

我国现行《混凝土结构设计规范》（GB 50010—2010）规定以立方体抗压强度标准值作为衡量混凝土强度的指标。以边长为150 mm的立方体试块，在温度为(20±3)℃，相对湿度不低于90%的环境里养护28 d，以标准试验方法（加荷速度在0.3～0.5 $N/(mm^2 \cdot s)$）测得的具有95%保证率的抗压强度，用$f_{cu,k}$表示。《混凝土结构设计规范》（GB 50010—2010）将混凝土等级分为14个强度等级，以立方体抗压强度标准值的大小划分，即C15，C20，C25，C30，C35，C40，C45，C50，C55，C60，C65，C70，C75，C80，各个等级中数字的单位都是N/mm^2，称为立方体抗压强度标准值。一般将强度等级C50以下称为普通混凝土，C60～C80称为高强混凝土。

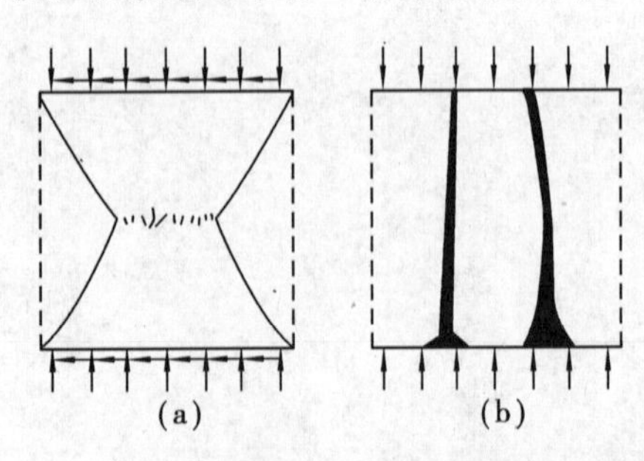

图2.1　混凝土试块的破坏特征
(a)不涂润滑剂；(b)涂润滑剂

试验表明，混凝土的立方体抗压强度与试验方法有关。若在试件表面涂以润滑剂，所得混凝土抗压强度数值比不涂润滑剂低得多，这两种试验方法所得出的立方体试件破坏特性也不相同，如图2.1所示。不涂润滑剂者（图2.1(a)）破坏时块体四周剥落成两个锥形体；涂润滑剂者（图2.1(b)）破坏时则出现与加载方向平行的竖向裂缝。

混凝土的立方体抗压强度与试块的尺寸和形状有关。与标准试块相比，试块尺寸越大，实测破坏强度越低；反之越高，这种现象称为尺寸效应。对

100 mm的立方体试块,测得的立方体抗压强度应乘以换算系数 0.95;对于 200 mm 的立方体试块,测得的立方体抗压强度应乘以换算系数 1.05。

混凝土的立方体抗压强度与试件的龄期和养护条件有关。在一定的湿度和温度条件下,初期混凝土的强度增长较快,以后逐渐减慢,这个强度增长过程往往要持续许多年。另外,混凝土试件在潮湿环境下养护时其后期强度较高,而在干燥环境下养护时,虽然其早期强度较高,但后期强度比前期要低。

在实际工程设计中,要求钢筋混凝土结构的混凝土强度等级不应低于 C15。当采用 HRB335 级钢筋时,混凝土强度等级不宜低于 C20;当采用 HRB400 和 RRB400 级钢筋以及承受重复荷载的构件,混凝土强度等级不得低于 C20;预应力混凝土结构的混凝土强度等级不应低于 C30,当采用钢绞线、钢丝、热处理钢筋作预应力钢筋时,混凝土的强度等级不宜低于 C40。

(2)混凝土轴心抗压强度(棱柱体抗压强度)

在实际工程中,混凝土构件是呈棱柱体形状的,采用棱柱体比立方体试件能较好地反映混凝土的实际抗压性能。混凝土轴心抗压强度又称为棱柱体抗压强度,该强度的大小与试块的高度和截面宽度之比(h/b)有关,h/b 越大,其承载力比立方体强度降低得越多。当 $h/b=2\sim3$ 时,其强度趋于稳定。常用的试件有 150 mm × 150 mm × 450 mm,100 mm × 100 mm × 300 mm等。试验所得到的抗压强度极限值,即为混凝土轴心抗压强度,设计时称为抗压强度标准值,用 f_{ck} 表示。

经试验分析可知,轴心抗压强度平均值 μ_{f_c} 与立方体抗压强度平均值 $\mu_{f_{cu}}$ 之间大致有以下关系:

$$\mu_{f_c}=0.76\mu_{f_{cu}}$$

考虑到实验室条件与工程实际情况的差异及构件尺寸的不同等因素,《混凝土结构设计规范》(GB 50010—2010)取:

$$\mu_{f_c}=0.67\mu_{f_{cu}} \tag{2.1}$$

(3)混凝土轴心抗拉强度

在实际混凝土构件中,对于不允许出现裂缝的受拉构件,如水池池壁、屋架下弦等,混凝土抗拉强度是主要的强度指标。混凝土的抗拉强度很低,一般只有抗压强度的 1/18 ~ 1/8,且不与抗压强度成正比。混凝土轴心抗拉强度用 f_{tk} 表示。

由于影响因素较多,所以测定混凝土抗拉强度的试验方法没有统一,现在常用的有直接轴心受拉试验、劈裂试验及弯折试验 3 种。

根据我国采用直接拉伸试验方法测得的混凝土轴心抗拉强度的试验结果,混凝土轴心抗拉强度的试验统计平均值 μ_{f_t} 与立方体抗压强度的试验统计平均值 $\mu_{f_{cu}}$ 之间有如下关系:

$$\mu_{f_t}=0.26\mu_{f_{cu}}^{2/3}$$

《混凝土结构设计规范》(GB 50010—2010)考虑到实际构件与试验的差异,采用:

$$\mu_{f_t}=0.23\mu_{f_{cu}}^{2/3} \tag{2.2}$$

表 2.1、表 2.2 给出了混凝土强度标准值与设计值。

表 2.1　混凝土强度标准值　　单位：N/mm^2

强度种类	混凝土强度等级													
	C15	C20	C25	C30	C35	C40	C45	C50	C55	C60	C65	C70	C75	C80
轴心抗压 f_{ck}	10.0	13.4	16.7	20.1	23.4	26.8	29.6	32.4	35.5	38.5	41.5	44.5	47.4	50.2
轴心抗拉 f_{tk}	1.27	1.54	1.78	2.01	2.20	2.39	2.51	2.64	2.74	2.85	2.93	2.99	3.05	3.11

表 2.2　混凝土强度设计值　　单位：N/mm^2

强度种类	混凝土强度等级													
	C15	C20	C25	C30	C35	C40	C45	C50	C55	C60	C65	C70	C75	C80
轴心抗压 f_c	7.2	9.6	11.9	14.3	16.7	19.1	21.1	23.1	25.3	27.5	29.7	31.8	33.8	35.9
轴心抗拉 f_t	0.91	1.10	1.27	1.43	1.57	1.71	1.80	1.89	1.96	2.04	2.09	2.14	2.18	2.22

注：①计算现浇钢筋混凝土轴心受压及偏心受压构件时，如截面的长边或直径小于 300 mm，则表中混凝土的强度设计值应乘以系数 0.8。当构件质量（如混凝土成型、截面和轴线尺寸等）确有保证时，可不受此限制。

②离心混凝土的强度设计值应按专门标准取用。

(4)复杂应力状态下混凝土的强度

在钢筋混凝土结构中，混凝土处于单向受力状态的很少，往往都处于复合应力状态，由于混凝土材料的特点，对于复合应力状态下的强度至今尚未建立完善的强度理论。

试验表明，双向受压时，一向的强度随另一向压应力的增加而增加，其强度比单向受压高。当双向受拉时，一向抗拉强度基本上与另一向拉应力大小无关。当一向受拉另一向受压时，其抗压强度随拉应力的增加而降低。当混凝土试件在三向受压时，由于侧向约束的作用，延迟了混凝土内部裂缝的产生和发展，侧压力越大，对裂缝的约束作用也越大，破坏时的轴向抗压强度也相应提高。在实际工程中，通过在混凝土构件中配置密排箍筋、螺旋箍筋及钢管等加强对混凝土的侧向约束，以提高混凝土的抗压强度和延性。

试验表明，混凝土的抗剪强度随拉应力的增大而降低，随压应力的增大而增大。但当压应力大于$(0.5 \sim 0.7)f_c$时，抗剪强度随压应力的增大而减少。混凝土的抗压强度由于剪应力的存在而低于单轴抗压强度。在实际工程中，当梁、柱等构件中有剪应力时，应注意其对受压区混凝土强度的影响。

2)混凝土变形

混凝土的变形可以分成两类：一类是由荷载作用产生的变形；另一类是混凝土的收缩变形以及温度、湿度变化产生的变形。对由荷载作用产生的变形，随时间增长变形性能也不同。

(1)混凝土在一次短期加荷时的变形性能

混凝土一次加荷时的变形性能，通常采用 $h/b=3 \sim 4$ 的棱柱体试件来测定，一次加载的应力-应变曲线如图 2.2 所示。曲线可分为上升段 oc 和下降段 cd。

在上升段曲线开始部分的 oa 段（$\sigma<0.3f_c$）为直线段，混凝土处于弹性阶段，应力与应变呈正比，在该段内若卸载应变将恢复到零。在 ab 段（$0.3f_c<\sigma<0.8f_c$），混凝土发生塑性变形，应变增长速率加快，混凝土内部微裂缝发展。此后，随荷载增加，在 bc 段（$\sigma>0.8f_c$），裂缝

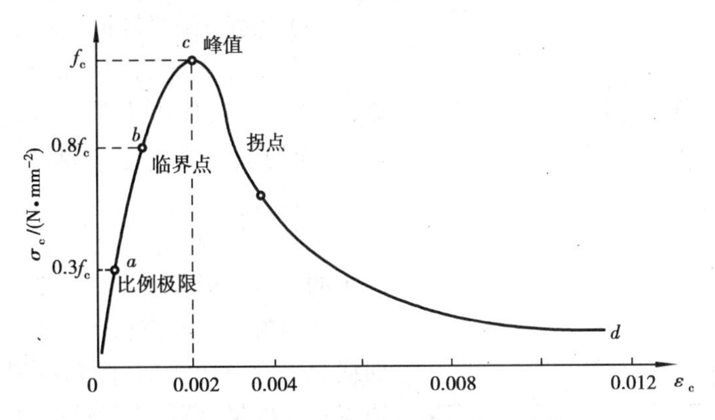

图 2.2　混凝土受压时的应力-应变曲线

发展加快，宽度加大，塑性变形急剧增大，很快达到峰值 c 点，此时对应的应变为 $\sigma = f_c$，f_c 称为混凝土的轴心抗压强度。相应于 f_c 的应变值 ε_0 约为 0.002。

在下降段 cd，由于变形急剧发展，承载力下降，当达到 d 点时混凝土已被压碎，此时混凝土的应变为极限压应变 ε_{cu}，其值约为0.003，这时构件已破坏。但由于混凝土各碎块间的机械咬合力与摩擦力存在，仍能承担一定荷载。如继续加载，混凝土的变形将仍有发展。

对于不同强度等级的混凝土，其相应的应力-应变曲线有着相似的形状，但也有区别。如图 2.3 所示，随着混凝土强度的提高，曲线上升段和峰值应变的变化不是很显著，而下降段形状有较大的差异。强度越高，下降段越陡，材料的延性越差。

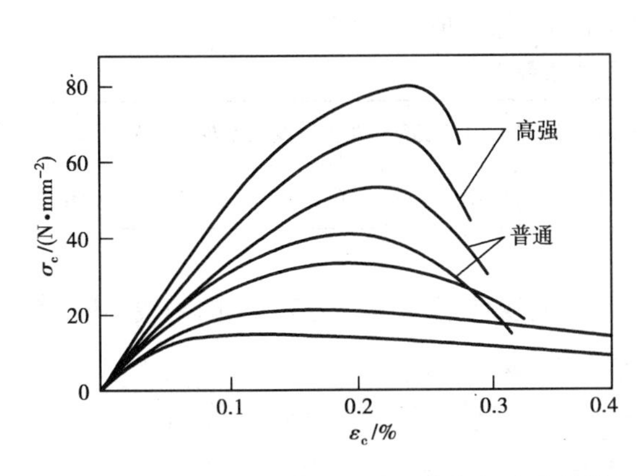

图 2.3　不同强度等级混凝土的应力-应变曲线

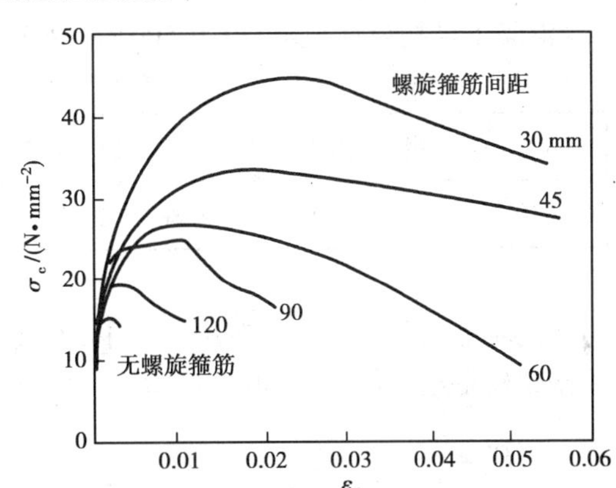

图 2.4　配置螺旋箍筋混凝土的应力-应变曲线

(2)混凝土的横向变形系数

混凝土在纵向受压变形时，纵向产生压缩应变 ε_{cv}，而横向产生膨胀应变 ε_{ch}，则混凝土的横向变形系数 μ 可以表示为：

$$\mu = \varepsilon_{ch} / \varepsilon_{cv} \tag{2.3}$$

(3)混凝土受约束时的变形特点

在实际工程中，混凝土构件受力时多处于三向受压状态。当受压混凝土受到横向约束时，不仅可以提高混凝土的强度，而且也可以大大提高混凝土的延性。如图 2.4 所示，在接近混凝土单轴抗压强度以前，箍筋基本不起约束作用；当其应力超过单轴抗压强度后，混凝土处于三向压应力状态，强度和延性明显提高。箍筋越密，强度提高越多，但最多不超过 20%，而变形能力却大幅度增长。

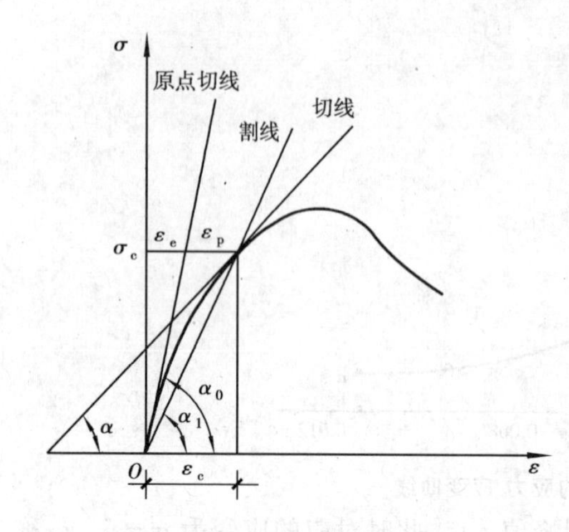

图2.5 混凝土弹性模量与变形模量

(4)混凝土的弹性模量和变形模量

混凝土除在应力很小时应力-应变为直线关系,在受压的其他应力阶段,应力-应变为曲线关系,相应的总应变 ε_c 包含弹性应变 ε_e 和塑性应变 ε_p 两部分,即 $\varepsilon_c=\varepsilon_e+\varepsilon_p$。

为了描述混凝土受压时的应力-应变关系,混凝土的受压变形模量有以下3种表示方法:

• 混凝土的原点弹性模量　在图2.5中,过曲线原点做一切线,其倾角的斜率称为混凝土的原点弹性模量,简称为弹性模量,以 E_c 表示:

$$E_c=\tan\alpha_0=\frac{\sigma_c}{\varepsilon_e} \tag{2.4}$$

式中　α_0——混凝土应力-应变曲线在原点处切线与横坐标的夹角。

根据我国建筑科学院等单位的试验结果,混凝土的弹性模量与混凝土的立方体抗压强度之间有如下关系:

$$E_c=\frac{10^5}{2.2+\dfrac{34.7}{f_{cu,k}}} \tag{2.5}$$

《混凝土结构设计规范》(GB 50010—2010)给出 E_c 的取值,见表2.3。

表2.3　混凝土弹性模量 E_c

混凝土强度等级	C15	C20	C25	C30	C35	C40	C45	C50	C55	C60	C65	C70	C75	C80
$E_c/(10^4\ \mathrm{N\cdot mm^{-2}})$	2.20	2.55	2.80	3.0	3.15	3.25	3.35	3.45	3.55	3.6	3.65	3.7	3.75	3.80

• 混凝土的割线模量　在图2.5中,连接 O 点至曲线任意一点应力为 σ_c 的割线,其斜率称为割线模量或变形模量,可表示为:

$$E'_c=\frac{\sigma_c}{\varepsilon_c}$$

或

$$E'_c=\frac{\sigma_c}{\varepsilon_c}=\frac{\varepsilon_e}{\varepsilon_c}\cdot\frac{\sigma_c}{\varepsilon_e}=\nu E_c \tag{2.6}$$

式中　ν——混凝土弹性系数,$\nu=\dfrac{\varepsilon_e}{\varepsilon_c}$。

当 $\sigma_c=0.5f_c$ 时,$\nu=0.8\sim0.9$;当 $\sigma_c=0.9f_c$ 时,$\nu=0.4\sim0.7$;当 $\sigma_c\leqslant0.3f_c$ 时,$\nu=1.0$。

• 混凝土的切线模量　在混凝土应力-应变曲线上任意一点应力为 σ_c 处做切线,其切线的斜率称为混凝土的切线模量,可表示为:

$$E''_c=\tan\alpha \tag{2.7}$$

由于混凝土塑性变形的发展,混凝土的切线模量也是一个变值,它随着混凝土的应力增大而减小。

(5)混凝土在重复荷载作用下的变形性能

对混凝土棱柱体试件加载,当压应力达到某一数值时(一般不超过 $0.5f_c$),卸载至零,如此重复循环加载卸载,称为多次重复加载。混凝土棱柱体在多次重复荷载作用下,混凝土的变形性能有明显的变化。当重复到某一次数时,混凝土因严重开裂或变形过大而破坏,这一现象称为"疲劳破坏"。混凝土材料达到疲劳破坏时所能承受的最大应力值称为疲劳强度。疲劳破坏是由于混凝土内部应力集中,微裂缝发展,塑性变形的积累而造成的。通常取加载应力 $0.5f_c$,并能使试件循环次数不低于 200 万次时发生破坏的压应力值作为混凝土疲劳抗压强度的计算指标,以 f_c^f 表示。

(6)混凝土在长期持续荷载作用下的变形性能——徐变

混凝土在长期荷载作用下,应力即使不变,变形也会随时间增长而增加,这一现象称为混凝土的徐变。

试验表明,混凝土的徐变开始时增长较快,以后逐渐减慢,通常在最初 6 个月内可完成最终徐变量的 70% ~80%,第 1 年内可完成 90% 左右,其余部分在以后几年内逐渐完成,经过 2 ~5 年可认为徐变基本结束。

试验还表明,混凝土的徐变与许多因素有关。混凝土的压应力越大,徐变也越大;加荷时混凝土的龄期越短,徐变也越大。另外,水泥用量越多,徐变越大;水灰比越大,徐变也越大。混凝土养护时相对湿度高,徐变会显著减少,在加载前混凝土采用低压蒸汽养护可使徐变减少。

在钢筋混凝土构件中,徐变将使构件中产生内力重分布现象。如钢筋混凝土受压短柱,荷载开始作用时,钢筋和混凝土的压应力是按弹性变形分配的,随着时间的增长,由于徐变的作用,混凝土压应力减少,钢筋的压应力增加,配筋量越大,内力重分布现象越明显。

(7)混凝土的收缩和膨胀变形

混凝土在空气中硬结时,体积减小的现象称为收缩。当混凝土在水中硬结时,体积略有膨胀。一般来说,同体积的混凝土其收缩值比膨胀值大得多。

引起混凝土收缩的原因主要有:一是在硬化初期,水泥与水的水化作用形成一种水泥晶体,而这种水泥晶体化合物较原材料的体积小,宏观上引起混凝土的收缩,我们把这种收缩称为凝缩;另一原因是后期混凝土内自由水分的蒸发而引起的干缩。

试验表明,混凝土的收缩变形随时间增长而增加,初期发展较快,2 个星期可完成全部收缩量的 25%,1 个月可完成约 50%,3 个月后增长缓慢,一般 2 年后趋于稳定。

收缩对钢筋混凝土构件的危害很大。对一般构件来说,收缩会引起初始应力,甚至产生早期收缩裂缝。因此,应采取措施减少混凝土的收缩,其办法有:

①加强养护。在养护期内使混凝土保持潮湿。

②减小水灰比。水灰比越大,混凝土收缩量也越大。

③减小水泥用量。水泥含量减少,骨料含量相对增加,骨料的体积稳定性比水泥浆好,可减少混凝土的收缩。

④加强施工振捣,提高混凝土的密实性。混凝土内部孔隙越少,收缩量也就越小。

·2.1.2 建筑钢材·

建筑钢材包括钢筋混凝土结构用钢筋和钢结构用型钢和钢板。本小节主要介绍钢筋混凝土结构用钢筋,钢结构用型钢和钢板在后面章节中介绍。

1)钢筋的化学成分、级别和品种

钢筋的材料性能取决于其化学成分,我国在钢筋混凝土结构中采用的钢筋可分为热轧碳素钢和普通低合金钢。

热轧碳素钢除含主要铁元素外,还含有少量的碳、锰、硅、硫、磷等元素。其中碳元素含量越高,钢筋的强度越高,但塑性降低。通常把含碳量低于0.25%的碳素钢称为低碳钢,含碳量在0.25%~0.6%的碳素钢称为中碳钢,含碳量在0.6%~1.4%的碳素钢称为高碳钢。

普通低合金钢是在碳素钢中加入少量的合金元素,如硅、矾、锰、钛、铌等,用以提高钢筋的强度,同时改善钢材的塑性性能。

钢筋按其生产加工工艺和力学性能,可以分为热轧钢筋、冷加工钢筋、热处理钢筋和钢丝4类。

(1)热轧钢筋

热轧钢筋按其强度由低到高分成四级:HPB300,HRB335(HRBF335),HRB400(HRBF400、RRB400),HRB500(HRBF500),它们由工厂直接热轧成型。

①HPB300级热轧钢筋(ϕ):是由普通碳素钢(Q235)经热轧而成的光面圆钢筋。它是一种低碳钢,质量稳定,塑性好易焊接,易加工成型,以直条或盘圆供货,但强度低。主要用作钢筋混凝土板和小型结构构件的受力钢筋以及各种构件的箍筋和构造钢筋。混凝土强度等级较高时不宜采用。

②HRB335级热轧钢筋(Φ):主要是由20MnSi低合金钢经热轧而成的钢筋。为加强钢筋与混凝土的粘结力,表面轧制成等高肋(螺纹),现在生产的均为月牙形凸纹,其表面一般有表示强度等级的标志(以数字3表示)。这种钢筋的强度较HPB300级高,塑性和可焊性能都较好,易加工成型。它主要用作大中型钢筋混凝土结构构件的受力钢筋,特别适宜用作承受多次重复荷载、地震作用及其他振动和冲击荷载的结构构件的受力钢筋,是我国钢筋混凝土结构构件中钢筋用材的最主要品种之一。

③HRB400级热轧钢筋(Φ):是我国对原《混凝土结构设计规范》(GBJ 10—89)规定的Ⅲ级钢筋经过改进生产的品种,又称新Ⅲ级钢筋,外形为月牙形,表面有"4"的标志,含碳量与HRB335级钢筋相当。微合金含量除与HRB335级钢筋相同外,分别添加钒、铌、钛等元素,因而强度有所提高,并保持良好的塑性和焊接性能,是我国今后钢筋混凝土结构构件受力钢筋用材的主导品种,主要用作大中型钢筋混凝土结构和高强混凝土结构构件的受力钢筋。但是这种钢筋由于强度较高,对受拉为主的构件会使裂缝展开加大,因此在实际工程中现行《规范》规定:对轴心受拉和小偏心受拉构件,HRB400级的钢筋抗拉强度只能按HRB335级的钢筋强度值取用。

④RRB400级热轧钢筋($Φ^R$):其代表钢种有K20MnSi,是用HRB335级钢筋经热轧后,穿过生产作业线上的高压水湍流管进行快速冷却,再利用钢筋芯部的余热自行回火而成的钢筋。这种钢筋强度高,同时保持有足够的塑性和韧性。但这种钢筋当采用闪光对焊时,强度会有不同程度的降低。这种钢筋与HRB400级钢筋一样,《规范》规定:对轴心受拉和小偏心受拉构件,钢筋抗拉强度只能按HRB335级的钢筋强度值取用。

⑤HRB500级热轧钢筋(Φ):是指强度标准值为500 MPa的热轧带肋钢筋,是我国通过对钢筋成分的微合金化而开发出来的一种强度高、延性好的钢筋新品种,表面有"5"的标志。

⑥HRBF335(Φ^F),HRBF400(Φ^F)和 HRBF500(Φ^F)级热轧钢筋:是指细晶粒热轧钢筋,该种钢筋是在热轧过程中,通过控轧和控冷工艺形成的细晶粒钢筋,表面分别有"C3""C4""C5"的标志。

(2)热处理钢筋

热处理钢筋是由 40Si2Mn,48Si2Mn,45Si2Cr 热轧钢筋等经过淬火和回火处理后制成。钢筋淬火后强度大幅度提高,但塑性和韧性相应降低。

(3)钢丝

钢丝是指直径小于 6 mm 的钢筋。品种包括碳素钢丝、刻痕钢丝、钢绞线及冷拔低碳钢丝 4 种。钢丝的直径越细,其强度越高。冷拔低碳钢丝是用直径较小的 HPB300 级热轧钢筋用冷拔机经过几次冷拔后成型的。钢丝主要应用于预应力混凝土结构。预应力钢筋以钢绞线及高强钢筋作为主导钢筋。

2)钢筋的强度和变形

钢筋混凝土结构所用的钢筋按其在单调受拉时应力-应变曲线性质不同,可将钢筋分为有明显屈服点和无明显屈服点的钢筋。

(1)有明显屈服点的钢筋

有明显屈服点的钢筋,工程上习惯称为软钢,从加荷到拉断,可分成 4 个受力阶段。图2.6所示为软钢的应力-应变曲线。自开始加荷至应力达到 a 点之前,应力-应变呈线性关系,a 点应力称为比例极限,Oa 段属于弹性工作阶段;应力达到 b 点后钢筋进入屈服阶段(b 至 d),应力增加幅度很小而应变仍在增大,产生很大的塑性变形,d 点应力称为屈服强度,在应力-应变曲线中 cd 段呈现近似水平线段,称为屈服阶段;超过 d 点后应力-应变关系重新表现为上升的曲线,de 段称为强化阶段。曲线最高点 e 对应的应力称为抗拉强度或极限强度。此后钢筋试件产生颈缩现象,应力-应变曲线开始下降,应变继续增加,到 f 点断裂,ef 段称为破坏阶段。

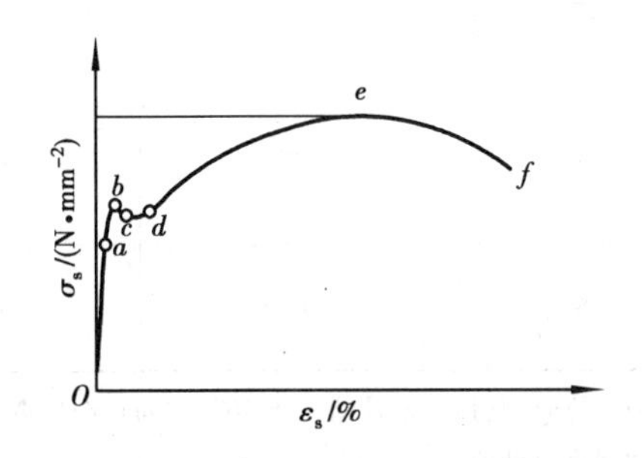

图 2.6　有明显屈服点的钢筋的应力-应变曲线

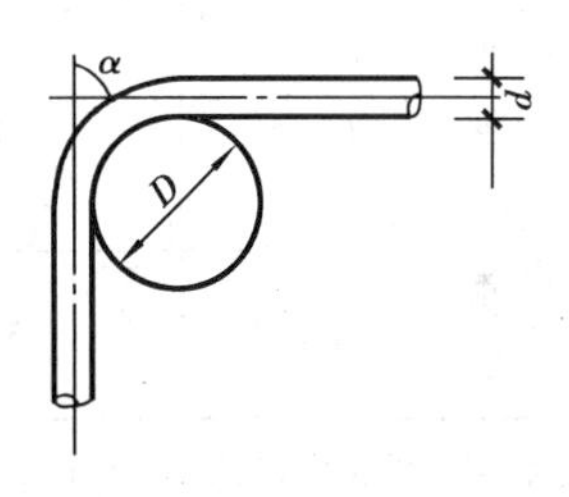

图 2.7　钢筋的弯曲试验

钢筋断裂点 f 所对应的横坐标为伸长率,可用式(2.8)计算:

$$\delta=\frac{l-l_0}{l_0}\times 100\% \tag{2.8}$$

式中　δ——伸长率;

l——钢筋拉断后合起来的长度;

l_0——钢筋拉断前的长度。

伸长率的大小标志钢筋的塑性性能。δ 越大,表示钢筋的塑性性能越好。钢筋的塑性除用伸长率表示外,还可用冷弯性能试验来检验,如图 2.7 所示。钢筋塑性越好,冷弯角就越大。

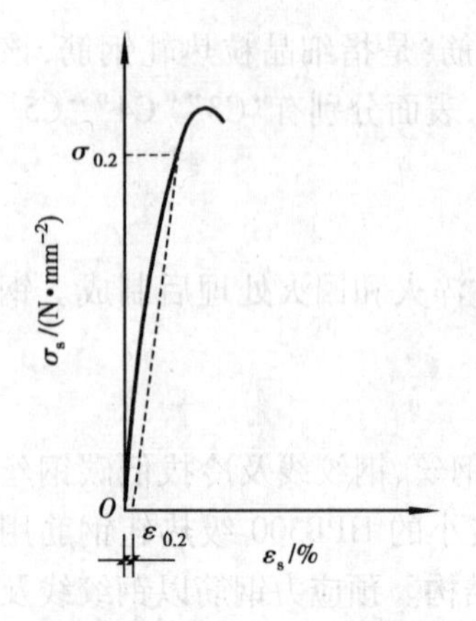

图2.8　硬钢的应力-应变曲线

由于钢筋屈服后产生较大的塑性变形，这将使构件的变形与裂缝宽度大大增加，以致影响使用，所以在钢筋混凝土构件计算中采用屈服强度作为构件破坏时的钢筋强度计算指标，以屈服强度作为钢筋强度标准值的取值依据。从屈服强度到极限强度，钢筋还有一定的强度储备。

(2)无明显屈服点的钢筋

无明显屈服强度的钢筋，工程上习惯称为硬钢。硬钢强度高，但塑性差、脆性大。从加载到拉断，不像软钢那样有明显的屈服阶段。图2.8所示为硬钢的应力-应变曲线，由图2.8可知，无明显屈服点的钢筋中只有一个强度指标，即抗拉强度或极限强度。

在设计中，一般取残余应变为0.2%时所对应的应力 $\sigma_{0.2}$ 作为无屈服点钢筋的强度值，通常称为条件屈服强度。为了简化计算，《规范》统一取 $\sigma_{0.2}=0.8\sigma_b$（其中 σ_b 为无明显屈服点钢筋的抗拉强度），作为强度标准值的取值。

表2.4给出了普通钢筋的抗拉强度标准值 f_{yk}、抗拉强度设计值 f_y 和抗压强度设计值 f'_y。

表2.5给出了预应力钢筋的抗拉强度标准值 f_{ptk}、抗拉强度设计值 f_{py} 和抗压强度设计值 f'_{py}。

表2.4　普通钢筋强度取值　　单位：N/mm²

牌　号	符号	公称直径 d/mm	屈服强度标准值 f_{yk}	极限强度标准值 f_{stk}	抗拉强度设计值 f_y	抗压强度设计值 f'_y
HPB300	Φ	6～22	300	420	270	270
HRB335 HRBF335	Φ Φ^{F}	6～50	335	455	300	300
HRB400 HRBF400 RRB400	Φ Φ^{F} Φ^{R}	6～50	400	540	360	360
HRB500 HRBF500	Φ Φ^{F}	6～50	500	630	435	410

注：①在钢筋混凝土结构中，当用作受剪、受扭、受冲切承载力计算时，其强度设计值大于360 N/mm² 时应取360 N/mm²；
②构件中配有不同种类的钢筋时，每种钢筋应采用各自的强度设计值。

表2.5　预应力钢筋强度取值　　单位：N/mm²

种　类		符　号	极限强度标准值 f_{ptk}	抗拉强度设计值 f_{py}	抗压强度设计值 f'_{py}
中强度预应力钢丝	光　面 螺旋肋	Φ^{PM} Φ^{HM}	800	510	410
			970	650	
			1 270	810	

续表

种 类		符 号	极限强度标准值 f_{ptk}	抗拉强度设计值 f_{py}	抗压强度设计值 f'_{py}
钢绞线	1×3（三股）	Φ^S	1 570	1 110	390
			1 860	1 320	
	1×7（七股）		1 720	1 220	
			1 860	1 320	
消除应力钢丝	光 面 螺旋肋	Φ^P Φ^H	1 470	1 040	410
			1 570	1 110	
			1 860	1 320	
预应力螺纹钢筋	螺纹	Φ^T	980	650	410
			1 080	770	
			1 230	900	

注：当预应力钢筋的强度标准值不符合表中的规定时，其强度设计值应进行相应的比例换算。

3）钢筋的冷加工

对有明显屈服点的钢筋进行冷加工，可改善钢材的内部组织结构，以提高钢材的强度。冷加工的方法有冷拉、冷拔和冷轧。

（1）冷拉

冷拉是将有明显屈服点的热轧钢筋在常温下把钢筋应力拉到超过其原有的屈服点，然后再卸载，若钢筋再次受拉，则能获得较高屈服强度的一种加工方法。通过冷拉可以提高钢筋的强度，但同时也降低了钢筋的塑性。对 HPB300 级盘圆钢筋冷拉还可达到除锈的目的。钢筋冷拉的一般伸长率可达 7% ~10%，从而节约了钢材。

应注意，钢筋经过冷拉只可提高其抗拉屈服强度，却不能提高其抗压屈服强度。

（2）冷拔

冷拔是将盘条钢筋用强力使其通过直径比其还小的硬质合金拔丝模，经过多次冷拔，盘条钢筋截面减小而长度增长，其抗拉强度和抗压强度都得以提高，但降低了钢筋塑性。

（3）冷轧

热轧钢筋再经过冷轧，轧制成表面有不同花纹的钢筋，其内部组织结构更加紧密，使钢材的强度和粘结性有所提高，但塑性有所降低。冷轧是目前钢筋冷加工普遍采用的一种方法，主要品种有冷轧带肋钢筋和冷轧扭钢筋。

- 冷轧带肋钢筋　冷轧带肋钢筋是采用低碳热轧盘圆进行减小直径冷轧，可提高其抗拉强度，表面轧制成带横肋的月牙形钢筋，有两面肋和三面肋两种，直径为 4 ~12 mm，多用作钢筋混凝土板的受力钢筋，也适宜用作预应力混凝土构件的配筋。
- 冷轧扭钢筋　冷轧扭钢筋是以 HPB300 级盘圆钢筋为原材料，经冷轧成扁平状并经扭转而成的钢筋，直径为 6.5 ~14 mm，强度比原材料强度可提高近 1 倍，抗拉设计强度可达 360 N/mm^2，但延性较差，主要用作钢筋混凝土板的受力钢筋。

·2.1.3　砌体结构材料·

1)砌体结构材料种类和强度等级

(1)块材

块材是砌体结构的主要组成部分,通常占砌体总体积的80%以上。块材分天然材料和人工材料两大类,人工材料主要有烧结普通砖、烧结多孔砖、非烧结硅酸盐砖、混凝土砌块和石材等。

●烧结普通砖和烧结多孔砖　烧结普通砖又称普通黏土实心砖。烧结多孔砖是指砖中孔洞(竖向孔)率不小于25%,主要由黏土或页岩、煤矸石经过焙烧而成的砖。实心砖自重大,多孔砖可减轻墙体自重,改善墙体的保温隔热性能,但强度较实心砖低。为保护耕地资源,改善环境,全国许多地区已禁止使用黏土实心砖,推广采用非黏土材料制成的块体。

承重多孔砖的型号主要有KP1型(240 mm×150 mm×90 mm)、KP2型(240 mm×180 mm×115 mm)、KM1型(190 mm×190 mm×90 mm),"K"表示"多孔","P"表示"普通","M"表示"模数"。图2.9为部分多孔砖的示意图。

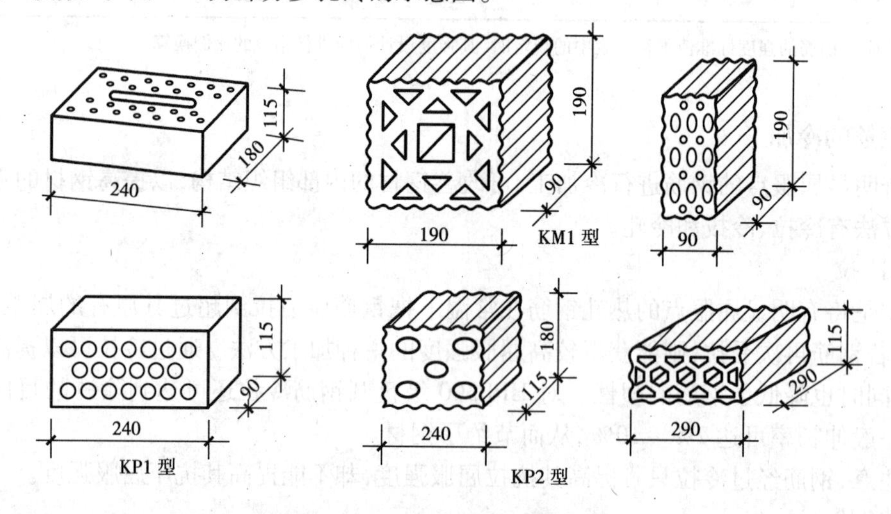

图2.9　多孔砖

烧结普通砖和用于承重部位的烧结多孔砖强度等级有MU30,MU25,MU20,MU15,MU10五级。

●非烧结硅酸盐砖　非烧结硅酸盐砖是以硅酸盐材料、石灰、矿渣、粉煤灰等为主要材料压制成型,经过蒸汽养护制成的实心砖。常用的有蒸压灰砂砖、蒸压粉煤灰砖和矿渣砖等,此类砖抗冻性、长期强度稳定性及防水性较差,不得用于长期受热200 ℃以上、受急冷急热和有酸性介质侵蚀的建筑部位。

蒸压灰砂砖强度等级有MU25,MU20,MU15三级;蒸压粉煤灰砖强度等级有MU25,MU20,MU15三级。

●砌块　砌块一般由混凝土、水泥矿渣或粉煤灰制作而成,常用的有混凝土空心砌块、加气混凝土砌块、水泥矿渣空心砌块、粉煤灰硅酸盐砌块。按尺寸和质量分为小型、中型和大型3类,高度在180~350 mm一般为小型砌块,高度在360~900 mm一般为中型砌块,高度在900 mm以上一般为大型砌块。

砌块强度等级有 MU20，MU15，MU10，MU7.5，MU5 五级。

• 石材　建筑石材由于其强度高，抗冻性和抗水性好，主要用于建筑物基础、挡土墙等。石材按加工后的外观规则程度分成料石和毛石。

石材强度等级有 MU100，MU80，MU60，MU50，MU40，MU30，MU20 七级。

(2)砂浆

砌体中砂浆的作用是将块材连成整体，改善块材在砌体中的受力状态，提高砌体结构的防水、隔热和抗冻性能。按配料成分不同，砂浆可分成水泥砂浆、混合砂浆、非水泥砂浆和混凝土砌块砌筑砂浆。

• 水泥砂浆　水泥砂浆的强度高，主要用于地下结构或经常受水侵蚀的砌体部位，但它保水性和流动性较差，施工较其他砂浆困难。

• 混合砂浆　混合砂浆的强度较高，耐久性、保水性和流动性较好，便于施工，质量易保证，主要用于地面以上砌体部位。

• 非水泥砂浆　非水泥砂浆主要有石灰砂浆、石膏砂浆等，它们的强度较低，主要用于墙面装饰抹灰。

• 混凝土砌块砌筑砂浆　混凝土砌块砌筑砂浆由水泥、砂、水、掺和料和外加剂按一定比例拌和制成，是专门用于砌筑混凝土砌块的砂浆。

砂浆的强度等级由边长为 70.7 mm 的立方体试块，经过 28 d 养护，通过标准试验方法测得的抗压强度平均值确定，用符号"M"表示，单位 MPa，有 M15，M10，M7.5，M5 和 M2.5 五级。

砌筑砂浆除应满足强度要求外，还应满足流动性和保水性的要求，以保证砌筑时能均匀地摊铺，并在运输和砌筑中具有保持水分的能力。

(3)块材和砂浆材料的选择

《砌体结构设计规范》(GB 50003—2011)规定，5 层及 5 层以上房屋的墙，以及受振动或层高大于 6 m 的墙、柱所用材料的最低强度等级为：砖 MU10、砌块 MU7.5、石材 MU30、砂浆 M5。对安全等级为一级或设计使用年限大于 50 年的房屋，墙、柱所用材料最低强度等级应至少提高一级。

对于潮湿房间以及防潮层和地面以下的砌体，所用块材及砂浆最低强度等级应满足表2.6的规定。

表 2.6　潮湿房间以及防潮层和地面以下砌体所用材料最低强度等级

地基土的潮湿程度	烧结普通砖、蒸压灰砂砖		混凝土砌块	石　材	水泥砂浆
	严寒地区	一般地区			
稍潮湿的	MU10	MU10	MU7.5	MU30	M5
很潮湿的	MU15	MU10	MU7.5	MU30	M7.5
含水饱和的	MU20	MU15	MU10	MU40	M10

注：在冻胀地区，地面以下或防潮层以下的砌体，当采用多空砖时，其空洞应用水泥砂浆灌实；当采用混凝土砌体时，其空洞应采用强度等级不低于 Cb20 的混凝土灌实。

2)砌体的力学性能

(1)砌体的种类

砌体分为无筋砌体和配筋砌体两类。

• 无筋砌体　无筋砌体由块体和砂浆组成,包括砖砌体、砌块砌体和石砌体。

砖砌体:包括实心黏土砖砌体、多孔砖砌体、蒸压粉煤灰砌体等,用标准砖可砌成厚度为120 mm(半砖),240 mm(一砖),370 mm(一砖半),490 mm(两砖),620 mm(两砖半)墙体,多孔砖可砌成90 mm,190 mm,240 mm,290 mm厚墙体。

砌块砌体:具有自重轻、保温隔热性能好、经济环保的特点,但强度和整体性不如砖砌体。

石砌体:分料石砌体、毛石砌体、毛石混凝土砌体,其自重大且隔热性能差,主要用作一般民用建筑的基础和墙体。

• 配筋砌体　配筋砌体是指在灰缝中配置钢筋或钢筋混凝土的砌体,包括网状配筋砌体、组合砌体。配筋砌体不仅提高了各种砌体的强度和抗震性能,还扩大了砌体结构的应用范围。

网状配筋砌体:又称横向配筋砌体,主要是在砖柱或砖墙一定间隔的水平灰缝中放置方格钢筋网片或连弯钢筋网(图2.10),在砌体构件受压时,网状配筋可约束砌体的横向变形,从而提高砌体结构的抗压强度。

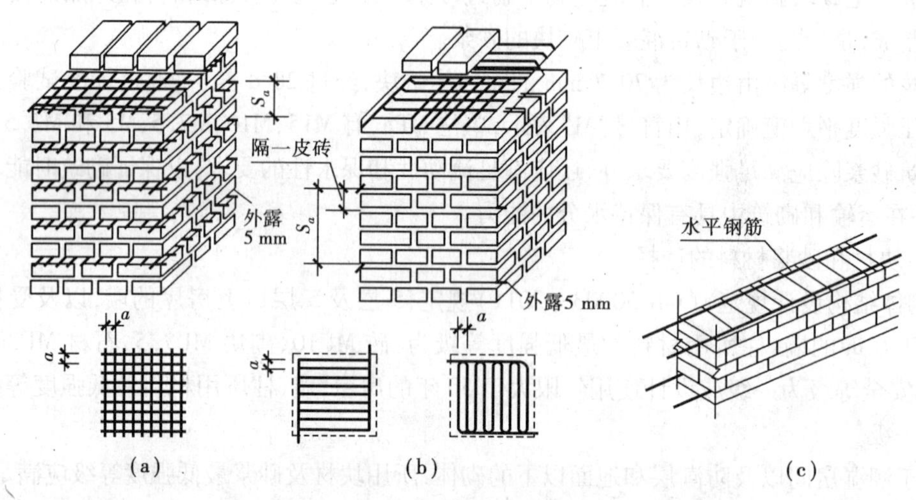

图2.10　砖砌体中的横向配筋

(a)方格钢筋网片;(b)连弯钢筋网;(c)水平钢筋

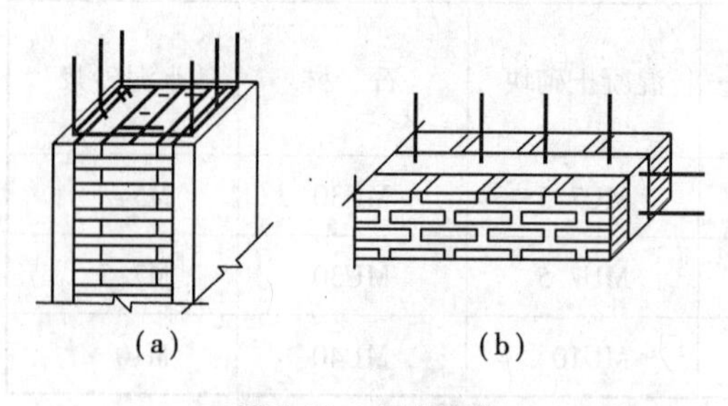

图2.11　组合砌体

(a)竖向凹槽配置纵向钢筋;(b)外侧配置纵向钢筋

组合砌体:是在砌体外侧预留的竖向凹槽或外侧配置纵向钢筋,再浇筑混凝土或砂浆形成的砌体,如图2.11所示。在砌块孔洞中,插入钢筋后浇筑混凝土形成的芯柱也属于一种组合砌体。

(2)砌体的抗压强度

龄期为28 d的以毛截面计算的各类砌体抗压强度设计值,当施工质量控制等级为B级时,根据块体和砂浆的强度等级可分别按表2.7至表2.9采用。当验算施工阶段砂浆尚未硬化的新砌砌体的强度和稳定性时，砂浆强度按零考虑。

表2.7 烧结普通砖和烧结多孔砖砌体的抗压强度设计值f 单位：MPa

砖强度等级	砂浆强度等级					砂浆强度
	M15	M10	M7.5	M5	M2.5	0
MU30	3.94	3.27	2.93	2.59	2.26	1.15
MU25	3.60	2.98	2.68	2.37	2.06	1.05
MU20	3.22	2.67	2.39	2.12	1.84	0.94
MU15	2.79	2.31	2.07	1.83	1.60	0.82
MU10	—	1.89	1.69	1.50	1.30	0.67

表2.8 蒸压灰砂砖和蒸压粉煤灰砖砌体的抗压强度设计值f 单位：MPa

砖强度等级	砂浆强度等级				砂浆强度
	M15	M10	M7.5	M5	0
MU25	3.60	2.98	2.68	2.37	1.05
MU20	3.22	2.67	2.39	2.12	0.94
MU15	2.79	2.31	2.07	1.83	0.82

表2.9 单排孔混凝土和轻集料混凝土砌块砌体对孔砌筑的抗压强度设计值f 单位：MPa

砌块强度等级	砂浆强度等级					砂浆强度
	Mb20	Mb15	Mb10	Mb7.5	Mb5	0
MU20	3.6	5.68	4.95	4.44	3.94	2.33
MU15	—	4.61	4.02	3.61	3.20	1.89
MU10	—	—	2.79	2.50	2.22	1.31
MU7.5	—	—	—	1.93	1.71	1.01
MU5	—	—	—	—	1.19	0.70

注：①对独立柱或厚度为双排组砌的砌块砌体，应按表中数值乘以0.7；
②对T形截面砌体，应按表中数值乘以0.85。

当出现下列情况时，表中的强度设计值应乘以调整系数γ_a：

①无筋砌体构件，其截面面积$A<0.3\ m^2$时，$\gamma_a=0.7+A$。

②当砌体采用水泥砂浆砌筑时，$\gamma_a=0.9$。

③吊车房屋砌体，跨度不小于9 m的梁下烧结普通砖砌体，跨度不小于7 m的梁下烧结多孔砖、蒸压灰砂砖、蒸压粉煤灰砖砌体，混凝土和轻骨料混凝土砌块砌体，$\gamma_a=0.9$。

④当验算施工中房屋的构件时，$\gamma_a=1.1$。

⑤当施工质量控制等级为C级时，$\gamma_a=0.89$。

(3)影响砌体强度的因素

①块材和砂浆的强度。块材和砂浆的强度是影响砌体强度的首要因素，其中块材的强度

是最主要因素。块材的抗压强度越高,其相应的抗拉、抗弯和抗剪强度也较高,砌体的抗压强度也相应提高。砌体的抗压强度随块材和砂浆强度等级的提高而提高,但采用提高块材强度等级比提高砂浆的强度等级更有效。

②砂浆的性能。砂浆除强度外,其保水性、流动性等性能对砌体抗压强度也有很大影响。流动性合适、保水性良好的砂浆铺成的水平灰缝较均匀,且密实性较好,可以提高砌体抗压强度。混合砂浆的流动性、保水性较水泥砂浆好,有利于砌体抗压强度的发挥。

③块材的形状和灰缝厚度。块材的厚度大,其相应的抗拉、抗弯和抗剪强度也较高,砌体的抗压强度也相应提高。块材表面规则平整时,砌体的强度也相应较高。

灰缝厚较容易铺设均匀,但过厚其横向变形也愈大,块材的横向拉应力也愈大,砌体的抗压强度愈低,灰缝较薄则不易铺设均匀。正常施工标准的灰缝厚度应控制在 8 ~ 12 mm。

④砌筑质量。砌筑质量包含的因素是多方面的,如块材砌筑时的含水率、工人的技术水平、现场管理水平、灰缝饱满度等。《砌体结构工程施工质量验收规范》(GB 50203—2011)将砌筑施工质量控制等级分为 A,B,C 三级,见表 2.10。当采用 A 级砌筑施工质量控制等级时,砌体抗压强度设计值可提高 5%;采用 C 级砌筑施工质量控制等级时,砌体抗压强度设计值应降低。

表 2.10　砌筑施工质量控制等级

项　目	施工质量控制等级		
	A	B	C
现场质量管理	制度健全,并严格执行;非施工方质量监督人员经常到现场,或现场设有常驻代表;施工方有在岗专业技术管理人员,人员齐全,并持证上岗	制度基本健全,并能执行;非施工方质量监督人员间断地到现场进行质量控制;施工方有在岗专业技术管理人员,并持证上岗	有制度,非施工方质量监督人员很少进行现场质量控制;施工方有在岗专业技术管理人员
砂浆、混凝土强度	试块按规定制作,强度满足验收规定,离散性小	试块按规定制作,强度满足验收规定,离散性较小	试块强度满足验收规定,离散性大
砂浆拌和方式	机械搅拌;配合比计量控制严格	机械搅拌;配合比计量控制一般	机械或人工拌和;配合比计量控制较差
砌筑工人技术水平	中级工以上,其中高级工不少于 20%	高、中级工不少于 70%	初级工以上

2.2　建筑结构的设计基准期和设计使用年限

1)设计基准期

设计基准期是为确定可变荷载值以及与时间有关的材料性能(如强度、变形模量等)取值而采用的时间参数。我国统一规定的设计基准期为 50 年。

2)设计使用年限

设计使用年限是设计规定的一个时间期限。在这一规定时间期限内,建筑物在正常设计、正常施工、正常使用和维护下能按其预定目标使用。对于不同功能和用途的建筑物规定有相应的设计使用年限,结构的设计使用年限应满足表2.11的规定。

表2.11 结构的设计使用年限分类

类 别	设计使用年限/年	示 例
1	5	临时性建筑
2	25	易于替换的结构构件
3	50	普通房屋和构筑物
4	100	纪念性建筑和特别重要的建筑结构

2.3 建筑结构的功能要求及极限状态

·2.3.1 建筑结构的功能要求·

结构在使用期间要承受各种各样的作用,结构在规定的设计使用年限内,在规定的条件下应满足预定的设计功能要求,概括起来有以下3个方面。

1)安全性

安全性有两方面的含义:一是指结构在正常施工和正常使用的条件下,能承受可能出现的各项作用而不破坏;二是指在设计规定的偶然事件发生时及发生后,仍能保持必须的整体稳定性,结构仅发生局部的损坏而不至于发生连续倒塌。

根据建筑物的重要性,以及结构破坏时可能产生的后果(危及人的生命、造成的经济损失和产生的社会影响等)不同,在建筑结构设计时应采用不同的安全等级。建筑结构的安全等级划分为三级,见表2.12。

表2.12 建筑结构的安全等级

安全等级	破坏后果	建筑物类型
一级	很严重	重要的房屋
二级	严重	一般的房屋
三级	不严重	次要的房屋

注:①特殊建筑物的安全等级应根据具体情况另行确定;

②抗震建筑结构及其地基基础的安全等级应符合国家现行有关规范的规定。

2)适用性

适用性是指结构在正常使用条件下具有良好的工作性能,例如不发生影响正常使用的过大变形和振动,不产生让使用者感到不安的裂缝等。

3)耐久性

耐久性是指结构在正常维护条件下具有足够的耐久性能,结构能够正常使用到规定的设计使用年限。即在各种因素(混凝土的碳化,钢筋的锈蚀)作用下,结构的承载力和刚度不随时间推移而有过大的降低,在设计使用年限内结构的安全性与适用性不受影响。

结构的安全性、适用性和耐久性总称为结构的可靠性。结构的可靠性是用可靠度来衡量的。所谓可靠度是指结构在规定时间(设计使用年限)内,在规定条件(正常设计、正常施工、正常使用、正常维护)下完成预定功能的概率。

结构的可靠度与结构使用年限的长短有关,它不同于设计基准期,《建筑结构可靠度设计统一标准》(GB 50068—2001)以结构的设计使用年限为计算结构可靠度的时间基准。当结构的使用年限超过设计使用年限后,并不意味结构就要报废,只是说明其可靠度将逐渐降低。

·2.3.2 建筑结构的极限状态·

结构能满足功能要求而良好地工作,称之为结构"可靠"或"有效",反之称为结构"不可靠"或"失效"。结构工作可靠与不可靠的区分标志是"极限状态"。所谓结构的极限状态,是指整个结构或结构的一部分超过某一特定状态就不能满足设计规定的某一功能要求,此特定状态称为该功能的极限状态。极限状态分为承载能力极限状态和正常使用极限状态两类。

1)承载能力极限状态

承载能力极限状态是指结构或结构构件达到最大承载力,出现疲劳破坏或达到不适于继续承载的变形状态。承载能力极限状态主要考虑结构的安全性功能,超过这一状态,便不能满足安全性的功能要求。

当结构或构件出现下列状态之一时,即认为超过了承载能力极限状态:

①结构构件及连接由于超过其材料强度而破坏,或由于过度的塑性变形而不适于继续承载,如材料被压碎,锚固筋被拔出等。

②整个结构或结构的一部分作为刚体失去平衡,如阳台、雨篷倾覆,挡土墙滑移等。

③结构转变为机动体系,如梁出现塑性铰等。

④结构或结构构件丧失稳定,如受压柱弯曲变形等。

⑤地基破坏而丧失承载能力。

2)正常使用极限状态

正常使用极限状态是指结构或构件达到正常使用或耐久性能的某项规定限值。超过这一状态,便不能满足适用性和耐久性的功能要求。

当结构或构件出现下列状态之一时,即认为超过了正常使用极限状态:

①影响正常使用和外观的变形。

②影响正常使用或耐久性的局部损坏,如水塔、池壁出现裂缝影响使用等。

③影响正常使用的振动。

④影响正常使用的其他特定状态。

·2.3.3 建筑结构的设计状况·

在按极限状态进行结构设计时,应考虑结构及构件在施工和使用中的环境条件影响,区分以下3种设计状态。

(1)持久状况

结构使用过程中一定出现其持续很长的状况,持续期同设计使用年限为同一数量级,应进行承载能力极限状态和正常使用极限状态的设计。

(2)短暂状况

短暂状况是指结构施工和使用过程中出现概率较大,与设计使用年限相比持续期很短的状况。如结构施工和维修时的堆料荷载状态,应进行承载能力极限状态和正常使用极限状态的设计。

(3)偶然状况

偶然状况是指在结构使用过程中出现概率很小,且持续时间很短的状况。如火灾、爆炸、撞击、地震等,应进行承载能力极限状态的设计。

2.4 建筑结构的荷载分类及代表值

·2.4.1 荷载分类·

在进行结构分析和设计时,常将荷载按下列性质分类:

1)按作用时间不同划分

(1)永久荷载

在结构使用期内,荷载值不随时间变化,或其变化与平均值相比可以忽略不计,或其变化是单调的并能趋于限值的荷载称为永久荷载,也称为恒载,例如结构自重、土压力、预应力等。

(2)可变荷载

在结构使用期内,荷载值随时间变化,且其变化与平均值相比不可以忽略不计的荷载称为可变荷载,也称为活载,例如楼面活荷载、屋面活荷载和积灰荷载、吊车荷载、风荷载、雪荷载等。

(3)偶然荷载

在结构使用期内,荷载不一定出现,一旦出现,其值很大且持续时间很短的荷载称为偶然荷载,例如爆炸力、撞击力等。

2)按结构的动力效应划分

(1)静载

静载是一种静态作用,它使结构构件没有动力效应或其动力效应可忽略,如恒载和活载。

(2)动载

动载是一种动态作用,它使结构构件产生的动力效应不可忽略,如地震作用、吊车荷载。

3)按荷载实际分布情况划分

(1)分布荷载

荷载是分布在一定面积上,当按一定几何关系分布时称面荷载,如均匀分布面荷载、三角形分布面荷载。对于可以将面荷载视为集中在一条线上分布的称线荷载,如均布线荷载和三角形分布线荷载。

(2)集中荷载

当荷载分布面积不大,可认为近似集中于一点时,称为集中荷载。

·2.4.2　荷载代表值·

在建筑结构设计时,对不同荷载应采用不同的量值,该量值称为荷载代表值。对永久荷载应采用标准值作为代表值,对可变荷载应根据设计要求采用标准值、组合值、频遇值或准永久值作为代表值,对偶然荷载应按建筑结构使用的特点确定其代表值。

1)荷载标准值

荷载标准值是荷载的基本代表值,它是指在结构使用期内正常情况下可能出现的最大荷载值,包括永久荷载标准值和可变荷载标准值。由于作用于结构上的荷载大小具有随机性,例如永久荷载中结构的自重虽然是根据结构的设计尺寸和材料单位容重计算出来的,但施工时由于存在尺寸偏差、材料单位容重的不均匀性,使得结构的实际自重与计算结果不完全一致。对于可变荷载的大小,其不确定性因素更多,因此在结构使用期内正常情况下可能出现的最大荷载值也是随机变量。按统一标准规定,荷载标准值由设计基准期内最大荷载概率统计分布的特征值(例如均值、中值或某个分位值)确定。《建筑结构荷载规范》(GB 50009—2012)中规定了各种荷载的标准值。

2)可变荷载的频遇值和准永久值

可变荷载的频遇值是指在设计基准期内其超过的总时间仅为设计基准期一小部分的荷载值。可变荷载的频遇值可表示为$\psi_f Q_k$,其中ψ_f为可变荷载的频遇值系数,Q_k为可变荷载标准值,取值可查表2.13。

可变荷载的准永久值是指在设计基准期内其超越的总时间约为设计基准期的1/2的荷载值。可变荷载的准永久值可表示为$\psi_q Q_k$,其中ψ_q为可变荷载的准永久值系数,取值可查表2.13。

3)可变荷载的组合值

当结构上同时作用两种或两种以上可变荷载时,所有可变荷载可能同时达到其单独作用最大值的概率很小,因此除产生最大效应的荷载(也称主导荷载)仍以其标准值作为代表值外,其他伴随荷载均应以小于标准值的荷载值作为代表值,此值称为可变荷载的组合值。

可变荷载组合值可表示为$\psi_c Q_k$。其中ψ_c为可变荷载组合值系数,取值可查表2.13。

表2.13　民用建筑楼面均布活荷载标准值、组合值、频遇值及准永久值系数

项次	类别	标准值 $Q_k/(kN \cdot m^{-2})$	组合值系数 ψ_c	频遇值系数 ψ_f	准永久值系数 ψ_q
1	①住宅、宿舍、旅馆、办公楼、医院病房、托儿所、幼儿园	2.0	0.7	0.5	0.4
	②试验室、阅览室、会议室、医院门诊室			0.6	0.5
2	教室、食堂、餐厅、一般资料档案室	2.5	0.7	0.6	0.5
3	①礼堂、剧场、影院、有固定座位的看台	3.0	0.7	0.5	0.3
	②公共洗衣房	3.0	0.7	0.6	0.5

续表

<table>
<tr><th>项次</th><th colspan="3">类 别</th><th>标准值
$Q_k/(kN \cdot m^{-2})$</th><th>组合值
系数 ψ_c</th><th>频遇值
系数 ψ_f</th><th>准永久值
系数 ψ_q</th></tr>
<tr><td rowspan="2">4</td><td colspan="3">①商店、展览厅、车站、港口、机场大厅及其旅客等候室</td><td>3.5</td><td>0.7</td><td>0.6</td><td>0.5</td></tr>
<tr><td colspan="3">②无固定座位的看台</td><td>3.5</td><td>0.7</td><td>0.5</td><td>0.3</td></tr>
<tr><td rowspan="2">5</td><td colspan="3">①健身房、演出舞台</td><td>4.0</td><td>0.7</td><td>0.6</td><td>0.5</td></tr>
<tr><td colspan="3">②舞厅、运动场</td><td>4.0</td><td>0.7</td><td>0.6</td><td>0.3</td></tr>
<tr><td rowspan="2">6</td><td colspan="3">①书库、档案库、储藏库</td><td>5.0</td><td rowspan="2">0.9</td><td rowspan="2">0.9</td><td rowspan="2">0.8</td></tr>
<tr><td colspan="3">②密集柜书库</td><td>12.0</td></tr>
<tr><td>7</td><td colspan="3">通风机房、电梯机房</td><td>7.0</td><td>0.9</td><td>0.9</td><td>0.8</td></tr>
<tr><td rowspan="4">8</td><td rowspan="4">汽车通道及客车停车库</td><td rowspan="2">①单向板楼盖(板跨不小于2 m)和双向板楼盖(板跨不小于 3 m×3 m)</td><td>客 车</td><td>4.0</td><td>0.7</td><td>0.7</td><td>0.6</td></tr>
<tr><td>消防车</td><td>35.0</td><td>0.7</td><td>0.5</td><td>0.0</td></tr>
<tr><td rowspan="2">②双向板楼盖(板跨不小于6 m×6 m)和无梁楼盖(柱网尺寸不小于6 m×6 m)</td><td>客 车</td><td>2.5</td><td>0.7</td><td>0.7</td><td>0.6</td></tr>
<tr><td>消防车</td><td>20.0</td><td>0.7</td><td>0.5</td><td>0.0</td></tr>
<tr><td rowspan="2">9</td><td rowspan="2">厨房</td><td colspan="2">①餐厅</td><td>4.0</td><td>0.7</td><td>0.7</td><td>0.7</td></tr>
<tr><td colspan="2">②其他</td><td>2.0</td><td>0.7</td><td>0.6</td><td>0.5</td></tr>
<tr><td>10</td><td colspan="3">浴室、卫生间、盥洗室</td><td>2.5</td><td>0.7</td><td>0.6</td><td>0.5</td></tr>
<tr><td rowspan="3">11</td><td rowspan="3">走廊、门厅</td><td colspan="2">①宿舍、旅馆、医院病房、托儿所、幼儿园、住宅</td><td>2.0</td><td>0.7</td><td>0.5</td><td>0.4</td></tr>
<tr><td colspan="2">②办公楼、餐厅、医院门诊部</td><td>2.5</td><td>0.7</td><td>0.6</td><td>0.5</td></tr>
<tr><td colspan="2">③教学楼及其他可能出现人员密集的情况</td><td>3.5</td><td>0.7</td><td>0.5</td><td>0.3</td></tr>
<tr><td rowspan="2">12</td><td rowspan="2">楼梯</td><td colspan="2">①多层住宅</td><td>2.0</td><td>0.7</td><td>0.5</td><td>0.4</td></tr>
<tr><td colspan="2">②其他</td><td>3.5</td><td>0.7</td><td>0.5</td><td>0.3</td></tr>
<tr><td rowspan="2">13</td><td rowspan="2">阳台</td><td colspan="2">①可能出现人员密集的情况</td><td>3.5</td><td>0.7</td><td>0.6</td><td>0.5</td></tr>
<tr><td colspan="2">②其他</td><td>2.5</td><td>0.7</td><td>0.6</td><td>0.5</td></tr>
</table>

注:①本表所给各项活荷载适用于一般使用条件,当使用荷载较大、情况特殊或有专门要求时,应按实际情况采用。

②第 6 项书库活荷载,当书架高度大于 2 m 时,书库活荷载尚应按每米书架高度不小于 2.5 kN/m^2 确定。

③第 8 项中的客车活荷载仅适用于停放载人少于 9 人的客车;消防车活荷载适用于满载总重为 300 kN 的大型车辆;当不符合本表的要求时,应将车轮的局部荷载按结构效应的等效原则,换算为等效均布荷载。

④第 8 项消防车活荷载,当双向板楼盖板跨介于 3 m×3 m～6 m×6 m 时,应按跨度线性插值确定。

⑤第 12 项楼梯活荷载,对预制楼梯踏步平板,尚应按 1.5 kN 集中荷载验算。

⑥本表各项荷载不包括隔墙自重和二次装修荷载;对固定隔墙的自重应按永久荷载考虑,当隔墙位置可灵活自由布置时,非固定隔墙的自重应取不小于 1/3 的每延米长墙重(kN/m)作为楼面活荷载的附加值(kN/m^2)计入,且附加值不应小于 1.0 kN/m^2。

2.5 建筑结构构件设计的一般方法

·2.5.1 实用设计表达式·

1)承载能力极限状态设计表达式

对于承载能力极限状态,应按荷载的基本组合或偶然组合计算荷载组合的效应设计值,并应采用下列设计表达式进行设计:

$$\gamma_0 S_d \leqslant R_d \tag{2.9}$$

式中 γ_0——结构重要性系数。安全等级为一级或设计使用年限为100年及以上的结构构件,$\gamma_0=1.1$;安全等级为二级或设计使用年限为50年的结构构件,$\gamma_0 \geqslant 1.0$;安全等级为三级或设计使用年限为5年及以下的结构构件,$\gamma_0 \geqslant 0.9$。在抗震设计中,应取1.0。

S_d——荷载组合的效应设计值。

R_d——结构构件的抗力设计值,应按各有关建筑结构设计规范的规定采用。

对于基本组合,荷载组合的效应设计值 S_d,应从下列组合值中取用最不利的效应设计值确定:

(1)由可变荷载控制的效应组合

由可变荷载控制的效应组合设计值为:

$$S_d = \sum_{j=1}^{m} \gamma_{G_j} S_{G_j k} + \gamma_{Q_1} \gamma_{L_1} S_{Q_1 k} + \sum_{i=2}^{n} \gamma_{Q_i} \gamma_{L_i} \psi_{c_i} S_{Q_i k} \tag{2.10}$$

(2)由永久荷载控制的效应组合

由永久荷载控制的效应组合的设计值为:

$$S_d = \sum_{j=1}^{m} \gamma_{G_j} S_{G_j k} + \sum_{i=1}^{n} \gamma_{Q_i} \gamma_{L_i} \psi_{c_i} S_{Q_i k} \tag{2.11}$$

式中 γ_{G_j}——第 j 个永久荷载的分项系数。当永久荷载效应对结构不利时,对由可变荷载效应控制的组合应取1.2,对由永久荷载效应控制的组合应取1.35;当永久荷载效应对结构有利时,不应大于1.0。

γ_{Q_i}——第 i 个可变荷载的分项系数,其中当 $i=1$ 时为主导可变荷载 Q_1 的分项系数,对于标准值大于4 kN/m^2 的工业房屋楼面活荷载应取1.3,其他情况应取1.4。

γ_{L_i}——第 i 个可变荷载考虑设计使用年限的调整系数,其中当 $i=1$ 时为主导可变荷载 Q_1 考虑设计使用年限的调整系数。

$S_{G_j k}$——按第 j 个永久荷载标准值 G_{jk} 计算的荷载效应值。

$S_{Q_i k}$——按第 i 个可变荷载标准值 Q_{ik} 计算的荷载效应,其中 $i=1$ 为诸可变荷载效应中起控制作用者。

ψ_{c_i}——第 i 个可变荷载 Q_i 的组合值系数。

m——参与组合的永久荷载数。

n——参与组合的可变荷载数。

2)正常使用极限状态设计表达式

对于正常使用极限状态,钢筋混凝土构件、预应力混凝土构件应分别按荷载的准永久组合并考虑长期作用的影响或标准组合并考虑长期作用的影响,采用下列极限状态设计表达式进行验算:

$$S_d \leqslant C \tag{2.12}$$

式中 C——结构或结构构件达到正常使用要求的规定限值,例如变形、裂缝、振幅、加速度、应力等的限值,应按各有关建筑结构设计规范的规定采用。

(1)荷载的标准组合

$$S_d = \sum_{j=1}^{m} S_{G_j k} + S_{Q_1 k} + \sum_{i=2}^{n} \psi_{c_i} S_{Q_i k} \tag{2.13}$$

(2)荷载的频遇组合

$$S_d = \sum_{j=1}^{m} S_{G_j k} + \psi_{f_1} S_{Q_1 k} + \sum_{i=2}^{n} \psi_{q_i} S_{Q_i k} \tag{2.14}$$

(3)荷载的准永久组合

$$S_d = \sum_{j=1}^{m} S_{G_j k} + \sum_{i=1}^{n} \psi_{q_i} S_{Q_i k} \tag{2.15}$$

式中 ψ_{c_i},ψ_{f_1},ψ_{q_i}——分别为组合值系数、频遇值系数、准永久值系数。

·2.5.2 建筑结构设计的一般过程·

虽然不同的建筑结构有各自的特点,但建筑结构设计的一般过程都包括下面几个环节:

1)结构选型

在满足建筑使用功能要求、受力合理、技术可行和经济适用的前提下,根据设计基本资料和有关数据选择结构形式和结构承重体系,主要内容有:承重结构方案与布置、屋(楼)盖结构方案与布置、基础结构方案与布置、结构构造措施等。

2)结构布置

在确定结构方案的基础上,确定各结构构件的相互位置关系,初选结构的全部尺寸。结构布置确定后,即确定了结构的计算简图、荷载的传递路径。结构布置是否合理直接影响到结构的性能。

3)选定材料和初选构件截面尺寸

按规范要求选择合适等级的材料,按使用功能和构造要求初步确定构件的截面尺寸。

4)荷载计算

根据建筑物的使用功能要求和建筑物所在地区的抗震设防等级,计算永久荷载、可变荷载(屋楼面活荷载、风荷载等)以及地震作用。

5)内力分析及组合

计算各种荷载作用下的内力时,由于各种荷载同时出现的可能性是多样的,而且活荷载作用的位置是可变的,因此结构构件承受的荷载和相应的内力情况也是多样的,需要用内力组合来表达,以求出截面的最不利内力组合值作为承载能力极限状态、正常使用极限状态设计的依据。

6)结构构件设计计算

不同的结构类型,有与之相应的结构设计规范和标准,应按照相应的设计规范设计计算结构构件控制截面的承载能力,同时应验算裂缝、位移、变形等限值要求。结构构件设计计算应完成一份结构设计计算书。

7)构造设计

建筑结构设计中,有相当部分内容结构计算无法解决,需要采用相应的构造措施进行构造设计。构造设计主要依据结构布置和抗震设防要求,确定结构的整体及部分连接构造。

8)绘制施工图

结构构件设计计算和构造设计的结果要通过结构施工图来反映,施工图要达到不需要做任何附加说明即可施工的要求。施工图要符合相应的设计规范和制图规范要求。

小 结 2

本章主要讲述了以下内容:

①按作用时间的不同,结构上的荷载可分为永久荷载、可变荷载和偶然荷载。

②结构设计时,对不同荷载应采用不同的量值,该量值即为荷载代表值。永久荷载采用标准值为代表值,可变荷载采用标准值、组合值、频遇值或准永久值为代表值。荷载标准值就是结构在正常使用期间(即设计基准期内)可能出现的最大荷载值,它是荷载的基本代表值。

③建筑结构在规定的设计使用年限内应满足安全性、适用性和耐久性三项功能要求。结构的安全性、适用性和耐久性概括起来称为结构的可靠性,它是结构在规定的时间内和规定的条件下,完成预定功能的概率。结构的可靠度是结构可靠性的概率度量。

④结构的极限状态就是结构或构件满足结构安全性、适用性、耐久性三项功能中某一功能要求的临界状态。超过这一界限,结构或其构件就不能满足设计规定的功能要求,而进入失效状态。结构极限状态分为承载能力极限状态和正常使用极限状态两类。其中承载能力极限状态对应于结构或结构构件达到最大承载能力或不适于继续承载的变形;正常使用极限状态对应于结构或结构构件达到正常使用或耐久性能的某项规定限值,超过这一限值便不能满足适用性或耐久性的功能要求。承载能力极限状态主要考虑结构安全性的功能,而正常使用极限状态主要考虑有关结构适用性和耐久性的功能。

⑤混凝土结构用的热轧钢筋分为 HPB300, HRB335(HRBF335), HRB400(HRBF400, PRB400)和 HRB500(HRBF500)四级。

⑥根据立方体抗压强度标准值$f_{cu,k}$的大小,混凝土强度等级分为 14 级。钢筋混凝土结构的混凝土强度等级不应低于 C15。当采用 HRB335 级钢筋时,混凝土强度等级不宜低于 C20;当采用 HRB400 和 RRB400 级钢筋以及承受重复荷载的构件,混凝土强度等级不得低于 C20。

⑦钢筋和混凝土是两种不同性质的材料,在钢筋混凝土结构中之所以能够共同工作,最主

要的原因是钢筋表面与混凝土之间存在粘结作用。

⑧砌体的材料主要包括块材和砂浆。块材包括砖砌块和石材;砂浆按配料成分不同分为水泥砂浆、水泥混合砂浆、非水泥砂浆和混凝土砌块砌筑砂浆。

⑨砌体分为无筋砌体和配筋砌体两类。无筋砌体包括砖砌体、石砌体和砌块砌体;配筋砌体包括网状配筋砌体、组合砖砌体和配筋砌块砌体。

⑩影响砌体抗压强度的因素主要有:块材和砂浆的强度,砂浆的性能,块材的尺寸、形状及灰缝厚度,砌筑质量。

⑪建筑结构设计的一般过程都包括:结构选型、结构布置、选定材料和初选构件截面尺寸、荷载计算、内力分析及组合、结构构件设计计算、构造设计、绘制施工图。

复习思考题 2

2.1 什么是荷载代表值?永久荷载、可变荷载分别以什么为代表值?

2.2 建筑结构的设计基准期与设计使用年限有何区别?设计使用年限分为哪几类?

2.3 建筑结构应满足哪些功能要求?

2.4 结构的可靠性和可靠度的定义分别是什么?二者有何联系?

2.5 什么是结构的极限状态?承载能力极限状态和正常使用极限状态的含义分别是什么?

2.6 永久荷载、可变荷载的荷载分项系数分别为多少?

2.7 混凝土结构用热轧钢筋分为哪几级?

2.8 砌体可分为哪几类?常用的砌体材料有哪些?

2.9 影响砌体抗压强度的因素有哪些?

2.10 砌体施工质量控制等级分为哪几级?

3 混凝土受弯构件

受弯构件是指仅承受弯矩和剪力作用的构件,是钢筋混凝土结构中用量最大的一种构件。其中,梁和板是最常见的受弯构件。我们把仅在截面的受拉区配置受力钢筋的受弯构件称为单筋受弯构件;把在截面的受拉区和受压区都配置受力钢筋的受弯构件称为双筋受弯构件。

受弯构件一般需要进行承载能力极限状态计算和正常使用极限状态验算。

承载能力极限状态计算主要是正截面受弯承载力计算和斜截面受剪承载力计算。

正截面受弯承载力计算就是按控制截面的弯矩设计值确定截面尺寸及纵向受力钢筋的数量。斜截面受剪承载力计算就是按控制截面的剪力设计值复核截面尺寸,并确定截面抗剪所需的箍筋和弯起钢筋的数量。

通常,我们把与构件纵轴线相垂直的截面称为正截面,把与构件纵轴线倾斜成某一角度的截面称为斜截面。

正常使用极限状态验算就是指受弯构件在进行承载能力极限状态计算之后,按正常使用极限状态的要求进行构件变形和裂缝宽度的验算。

受弯构件除了要进行上述计算和验算外,为了保证构件的各个部位都具有足够的抗力,并使构件具有必要的适用性和耐久性,还需要采取一系列的构造措施。在学习本章时,除了了解受弯构件的设计方法外,还要重点掌握受弯构件的构造要求。

3.1 受弯构件的构造要求

·*3.1.1 截面形式及尺寸*·

1)梁的截面形式及尺寸

(1)梁的截面形式

梁最常用的截面形式有矩形和T形,此外还可根据需要做成花篮形、十字形、I形、倒T形、倒L形等对称和不对称截面,如图3.1所示。在现浇整体式结构中,为了便于施工,常采用矩形或T形截面;而在预制装配式楼盖中,为了搁置预制板可采用矩形截面,但有时由于室内净高度的限制,也可采用花篮形、十字形截面;薄腹梁一般可采用I形截面。

(2)梁的截面尺寸

为了方便施工,梁的截面尺寸通常沿梁全长保持不变。在确定截面尺寸时,应满足下述构造要求。

①对于一般荷载作用下的梁,当梁的高度不小于表3.1规定的最小截面高度时,梁的挠度

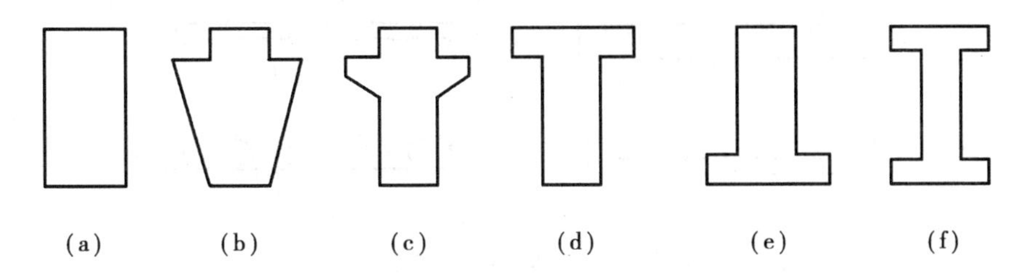

图3.1 梁的截面形式

(a)矩形;(b)花篮形;(c)十字形;(d)T形;(e)倒T形;(f)I形

要求一般能得到满足,可不进行挠度验算。

表3.1 梁的最小截面高度

项　次	构件种类		简 支	连续梁	悬　臂
1	整体肋形梁	次　梁	$l/15$	$l/20$	$l/8$
		主　梁	$l/12$	$l/15$	$l/6$
2	独立梁		$l/12$	$l/15$	$l/6$

注:①l为梁的计算跨度。

②梁的计算跨度$l \geqslant 9$ m时,表中数值应乘以1.2的系数。

②常用梁高。通常所用梁高为200,250,300,350,…,750,800,900,1 000 mm等。截面高度$h \leqslant 800$ mm时,级差取50 mm;$h > 800$ mm时,级差取100 mm。

③常用梁宽。梁高确定后,梁的宽度可由常用的高宽比h/b来确定。矩形截面的高宽比h/b一般取2.0~3.5,T形截面的高宽比h/b一般取2.5~4.0。

常用梁宽为150,200,250,300 mm,若宽度$b > 200$ mm,一般级差取50 mm。

砖砌体中梁的梁宽和梁高,如圈梁、过梁等按砖砌体所采用的模数来确定,如120,180,240,300,360 mm等。

(3)支承长度

梁的支承长度应满足纵向受力钢筋在支座处的锚固长度要求,当梁的支座为砖墙或砖柱时,可视为简支座,梁伸入砖墙、柱的支承长度应同时满足梁下砌体的局部承压强度。一般当梁高$h \leqslant 500$ mm时,支承长度$a \geqslant 180$ mm;$h > 500$ mm时,$a \geqslant 240$ mm。当梁支承在钢筋混凝土梁(柱)上时,其支承长度$a \geqslant 180$ mm。钢筋混凝土桁条支承在砖墙上时,$a \geqslant 120$ mm;支承在钢筋混凝土梁上时,$a \geqslant 80$ mm。

2)板的截面形式及尺寸

(1)板的截面形式

板中现浇板的截面形式通常都是矩形,而预制板截面形式有矩形、槽形、倒槽形及多孔空心形等,如图3.2所示。

(2)板的厚度

板的厚度应满足强度、刚度和抗裂等方面的要求。从刚度出发,板的最小厚度应满足表3.2的要求。对于现浇民用建筑楼板,当板的厚度与计算跨度之比值满足表3.3规定时,则可认为板的刚度基本满足要求,而不需进行挠度验算。

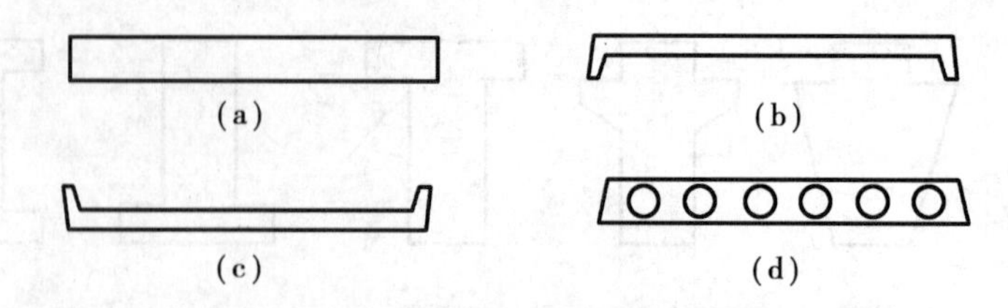

图 3.2　板的截面形式

(a)矩形;(b)槽形;(c)倒槽形;(d)多孔空心形

表 3.2　现浇钢筋混凝土板的最小厚度

板的类别		最小厚度/mm
单向板	屋面板	60
	民用建筑楼板	60
	工业建筑楼板	70
	行车道下的楼板	80
双向板		80
悬臂板	板的悬臂长度≤500	60
	板的悬臂长度＞1 200	100

表 3.3　不须做挠度计算的最小板厚

项次	构件名称		板的种类		
			简 支	连 续	悬臂板
1	平 板	单 向	1/30	1/35	1/12
2		双 向	1/40	1/45	
3	肋形板		1/20	1/25	1/12

注:表中数值为板的厚度与计算跨度的最小比值。

(3)板的支承长度

板的支承长度应满足板的受力钢筋在支座处的锚固长度的要求。

①现浇板搁置在砖墙上时,其支承长度 a 应满足 $a \geqslant h$(板厚)且 $a \geqslant 120$ mm。

②预制板的支承长度应满足以下条件:

a. 搁置在砖墙上时,其支承长度 $a \geqslant 100$ mm;

b. 搁置在钢筋混凝土屋架或钢筋混凝土梁上时,$a \geqslant 80$ mm。

·3.1.2　混凝土保护层厚度·

1)混凝土保护层厚度

为了防止钢筋锈蚀和保证钢筋和混凝土能紧密地粘结在一起共同工作,梁、板的受力钢筋表面必须有一定厚度的混凝土保护层。结构构件中钢筋外边缘至构件表面范围用于保护钢筋的混凝土,称为保护层。《混凝土结构设计规范》(GB 50010—2010)根据结构构件所处环境条件规定了设计使用年限为 50 年的混凝土结构混凝土保护层的最小厚度,按表 3.4 确定。同时,混凝土保护层的厚度还应不小于受力钢筋的直径。

表 3.4　混凝土保护层最小厚度　　单位:mm

环境类别	板、墙、壳	梁、柱、杆
一	15	20
二 a	20	25
二 b	25	35
三 a	30	40
三 b	40	50

注:①混凝土强度等级不大于 C25 时,表中保护层厚度数值应增加 5 mm;

②钢筋混凝土基础宜设置混凝土垫层,基础中钢筋混凝土保护层厚度应从垫层顶面算起,且不应小于 40 mm。

2)梁、板的截面有效高度

从受压区混凝土边缘至受拉钢筋截面重心的距离称为截面有效高度,以 h_0 表示,如图3.3所示。截面有效高度 h_0 可统一写为:

$$h_0 = h - a_s \tag{3.1}$$

式中 a_s——纵向受力钢筋合力点至截面近边的距离。

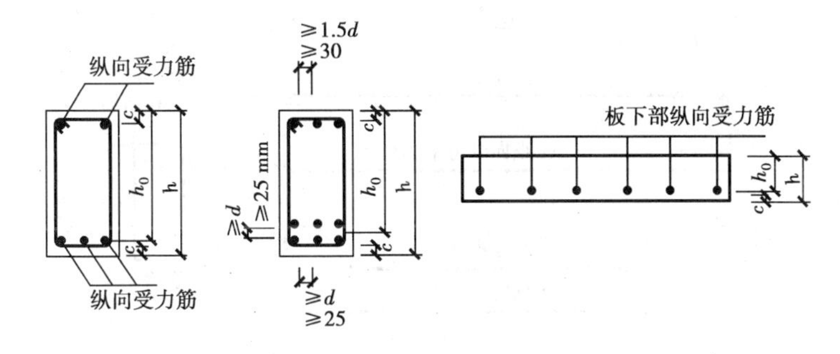

图3.3 梁、板截面的有效高度及钢筋保护层的厚度

①a_s 在室内干燥环境下,对于板:

当混凝土强度等级>C25时,取 $a_s = c + \frac{d}{2} = \left(15 + \frac{10}{2}\right)$ mm = 20 mm;

当混凝土强度等级≤C25时,取 $a_s = c + \frac{d}{2} = \left(20 + \frac{10}{2}\right)$ mm = 25 mm。

②a_s 在室内干燥环境下,对于梁:

当混凝土强度等级>C25时,取 $a_s = c +$ 箍筋直径(预估)$+ \frac{d}{2} = \left(20 + 8 + \frac{20}{2}\right)$ mm = 38 mm,取 a_s = 40 mm(一排钢筋);或 $a_s = c +$ 箍筋直径 $+ d + \frac{d}{2} = \left(20 + 8 + 20 + \frac{25}{2}\right)$ mm = 60.5 mm,取 a_s = 60 mm(二排钢筋)。

当混凝土强度等级≤C25时,取 a_s = 45 mm(一排钢筋);或取 a_s = 65 mm(二排钢筋)。

式中 c——混凝土保护层厚度;

d——梁板的受力筋直径(预估值)。

·3.1.3 梁、板的配筋·

1)梁的配筋

在钢筋混凝土梁中,通常配置的钢筋有纵向受力钢筋、弯起钢筋、箍筋和架立钢筋等,当梁的截面高度较大时,尚应在梁侧设置构造钢筋,如图3.4所示。

(1)纵向受力钢筋

纵向受力钢筋的作用主要是承受弯矩在梁截面内所产生的拉力,一般设置在梁的受拉一侧,双筋截面梁在受压区也可设置纵向受力钢筋,其数量应通过计算来确定。宜采用HPB300,HRB400,HRBF400,HRB500,HRBF500级,也可以采用HRB335,HRBF335级钢筋。

①直径:梁中常用的纵向受力钢筋直径为10~25 mm,一般不宜大于28 mm,以免造成梁

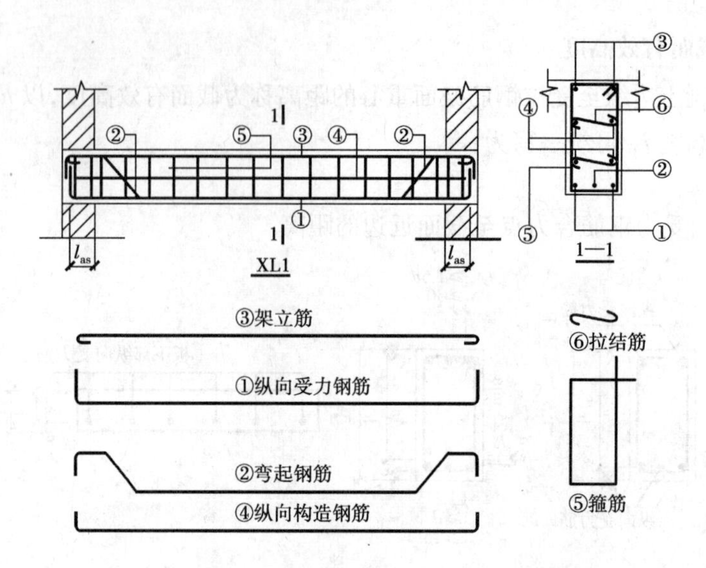

图 3.4　梁的配筋

的裂缝过宽。另外，同一构件中钢筋直径的种类一般不宜超过 3 种，为了施工时易于识别其直径，一般钢筋直径相差也不宜小于 2 mm，同时直径也不应相差太大。

②根数及层数：梁内纵向受力钢筋的根数一般不应少于 2 根，当梁宽 $b \leqslant 150$ mm 时，也可为 1 根。纵向受力钢筋的层数与梁的宽度、钢筋根数、直径、间距及混凝土保护层的厚度等因素有关，通常要求钢筋沿梁宽均匀布置，并尽可能排成一排，以增大梁截面的内力臂，提高梁的抗弯能力，只有当钢筋根数较多、排成一排不能满足钢筋净距和混凝土保护层厚度时，才考虑将钢筋排成两排。

③间距：梁上部纵向受力钢筋的净距，不应小于 30 mm，也不应小 $1.5d$（d 为受力钢筋的最大直径）；梁下部纵向受力钢筋的净距，不应小于 25 mm，也不应小于 d。构件下部纵向受力钢筋的配置多于 2 层时，自第 3 层时起，水平方向的中距应比下面 2 层的中距大 1 倍，如图 3.3 所示。

④并筋：构件中的钢筋可采用并筋的配置形式。采用并筋的配筋形式，可以解决配筋密集引起的施工困难。《混凝土结构设计规范》（GB 50010—2010）规定：直径 28 mm 及以下的钢筋并筋数量不应超过 3 根；直径32 mm的钢筋并筋数量宜为 2 根；直径 36 mm 及以上的钢筋不应采用并筋。并筋应按单根等效钢筋进行计算，等效钢筋的等效直径应按截面面积相等的原则换算确定。二并筋可按纵向或横向的方式布置；三并筋宜按品字形布置，并均按并筋的重心作为等效钢筋的重心，如图 3.5 所示。实际应用时，如果直径相同，也可以近似按照两并筋的等效直径取为单根直径的 1.41 倍，3 根品字形并筋等效直径取为单根直径的 1.73 倍进行计算和应用。

图 3.5　并筋布置示意

(2) 弯起钢筋

弯起钢筋是由纵向受力钢筋弯起而成的，其作用是在跨中承受正弯矩产生的拉力，在靠近支座的弯起段承受弯矩和剪力共同产生的主拉应力。弯起钢筋的构造要求如下：

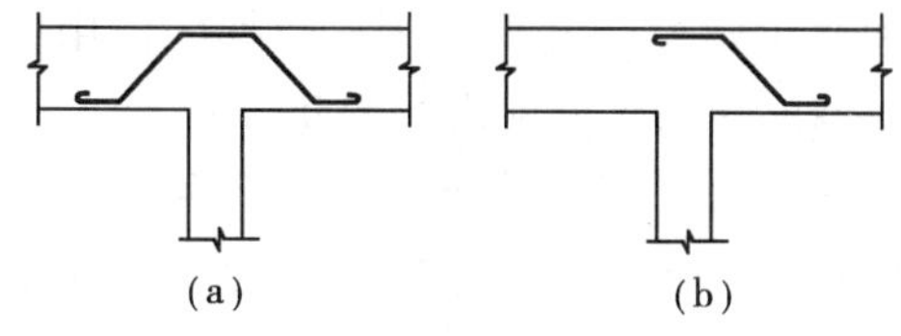

图 3.6 梁内弯起钢筋
(a)鸭筋;(b)浮筋

①弯起钢筋的设置及直径、根数要求。弯起钢筋的直径大小同纵向受力钢筋,而根数由斜截面计算确定。位于梁最外侧的钢筋不应弯起。梁中弯起钢筋的弯起角度一般宜取45°,当梁截面高度大于800 mm时,宜采用60°。当纵向钢筋不能弯起时,可单独采用有抗剪作用的弯筋(也称为鸭筋)承担弯矩和剪力共同产生的主拉应力,如图 3.6(a)所示。弯起钢筋不应采用浮筋,如图 3.6(b)所示。一般情况下,对于采用绑扎骨架的主梁及跨度≥6 m 的次梁、吊车梁以及挑出 1 m 以上的悬臂梁,均宜设置弯起钢筋,悬臂梁的配筋如图 3.7 所示。

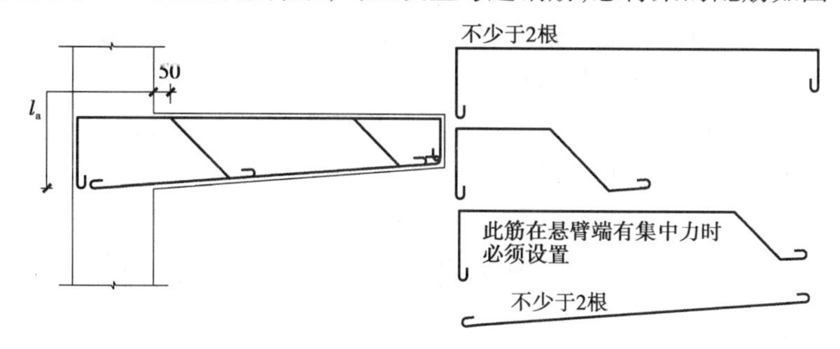

图 3.7 悬臂梁的配筋

②弯起钢筋的锚固。《混凝土结构设计规范》(GB 50010—2010)规定:在弯起钢筋的弯终点处应留有平行于梁轴线方向的锚固长度,在受拉区不应小于弯起钢筋直径的 20 倍,在受压区不应小于弯起钢筋直径的 10 倍,如图 3.8所示。此外,梁底层钢筋中处于角部的钢筋不应弯起,顶层钢筋中处于角部的钢筋不应弯下。

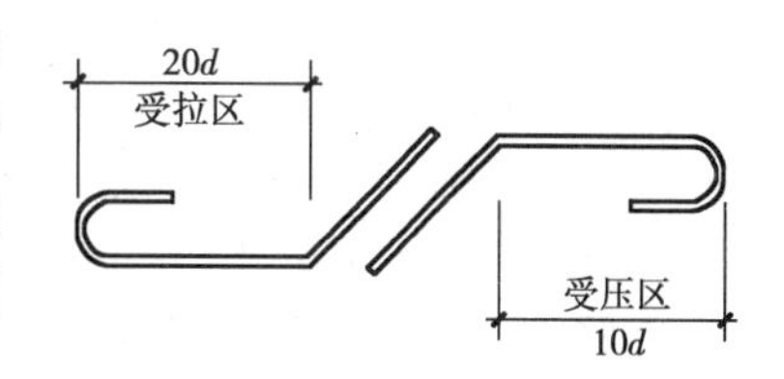

图 3.8 弯起钢筋的锚固

③弯起钢筋的间距。为了避免由于尺寸误差或施工误差使弯起钢筋的弯终点进入梁的支座内,也是为了充分发挥弯起钢筋的抗剪作用,靠近支座的第一排弯起钢筋的弯终点到支座边缘的距离不宜小于50 mm,且不应大于表 3.5 中箍筋的最大间距 s_{max},如图 3.9 所示。当设置两排或两排以上弯起钢筋时,第一排(从支座算起)弯起钢筋的弯起点到第二排弯起钢筋的弯终点之间的距离,不应大于表 3.5 中箍筋的最大间距 s_{max}。

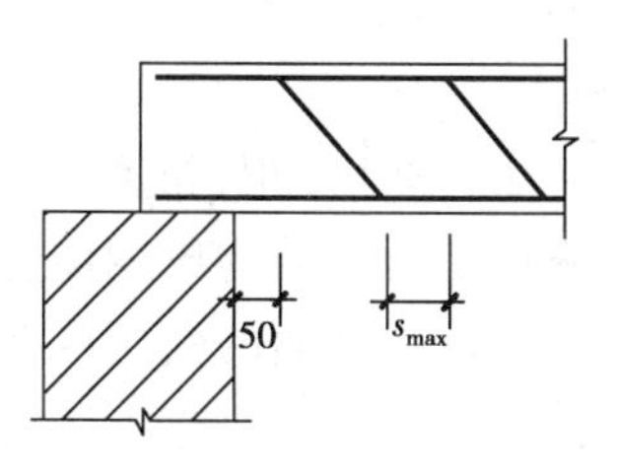

图 3.9 弯起钢筋的间距

表 3.5 梁中箍筋的最大间距 s_{max} 单位:mm

梁高 h	$V>0.7f_tbh_0$	$V\leqslant 0.7f_tbh_0$
$150<h\leqslant 300$	150	200
$300<h\leqslant 500$	200	300
$500<h\leqslant 800$	250	350
$h>800$	300	400

(3)箍筋

箍筋的主要作用是承受剪力和弯矩共同作用形成主拉应力引起的斜截面拉力,起到抗剪的作用；同时，箍筋还兼有固定纵向受力钢筋位置，并和其他钢筋一起形成钢筋骨架的作用以及限制斜裂缝宽度等作用。在钢筋混凝土梁中，宜采用箍筋作为承受剪力的钢筋。

①箍筋的形式和肢数。箍筋的形式通常有封闭式和开口式两种。箍筋的主要作用是作为腹筋承受剪力，除此之外，还起到固定纵筋位置和形成钢筋骨架的作用。由于箍筋属于受拉钢筋，因此箍筋必须有很好的锚固。在一般的梁中通常都采用封闭式箍筋。有抗震要求地区的梁中箍筋也都采用封闭式箍筋。

箍筋的肢数最常用的是双肢，除此还有单肢、四肢等。通常按下列原则确定箍筋的肢数：

a. 当梁的宽度 150 mm $<b<$ 350 mm 时，以及一层钢筋中受拉钢筋不超过 5 根，按计算配置的受压钢筋不超过 3 根时采用双肢箍筋；

b. 当梁的宽度 $b>$ 400 mm，且一层纵向受压钢筋多于 3 根，或 $b\leqslant$ 400 mm，但一层内的纵向受压钢筋多于 4 根时，宜采用四肢箍筋；

c. 当梁的宽度 $b<$ 400 mm，一层内的纵向受压钢筋不多于 4 根时，可不采用四肢箍筋；

d. 当 $b\leqslant$ 150 mm 时可采用单肢箍筋。

②箍筋的直径。箍筋宜采用 HPB300，HRB400，HRBF400，HRB500，HRBF500 级，也可以采用 HRB335，HRBF335 级钢筋。为了使钢筋骨架具有一定的刚性，箍筋的直径不宜太小，其最小直径与梁高 h 有关。当箍筋用于抗剪、抗扭、抗冲切设计时，其抗拉强度设计值不宜采用强度高于 400 MPa 级的热轧带肋高强度钢筋。

a. 当梁高 $h>$ 800 mm 时，箍筋直径不小于 8 mm；

b. 当梁高 $h\leqslant$ 800 mm 时，箍筋直径不小于 6 mm；

c. 当梁中配有计算需要的纵向受压钢筋时，箍筋直径还不应小于纵向受压钢筋最大直径的 1/4。

③箍筋的间距。箍筋的间距对斜裂缝的展开宽度有显著影响。如果箍筋间距过大，则斜裂缝可能不与箍筋相交，或者相交在箍筋不能充分发挥作用的位置。因此，一般宜采用直径较小、间距较密的箍筋。当然，若箍筋的间距过小，则箍筋的数量就会过多，导致施工不便。《混凝土结构设计规范》(GB 50010—2010)规定梁中箍筋的最大间距应符合表 3.5 的要求。

④箍筋的布置。对于按计算不需要箍筋抗剪的梁，如截面高度大于 300 mm 时，仍应沿梁全长设置箍筋；对截面高度为 150 ~ 300 mm的梁，可仅在构件端部 1/4 范围内设置箍筋，但当在构件中部 1/2 跨度范围内有集中荷载作用时，则应沿梁全长设置箍筋；当截面高度小于 150 mm时，可不设箍筋。

(4)架立钢筋

在梁箍筋转角处无纵向受力钢筋时，应设架立钢筋。架立钢筋一般至少为 2 根，布置在梁箍筋转角处的角部。架立钢筋的作用是：固定箍筋的正确位置，与纵向受力钢筋构成钢筋骨架，并承受因温度变化、混凝土收缩而产生的拉力，以防止发生裂缝；另外，在截面的受压区布置钢筋对改善混凝土的延性亦有一定的作用。

①架立钢筋的直径。当梁的跨度小于 4 m 时，直径不宜小于 8 mm；当梁的跨度为 4 ~ 6 m 时，直径不宜小于 10 mm；当梁的跨度大于 6 m 时，直径不宜小于 12 mm。

②架立钢筋与受力钢筋的搭接长度，应符合下列规定：

a. 架立钢筋直径 $<$ 10 mm 时，架立钢筋与受力钢筋的搭接长度应 $\geqslant$ 100 mm；

b. 架立钢筋直径 $\geqslant$ 10 mm 时，架立钢筋与受力钢筋的搭接长度应 $\geqslant$ 150 mm。

(5)梁侧纵向构造钢筋

梁侧构造钢筋的作用是防止因温度变化及混凝土收缩等在梁的侧面产生垂直于梁轴线的收缩裂缝,如图3.4所示。当梁的腹板高度 $h_w \geq 450$ mm 时,在梁的两个侧面应沿梁的高度方向配置纵向构造钢筋,每侧纵向构造钢筋的截面面积不应小于腹板截面面积的0.1%,间距不宜大于200 mm。梁两侧的纵向构造钢筋宜用拉筋联系,拉筋的直径与箍筋直径相同,间距为300~500 mm,通常取为箍筋间距的2倍。梁侧纵向构造钢筋一般伸至梁端,并满足受拉钢筋的锚固要求。

2)板的配筋

板中一般配置有受力钢筋和分布钢筋,如图3.10所示。当板端嵌固于墙内时,板端将产生负弯矩,因此尚需设置板面构造负筋,其配置要求详见第7章。两对边支承的板应按单向板计算。四边支承的板应按下列规定计算:当长边与短边长度之比不大于2.0时,应按双向板计算;当长边与短边长度之比大于2.0,但小于3.0时,宜按双向板计算;当长边与短边长度之比不小于3.0时,宜按沿短边方向受力的单向板计算,并应沿长边方向布置构造钢筋。

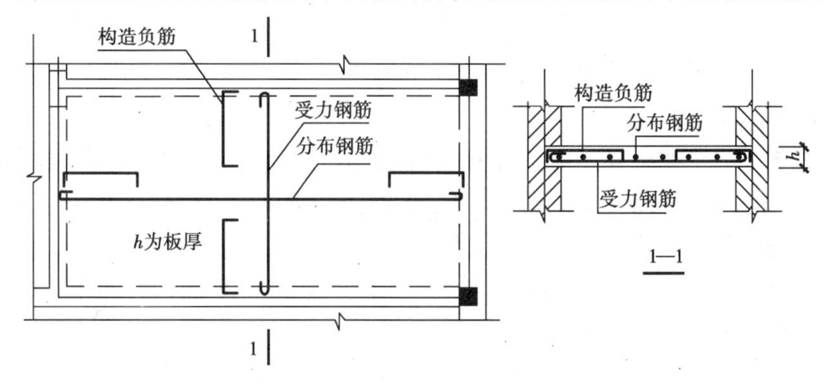

图3.10 板的配筋

(1)板中受力钢筋

板中受力钢筋的作用是承受板产生的拉力。板中受力钢筋的直径通常采用HPB300,HRB400,HRBF400级等钢筋,常用的直径为6,8,10,12,14 mm。

在同一构件中,当采用不同直径的钢筋时,其种类不宜多于两种,以免施工不便。板中受力钢筋的间距不宜过小或过大,过小则不易浇筑混凝土且钢筋与混凝土之间的可靠粘结难以保证;过大则不能正常分担内力,板的受力不均匀。当板厚≤150 mm时,板内受力钢筋间距(受力钢筋中至中的距离)不宜大于200 mm;当板厚大于150 mm时,间距不宜大于1.5h,且不宜大于250 mm。为了便于钢筋绑扎和浇筑混凝土,确保混凝土施工质量,钢筋间距不宜小于70 mm。

(2)分布钢筋和构造负筋

在单向板中垂直于板的受力钢筋方向布置的构造钢筋称为分布钢筋。分布钢筋的作用是将板面上承受的荷载更均匀地传给受力钢筋,并用来抵抗温度、收缩应力沿分布钢筋方向产生的拉应力,同时在施工时可固定受力钢筋的位置。

分布钢筋可按构造配置。《混凝土结构设计规范》(GB 50010—2010)规定:分布钢筋的截面面积不宜小于受力钢筋截面面积的15%,且不宜小于该方向板截面面积的0.15%;其间距不宜大于250 mm。分布钢筋的直径不宜小于6 mm,若受力钢筋的直径为12 mm或以上时,直径可取8 mm或10 mm。对集中荷载较大的情况,分布钢筋的截面面积应适当增加,其间距不宜大于200 mm。

按简支边或非受力边设计的现浇混凝土板,当与混凝土梁、墙整体浇筑或嵌固在砌体墙内时,应设置板面构造钢筋(构造负筋),并应符合下列要求:钢筋直径不宜小于8 mm,间距不宜大于200 mm,且单位宽度内的配筋面积不宜小于跨中相应方向板底钢筋截面面积的1/3;与混凝土梁、混凝土墙整体浇筑单向板的非受力方向,钢筋截面面积尚不宜小于受力方向跨中板底钢筋截面面积的1/3;钢筋从混凝土梁边、柱边、墙边伸入板内的长度不宜小于$l_0/4$,砌体墙支座处钢筋伸入板边的长度不宜小于$l_0/7$,其中计算跨度l_0对单向板按受力方向考虑,对双向板按短边方向考虑;在楼板角部,宜沿两个方向正交、斜向平行或放射状布置附加钢筋。钢筋应在梁内、墙内或柱内可靠锚固。

当混凝土板的厚度不小于150 mm时,对板的无支承边的端部,宜设置U形构造钢筋并与板顶、板底的钢筋搭接,搭接长度不宜小于U形构造钢筋直径的15倍且不宜小于200 mm;也可采用板面、板底钢筋分别向下、向上弯折搭接的形式。

3)受弯构件的其他构造要求

(1)钢筋的锚固长度

为使钢筋和混凝土能可靠地一起工作,共同受力,钢筋在混凝土中必须有一定的锚固长度。钢筋在混凝土中的锚固长度应满足《混凝土结构设计规范》(GB 50010—2010)要求。

当锚固钢筋的保护层厚度不大于$5d$时,锚固长度范围内应配置横向构造钢筋,其直径不应小于$d/4$;对梁、柱、斜撑等构件间距不应大于$5d$,对板、墙等平面构件间距不应大于$10d$,且均不应大于100 mm,此处d为锚固钢筋的直径。

当计算中充分利用钢筋的抗拉强度时,受拉钢筋的基本锚固长度l_{ab}应按下列公式计算:

普通钢筋
$$l_{ab} = \alpha \frac{f_y}{f_t} d \tag{3.2}$$

预应力钢筋
$$l_{ab} = \alpha \frac{f_{py}}{f_t} d \tag{3.3}$$

式中 l_{ab}——受拉钢筋的基本锚固长度;

f_y,f_{py}——普通钢筋、预应力钢筋的抗拉强度设计值;

f_t——混凝土轴心抗拉强度设计值,当混凝土强度等级高于C60时,按C60取值;

d——钢筋的公称直径;

α——钢筋的外形系数,按表3.6取用。

表3.6 钢筋的外形系数

钢筋类别	光圆钢筋	带肋钢筋	螺旋肋钢丝	三股钢绞线	七股钢绞线
α	0.16	0.14	0.13	0.16	0.17

注:光圆钢筋系指HPB300级钢筋,其末端应做180°弯钩,弯后平直段长度不应小于$3d$,但作受压筋时可不作弯钩。

受拉钢筋的锚固长度应根据锚固条件按式(3.4)计算,且不小于200 mm:

$$l_a = \xi_a l_{ab} \tag{3.4}$$

式中 ξ_a 为锚固长度修正系数，按以下规定计算，当多于一项时可以连乘计算，但不应小于0.6；预应力钢筋可以取1.0。

当带肋钢筋的公称直径大于25 mm时，ξ_a 取1.10；环氧树脂涂层带肋钢筋，ξ_a 取1.25；施工过程中易受扰动的钢筋，ξ_a 取1.10；当纵向受力钢筋的实际配筋面积大于其设计计算面积时，ξ_a 取设计计算面积与实际配筋面积的比值，但对有抗震设防要求及直接承受动力荷载的结构构件，不应考虑此项修正；锚固钢筋的保护层厚度为 $3d$ 时 ξ_a 可取0.80，保护层厚度为 $5d$ 时 ξ_a 可取0.70，中间按内插法取值，此处 d 为锚固钢筋的直径。经上述修正后的锚固长度不应小于按公式计算锚固长度的0.7倍，且不应小于250 mm。

混凝土结构中的纵向受压钢筋，当计算中充分利用其抗压强度时，锚固长度不应小于相应受拉锚固长度的70%。受压钢筋不应采用末端弯钩和一侧贴焊锚筋的锚固措施。

(2)纵向受力钢筋在简支支座处的锚固

如果纵向钢筋在简支支座处伸入支座的锚固长度不够，往往会使纵向受力钢筋产生滑移，钢筋与混凝土的相对滑移将使构件裂缝宽度显著增大，甚至使纵筋从混凝土中拔出而造成破坏。为了防止这种破坏，《混凝土结构设计规范》(GB 50010—2010)规定钢筋混凝土简支梁和连续梁简支端的下部，纵向受力钢筋伸入梁的支座范围内的锚固长度 l_{as}(图3.4)，应符合下列条件：

①当 $V \leqslant 0.7f_t bh_0$ 时，$l_{as} \geqslant 5d$($V \leqslant 0.7f_t bh_0$ 及 $V > 0.7f_t bh_0$ 的概念详见3.4节内容)。

②当 $V > 0.7f_t bh_0$ 时：

a. 对带肋钢筋，$l_{as} \geqslant 12d$；

b. 对光圆钢筋，$l_{as} \geqslant 15d$；

c. 简支板下部纵向受力钢筋伸入支座长度 $l_{as} \geqslant 5d$。

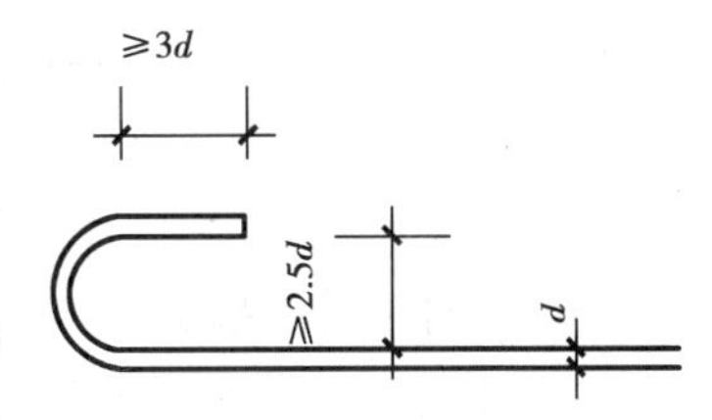

图3.11　钢筋的锚固弯钩

光圆受力钢筋锚固长度的末端应做180°弯钩(也称为半圆弯钩)，如图3.11所示，弯后平直段长度不应小于 $3d$，每一个半圆弯钩增加的最小长度为 $6.25d$，但作受压筋时也可不做弯钩。

支承在砌体结构上的钢筋混凝土独立梁，在纵向受力钢筋的锚固长度 l_{as} 范围内应配置不少于2个箍筋，其直径不宜小于纵向受力钢筋最小直径的0.25倍，间距不宜大于受力钢筋最小直径的10倍。当采取机械锚固措施时箍筋间距尚不宜大于钢筋最小直径的5倍。

(3)连续梁或框架梁中间支座、边支座的钢筋锚固

框架梁或连续梁的上部纵向钢筋应贯穿中间节点或中间支座范围。框架梁或连续梁的上部纵向钢筋在边节点的锚固长度，当采用直线锚固形式时，不应小于受拉钢筋锚固长度 l_a；当柱的截面尺寸不足时，梁上部纵向钢筋应伸至节点外侧边并向下弯折，其包含弯弧段在内的水平投影长度不应小于 $0.4l_a$，弯折后的垂直投影长度不应小于 $15d$。

连续梁或框架梁的下部纵向钢筋在中间支座或中间节点处的锚固应符合下列要求：

①当计算中不利用钢筋强度时，其伸入节点或支座的锚固长度应符合简支端支座中的锚固规定。

②当计算中充分利用钢筋的抗拉强度时，下部纵向钢筋应锚固在节点或支座内，钢筋的锚固方式及长度应与上部钢筋的规定相同。下部纵向钢筋亦可贯穿节点或支座范围，并在节点或支座外梁内弯矩较小部位设置搭接接头。

梁的下部纵向钢筋宜贯穿节点或支座。当必须锚固时,应符合下列锚固要求:当计算中不利用该钢筋的强度时,其伸入节点或支座的锚固长度对带肋钢筋不小于 $12d$,对光圆钢筋不小于 $15d$,d 为钢筋的最大直径;当计算中充分利用钢筋的抗压强度时,钢筋应按受压钢筋锚固在中间节点或中间支座内,其直线锚固长度不应小于 $0.7l_a$;当计算中充分利用钢筋的抗拉强度时,钢筋可采用直线方式锚固在节点或支座内,锚固长度不应小于钢筋的受拉锚固长度 l_a;当柱截面尺寸不足时,宜按采用钢筋端部加锚头的机械锚固措施,也可采用90°弯折锚固的方式;钢筋可在节点或支座外梁中弯矩较小处设置搭接接头,搭接长度的起始点至节点或支座边缘的距离不应小于 $1.5h_0$。

抗震结构的钢筋锚固应满足《建筑抗震设计规范》(GB 50011—2010)的规定。

常见的非抗震框架梁中间支座、边支座的钢筋锚固,如图 3.12 所示。

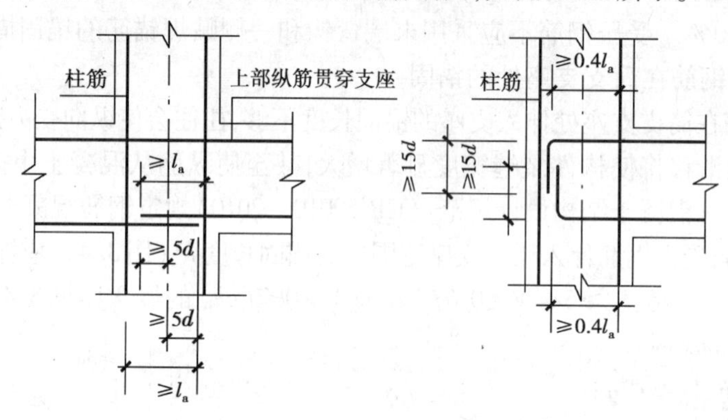

图 3.12　框架梁支座处的钢筋锚固

(4)纵向钢筋的接头

纵向受力钢筋需要接长时,接头宜设置在受力较小处。梁内的同一根钢筋宜少设接头,在常见的钢筋混凝土简支梁、连续梁和框架梁中,纵向钢筋最好不设接头。如果由于钢筋长度不够或设置施工缝的要求需采用钢筋接头时,宜优先采用焊接或机械连接,也可采用绑扎的搭接接头。

绑扎的搭接接头这种传力方式是通过搭接钢筋与混凝土之间的粘结力将一根钢筋的力传给另一根钢筋,但搭接接头的受力情况较不利,因为当2 根钢筋受力时,在搭接区段外围的混凝土承受着由两根钢筋所产生的劈裂力,如果钢筋的搭接长度不足或缺乏必要的横向钢筋,构件将出现纵向劈裂破坏。因此,各根受力钢筋的接头,其中包括焊接或搭接接头的位置均应互相错开,以免接头这个薄弱环节过分集中。

《混凝土结构设计规范》(GB 50010—2010)规定:轴心受拉和小偏心受拉构件的纵向受力钢筋不得采用绑扎搭接接头。当受拉钢筋的直径 $d>28$ mm 及受压钢筋的直径 $d>32$ mm 时,不宜采用绑扎搭接接头。

同一构件中相邻纵向受力钢筋的绑扎搭接接头宜相互错开。

钢筋绑扎搭接接头连接区段的长度为 1.3 倍搭接长度,凡搭接接头中点位于该连接区段长度内的搭接接头均属于同一连接区段。同一连接区段内纵向钢筋搭接接头面积百分率为该区段内有搭接接头的纵向受力钢筋截面面积与全部纵向受力钢筋截面面积的比值。位于同一连接区段内的受拉钢筋搭接接头面积百分率应满足:对梁类、板类及墙类构件,不宜大于

25%；对柱类构件，不宜大于 50%。当工程中确有必要增大受拉钢筋搭接接头面积百分率时，对梁类构件不应大于 50%；对板类、墙类及柱类构件，可根据实际情况放宽。

纵向受拉钢筋绑扎搭接接头的搭接长度，应根据同一连接区段内的钢筋搭接接头面积百分率按下列公式计算：

$$l_l = \zeta_L l_a \tag{3.5}$$

式中 l_l——纵向受拉钢筋的搭接长度；

l_a——纵向受拉钢筋的锚固长度；

ζ_L——纵向受拉钢筋的搭接长度修正系数，按表 3.7 取用。

表 3.7 纵向受拉钢筋的搭接长度修正系数

纵向钢筋搭接接头面积百分率/%	≤25	50	100
ζ_L	1.2	1.4	1.6

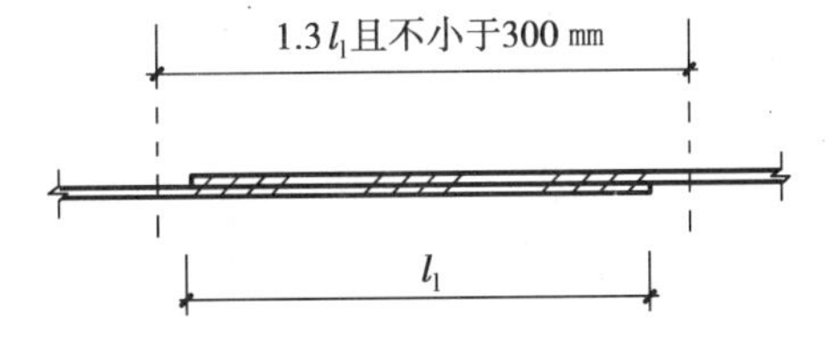

图 3.13 纵向受拉钢筋的绑扎搭接

在任何情况下，纵向受拉钢筋绑扎搭接接头的搭接长度均不应小于 300 mm，如图 3.13 所示。

构件中的纵向受压钢筋，当采用搭接连接时，其受压搭接长度不应小于纵向受拉钢筋搭接长度的 0.7 倍，且在任何情况下不应小于 200 mm。

纵向受力钢筋的机械连接接头宜相互错开。钢筋机械连接区段的长度为 $15d$，d 为连接钢筋的较小直径。凡接头中点位于该连接区段长度内的机械连接接头，均属于同一连接区段。位于同一连接区段内的纵向受拉钢筋接头面积百分率不宜大于 50%；但对板、墙、柱及预制构件的拼接处，可根据实际情况放宽。纵向受压钢筋的接头百分率可不受限制。

机械连接套筒的保护层厚度宜满足有关钢筋最小保护层厚度的规定。机械连接套筒的横向净间距不宜小于 25 mm；套筒处箍筋的间距仍应满足相应的构造要求。直接承受动力荷载结构构件中的机械连接接头，除应满足设计要求的抗疲劳性能外，位于同一连接区段内的纵向受力钢筋接头面积百分率不应大于 50%。

细晶粒热轧带肋钢筋以及直径大于 28 mm 的带肋钢筋，其焊接应经试验确定；余热处理钢筋不宜焊接。纵向受力钢筋的焊接接头应相互错开。钢筋焊接接头连接区段的长度为 $35d$（d 为连接钢筋的较小直径）且不小于 500 mm，凡接头中点位于该连接区段长度内的焊接接头均属于同一连接区段。纵向受拉钢筋的接头面积百分率不宜大于 50%，但对预制构件的拼接处，可根据实际情况放宽。纵向受压钢筋的接头百分率可不受限制。

3.2 受弯构件正截面承载力计算

·3.2.1 受弯构件正截面破坏形式·

根据试验研究，受弯构件正截面的破坏形式主要与受弯构件的配筋率 ρ 的大小有关。配

筋率 ρ 是指纵向受力钢筋的截面面积 A_s 与受弯构件的有效截面面积 bh_0 比值的百分率。但在验算最小配筋率时，有效面积应改为全面积。

$$\rho = \frac{A_s}{bh_0} \times 100\% \tag{3.6}$$

式中 A_s——纵向受力钢筋的截面面积，mm^2，见图 3.15(f)；

b——截面的宽度，mm；

h_0——截面的有效高度，mm，见式(3.1)。

由 ρ 的表达式可以看出，ρ 越大，表示 A_s 越大，即纵向受力钢筋的数量越多。

由于配筋率 ρ 的不同，钢筋混凝土受弯构件将产生不同的破坏情况，一般可划分为适筋梁破坏、超筋梁破坏、少筋梁破坏 3 种破坏形式，如图 3.14 所示。

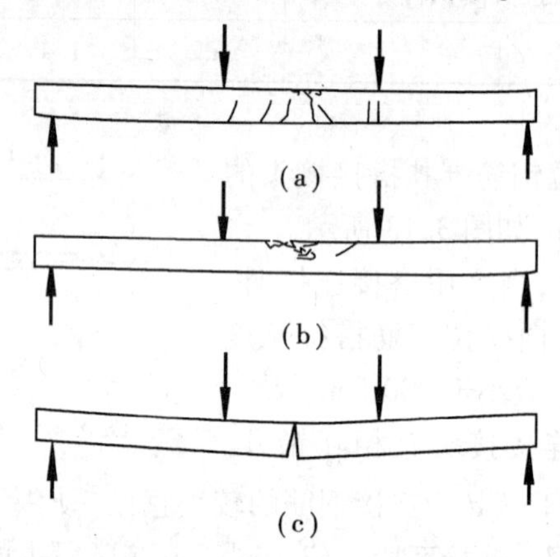

图 3.14　梁的破坏形式

(a)适筋梁破坏；(b)超筋梁破坏；(c)少筋梁破坏

1)适筋梁破坏形式

适筋梁是指纵向受力钢筋的配筋量适当的梁，也就是配筋率 ρ 合适的梁。适筋梁从施加荷载到破坏可分为 3 个阶段。

(1)第Ⅰ阶段——弹性工作阶段

从加荷开始到梁受拉区出现裂缝以前为第Ⅰ阶段。此时，荷载产生的压力由截面中和轴以上的混凝土承担，产生的拉力则由布置在梁下部的纵向受拉钢筋和中和轴以下的混凝土共同承担。当弯矩不大时，混凝土基本处于弹性工作阶段，应力与应变成正比，当弯矩增加到开裂弯矩时，由于混凝土抗拉能力比抗压能力低，受拉区边缘纤维应变恰好达到混凝土受弯时极限拉应变，梁处于将裂未裂的极限状态，而此时受压区边缘的应变量相对还很小，受压区混凝土基本上还属于弹性工作阶段，此时，称为第Ⅰ阶段末，可作为受弯构件抗裂度的计算依据。

(2)第Ⅱ阶段——带裂缝工作阶段

当弯矩再增加时，梁将在抗拉能力最薄弱的截面处首先出现第一条裂缝，一旦开裂，梁即由第Ⅰ阶段转化为第Ⅱ阶段工作。

在裂缝截面处，由于混凝土开裂，混凝土将退出工作，受拉区的拉力主要由钢筋承受，使得钢筋应力较开裂前突然增大很多，随着弯矩 M 的增加，受拉钢筋的拉应力迅速增加，梁的挠度、裂缝宽度也随之增大，截面中和轴上移，截面受压区高度减小，受压区混凝土塑性性质将表现得越来越明显,受压区应力图呈曲线变化。当弯矩继续增加时,受拉钢筋应力将达到屈服点 f_y,此时称为第Ⅱ阶段末。

第Ⅱ阶段相当于梁使用时的应力状态,第Ⅱ阶段末可作为受弯构件使用阶段的变形和裂缝开展计算时的依据。

(3)第Ⅲ阶段——破坏阶段

钢筋达到屈服强度后,它的应力大小基本保持 f_y 不变,而变形将随着弯矩 M 的增加而急剧增大,使受拉区混凝土的裂缝迅速向上扩展,中和轴继续上移,混凝土受压区高度减小,压应力增大,受压混凝土的塑性特征表现得更加充分,压应力图形呈显著曲线分布。当弯矩 M 增加至极限弯矩时,称为第Ⅲ阶段末。此时,混凝土受压区边缘纤维到达混凝土受弯时的极限压应变,受压区混凝土将产生近乎水平的裂缝,混凝土被压碎,标志着梁已开始破坏。这时截面所能承担的弯矩即为破坏弯矩,这时的应力状态即作为构件承载力极限状态计算的依据。

综上所述,对于配筋合适的梁,其破坏特征是:受拉钢筋首先达到屈服强度,继而进入塑性阶段,产生很大的塑性变形,梁的挠度、裂缝也都随之增大,最后因受压区的混凝土达到其极限压应变被压碎而破坏,如图 3.14(a)所示。适筋梁在破坏前,钢筋产生了较大的塑性伸长,从而引起构件较大的变形和裂缝,破坏过程比较缓慢,破坏前有明显的征兆,另外,由于适筋梁的材料强度能得到充分发挥,符合安全可靠、经济合理的要求,故梁在实际工程中都应设计成适筋梁。

2)超筋梁破坏形式

超筋梁是指纵向受力钢筋的配筋量过多的梁,也就是配筋率 ρ 较大的梁。

由于纵向受力钢筋过多,故当受压区边缘纤维应变达到混凝土受弯时的极限压应变时,钢筋的应力尚小于屈服强度,但此时梁已因受压区混凝土被压碎而破坏。试验表明,超筋梁由于钢筋过多,导致钢筋的应力不大,钢筋在梁破坏前仍处于弹性工作阶段,且钢筋的应变很小,梁裂缝开展不宽,梁的挠度亦不大,如图 3.14(b)所示。

因此,超筋梁的破坏特征是:当纵向受拉钢筋还未达到屈服强度时,梁就因受压区的混凝土被压碎而破坏。因为这种梁是在没有明显征兆的情况下由于受压区混凝土突然压碎而被破坏,为脆性破坏。

超筋梁虽配置了很多的受拉钢筋,但由于其应力小于钢筋的屈服强度,不能充分发挥钢筋的作用,造成浪费,且梁在破坏前没有明显的征兆,破坏带有突然性,故工程实际中不允许设计成超筋梁。

3)少筋梁破坏形式

少筋梁是指纵向受力钢筋的配筋量过小的梁,也就是配筋率 ρ 较小的梁。

少筋梁在受拉区的混凝土开裂前,截面的拉力由受拉区的混凝土和受拉钢筋共同承担,当受拉区的混凝土一旦开裂,截面的拉力几乎全部由钢筋承受,由于受拉钢筋过少,所以钢筋的应力迅速达到受拉钢筋的屈服强度,并且进入强化阶段,若钢筋的数量很少,钢筋甚至可能被拉断,如图 3.14(c)所示。

其破坏特征是:少筋梁破坏时,裂缝往往集中出现一条,不仅裂缝发展速度很快,而且裂缝宽度很大,几乎贯穿整个梁高,同时梁的挠度也很大,即使此时受压区混凝土还未被压碎,也可以认为梁已经被破坏了。

由于受拉钢筋过少,梁破坏时没有明显的征兆,是一种一裂即断的破坏,同样也属于脆性破坏性质。故在实际工程中不允许采用少筋梁。

·3.2.2　基本计算公式及适用条件·

1)基本假定

综上所述,钢筋混凝土受弯构件正截面承载力计算是以适筋梁为依据的,适筋梁的横截面如图3.15(a)所示,破坏时的实际应力图形如图3.15(b)所示,为了建立实用的计算公式,我们采用以下基本假定:

①平截面假定。即构件正截面在受荷弯曲变形后仍保持平面,也就是说截面中的应变按线性规律分布。

②不考虑受拉区混凝土参与工作,拉力完全由纵向钢筋承担。由于混凝土的抗拉强度很低,在荷载不大时就已经开裂,在第三阶段末,受拉区只在靠近中和轴的地方存在少许的混凝土,其承担的弯矩很小,所以在计算中不考虑混凝土的抗拉作用,拉力完全由纵向钢筋承担。

③采用理想化的应力与应变关系。按《混凝土结构设计规范》(GB 50010—2010)推荐的混凝土应力与应变设计曲线,得到的假定应力图形,如图3.15(c)所示。

由于在进行截面设计时必须计算受压混凝土的合力,按《混凝土结构设计规范》(GB 50010—2010)推荐的混凝土应力与应变设计曲线得到的假定应力图形是抛物线加直线,受压混凝土的合力计算十分不便。为了进一步简化计算,《混凝土结构设计规范》(GB 50010—2010)规定,受压区混凝土的应力图形可简化为等效矩形应力图形,如图3.15(e)所示,图3.15(f)为经简化后的计算横截面。

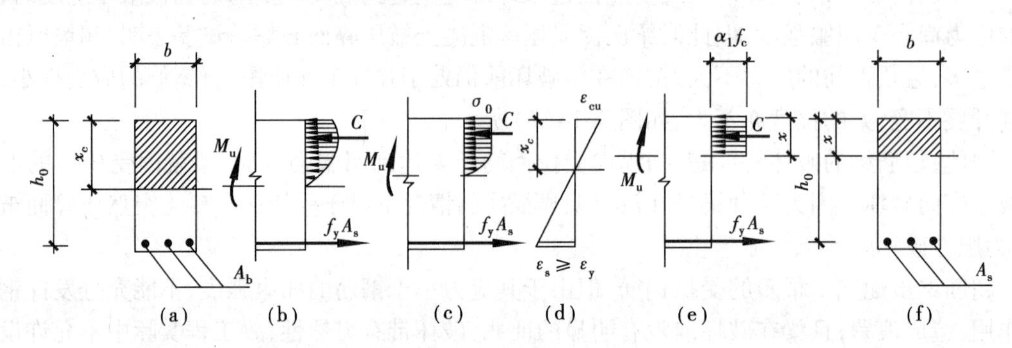

图3.15　梁的受压区应力图

用等效矩形应力图形代替理论应力图形应满足的条件是:

①保持原来受压区混凝土的合力(C)大小不变;

②保持原来受压区混凝土的合力(C)作用点位置不变。

根据上述两个条件,经推导计算,得:

$$x = \beta_1 x_c \tag{3.7}$$

$$\sigma_0 = \alpha_1 f_c \tag{3.8}$$

《混凝土结构设计规范》(GB 50010—2010)规定:当混凝土的强度等级不超过C50时,$\beta_1 = 0.8$,$\alpha_1 = 1.0$;当混凝土的强度等级为C80时,$\beta_1 = 0.74$,$\alpha_1 = 0.94$;在C50和C80之间时,α_1 按内插法确定。

2)基本计算公式

根据换算后的等效矩形应力图形和静力平衡条件,并根据图3.15(e),(f),可建立单筋矩形受弯构件正截面抗弯承载力的基本计算公式。按照概率极限状态设计理论,承载力极限状态的设计表达式为$S \leqslant R$,S在这里是荷载设计值产生的弯矩M,R在这里是受弯构件所能承担的极限弯矩M_u,即

$$M \leqslant M_u$$

单筋矩形受弯构件正截面抗弯承载力的基本计算公式为:

$$\sum X = 0 \qquad \alpha_1 f_c bx = f_y A_s \tag{3.9}$$

$$\sum M = 0 \qquad M_u = \alpha_1 f_c bx\left(h_0 - \frac{x}{2}\right) \tag{3.10}$$

或

$$M \leqslant M_u = f_y A_s\left(h_0 - \frac{x}{2}\right) \tag{3.11}$$

式中 x——等效矩形应力图形的混凝土受压区高度;

b——矩形截面宽度;

h_0——矩形截面的有效高度,$h_0 = h - a_s$;

a_s——纵向受力钢筋合力点至截面近边的距离;

f_y——受拉钢筋的强度设计值;

A_s——受拉钢筋截面面积;

f_c——混凝土轴心抗压强度设计值;

α_1——系数,当混凝土强度等级不超过C50时,$\alpha_1 = 1.0$,为C80时,$\alpha_1 = 0.94$,其间按线性内插法确定。

在利用公式进行配筋计算时,一般根据式(3.10),利用求根公式求解一元二次方程有:$x = h_0 - \sqrt{h_0^2 - \frac{2M}{\alpha_1 f_c b}}$,再将求出的$x$代入式(3.9)求解$A_s$值;在利用公式进行承载力复核计算时,一般根据式(3.9)求解x,再将求出的x代入式(3.10)求解M_u值。

为简化计算,避免求解一元二次方程,也可利用系数法进行计算,具体方法如下:

公式$M \leqslant M_u = \alpha_1 f_c bx\left(h_0 - \frac{x}{2}\right)$可改写成$M = \alpha_1 f_c bh_0^2 \times \xi(1 - 0.5\xi)$。

令$\alpha_s = \xi(1 - 0.5\xi)$,则上式变为:

$$M = \alpha_s \alpha_1 f_c bh_0^2 \tag{3.12}$$

公式$M \leqslant M_u = f_y A_s\left(h_0 - \frac{x}{2}\right)$可改写成$M = f_y A_s h_0 \times (1 - 0.5\xi)$。

令$\gamma_s = (1 - 0.5\xi)$,则上式变为:

$$M = \gamma_s f_y A_s h_0 \tag{3.13}$$

利用公式$M = \alpha_s \alpha_1 f_c bh_0^2$,可以求得:

$$\alpha_s = \frac{M}{\alpha_1 f_c bh_0^2} \tag{3.14}$$

经推导，相应的 α_s,γ_s,ξ 之间存在以下关系：

$$\xi = 1 - \sqrt{1-2\alpha_s} \tag{3.15}$$

$$\gamma_s = 0.5(1+\sqrt{1-2\alpha_s}) \tag{3.16}$$

求得 ξ,γ_s 后利用 ξ 与 ξ_b 比较，初步判断是否会发生超筋破坏，然后利用下式计算配筋面积 A_s：

$$A_s = \xi b h_0 \frac{\alpha_1 f_c}{f_y} \tag{3.17}$$

或

$$A_s = \frac{M}{f_y \gamma_s h_0} \tag{3.18}$$

求出 A_s 后，便可确定钢筋的根数和直径，并根据实配钢筋截面面积对照公式适用条件进行复核。

3)基本计算公式的适用条件

(1)相对受压区高度 ξ、界限相对受压区高度 ξ_b 和最大配筋率 ρ_{max}

若设受压区混凝土高度为 x，截面有效高度为 h_0，令 $\xi=\dfrac{x}{h_0}$，ξ 就称为相对受压区高度。

根据平截面假定，适筋梁在整个受荷过程中，截面的应变在梁的高度方向是呈直线变化的，如图3.15(d)所示，无论是适筋梁还是超筋梁，梁在破坏时受压区混凝土边缘应变均达到极限压应变 ε_{cu}，ε_{cu} 约为0.003 3。而梁在破坏时受拉钢筋的应变却不相同，对于适筋梁，在受压区混凝土边缘应变达到极限压应变 ε_{cu} 以前，钢筋就已经屈服，即钢筋的应变 ε_s 大于钢筋屈服时的应变 ε_y；而超筋梁在受压区混凝土边缘应变达到极限压应变 ε_{cu} 时，钢筋还没有屈服，即钢筋的应变 ε_s 小于钢筋屈服时的应变 ε_y。那么，当受压区混凝土边缘应变达到极限压应变的同时，受拉钢筋的应变正好进入屈服，即 $\varepsilon_s=\varepsilon_y$ 时，就是适筋梁和超筋梁的分界点。将这个分界点时的混凝土受压区高度称为界限受压区高度，用 x_b 表示，$\dfrac{x_b}{h_0}$ 就称为界限相对受压区高度，用 ξ_b 表示。显然当截面满足 $\xi \leqslant \xi_b$ 或 $x \leqslant x_b$ 时，就一定是适筋梁；反之就是超筋梁。

根据公式 $\alpha_1 f_c bx = f_y A_s$，有：

$$\rho = \frac{A_s}{bh_0} = \frac{x}{h_0}\frac{\alpha_1 f_c}{f_y} = \xi\frac{\alpha_1 f_c}{f_y} \tag{3.19}$$

从式(3.19)中可以看出，配筋率 ρ 与受压区高度 x 成正比关系，当 $x=x_b$ 时 $\xi=\xi_b$，配筋率 ρ 就达到适筋梁的最大配筋率 ρ_{max}。

$$\rho_{max} = \frac{A_{s,max}}{bh_0} = \frac{x_b}{h_0}\frac{\alpha_1 f_c}{f_y} = \xi_b\frac{\alpha_1 f_c}{f_y} \tag{3.20}$$

也就是说当截面配筋率满足 $\rho \leqslant \rho_{max}$ 时，就一定是适筋梁，就不会发生超筋破坏。不同级别钢筋的 ξ_b 见表3.8。

(2)关于适筋梁与少筋梁的界限及最小配筋率的概念

为了保证受弯构件不出现少筋破坏，必须使截面的配筋率不小于某一界限配筋率 ρ_{min}。

《混凝土结构设计规范》(GB 50010—2010)给出了最小配筋百分率ρ_{min}的限值:对于受弯构件的纵向受拉钢筋最小配筋百分率应取0.2%和$\left(45\dfrac{f_t}{f_y}\right)$%中的较大值。当计算所得的$\rho<\rho_{min}$时,应按构造配置钢筋,并且使$\rho\geqslant\rho_{min}$。

表3.8 界限破坏时的界限相对受压区高度ξ_b

钢筋级别	$f_y/(N\cdot mm^{-2})$	ξ_b
HPB300	270	0.576
HRB335 HRBF335	300	0.550
HRB400 HRBF400 RRB400	360	0.518
HRB500 HRBF500	435	0.487

(3)公式的适用条件

由上面的分析可知,为了防止受弯构件出现超筋破坏和少筋破坏,单筋矩形受弯构件正截面抗弯承载力的基本计算式(3.9)、式(3.10)、式(3.11)必须满足下列适用条件:

① $\xi\leqslant\xi_b$ (3.21)

或 $x\leqslant\xi_b h_0$ (3.22)

或 $\rho\leqslant\rho_{max}$ (3.23)

以上3个公式的意义一样,只要满足其中之一,就能防止配筋过多形成超筋梁。若将式(3.22)代入式(3.10)中,可求得单筋矩形截面所能承受的最大弯矩$M_{u,max}$,该式也能够作为防止形成超筋梁的条件:

$$M\leqslant M_{u,max}=\alpha_1 f_c b h_0^2\xi_b(1-0.5\xi_b) \tag{3.24}$$

② $\rho\geqslant\rho_{min}$ (3.25)

或 $A_s\geqslant\rho_{min}bh$ (3.26)

式(3.25)、式(3.26)是为保证受弯构件不出现少筋破坏的条件。根据《规范》规定,在验算最小配筋率ρ_{min}时,受弯构件、大偏心受拉构件一侧受拉钢筋的配筋率应按全截面面积扣除受压翼缘面积$(b_f'-b)h_f'$后的截面面积计算最小配筋率。

计算出钢筋截面面积A_s后,可查表3.9确定钢筋的实际根数及实际配筋面积$A_{s实}$,如果是板的配筋,可查表3.10每米板宽内的钢筋截面面积进行配筋,一般实际配筋面积$A_{s实}$与钢筋计算截面面积A_s二者之间相差不应超过±5%。

表 3. 9　钢筋的计算截面面积及公称质量表

直径 *d* /mm	不同根数钢筋的计算截面面积/mm²									单根钢筋公称质量 /(kg · m⁻¹)
	1	2	3	4	5	6	7	8	9	
3	7. 1	14. 1	21. 2	28. 3	35. 3	42. 4	49. 5	56. 5	63. 6	0. 055
4	12. 6	25. 1	37. 7	50. 2	62. 8	75. 4	87. 9	100. 5	113	0. 099
5	19. 6	39	59	79	98	118	138	157	177	0. 154
6	28. 3	57	85	113	142	170	198	226	255	0. 222
6. 5	33. 2	66	100	133	166	199	232	265	299	0. 260
8	50. 3	101	151	201	252	302	352	402	453	0. 395
8. 2	52. 8	106	158	211	264	317	370	423	475	0. 432
10	78. 5	157	236	314	393	471	550	628	707	0. 617
12	113. 1	226	339	452	595	678	791	904	1 017	0. 888
14	153. 9	308	461	615	769	923	1 077	1 230	1 387	1. 21
16	201. 1	402	603	804	1 005	1 206	1 407	1 608	1 809	1. 58
18	254. 5	509	763	1 017	1 272	1 526	1 780	2 036	2 290	2. 00
20	314. 2	628	941	1 256	1 570	1 884	2 200	2 513	2 827	2. 47
22	380. 1	760	1 140	1 520	1 900	2 281	2 661	3 041	3 421	2. 98
25	490. 9	982	1 473	1 964	2 454	2 945	3 436	3 927	4 418	3. 85
28	615. 3	1 232	1 847	2 463	3 079	3 695	4 310	4 926	5 542	4. 83
32	804. 3	1 609	2 418	3 217	4 021	4 826	5 630	6 434	7 238	6. 31
36	1 017. 9	2 036	3 054	4 072	5 089	6 107	7 125	8 143	9 161	7. 99
40	1 256. 1	2 513	3 770	5 027	6 283	7 540	8 796	10 053	11 310	9. 87

表 3. 10　每米板宽内的钢筋截面面积

钢筋间距 /mm	当钢筋直径为下列数值时的钢筋截面面积/mm²										
	6	6/8	8	8/10	10	10/12	12	12/14	14	14/16	16
70	404	561	719	920	1 121	1 369	1 616	1 908	2 199	2 536	2 872
75	377	524	671	859	1 047	1 277	1 508	1 780	2 053	2 367	2 681
80	354	491	629	805	981	1 198	1 414	1 669	1 924	2 218	2 513
85	333	462	592	758	924	1 127	1 331	1 571	1 811	2 088	2 365
90	314	437	559	716	872	1 064	1 257	1 484	1 710	1 972	2 234
95	298	414	529	678	826	1 008	1 190	1 405	1 620	1 868	2 116
100	283	393	503	644	785	958	1 131	1 335	1 539	1 775	2 011
110	257	357	457	585	714	871	1 028	1 214	1 399	1 614	1 828
120	236	327	419	537	654	798	942	1 112	1 283	1 480	1 676
125	226	314	402	515	628	766	905	1 068	1 232	1 420	1 608
130	218	302	387	495	604	737	870	1 027	1 184	1 366	1 547
140	202	282	359	460	561	684	808	954	1 100	1 268	1 436
150	189	262	335	429	523	639	754	890	1 026	1 183	1 340
160	177	246	314	403	491	599	707	834	962	1 110	1 257
170	166	231	296	379	462	564	665	786	906	1 044	1 183
180	157	218	279	358	436	532	628	742	855	985	1 117
190	149	207	265	339	413	504	595	702	810	934	1 058
200	141	196	251	322	393	479	565	607	770	888	1 005

续表

钢筋间距/mm	当钢筋直径为下列数值时的钢筋截面面积/mm²										
	6	6/8	8	8/10	10	10/12	12	12/14	14	14/16	16
220	129	178	228	392	357	436	514	607	700	807	914
240	118	164	209	268	327	399	471	556	641	740	838
250	113	157	201	258	314	383	452	534	616	710	804
260	109	151	193	248	302	368	435	514	592	682	773
280	101	140	180	230	281	342	404	477	550	634	718
300	94	131	168	215	262	320	377	445	513	592	670
320	88	123	157	201	245	299	353	417	481	554	628

注：表中钢筋直径 6/8，8/10 等指两种直径钢筋间隔放置。

· 3.2.3　双筋矩形截面梁正截面承载力计算 ·

1）双筋矩形截面梁的概念和应用

在梁的受拉区和受压区同时按计算配置纵向受力钢筋的截面称为双筋截面。由于混凝土具有较好的抗压能力，在梁的受压区布置受压钢筋来承受压力，显然是不经济的，故一般情况下不宜采用。但在下列情况下可采用双筋截面：

①当截面承受的弯矩较大，而截面高度及材料强度又由于种种原因不能提高，以致按单筋矩形梁计算时出现 $x > x_b$，即出现超筋情况时，可采用双筋截面，此时在混凝土受压区配置受压钢筋来补充混凝土抗压能力的不足。

②构件在不同的荷载组合下承受异号弯矩的作用，即在同一截面既可能出现正弯矩又可能出现负弯矩，此时就需要在梁的上下方都布置受力钢筋。

③由于构造要求而在截面受压区配置一定的受压钢筋。

2）基本公式及适用条件

双筋截面受弯构件的破坏特征与单筋截面相似，不同之处是受压区既有混凝土受压又有受压钢筋 A'_s 承受压力，如图 3.16 所示。与单筋截面一样，按照受拉钢筋是否到达 f_y 来区分为适筋梁和超筋梁。为了防止出现超筋梁，同样必须遵守 $\xi \leqslant \xi_b$ 这一条件。

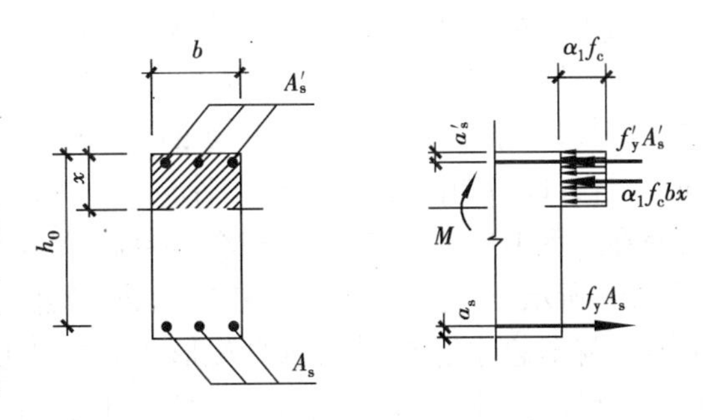

图 3.16　双筋截面受弯构件计算简图

在双筋梁计算中，受压钢筋应力可以达到受压屈服强度 f'_y 的条件是：

$$x \geqslant 2a'_s \tag{3.27}$$

式中　a'_s——受压区纵向钢筋合力点至截面受压边缘的距离。

对于受压钢筋的抗压强度设计值 f'_y 的取值，《混凝土结构设计规范》（GB 50010—2010）规定：

①当钢筋的抗拉强度设计值 $f_y \leqslant 400\ \text{N/mm}^2$ 时，热轧钢筋取钢筋的抗压强度设计值等于抗拉强度设计值，即 $f'_y = f_y$。

②当钢筋的抗拉强度设计值$f_y > 400\ \text{N/mm}^2$时，取钢筋的抗压强度设计值$f_y' = 400\ \text{N/mm}^2$。这表明若受压区配置了高强度的钢筋，则当截面破坏时，钢筋的应力最多只能达到$400\ \text{N/mm}^2$。故受压钢筋不宜采用高强度的钢筋，否则其强度不能充分发挥。实际计算需要注意的是，HRB500，HRBF500两种钢筋的抗拉、抗压设计强度不相等。

(1)计算公式

双筋矩形截面受弯构件的计算简图，如图3.16所示。根据平衡条件可得到下列基本计算公式：

$$\sum X = 0 \qquad \alpha_1 f_c bx + f_y' A_s' = f_y A_s \tag{3.28}$$

$$\sum M = 0 \qquad M \leqslant M_u = \alpha_1 f_c bx\left(h_0 - \frac{x}{2}\right) + f_y' A_s'(h_0 - a_s') \tag{3.29}$$

式中 f_y'——钢筋的抗压强度设计值；

A_s'——受压钢筋截面面积；

a_s'——受压区纵向钢筋合力点至截面受压边缘的距离，计算方法同a_s。

(2)公式的适用条件

①为了防止出现超筋梁破坏，应满足：

$$\xi \leqslant \xi_b \tag{3.30}$$

或

$$x \leqslant \xi_b h_0 \tag{3.31}$$

或

$$\rho \leqslant \rho_{max} \tag{3.32}$$

②为了保证受压钢筋能达到规定的抗压强度设计值，应满足：

$$x \geqslant 2a_s'$$

·3.2.4 T形截面承载力计算·

由于受弯构件产生裂缝后，裂缝截面处的受拉混凝土因开裂而退出工作，拉力可认为全部由受拉钢筋承担，因此，中和轴以下的混凝土可以去掉一部分，把原有的纵向受拉钢筋集中布置在腹板，由于在计算中是不考虑混凝土的抗拉作用的，所以截面的承载力不但与原有截面相同，而且可以节约混凝土，减轻构件自重。如图3.17所示，T形截面由翼缘和腹板组成。T形截面在工程中应用很广泛，如现浇楼屋盖、吊车梁、槽形板、空心板等也都按T形截面计算，如图3.18所示。应该注意的是，若翼缘处于梁的受拉区，当受拉区的混凝土开裂后，翼缘部分的混凝土就不起作用了，所以这种梁形式上是T形，但在计算时只能按腹板为b的矩形梁计算承载力。所以，判断梁是按矩形还是按T形截面计算，关键是看其受压区所处的部位。若受压区位于翼缘，则按T形截面计算；若受压区位于腹板，则应按矩形截面计算。

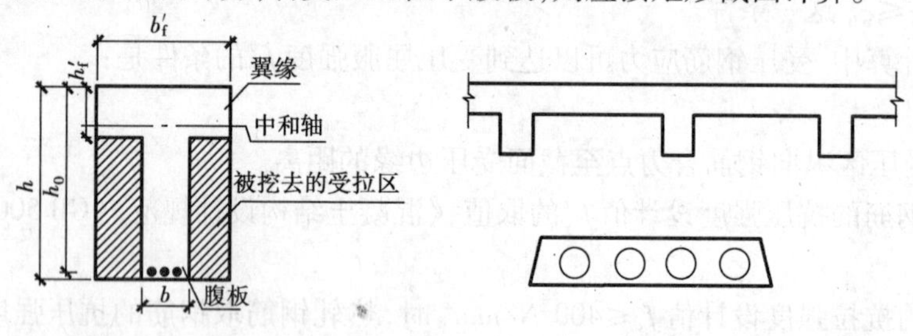

图3.17 T形截面梁　　图3.18 按T形截面计算的梁板

计算 T 形梁时,根据中和轴位置的不同,将 T 形截面分为两类:当 $x \leq h'_f$(中和轴位于翼缘内)时为第一类 T 形截面,此类 T 形截面的受压区实际是矩形,所以可以将其作为宽度为 b'_f 的矩形来计算,计算方法与矩形截面计算基本一样,不同的是要用 b'_f代替 b;当 $x > h'_f$(中和轴通过腹板)时为第二类 T 形截面,此类 T 形截面的受压区为 T 形,就不能按矩形来计算,如图 3.19所示。

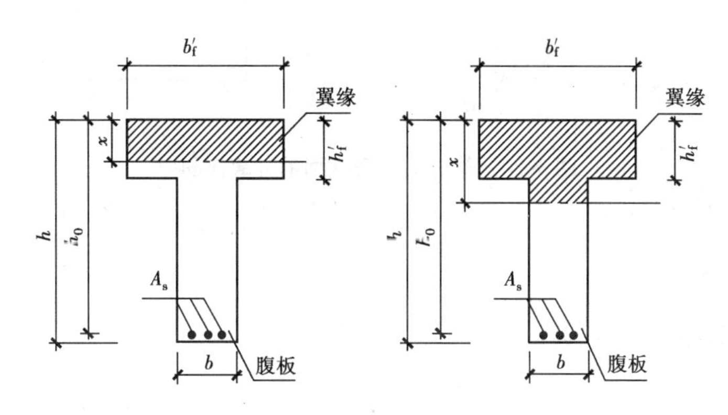

图 3.19　T 形截面受压区的两种不同情况

理论上说,T 形截面的翼缘宽度 b'_f越大,截面受力性能就越好。因为当截面承受的弯矩 M 一定时,翼缘宽度 b'_f越大,则受压区高度 x 就越小,内力臂就越大,从而可以减少纵向受拉钢筋的数量。但通过试验和理论分析表明,T 形截面梁受力后,翼缘上的纵向压应力的分布是不均匀的,离肋部越远数值越小。因此,当翼缘很宽时,考虑到远离肋部的翼缘部分所起的作用已很小,故在实际设计中应把翼缘限制在一定的范围内,称为翼缘的计算宽度 b'_f。在 b'_f范围内的压应力分布假定是均匀的,《混凝土结构设计规范》(GB 50010—2010)对翼缘宽度 b'_f的取值有具体的规定。

1)第一类 T 形截面($x \leq h'_f$)

(1)基本公式

因为第一类 T 形截面的中和轴通过翼缘,混凝土受压区为宽为 b'_f的矩形,如图 3.20 所示。所以第一类 T 形截面的承载力和梁宽为 b'_f的矩形截面梁完全相同,而与受拉区的形状无关。故只要将单筋矩形截面的基本计算公式中的 b 用 b'_f代替,就可得出第一类 T 形截面的基本计算公式。

$$\alpha_1 f_c b'_f x = f_y A_s \tag{3.33}$$

$$M \leq M_u = \alpha_1 f_c b'_f x\left(h_0 - \frac{x}{2}\right) \tag{3.34}$$

(2)适用条件

①防止超筋梁破坏:

$$\xi \leq \xi_b \tag{3.35}$$

或 $$x \leq \xi_b h_0 \tag{3.36}$$

或 $$\rho \leq \rho_{max} \tag{3.37}$$

由于一般情况下 T 形梁的翼缘高度 h'_f都小于 $\xi_b h_0$,而第一类 T 形梁的 $x \leq h'_f$,所以这个条件通常都能满足,不必验算。

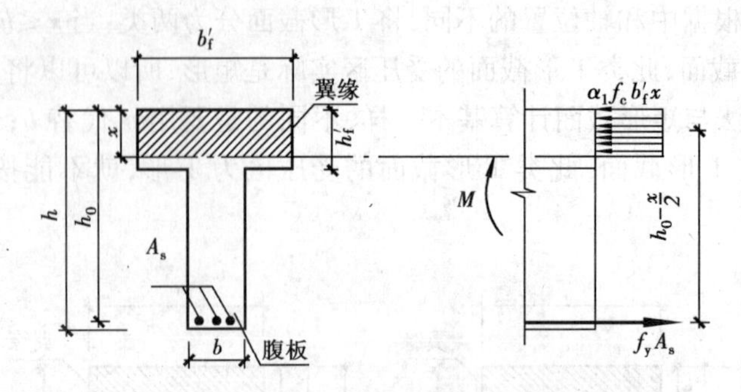

图 3.20　第一类 T 形截面的计算简图

②防止少筋梁破坏：

$$\rho \geqslant \rho_{\min} \tag{3.38}$$

或

$$A_s \geqslant \rho_{\min} bh \tag{3.39}$$

2)第二类 T 形截面($x > h'_f$)

(1)基本公式

第二类 T 形截面的混凝土受压区是 T 形，如图 3.21(a)所示。为便于计算，将受压区面积分成两部分：一部分是腹板($b \times x$)，如图 3.21(b)所示；另一部分是挑出翼缘($b'_f - b$) $\times h'_f$，如图 3.21(c)所示。

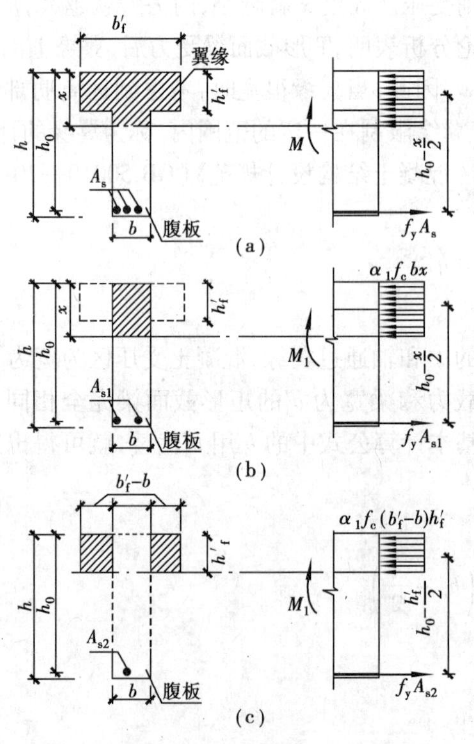

图 3.21　第二类 T 形截面的计算简图

由 $\sum x = 0$ 有：$\alpha_1 f_c bx + \alpha_1 f_c(b'_f - b)h'_f = f_y A_s$ (3.40)

由 $\sum M = 0$ 有：$M \leqslant M_u = \alpha_1 f_c bx\left(h_0 - \frac{x}{2}\right) + \alpha_1 f_c(b'_f - b)h'_f\left(h_0 - \frac{h'_f}{2}\right)$ (3.41)

(2) 适用条件

① 防止超筋梁破坏:

$$\xi \leqslant \xi_b \tag{3.42}$$

或 $$x_1 \leqslant \xi_b h_0 \tag{3.43}$$

或 $$\rho \leqslant \rho_{max} \tag{3.44}$$

② 防止少筋梁破坏:由于第二类T形截面梁的配筋率较高,故此条件一般都能满足,可不必验算。

·3.2.5 设计实例·

【例3.1】 已知矩形截面梁的截面尺寸 $b \times h = 250\ \text{mm} \times 500\ \text{mm}$,梁工作的环境类别为一类,梁的弯矩设计值为140 kN·m,混凝土采用C30,钢筋采用HRB400级。试求该梁所需的纵向受力钢筋的截面面积。

【解】 由钢筋采用HRB400级、混凝土等级采用C30可知,$f_c = 14.3\ \text{N/mm}^2$,$f_t = 1.43\ \text{N/mm}^2$,$f_y = 360\ \text{N/mm}^2$,$\alpha_1 = 1.0$,$\xi_b = 0.518$。

环境类别为一类,梁的最小保护层厚度为20 mm,箍筋直径预估为8 mm,因此

$$h_0 = (500 - 20 - 8 - 10)\ \text{mm} = 462\ \text{mm}$$

方法一:公式计算。

根据式(3.10),利用求根公式求解一元二次方程有:

$$x = h_0 - \sqrt{h_0^2 - \frac{2M}{\alpha_1 f_c b}}$$

代入数值后有

$$x = 462\ \text{mm} - \sqrt{462^2 - \frac{2 \times 140 \times 10^6}{14.3 \times 250}}\ \text{mm} = 94.41\ \text{mm} < \xi_b h_0 = 0.518 \times 462\ \text{mm} = 239.32\ \text{mm}$$

将求出的 x 代入式(3.9)求解 A_s 值有:

$$A_s = \frac{\alpha_1 f_c b x}{f_y} = \frac{1 \times 14.3 \times 250 \times 94.41}{360}\ \text{mm}^2 = 937.54\ \text{mm}^2$$

查表3.8,选3⏀20,$A_{s实} = 941\ \text{mm}^2 > 937.54\ \text{mm}^2$,且相差不足±5%,满足要求。

$$\rho = \frac{A_s}{bh} \times 100\% = \frac{937.54}{250 \times 500} \times 100\% = 0.75\% > \rho_{min} = 0.2\% > \left(45\frac{f_t}{f_y}\right)\% = \left(45\frac{1.43}{360}\right)\% = 0.18\%$$,配筋率满足最小配筋率要求。截面及配筋如图3.22所示。

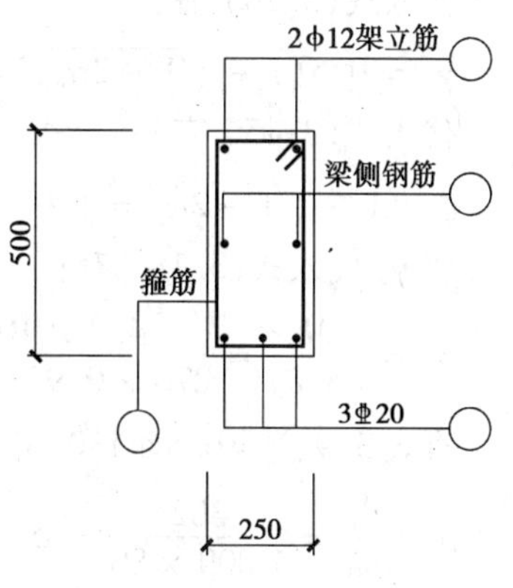

图3.22 配筋图

方法二:用系数法计算。

根据式(3.14)有:

$$\alpha_s = \frac{M}{\alpha_1 f_c b h_0^2} = \frac{140 \times 10^6}{14.3 \times 250 \times 462^2} = 0.183$$

代入式(3.16)有:

$$\gamma_s = 0.5(1+\sqrt{1-2\alpha_s}) = 0.5\times(1+\sqrt{1-2\times0.183}) = 0.898$$

代入式(3.15)有：

$$\xi = 1-\sqrt{1-2\alpha_s} = 1-\sqrt{1-2\times0.183} = 0.203 < \xi_b = 0.518$$

将 γ_s 代入式(3.18)有：

$$A_s = \frac{M}{f_y\gamma_s h_0} = \frac{140\times10^6}{360\times0.898\times462}\text{mm}^2 = 937.36\ \text{mm}^2$$

以下步骤省略。

可见与方法一计算结果完全一致，而且计算更简便。

【例3.2】 某钢筋混凝土简支板，如图3.23所示，其跨度 l 为2 100 mm，计算跨度 l_0 为2 000 mm，厚度为80 mm，弯矩设计值 $M=4.2$ kN · m，采用C20混凝土，钢筋采用HPB300级钢筋，计算板所需的受力钢筋数量 A_s。

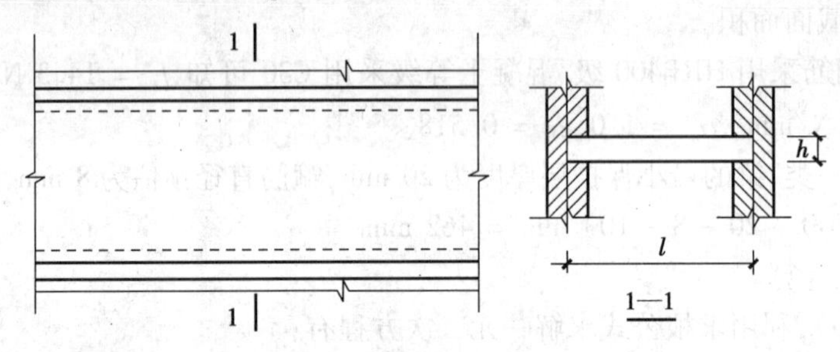

图3.23　例3.2图

【解】 取1 000 mm板宽作为计算单元，即 $b=1\ 000$ mm。

$h_0=(80-20-5)\text{mm}=55\ \text{mm}, b=1\ 000\ \text{mm}, f_c=9.6\ \text{N/mm}^2, f_t=1.1\ \text{N/mm}^2$

$f_y=270\ \text{N/mm}^2, \alpha_1=1.0, \xi_b=0.576$

用系数法计算如下：

根据式(3.14)有：

$$\alpha_s = \frac{M}{\alpha_1 f_c b h_0^2} = \frac{4.2\times10^6}{9.6\times1\ 000\times55^2} = 0.145$$

代入式(3.16)有：

$$\gamma_s = 0.5(1+\sqrt{1-2\alpha_s}) = 0.5(1+\sqrt{1-2\times0.145}) = 0.921$$

代入式(3.15)有

$\xi = 1-\sqrt{1-2\alpha_s} = 1-\sqrt{1-2\times0.145} = 0.157 < \xi_b = 0.576$，不会发生超筋破坏。

将 γ_s 代入式(3.18)有：

$$A_s = \frac{M}{f_y\gamma_s h_0} = \frac{4.2\times10^6}{270\times0.921\times55}\text{mm}^2 = 307\ \text{mm}^2$$

查表3.9，选Φ6/8@130，$A_{s实}=302\ \text{mm}^2$ 接近307 mm²，满足要求。

$\rho = \frac{A_s}{bh} = \frac{302}{1\ 000\times80} = 0.38\% > \rho_{min} = 0.2\% > \left(45\frac{f_t}{f_y}\right)\% = \left(45\frac{1.1}{270}\right)\% = 0.18\%$，配筋率满足最小配筋率要求。分布筋采用Φ6@250，截面及配筋如图3.24所示。

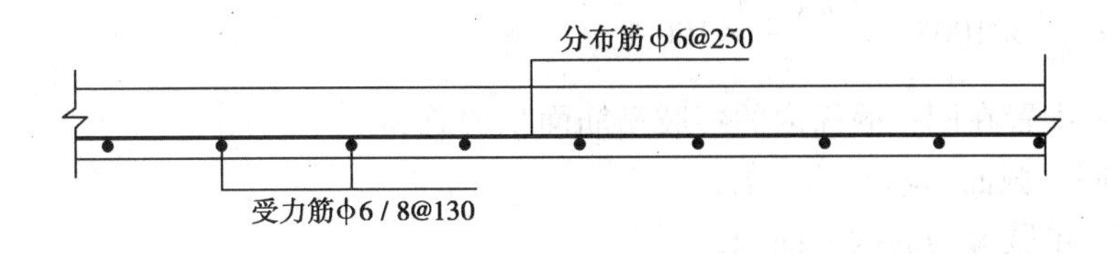

图 3.24　配筋图

3.3　受弯构件斜截面承载力计算

·3.3.1　受弯构件斜截面破坏·

1）斜截面破坏概述

一般情况下，受弯构件除承受弯矩外，同时还承受剪力的作用。在弯矩和剪力共同作用的区段，弯矩和剪力的共同作用引起的主拉应力将使该段产生斜向裂缝，也就是说，构件有可能发生斜截面破坏。一般情况下，受弯构件除了要计算正截面承载力外，还需要计算斜截面的承载力。

为了防止梁发生斜截面破坏，除了梁的截面尺寸应满足一定的要求外，还需在梁中配置与梁轴线垂直的箍筋，以及由纵向钢筋弯起而成的弯起钢筋，来承受梁内的主拉应力。由于箍筋和弯起钢筋均位于梁的腹部，因此统称为腹筋。受弯构件用来承受梁内的主拉应力的最基本部分是钢筋混凝土以及配置箍筋，而弯起钢筋则在必要时才设置，如图 3.4 所示。

2）受弯构件斜截面破坏形式

（1）剪跨比 λ 和配箍率 ρ_{sv}

① 剪跨比 λ。在承受集中荷载作用的受弯构件中，距支座最近的集中荷载至支座的距离 a 称为剪跨，如图 3.25 所示。剪跨 a 与梁的有效截面高度 h_0 之比称为剪跨比，用 λ 表示，即

$$\lambda = \frac{a}{h_0} \tag{3.45}$$

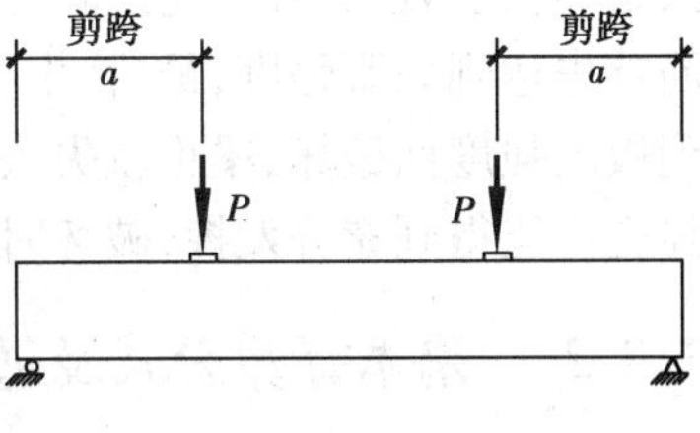

图 3.25　受弯构件的剪跨

剪跨比 λ 是一个无量纲的参数，对于不是集中荷载作用的梁，用计算截面的弯矩 M 与剪力 V 和相应截面的有效高度 h_0 乘积的比值来表示剪跨比，称为广义剪跨比，即

$$\lambda = \frac{M}{Vh_0} \tag{3.46}$$

因为弯矩 M 产生正应力，剪力 V 产生剪应力，故剪跨比实质上反映了计算截面正应力和剪应力的比值关系，即反映了梁的应力状态。

② 配箍率 ρ_{sv}。箍筋截面面积与对应的混凝土面积的比值，称为配箍率，用 ρ_{sv} 表示，即

$$\rho_{sv} = \frac{A_{sv}}{bs} \times 100\% = \frac{nA_{sv1}}{bs} \times 100\% \tag{3.47}$$

式中　A_{sv}——配置在同一截面内的各肢箍筋面积的总和；

n——同一截面内箍筋的肢数；

A_{sv1}——单肢箍筋的截面面积；

b——截面宽度，对T形截面，则是梁腹宽度；

s——沿受弯构件长度方向的箍筋间距。

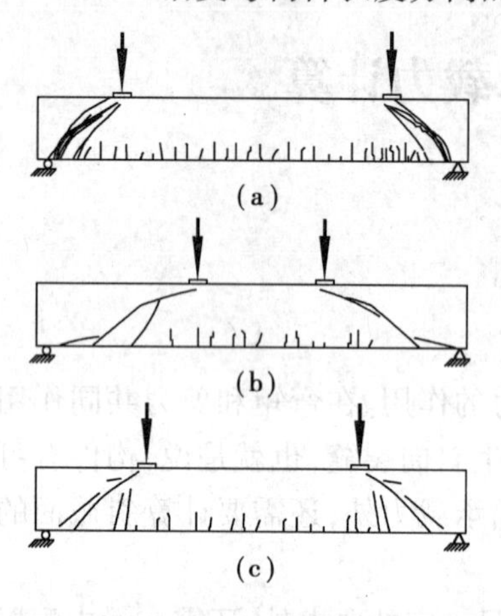

图3.26　受弯构件斜截面的破坏形式

(a) 斜压破坏；(b) 斜拉破坏；(c) 剪压破坏

(2) 斜截面的破坏形式

① 斜压破坏。当梁的箍筋配置过多，即配箍率 ρ_{sv} 较大，或梁的剪跨比 λ 较小($\lambda < 1$)时，随着荷载的增加，在梁腹部首先出现若干条平行的斜裂缝，将梁腹部分割成若干个斜向短柱，最后这些斜向短柱由于混凝土达到其抗压强度而破坏，如图3.26(a)所示。破坏时箍筋的应力往往达不到屈服强度，箍筋的强度不能被充分发挥，破坏属于脆性破坏，故在设计中应避免。

② 斜拉破坏。当梁的箍筋配置过少，即配箍率 ρ_{sv} 较小，或梁的剪跨比 λ 过大($\lambda > 3$)时，一旦梁腹部出现斜裂缝，很快就形成临界斜裂缝，与其相交的箍筋随即屈服，箍筋对斜裂缝开展的限制已不起作用，导致斜裂缝迅速向梁上方受压区延伸，梁将沿斜裂缝裂分成两部分而破坏，如图3.26(b)所示。斜拉破坏的构件承载力很低，并且一开裂就破坏，破坏属于脆性破坏，故在工程中不允许采用。

③ 剪压破坏。剪压破坏通常发生在梁的剪跨比 λ 为1～3，且梁所配置的腹筋(主要是箍筋)适中的情况下。随着荷载的增加，截面出现多条斜裂缝，当荷载增加到一定值时，其中出现一条延伸长度较大，开展宽度较宽的斜裂缝，称为“临界斜裂缝”。此时，与临界斜裂缝相交的箍筋首先达到屈服强度，最后，由于斜裂缝顶端剪压区的混凝土在压应力、剪应力共同作用下达到极限强度而破坏，梁也就失去承载力，如图3.26(c)所示。梁发生剪压破坏时，混凝土和箍筋强度均能得到充分发挥，破坏时的脆性性质不如斜压破坏时明显。

·3.3.2　基本计算公式及适用条件·

1) 基本计算公式

《混凝土结构设计规范》(GB 50010—2010)给出的基本计算公式是根据剪压破坏的受力特征建立的。在设计中，通过控制最小配箍率且限制箍筋的间距不能太大来防止斜拉破坏，通过限制截面尺寸不能太小来防止斜压破坏。

矩形、T形和I形截面的受弯构件，当同时配有箍筋和弯起钢筋时，其斜截面受剪承载力计算公式为：

$$V \leqslant V_u = 0.7f_t bh_0 + f_{yv}\frac{A_{sv}}{s}h_0 + 0.8f_y A_{sb}\sin\alpha_{sb} \tag{3.48}$$

式中　f_t——混凝土轴心抗拉强度设计值；

V—— 构件计算截面的剪力设计值；

V_u—— 构件抗剪承载力；

f_{yv}，f_y—— 箍筋及弯起钢筋的抗拉强度设计值；

A_{sv}—— 配置在同一截面内的各肢箍筋面积总和；

b—— 截面宽度，若是T形截面，则是梁腹板宽度；

s—— 沿受弯构件长度方向的箍筋间距；

A_{sb}—— 同一弯起平面内弯起钢筋的截面面积；

α_{sb}—— 弯起钢筋与构件纵向轴线的夹角，一般取45°，当梁高 > 800 mm时，取60°；

h_0—— 截面有效高度；

0.8—— 考虑到靠近剪压区的弯起钢筋，在破坏时可能达不到抗拉强度设计值时的应力不均匀系数。

式(3.48)中右侧第一项为计算配箍前梁的抗剪承载力；第二项为箍筋本身的抗剪能力和因配箍筋而使梁的承载力加大的部分；第三项为弯起钢筋的抗剪承载力，当不设弯起钢筋时无此项。

《混凝土结构设计规范》(GB 50010—2010)中，对于集中荷载作用下（包括作用有多种荷载，其中集中荷载对支座截面或节点边缘所产生的剪力值占总剪力值75%以上的情况）的矩形、T形和I形截面的独立梁，其承载力计算公式采用：

$$V \leqslant V_u = \frac{1.75}{\lambda + 1} f_t b h_0 + f_{yv} \frac{A_{sv}}{s} h_0 + 0.8 f_y A_{sb} \sin \alpha_{sb} \tag{3.49}$$

式中　λ—— 计算截面的剪跨比，$\lambda = a/h_0$。当 $\lambda < 1.5$ 时，取1.5；当 $\lambda > 3$ 时，取3。

其他符号的含义同公式(3.48)。

在计算受剪承载力时，计算截面的位置按下列规定确定：

① 支座边缘处的截面，因为支座边缘的剪力值是最大的。

② 受拉区弯起钢筋弯起点的截面，因为此截面的抗剪承载力不含弯起钢筋的抗剪承载力。

③ 箍筋直径或间距改变处的截面，在此截面箍筋的抗剪承载力有变化。

④ 截面腹板宽度改变处，在此截面混凝土项的抗剪承载力有所变化。

由于受弯构件中板受到的剪力很小，所以一般无需依靠箍筋抗剪，当板厚不超过150 mm时，一般不需要进行斜截面承载力计算。

2）计算公式的适用条件

（1）斜截面抗剪承载力的上限值 —— 最小截面尺寸

当配箍率超过一定的数值，即箍筋过多时，箍筋的拉应力达不到屈服强度，梁斜截面抗剪能力主要取决于截面尺寸及混凝土的强度等级，而与配箍率无关，此时梁将发生斜压破坏。因此，为防止配箍率过大，即截面尺寸过小，避免斜压破坏，《混凝土结构设计规范》(GB 50010—2010)规定，对矩形、T形和I形截面的受弯构件，其受剪截面需符合下列条件：

当 $h_w/b \leqslant 4$ 时（即一般梁）：　$V \leqslant 0.25\beta_c f_c b h_0$　(3.50)

当 $h_w/b \geqslant 6$ 时：　$V \leqslant 0.2\beta_c f_c b h_0$　(3.51)

当 $4 < h_w/b < 6$ 时：按直线内插法确定。

式中　h_w—— 截面的腹板高度。矩形截面取有效高度为 h_0；T形截面取有效高度减去翼缘厚度,I形截面取腹板净高。

β_c——混凝土强度影响系数。当混凝土强度等级不超过C50时,$\beta_c = 1.0$;当混凝土强度等级为C80时,$\beta_c = 0.8$;其间按线性内插法确定。

其他符号的含义同前。

设计中,若不能满足上述条件,应加大截面尺寸或提高混凝土的强度等级。

(2)斜截面抗剪承载力的下限值——最小配箍率$\rho_{sv,min}$

若箍筋配箍率过小,即箍筋过少或箍筋的间距过大,截面将发生斜拉破坏。因此,为了防止出现斜拉破坏,箍筋的数量不能过少,间距不能太大。为此,《规范》规定了箍筋配箍率的下限值(即最小配箍率)为:

$$\rho_{sv,min} = 0.24\frac{f_t}{f_{yv}} \times 100\% \tag{3.52}$$

同时,如果箍筋的间距过大,则斜裂缝可能不与箍筋相交,或者相交在箍筋不能充分发挥作用的位置,使得箍筋不能有效地抑制斜裂缝的开展,从而也就起不到箍筋应有的抗剪作用。因此,一般宜采用直径较小、间距较密的箍筋。《混凝土结构设计规范》(GB 50010—2010)规定了梁中箍筋的最大间距s_{max},见表3.5。

(3)斜截面按构造配置箍筋的条件

对于矩形、T形、I形截面的一般受弯构件若符合下列条件,可不进行斜截面的受剪承载力计算,而仅需根据《混凝土结构设计规范》(GB 50010—2010)的有关规定,按最小配箍率及构造要求配置箍筋。

$$V \leqslant 0.7f_t bh_0 \tag{3.53}$$

对主要承受集中荷载作用的独立梁,不进行斜截面受剪承载力计算的条件是:

$$V \leqslant \frac{1.75}{\lambda + 1} f_t bh_0 \tag{3.54}$$

·3.3.3 设计实例·

【例3.3】 一钢筋混凝土矩形截面简支梁其支承情况及跨度如图3.27所示,梁上作用的均布恒载标准值(含自重)$g_k = 20$ kN/m,均布活载标准值$q_k = 30$ kN/m,梁的截面尺寸为$b \times h = 250$ mm×500 mm,受拉钢筋两排设置,混凝土强度等级为C20,箍筋采用HPB300级,试确定所需箍筋的数量。

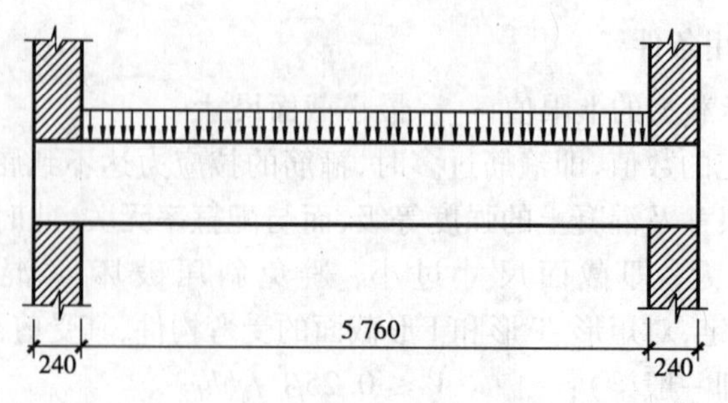

图3.27 例3.3图

【解】 已知C20的$f_c = 9.6$ N/mm^2,$f_t = 1.1$ N/mm^2;箍筋采用HPB300其,$f_y = 270$ N/mm^2;h_0按435 mm考虑。

(1) 荷载设计值计算

均布恒载设计值(含自重):$g = 1.2 \times g_k = 1.2 \times 20\ \text{kN/m} = 24\ \text{kN/m}$

均布活载设计值:$q = 1.4 \times q_k = 1.4 \times 30\ \text{kN/m} = 42\ \text{kN/m}$

荷载设计值:$(24 + 42)\text{kN/m} = 66\ \text{kN/m}$

(2) 剪力设计值计算

$$V = \frac{1}{2}(g + q)l_n = \frac{1}{2} \times 66\ \text{kN/m} \times 5.76\ \text{m} = 190.08\ \text{kN}$$

(3) 复核截面尺寸

$$\frac{h_w}{b} = \frac{435}{250} = 1.74 < 4.0$$

按式(3.50)复核

$$0.25\beta_c f_c bh_0 = 0.25 \times 1 \times 9.6\ \text{N/mm}^2 \times 250\ \text{mm} \times 435\ \text{mm} = 261\ 000\ \text{N} = 261\ \text{kN} > V = 190.08\ \text{kN}$$

截面尺寸满足要求。

(4) 计算是否可配置箍筋

$$0.7f_t bh_0 = 0.7 \times 1.1\ \text{N/mm}^2 \times 250\ \text{mm} \times 435\ \text{mm} = 83\ 737.5\ \text{N} = 83.74\ \text{kN} < V = 190.08\ \text{kN}$$

需按计算配置箍筋。

(5) 箍筋配筋计算

根据式(3.48)有:

$$\frac{A_{sv}}{s} \geqslant \frac{V - 0.7f_t bh_0}{f_{yv}h_0} = \frac{190\ 080 - 83\ 740}{270 \times 435}\ \text{mm}^2/\text{mm} = 0.905\ \text{mm}^2/\text{mm}$$

选用双肢箍筋ф8($A_{sv1} = 50.3\ \text{mm}^2$)

$$s \leqslant \frac{nA_{sv1}}{0.905} = \frac{2 \times 50.3}{0.905}\ \text{mm} = 111.2\ \text{mm}$$

取箍筋间距为100 mm,沿梁全长布置。

(6) 验算最小配筋率

$$\rho_{sv} = \frac{nA_{sv1}}{sb} \times 100\% = \frac{2 \times 50.3}{100 \times 250} \times 100\% = 0.402\ 4\%$$

$$> \rho_{min} = 0.24\frac{f_t}{f_{yv}} = 0.24\frac{1.1}{270} = 0.10\%$$

满足要求。

3.4 受弯构件变形与裂缝计算

结构和构件按承载能力极限状态进行计算后,还应当按正常使用极限状态进行验算。钢筋混凝土受弯构件的正截面受弯承载力及斜截面受剪承载力计算是保证承载能力极限状态的计算,是保证结构构件安全可靠的前提条件。除此之外,还应对构件进行正常使用极限状态的验算,即对构件进行变形验算及裂缝宽度计算。

考虑到结构构件当其不满足正常使用极限状态时所带来的危害性比不满足承载力极限状态时要小,其相应的可靠指标也要小些,故《混凝土结构设计规范》(GB 50010—2010)规定,验算变形及裂缝宽度时荷载均采用标准值,不考虑荷载分项系数。

由于构件的变形及裂缝宽度都随时间而增大,因此验算变形及裂缝宽度时,应按荷载的标准组合并考虑长期作用影响来进行。

·3.4.1 变形验算·

受弯构件的变形验算,就是对受弯构件进行挠度验算,即要求受弯构件的计算挠度 f 小于或等于规范规定的挠度允许值 $[f]$:

$$f \leqslant [f] \tag{3.55}$$

1)受弯构件的变形验算的特点

在材料力学中,已经学习了匀质弹性材料受弯构件变形的计算方法,如跨度为 l_0 的简支梁在均布荷载 $(g+q)$ 的作用下,其跨中的最大挠度为:

$$f = \frac{5(g+q)l_0^4}{384EI} = \frac{5Ml_0^2}{48EI}$$

因此,匀质弹性材料梁的跨中挠度可以统一写为:

$$f = S\frac{Ml_0^2}{EI} \tag{3.56}$$

式中 EI——为匀质弹性材料梁的截面抗弯刚度,当梁截面尺寸及材料确定后,对于弹性材料的受弯构件 EI 是一常数;

M——梁跨中最大弯矩;

S——与构件的支承条件及所受荷载形式有关的挠度系数。

对于钢筋混凝土受弯构件来说,在荷载不大时,受拉区的混凝土就已开裂,随着裂缝的宽度和高度的增加,裂缝处的实际截面减小,即梁的惯性矩 I 随之减小,导致梁的刚度下降。同时,随着弯矩的增加,梁塑性变形的发展,变形模量也随之减小,即 E 也随之减小。由此可见,钢筋混凝土梁的截面抗弯刚度不是一个常数,而是随着弯矩的大小而变化,并与裂缝的出现和开展有关。同时,随着荷载作用持续时间的增加,钢筋混凝土梁的截面抗弯刚度还将进一步减小,梁的挠度还将进一步增大。故不能用 EI 来表示钢筋混凝土的抗弯刚度。

为了区别于匀质弹性材料受弯构件的抗弯刚度 EI,规范规定用 B 代表钢筋混凝土受弯构件的刚度。钢筋混凝土梁在荷载效应的标准组合作用下的截面抗弯刚度,简称为短期刚度,用 B_s 表示;钢筋混凝土梁在荷载效应的标准组合作用下并考虑荷载长期作用的截面抗弯刚度,简称为长期刚度,用 B 表示。

计算钢筋混凝土受弯构件的挠度,实质上是计算它的抗弯刚度,对于梁来说,只要计算出它的抗弯刚度,就可按照弹性材料梁的变形公式算出梁的挠度。

2)受弯构件在荷载效应的标准组合作用下的刚度——短期刚度 B_s

受弯构件在荷载效应的标准组合作用下的刚度简称短期刚度,用 B_s 表示。在梁的试验中,出现裂缝的第Ⅱ阶段的应变具有以下特点:

① 由于裂缝的出现，梁的受拉区多处开裂，沿梁纵轴各截面的钢筋应变是不均匀的，呈波浪形变化，接近裂缝的应变大，远离裂缝的应变小。为了便于计算，用$\bar{\varepsilon}_s$表示钢筋的平均应变，用ε_s表示裂缝截面处的钢筋应变，二者的关系为：

$$\bar{\varepsilon}_s = \psi\varepsilon_s \tag{3.57}$$

式中 ψ—— 钢筋应变的不均匀系数，当混凝土基本退出工作时，$\psi = 1.0$。

② 受压混凝土的应变也是不均匀的，在裂缝处中和轴上升，混凝土受压边缘的应力增大，应变也最大，在裂缝之间中和轴下降，混凝土受压边缘的应力减小，应变也较小。试验表明，在裂缝处的应变（以ε_c表示）和裂缝间的平均应变（以$\bar{\varepsilon}_c$表示）差别不大，其波动幅度要小于钢筋的应变波动幅度。二者关系如下：

$$\bar{\varepsilon}_c = \psi_c\varepsilon_c \tag{3.58}$$

式中 ψ_c—— 受压边缘混凝土应变的不均匀系数。

试验表明，在纯弯段，截面平均应变$\bar{\varepsilon}_s$和$\bar{\varepsilon}_c$的连线大体上为一直线，说明截面的平均应变是符合平截面假定的，即变形前的截面为一平面，变形后仍为一平面。其平均曲率为：

$$\phi = \frac{1}{\rho} = \frac{\bar{\varepsilon}_s + \bar{\varepsilon}_c}{h_0} \tag{3.59}$$

根据式(3.59)并综合考虑其几何关系、物理关系、平衡关系及钢筋混凝土的受力变形特点，最后得出钢筋混凝土受弯构件短期刚度B_s的计算公式为：

$$B_s = \frac{E_sA_sh_0^2}{1.15\psi + 0.2 + \dfrac{6\alpha_E\rho}{1 + 3.5\gamma'_f}} \tag{3.60}$$

式中 α_E—— 钢筋弹性模量与混凝土弹性模量的比值，$\alpha_E = \dfrac{E_s}{E_c}$；

γ'_f—— T形、工字形截面受压翼缘面积与腹板有效面积的比值，$\gamma'_f = \dfrac{(b_f - b)h'_f}{bh_0}$，《混凝土结构设计规范》规定，当截面$h'_f > 0.2h_0$时，取$h'_f = 0.2h_0$；

ψ—— 裂缝间纵向受拉钢筋应变的不均匀系数，按式(3.66)计算；

ρ—— 纵向受拉钢筋的配筋率$\rho = A_s/(bh_0)$；

E_s—— 纵向受拉钢筋的弹性模量；

h_0—— 梁截面有效高度，mm。

3）按荷载效应的标准组合并考虑荷载长期作用影响的刚度 —— 长期刚度 B

试验表明，在长期荷载作用下，钢筋混凝土梁的挠度将随时间而不断缓慢增长，抗弯刚度随时间而不断降低，这一过程往往要持续很长时间。其主要原因是由于受压区混凝土在压力的持续作用下产生了徐变，使混凝土的压应变随时间而增长。另外，裂缝之间受拉区混凝土的应力松弛、受拉钢筋和混凝土之间粘结滑移徐变，都使受拉混凝土不断退出工作，从而使受拉钢筋平均应变$\bar{\varepsilon}_s$随时间增大。

由此可见，长期荷载作用下的挠度要大于短期荷载作用下的挠度，其比值一般通过试验确定，以受弯构件挠度的增长系数θ来表示。影响θ的主要因素是受压钢筋，因为受压钢筋对混凝土的徐变有约束作用，可减少构件在长期荷载作用下的挠度增长。《混凝土结构设计规范》规定$\rho' = 0$时，$\theta = 2.0$；当$\rho' = \rho$时，$\theta = 1.6$；当ρ'介于0和ρ之间时，θ按内插法取用。θ的计

算公式为:

$$\theta = 1.6 + 0.4\left(1 - \frac{\rho'}{\rho}\right) \geqslant 1.6 \tag{3.61}$$

式中 θ—— 长期荷载作用下受弯构件挠度的增长系数;

ρ'—— 受压钢筋的配筋率,$\rho' = A'_s/(bh_0)$;

ρ—— 受拉钢筋的配筋率,$\rho = A_s/(bh_0)$。

《混凝土结构设计规范》规定:对翼缘位于受拉区的T形截面,θ 应增大20%。

由于构件上作用的全部荷载中一部分是长期作用的荷载,另一部分是短期作用的荷载。现设 M_q 为按荷载长期作用计算的弯矩值,即按荷载效应的准永久组合计算的弯矩;设 M_k 为按短期作用计算的弯矩值,即按荷载效应的标准组合计算的弯矩。《混凝土结构设计规范》规定,计算矩形、T形、倒T形和工字形截面受弯构件的刚度 B 可按式(3.62)计算:

$$B = \frac{M_k}{M_q(\theta - 1) + M_k} B_s \tag{3.62}$$

式中 B—— 按荷载效应的标准组合,并考虑荷载长期作用影响的刚度;

M_q—— 按荷载效应的标准组合计算的弯矩值,取计算区段的最大弯矩值;

M_k—— 按荷载效应的准永久组合计算的弯矩值,取计算区段的最大弯矩值;

θ—— 考虑荷载长期作用对挠度增大的影响系数;

B_s—— 荷载效应的标准组合作用下受弯构件的短期刚度。

4)最小刚度原则

由上述的分析可知,钢筋混凝土构件截面的抗弯刚度随弯矩的增大而减小,在荷载作用下,同一根梁各截面的弯矩是不相同的,弯矩较小的截面,裂缝出现较少甚至没有裂缝,其抗弯刚度较大;而弯矩较大的截面,则裂缝较多,其抗弯刚度较小。在实际设计中,为了简化计算通常采用“最小刚度原则”,即在同号弯矩区段采用其最大弯矩(绝对值)截面处的最小刚度作为该区段的抗弯刚度 B 来计算变形。如对于简支梁即取最大正弯矩截面计算截面刚度,并以此作为全梁的抗弯刚度。

计算钢筋混凝土受弯构件的挠度,先要计算在同一符号弯矩区段内的最大弯矩,而后求出该区段弯矩最大截面的刚度 B,再根据梁的支座类型套用相应的力学挠度公式。求得的挠度值 f 应小于或等于[f] 即式(3.55),式中的[f] 取值见表3.11。

表3.11 受弯构件的挠度限值

构件类型		挠度限值
吊车梁	手动吊车	$l_0/500$
	电动吊车	$l_0/600$
屋盖、楼盖及楼梯构件	当 l_0 <7 m时	$l_0/200(l_0/250)$
	当7 m≤l_0≤9 m时	$l_0/250(l_0/300)$
	当 l_0 >9 m时	$l_0/300(l_0/400)$

注:①表中 l_0 为构件的计算跨度;

②表中括号内的数值适用于使用上对挠度有较高要求的构件;

③如果构件制作时预先起拱,且使用上也允许,则在验算挠度时,可将计算所得挠度值减去起拱值,对于预应力混凝土构件,尚可减去预应力所产生的反之拱值;

④计算悬臂构件的挠度限值时,其计算跨度 l_0 按实际悬臂长度的2倍取用。

·3.4.2 裂缝计算·

由于混凝土的抗拉强度很低,只要构件中的拉应力超过了混凝土的抗拉强度,就会在垂直于拉应力区方向产生裂缝。对于一般的工业与民用建筑来说,是允许构件带裂缝工作的,但也有一些构件由于外观要求或耐久性要求,对构件的裂缝开展宽度进行严格的限制。从外观要求考虑,裂缝过宽将给人以不安全的感觉;从耐久性要求考虑,如果裂缝过宽,在有水或空气侵入时,裂缝处的钢筋将锈蚀甚至严重锈蚀,导致钢筋截面面积减小,使构件的承载力下降。因此必须对构件的裂缝宽度进行控制。

1)裂缝产生的原因及裂缝控制等级

(1)裂缝产生的原因

受弯构件的裂缝按其产生的原因可分为以下几类:

①由各种作用效应引起的裂缝。这类裂缝是由于构件拉应力超过混凝土抗拉强度而使受拉区混凝土产生的垂直裂缝。通常,由于混凝土受弯构件受拉区开裂时,钢筋的应力很低,因此按照承载力极限状态设计的钢筋混凝土构件,在使用阶段一般都是带裂缝工作的。

②由于钢筋锈蚀产生的裂缝。由于混凝土保护层碳化或其他原因导致钢筋锈蚀,锈蚀产物的体积膨胀,这种体积膨胀会使钢筋周围的混凝土产生较大的拉应力,引起混凝土开裂,甚至混凝土保护层脱落。

③其他原因引起的混凝土裂缝。除了上述原因外,由于地基的不均匀沉降、混凝土的收缩及温差等也会使混凝土构件产生裂缝。另外由于施工不当、养护不好、拆模过早等,也会造成裂缝。

本节主要介绍由各种作用效应引起的裂缝的裂缝宽度计算方法。

(2)裂缝控制等级

《混凝土结构设计规范》(GB 50010—2010)将裂缝控制等级划分为三级。

①一级:严格要求不出现裂缝的构件。按荷载效应标准组合进行计算时,构件受拉边边缘的混凝土不应产生拉应力。

②二级:一般要求不出现裂缝的构件。按荷载效应标准组合进行计算时,构件受拉边边缘的混凝土拉应力不应大于混凝土轴心抗拉强度标准值;按荷载效应准永久组合进行计算时,构件受拉边边缘的混凝土不宜产生拉应力。

③三级:允许出现裂缝的构件。按荷载效应标准组合并考虑长期作用影响计算时,构件的最大裂缝宽度 ω_{max} 不应超过允许的最大裂缝宽度 ω_{lim},即:

$$\omega_{max} \leqslant \omega_{lim} \tag{3.63}$$

ω_{lim} 为最大裂缝宽度的允许值,见表3.12。对于一般的钢筋混凝土构件来说,在使用阶段一般都是带裂缝工作的,故按三级标准来控制裂缝宽度。

2)受弯构件裂缝宽度的计算

受弯构件的裂缝包括由弯矩产生的正应力引起的垂直裂缝和由弯矩、剪力产生的主拉应力引起的斜裂缝。对于主拉应力引起的斜裂缝,当按斜截面抗剪承载力计算配置了足够的腹筋后,其斜裂缝的宽度一般都不会超过规范所规定的最大裂缝宽度允许值,所以,主要讨论由弯矩引起的垂直裂缝的情况。目前,国内外有关裂缝计算的公式很多,就其研究方法而言,基

表 3.12　结构构件的裂缝控制等级及最大裂缝宽度限制

<table>
<tr><th rowspan="2">环境类别</th><th colspan="2">钢筋混凝土结构</th><th colspan="2">预应力混凝土结构</th></tr>
<tr><th>裂缝控制等级</th><th>$\omega_{\lim}$/mm</th><th>裂缝控制等级</th><th>$\omega_{\lim}$/mm</th></tr>
<tr><td>一</td><td rowspan="4">三</td><td>0.3(0.4)</td><td rowspan="2">三</td><td>0.2</td></tr>
<tr><td>二 a</td><td rowspan="3">0.2</td><td>0.1</td></tr>
<tr><td>二 b</td><td>二</td><td>—</td></tr>
<tr><td>三 a、三 b</td><td>一</td><td>—</td></tr>
</table>

注:①对相对湿度小于 60% 地区一类环境下的受弯构件,其最大裂缝宽度限值可采用括号内的数值。

②在一类环境下,对钢筋混凝土屋架、托架及需作疲劳验算的吊车梁,其最大裂缝宽度限值应取为 0.2 mm;对钢筋混凝土屋面梁和托梁,其最大裂缝宽度限值应取为 0.3 mm。

③在一类环境下,对预应力混凝土屋架、托架和双向板体系,应按二级裂缝控制等级进行验算;对一类环境下的预应力混凝土屋面梁、托梁、单向板,应按表中二 a 环境要求进行验算,在一类和二 a 类环境下需作疲劳验算的预应力混凝土吊车梁,应按裂缝控制等级不低于二级的构件进行验算。

④表中规定的预应力混凝土构件的裂缝控制等级和最大裂缝宽度限值仅适用于正截面的验算;预应力混凝土构件的斜截面裂缝控制验算应符合《混凝土结构设计规范》第 7 章的要求。

⑤对于处于四、五类环境下的结构构件,其裂缝控制要求应符合专门标准的有关规定。

⑥表中的最大裂缝宽度限值用于验算荷载作用引起的最大裂缝宽度。

本可以分为两类:第一类是以粘结-滑移理论为基础的半理论半经验的计算方法,按照这种理论,裂缝的间距取决于钢筋和混凝土间粘结应力的分布,裂缝的开展是由于钢筋和混凝土间的变形不再维持协调,出现滑移而产生的。第二类是以数理统计为基础的经验计算方法。我国《混凝土结构设计规范》提出的裂缝宽度计算公式主要是以粘结-滑移理论为基础建立的。

《混凝土结构设计规范》(GB 50010—2010)给出的最大裂缝宽度的计算公式为:

$$\omega_{\max} = \alpha_{cr}\psi \frac{\sigma_s}{E_s}\left(1.9c_s + 0.08\frac{d_{eq}}{\rho_{te}}\right) \tag{3.64}$$

式中　α_{cr}——构件受力特征系数,按表 3.13 取用;

σ_s——按荷载效应的准永久组合计算构件纵向受拉普通钢筋应力或是按照标准组合计算的预应力混凝土构件纵向受拉钢筋的等效应力;

ρ_{te}——按有效受拉混凝土截面计算的纵向受拉钢筋配筋率(简称有效配筋率),当 $\rho_{te} < 0.01$ 时,取 $\rho_{te} = 0.01$;

d_{eq}——纵向受拉钢筋等效直径,按式(3.65)计算:

$$d_{eq} = \frac{\sum n_i d_i^2}{\sum n_i \nu_i d_i^2} \tag{3.65}$$

ν_i——纵向受拉钢筋的相对粘结特性系数,按表 3.14 取用;

n_i——受拉区第 i 种纵向钢筋根数;

d_i——受拉区第 i 种纵向钢筋公称直径;

E_s——混凝土的弹性模量,取值见第 2 章;

ψ——裂缝间纵向受拉钢筋应变不均匀系数,通过试验分析,对矩形、T 形、倒 T 形、I 形截面的钢筋混凝土受弯构件,按式(3.66)计算:

$$\psi = 1.1 - \frac{0.65 f_{tk}}{\rho_{te} \sigma_s} \tag{3.66}$$

f_{tk}——混凝土抗拉强度标准值。

表 3.13　构件受力特征系数

类　型	α_{cr}	
	钢筋混凝土构件	预应力混凝土构件
受弯、偏心受压	1.9	1.5
偏心受拉	2.4	—
轴心受拉	2.7	2.2

表 3.14　钢筋的相对粘结特征系数

钢筋类别	非预应力钢筋		先张法预应力钢筋			后张法预应力钢筋		
	光圆钢筋	带肋钢筋	带肋钢筋	螺旋肋钢丝	钢绞线	带肋钢筋	钢绞线	光面钢丝
ν_i	0.7	1.0	1.0	0.8	0.6	0.8	0.5	0.4

从最大裂缝宽度的计算公式可以发现，要减小裂缝宽度，最简便有效的措施应该是：

①选用变形钢筋。

②选用直径较细的钢筋，以增大钢筋与混凝土的接触面积，提高钢筋与混凝土的粘结强度，减小裂缝间距。但如果钢筋的直径选得过细，钢筋的根数必然过多，从而会导致施工困难，且钢筋之间的净距也难以满足规范的需求。这时可增加钢筋的面积即加大钢筋的有效配筋率 ρ_{te}，从而减小钢筋的应力 σ_s。

③除上述两种方法外，改变截面形状和尺寸、提高混凝土强度等级虽能减小裂缝宽度，但效果甚微，一般不宜采用。

需要指出的是，在施工中常常会碰到钢筋代换的问题，钢筋代换时除了必须满足强度要求外，还需注意钢筋强度和直径对构件裂缝宽度的影响。若是用强度高的钢筋代换强度低的钢筋，因钢筋强度提高其数量必定减少，从而导致钢筋应力增加或是用直径粗的钢筋代换直径细的钢筋，都会使构件的裂缝宽度增大，这是需要注意的。

小 结 3

本章讲述的主要内容有：

①钢筋混凝土受弯构件正截面破坏有 3 种形态：适筋破坏、超筋破坏和少筋破坏。其中适筋破坏为正常破坏；超筋和少筋破坏是非正常破坏，在设计中通过限制条件进行限制。

②梁、板的截面尺寸，纵向钢筋及箍筋的布置、直径、间距，纵向钢筋的锚固，混凝土保护层厚度，纵向受力钢筋在简支支座处的锚固及在连续梁或框架梁中间支座、边支座处的钢筋锚固，纵向钢筋的接头等构造要求。

③受弯构件正截面承载力计算是以第Ⅲ阶段末的应力图形作为依据的。为了建立实用的计

算公式,我们采用以下基本假定:a. 平截面假定,即构件正截面在受荷弯曲变形后仍保持平面;b. 不考虑受拉区混凝土参与工作,拉力完全由纵向钢筋承担;c. 采用理想化的应力与应变关系。

④单筋矩形受弯构件的钢筋截面面积可以利用公式进行计算,即先利用求根公式求解一元二次方程得到:$x = h_0 - \sqrt{h_0^2 - \frac{2M}{\alpha_1 f_c b}}$,再将求出的 x 代入 $\alpha_1 f_c bx = f_y A_s$ 求解 A_s 值。在利用公式进行承载力复核计算时,可根据 $\alpha_1 f_c bx = f_y A_s$ 求解 x,再将求出的 x 代入 $M_u = \alpha_1 f_c bx\left(h_0 - \frac{x}{2}\right)$ 求解 M_u 值。为简化计算,避免求解一元二次方程,也可利用系数法计算。

⑤受拉区与受压区均设置纵向受力钢筋的梁称为双筋梁。这种梁是不经济的,故在设计中应尽量避免采用。

⑥T 形截面分为两类:第一类 T 形截面(中和轴通过翼缘)和第二类 T 形截面(中和轴通过腹板)。前者按矩形截面计算,后者按 T 形截面计算。

⑦斜截面破坏有 3 种形态:剪压破坏、斜拉破坏和斜压破坏。剪压破坏为正常破坏,通过计算防止这种破坏,斜截面抗剪承载力公式就是以剪压破坏形式为依据推导的。斜拉和斜压破坏为非正常破坏形态,通过最小配箍率和限制截面尺寸来防止这两种破坏。

⑧考虑到结构构件当其不满足正常使用极限状态时所带来的危害性比不满足承载力极限状态时要小,其相应的可靠指标也要小些,故《混凝土结构设计规范》(GB 50010—2010)规定,验算变形及裂缝宽度时荷载均采用标准值,不考虑荷载分项系数。

由于构件的变形及裂缝宽度都随时间而增大,因此验算变形及裂缝宽度时,应按荷载的标准组合并考虑长期作用影响来进行。

钢筋混凝土受弯构件在正常使用极限状态下的挠度,可根据构件的刚度,用结构力学的方法进行计算。受弯构件的变形验算,就是对受弯构件进行挠度验算,即要求受弯构件的计算挠度 f 小于或等于规范规定的挠度允许值 $[f]$。

⑨《混凝土结构设计规范》(GB 50010—2010)将裂缝控制等级划分为三级。对于裂缝控制等级为三级的要求是允许出现裂缝,但按荷载效应标准组合并考虑长期作用影响计算时,构件的最大裂缝宽度 ω_{max} 不应超过允许的最大裂缝宽度 ω_{lim}。我国《混凝土结构设计规范》(GB 50010—2010)提出的裂缝宽度计算公式主要是以粘结-滑移理论为基础建立的。

复习思考题 3

3.1　混凝土保护层有哪些作用?

3.2　板中分布钢筋的主要作用是什么?

3.3　提高梁的抗弯承载力有哪些措施?其中哪些是最有效的?

3.4　试述梁正截面受弯破坏的 3 种形态及其破坏主要特征。

3.5　什么是纵向钢筋的最小锚固长度?其取值与什么因素有关?

3.6　在什么情况下采用双筋截面?双筋梁中还有没有必要设置架立筋?

3.7　梁内纵向钢筋的根数、直径及间距有哪些具体的规定?

3.8　《规范》对梁的纵向钢筋接头有哪些具体要求?

3.9　试述剪跨比的概念及其对斜截面破坏的影响。

3.10 试述梁斜截面受剪破坏的3种形态及其破坏特征。

3.11 在设计中采用哪些措施来防止梁的斜压和斜拉破坏?

3.12 在什么情况下按构造配置箍筋?此时对箍筋的直径和间距又有哪些规定?

3.13 斜截面承载力的两套计算公式各适用于什么情况?

3.14 若构件的裂缝宽度不满足规范要求,可采用哪些有效的措施减小裂缝宽度?

3.15 某钢筋混凝土梁,截面尺寸为 $b \times h = 200\ \text{mm} \times 450\ \text{mm}$,混凝土等级为C20,承受的弯矩设计值为 $M = 85\ \text{kN} \cdot \text{m}$,采用HRB400钢筋。计算该梁所需的纵向钢筋。

3.16 已知某钢筋混凝土梁,截面尺寸为 $b \times h = 250\ \text{mm} \times 500\ \text{mm}$,混凝土等级为C20,采用HRB400级钢筋,已在受拉区配置有3⌀20的纵向受拉钢筋,试计算该梁所能承受的弯矩设计值。

3.17 某钢筋混凝土雨篷如图3.28所示,其挑出长度 l 为1 000 mm,全宽为3 300 mm,根部厚度为100 mm,端部厚度为80 mm,除永久荷载外,该雨篷在板的端部还作用有施工活荷载 $P = 1\ \text{kN}$,该雨篷采用C20混凝土和HPB300级钢筋。计算该雨篷板所需的受力钢筋数量。(提示:对于板类构件计算时可以取1 000 mm宽为计算单元进行计算)

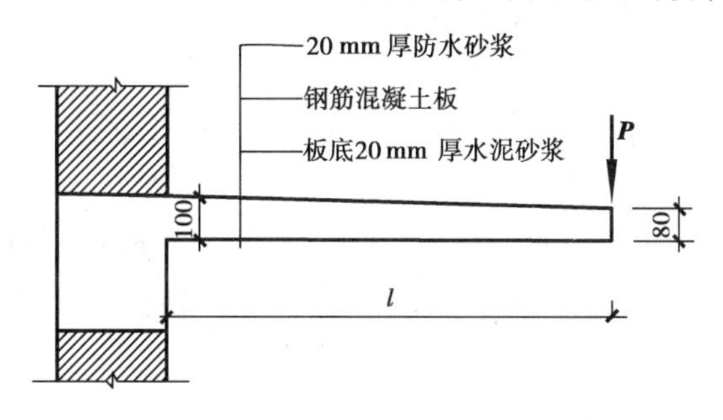

图3.28 钢筋混凝土雨篷(单位:mm)

3.18 某钢筋混凝土梁,截面尺寸为 $b \times h = 200\ \text{mm} \times 500\ \text{mm}$,混凝土等级为C20,剪力设计值为 $V = 120\ \text{kN}$,箍筋采用HPB300级钢筋。计算该梁所需的箍筋数量。

3.19 钢筋混凝土梁,截面尺寸为 $b \times h = 200\ \text{mm} \times 450\ \text{mm}$,混凝土等级为C20,采用HRB400级钢筋,已经配有3⌀16纵向受力钢筋,若该梁承受弯矩设计值为 $M = 70\ \text{kN} \cdot \text{m}$,请验算该梁的正截面承载力是否安全。

3.20 钢筋混凝土梁如图3.29所示,截面尺寸为 $b \times h = 250\ \text{mm} \times 500\ \text{mm}$,梁的净跨 $l_n = 5\ 520\ \text{mm}$,承受均布荷载设计值为 $q = 50\ \text{kN/m}$,经正截面承载力计算已配有3⌀22钢筋,混凝土等级为C20,箍筋采用HPB300级钢筋。试确定该梁所需的箍筋数量。

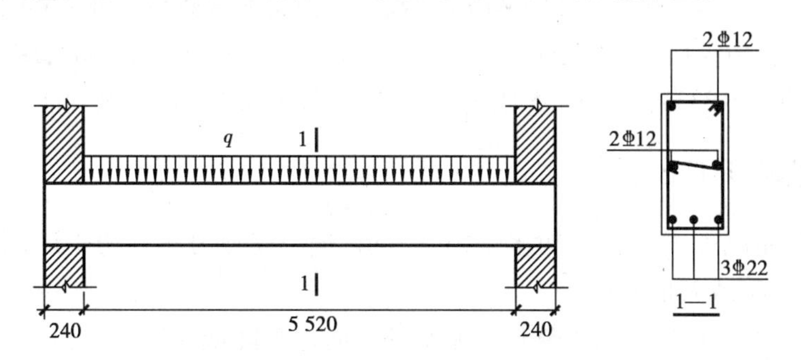

图3.29 钢筋混凝土梁(单位:mm)

4 混凝土受压构件

建筑结构中以承受纵向压力为主的构件称为受压构件。混凝土结构中最常见的受压构件是混凝土柱，另外高层建筑中的剪力墙、屋架的受压弦杆等也属于受压构件。本章主要讲述混凝土受压柱。

混凝土受压构件按照纵向压力作用位置的不同，分为轴心受压和偏心受压两种类型。当纵向压力 N 的作用线与构件截面形心轴线重合时称为轴心受压；当纵向压力 N 的作用线与构件截面形心轴线不重合（或构件截面上既有轴心压力，又有弯矩、剪力作用）时称为偏心受压。受压构件的类型如图 4.1 所示。

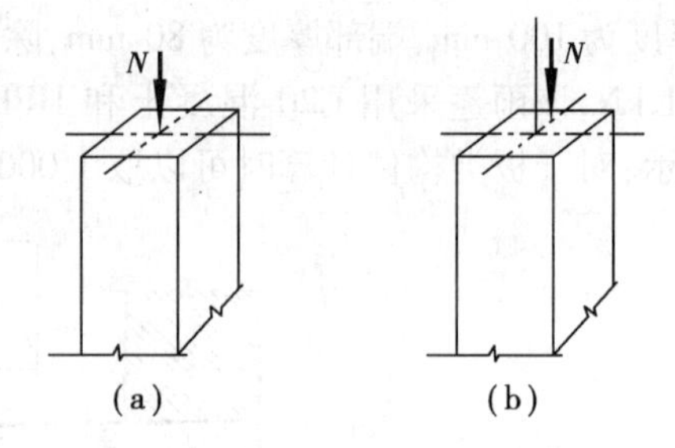

图 4.1 受压构件的类型

(a)轴心受压构件；(b)偏心受压构件

4.1 受压构件的构造要求

·4.1.1 材料要求·

混凝土强度等级对受压构件的承载力影响较大，为了充分利用混凝土抗压强度，节约钢材，减少截面尺寸，受压构件宜采用强度等级较高的混凝土。一般柱的混凝土强度等级不应低于 C20，常采用 C30 ~ C40，必要时可采用更高强度等级的混凝土。

受压构件的受力钢筋不宜采用过高强度钢筋，因为高强钢筋与混凝土共同受压时，不能充分发挥其强度。柱中纵向受力钢筋一般采用 HRB400，HRBF400，RRB400，HRB500，HRBF500 级钢筋，也可采用 HRB335，HRBF335 级钢筋，箍筋一般采用 HPB300 级钢筋。

·4.1.2 截面形式及尺寸·

受压柱的截面形式，轴心受压时多采用正方形，偏心受压时多采用矩形，也可根据需要采用圆形、多边形、I 形或其他形状。

柱的截面尺寸不宜过小，以避免其长细比过大而过多降低受压承载力。一般正方形和矩形截面柱的最小尺寸不宜小于 250 mm，并要满足 $l_0/b \leqslant 30$ 及 $l_0/h \leqslant 25$（l_0为柱的计算长度，b 为柱的短边尺寸，h 为柱的长边尺寸）。对于 I 形截面，其翼缘厚度不宜小于 120 mm，腹板厚度不宜小于 100 mm。此外，为了施工方便，当截面尺寸小于或等于 800 mm 时，以 50 mm 为模数选用；当截面尺寸大于 800 mm 时，以 100 mm 为模数选用。

·4.1.3 纵向钢筋·

1）钢筋直径及配置根数

钢筋混凝土受压柱中纵向受力钢筋直径不宜小于 12 mm，为便于施工，宜选用较大直径的钢筋，以减小纵向弯曲。圆柱中纵向受力钢筋宜沿周边均匀布置，根数不宜少于 8 根，且不应少于 6 根。

2）钢筋布置

轴心受压构件的纵向钢筋应沿截面周边均匀对称布置；偏心受压构件的受力钢筋按计算要求应设置在弯矩作用方向的两对边。当偏心受压柱的截面高度 $h \geqslant 600$ mm 时，在柱的侧面上应设置直径为 10 ~ 16 mm 的纵向构造钢筋，并相应设置复合箍筋或拉筋。

3）钢筋间距

柱中纵向受力钢筋的净间距不应小于 50 mm，对水平浇筑的预制柱，纵向钢筋的最小净距可按梁的有关规定取用。在偏心受压柱中，垂直于弯矩作用平面的侧面上的纵向受力钢筋以及轴心受压柱中各边的纵向受力钢筋，其中距不应大于 300 mm。

4）配筋率

混凝土受压构件全部纵向受力钢筋的配筋率不宜大于 5%，一侧纵向钢筋的配筋率不应小于 0.2%。当钢筋强度等级为 300 MPa、335 MPa 时，全部纵向钢筋配筋率不应小于 0.6%；当钢筋强度等级为 400 MPa 时，全部纵向钢筋配筋率不应小于 0.55%；当钢筋强度等级为 500 MPa时，全部纵向钢筋配筋率不应小于 0.50%。

·4.1.4 箍筋·

受压构件截面的周边箍筋应做成封闭式，以保证钢筋骨架的整体刚度，并保证构件在破坏阶段时箍筋对纵向受力钢筋和混凝土的侧向约束作用。箍筋末端应做成 135°弯钩，弯钩末端平直段长度不应小于箍筋直径的 5 倍。箍筋也可焊成封闭环式。

箍筋直径不应小于 $d_{max}/4$（d_{max} 为纵向钢筋的最大直径），且不应小于 6 mm。箍筋间距不应大于 400 mm 及构件截面的短边尺寸，且不应大于 $15d_{min}$（d_{min} 为纵向受力钢筋的最小直径）。当柱中全部纵向受力钢筋的配筋率大于 3% 时，箍筋直径不应小于 8 mm，间距不应大于纵向受力钢筋最小直径的 10 倍，且不应大于 200 mm。

当柱截面短边尺寸大于 400 mm 且各边纵向受力钢筋多于 3 根时，或当柱截面短边尺寸不大于 400 mm，但各边纵向受力钢筋多于 4 根时，应设置复合箍筋。当柱截面有缺角时，不可采用有内折角的箍筋形式（图 4.2(h)），而应采用分离式箍筋形式（图 4.2(g)）。

钢筋混凝土柱中常用的箍筋形式如图 4.2 所示。

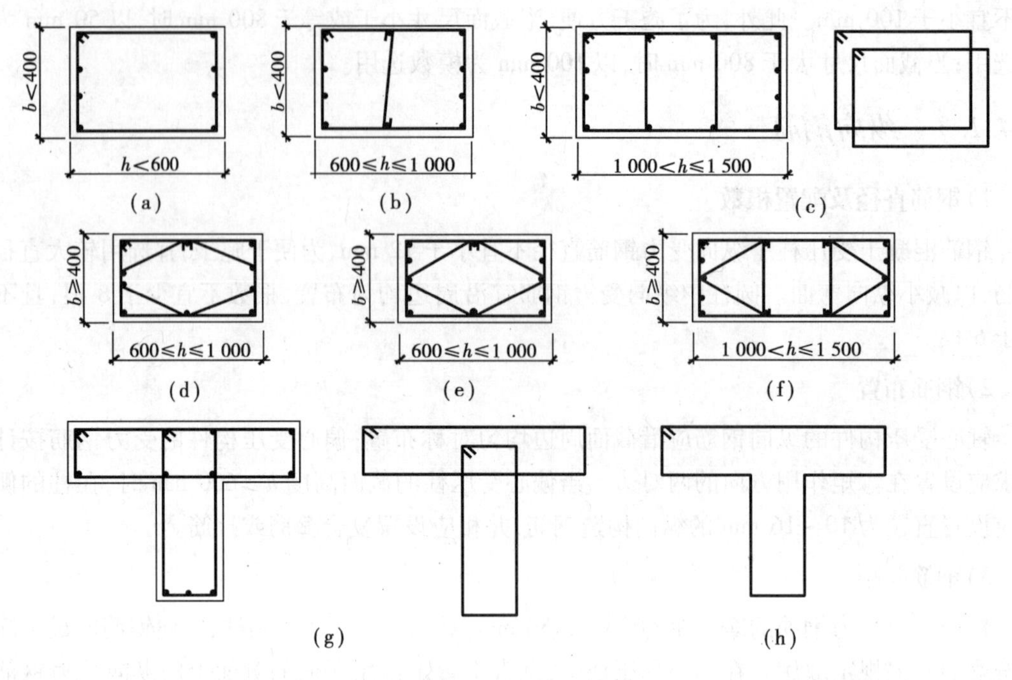

图 4.2　柱的箍筋形式

4.2　轴心受压构件正截面承载力计算

轴心受压构件截面多采用正方形，也可根据需要采用矩形、圆形和多边形等多种形状。混凝土轴心受压柱根据箍筋配置方式的不同，分为配置普通箍筋柱和配置螺旋箍筋柱，如图 4.3 所示。本节主要讲述配置普通箍筋柱的正截面承载力计算。

轴心受压构件中纵向钢筋的作用是与混凝土共同承受轴向压力，承受由于荷载的偏心或其他因素引起的附加弯矩在构件中产生的内力。在配置普通箍筋的轴心受压柱中，箍筋的主要作用是固定纵向受力钢筋的位置，并与纵向受力钢筋形成空间骨架，防止纵向受力钢筋在混凝土压碎前屈服，保证纵筋与混凝土共同工作，防止构件发生突然的脆性破坏。螺旋形箍筋对混凝土有较强的横向约束作用，因而能提高构件的承载力和延性。

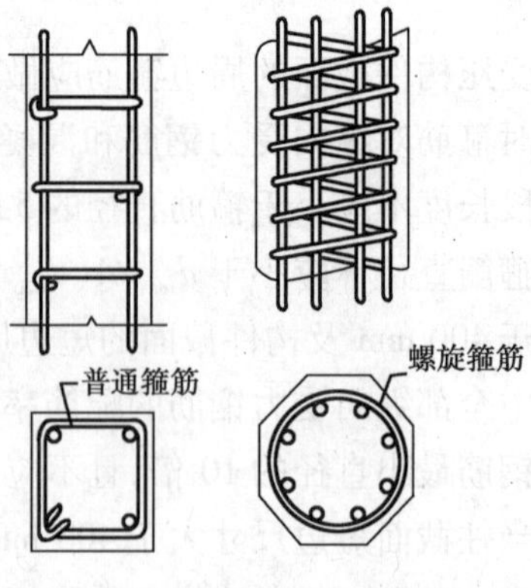

普通箍筋　螺旋箍筋

图 4.3　普通箍筋柱和螺旋箍筋柱

· 4.2.1　轴心受压构件正截面破坏特征 ·

根据构件长细比（构件计算长度 l_0 与构件截面回转半径 $i=\sqrt{I/A}$ 之比）的不同，轴心受压柱分为短柱（对一般截面，$l_0/i\leqslant 28$；对矩形截面，$l_0/b\leqslant 8$，b 为截面宽度）和长柱。

1)轴心受压短柱的破坏特征

试验研究证明:配有纵向钢筋和普通箍筋的短柱,在荷载作用下整个截面的应变分布是均匀的。随着荷载的增加应变也迅速增加,最后构件的混凝土达到极限压应变时出现纵向裂缝,箍筋间的纵向钢筋发生压曲外鼓,呈灯笼状,构件因混凝土的压碎而破坏,如图 4.4 所示。轴心受压短柱破坏时一般是纵向钢筋先达到屈服强度,最后混凝土达到极限压应变,构件破坏。在采用高强度钢筋时,可能在混凝土达到极限压应变 0.002 mm 时,钢筋还没有达到屈服。短柱破坏时钢筋的最大压应力 $\sigma'_s=0.002, E_s=0.002\times2\times10^5\ \text{N/mm}^2=400\ \text{N/mm}^2$。对于抗压强度高于 400 N/mm^2 的纵向受力钢筋,其抗压强度设计值只能取 $f'_y=400\ \text{N/mm}^2$,钢筋的强度没有被充分利用。因此,在轴心受压柱中采用高强度钢筋是不经济的。

2)轴心受压长柱的破坏特征及稳定系数 φ

对于钢筋混凝土轴心受压长柱,构件受荷后,由于初始偏心矩将产生附加弯矩和侧向挠度,侧向挠度和附加弯矩相互影响,不断增大,长柱最终在轴向力和弯矩共同作用下而破坏。破坏时,首先凹边出现纵向裂缝,接着混凝土被压碎,纵向钢筋向外鼓出,挠度急速发展,柱失去平衡而发生破坏,如图 4.5 所示。

图 4.4 轴心受压短柱的破坏形态图

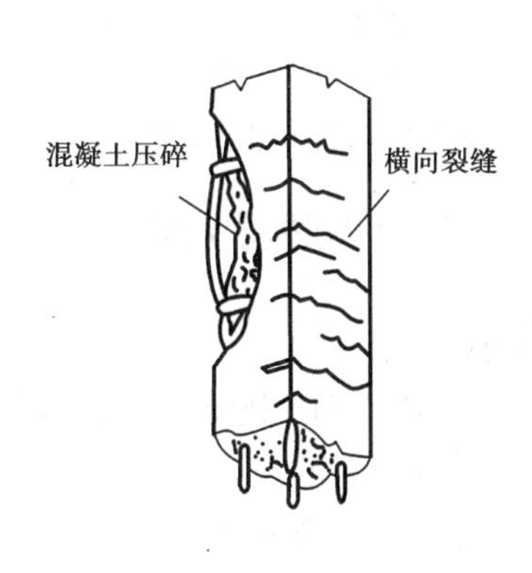

图 4.5 轴心受压长柱的破坏形态图

试验证明:长柱的破坏荷载低于相同条件下短柱的破坏荷载。《混凝土结构设计规范》(GB 50010—2010)采用一个降低系数 φ 来反映这种承载力随长细比增大而降低的现象,称之为稳定系数。稳定系数 φ 的大小与构件的长细比有关。轴心受压构件稳定系数 φ 的数值见表 4.1。

对于一般多层房屋中的框架结构各层柱段,其计算长度 l_0 按表 4.2 的规定取用。

表 4.1 钢筋混凝土轴心受压构件的稳定系数 φ

l_0/b	≤8	10	12	14	16	18	20	22	24	26	28
l_0/d	≤7	8.5	10.5	12	14	15.5	17	19	21	22.5	24
l_0/i	≤28	35	42	48	55	62	69	76	83	90	97
φ	1.0	0.98	0.95	0.92	0.87	0.81	0.75	0.70	0.65	0.60	0.56
l_0/b	30	32	34	36	38	40	42	44	46	48	50
l_0/d	26	28	29.5	31	33	34.5	37.5	38	40	41.5	43
l_0/i	104	111	118	125	132	139	146	153	160	167	174
φ	0.52	0.48	0.44	0.40	0.36	0.32	0.29	0.26	0.23	0.21	0.19

注:表中 l_0 为构件的计算长度,b 为矩形截面的短边尺寸,d 为圆形截面的直径,i 为截面最小回转半径。

表 4.2　框架结构各层柱段的计算长度

楼盖类型	柱的类别	计算长度
现浇楼盖	底层柱	$1.0H$
	其余各层柱	$1.25H$
装配式楼盖	底层柱	$1.25H$
	其余各层柱	$1.5H$

注：表中 H 对底层柱为从基础顶面到一层楼盖顶面的高度；对其余各层柱为上、下两层楼盖顶面之间的高度。

·4.2.2　轴心受压构件正截面承载力计算公式·

轴心受压构件的正截面承载力按式(4.1)计算：

$$N \leqslant 0.9\varphi(f_c A + f'_y A'_s) \tag{4.1}$$

式中　N——轴向压力设计值；

φ——钢筋混凝土构件的稳定系数，按表 4.1 采用；

f_c——混凝土轴心抗压强度设计值；

f'_y——纵向钢筋抗压强度设计值；

A'_s——全部纵向钢筋的截面面积；

A——构件截面面积，当纵向受压钢筋配筋率 $\rho' > 3\%$ 时，A 应改用 $A_c = A - A'_s$。

·4.2.3　计算方法及实例·

1)截面设计

轴心受压构件(柱)截面设计的主要内容是：已知柱的截面尺寸 $b \times h$，轴向力设计值 N，柱的计算长度 l_0 和材料的强度等级 f_c，f'_y，求纵向受力钢筋面积 A'_s 并选配钢筋。

【例 4.1】　某钢筋混凝土轴心受压柱，截面尺寸为 400 mm × 400 mm，轴向压力设计值 N = 2 400 kN，柱的计算长度 l_0 = 4.8 m，选用 C30 混凝土(f_c = 14.3 N/mm²)，HRB335 级纵向钢筋(f'_y = 300 N/mm²)。试计算该柱所需的钢筋面积并选配钢筋。

【解】　$\dfrac{l_0}{b} = \dfrac{4\,800}{400} = 12$，查表 4.1，得 $\varphi = 0.95$

由式(4.1)，得：

$$A'_s = \frac{\dfrac{N}{0.9\varphi} - f_c A}{f'_y} = \frac{\dfrac{2\,400 \times 10^3\ \text{N}}{0.9 \times 0.95} - 14.3\ \text{N/mm}^2 \times 400\ \text{mm} \times 400\ \text{mm}}{300\ \text{N/mm}^2} = 1\,730\ \text{mm}^2$$

纵向受压钢筋选 8 Φ 18($A'_{s实}$ = 2 036 mm²)

纵向钢筋配筋率 $\rho' = \dfrac{A'_{s实}}{A} \times 100\% = \dfrac{2\,036\ \text{mm}^2}{400\ \text{mm} \times 400\ \text{mm}} \times 100\% = 1.27\% > 0.6\%$ 且 $< 5\%$，满足要求。

2)承载力校核

轴心受压构件(柱)设计中承载力校核的主要内容是：已知柱的截面尺寸 $b \times h$ 及配筋 A'_s、柱的计算长度 l_0、材料强度等级 f_c，f'_y，求柱所能承受的轴向压力设计值 N_u。

【例4.2】 某多层框架2层钢筋混凝土轴心受压柱(装配式楼盖),2层层高为3.6 m。柱的截面尺寸为350 mm × 350 mm,混凝土强度等级为C25(f_c = 11.9 N/mm²),纵向钢筋为HRB335级(f'_y = 300 N/mm²),已配置纵向受力钢筋4ф20(A'_s = 1 256 mm²)。求该柱所能承担的轴向压力设计值N_u。

【解】 查表4.2得,柱的计算长度 $l_0 = 1.5 \times 3.6\ \text{m} = 5.4\ \text{m}$

$$\frac{l_0}{b} = \frac{5\ 400\ \text{mm}}{350\ \text{mm}} = 15.4,\ \text{查表4.1,得}\ \varphi = 0.885$$

$$\rho' = \frac{A'_s}{A} \times 100\% = \frac{1\ 256\ \text{mm}}{350\ \text{mm} \times 350\ \text{mm}} \times 100\% = 1.03\% > 0.6\%\ \text{且} < 5\%$$

$$N_u = 0.9\varphi(f_c A + f'_y A'_s) = 0.9 \times 0.885 \times (11.9\ \text{N/mm}^2 \times 350\ \text{mm} \times 350\ \text{mm} + 300\ \text{N/mm}^2 \times 1\ 256\ \text{mm}^2) = 1\ 461\ \text{kN}$$

4.3 偏心受压构件的受力性能

当构件的截面上受到轴向压力 N 及弯矩 M 共同作用或受到偏心压力作用时,该结构构件称为偏心受压构件。当 $N=0$ 时为受弯构件,当 $M=0$ 时为轴心受压构件,故受弯构件和轴心受压构件是偏心受压构件的特殊情况。混凝土偏心受压构件的受力性能、破坏形态介于受弯构件和轴心受压构件之间。

· 4.3.1 偏心受压构件的破坏形态 ·

混凝土偏心受压构件也有长柱和短柱之分,根据偏心距大小和纵向钢筋配筋率的不同,偏心受压构件的破坏形态分为大偏心受压破坏和小偏心受压破坏。

1)大偏心受压破坏(受拉破坏)

当偏心矩较大且受拉钢筋配置不太多时发生大偏心受压破坏。在偏心压力 N 的作用下,离压力较远一侧的截面受拉,离压力较近一侧的截面受压。大偏心受压构件的破坏形态如图4.6所示。

大偏心受压构件的破坏形态与适筋受弯构件的破坏形态完全相同:受拉钢筋首先达到屈服,然后是受压钢筋达到屈服,最后由于受压区混凝土压碎而导致构件破坏。构件破坏前有明显预兆,裂缝开展显著,变形急剧增大,其破坏属于塑性破坏。由于这种破坏是从受拉区开始的,故又称为受拉破坏。

2)小偏心受压破坏(受压破坏)

当荷载的偏心距很小或者偏心距较大但受拉钢筋配置过多时,构件将发生小偏心受压破坏。小偏心受压构件破坏时,离纵向压力较近一侧的受压钢筋达到屈服,而另一侧的钢筋无论是受压或受拉,均没有达到屈服。小偏心受压构件的破坏形态如图4.7所示。

小偏心受压构件破坏前没有明显预兆,属于脆性破坏。由于这种破坏是从受压区开始的,故又称为受压破坏。

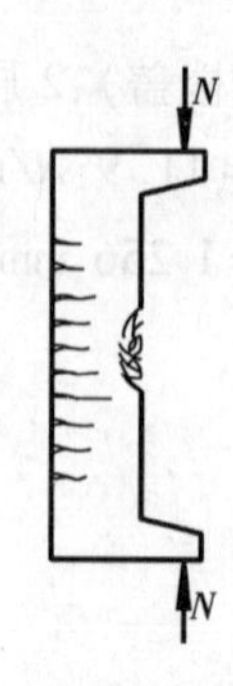

图 4.6　大偏心受压破坏形态

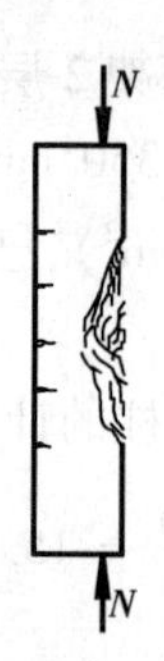

图 4.7　小偏心受压破坏形态

大、小偏心受压破坏之间的根本区别是：大偏心受压时，离纵向压力较远一侧的钢筋达到屈服，类似受弯构件正截面适筋破坏；小偏心受压时，离纵向压力较远一侧的钢筋没有达到屈服，类似受弯构件正截面的超筋破坏。因此，大、小偏心受压破坏的界限，仍可采用受弯构件正截面中的超筋与适筋的界限予以划分，即界限破坏时，$\xi=\xi_b$。把界限破坏归类于大偏心受压破坏，则有：

a. 当 $\xi\leqslant\xi_b$ 或 $x\leqslant\xi_b h_0$ 时，为大偏心受压破坏；

b. 当 $\xi>\xi_b$ 或 $x>\xi_b h_0$ 时，为小偏心受压破坏。

·4.3.2　偏心距·

由于荷载作用位置的不准确、混凝土质量的不均匀、配筋的不对称以及施工偏差等原因，构件往往会产生附加的偏心距 e_a。因此，在偏心受压构件的正截面承载力计算中，应考虑轴向压力在偏心方向存在的附加偏心距 e_a，其值应取 20 mm 和偏心方向截面最大尺寸的 1/30 两者中的较大值。

考虑附加偏心距后，截面的初始偏心距 e_i 等于原始偏心距 $e_0\left(e_0=\dfrac{M}{N}\right)$ 加上附加偏心距 e_a，即：

$$e_i=e_0+e_a \tag{4.2}$$

·4.3.3　附加弯矩·

钢筋混凝土柱在承受偏心受压荷载后，会产生纵向弯曲变形和侧向挠度，侧向挠度还会产生附加弯矩。因此，在承载力计算时应考虑构件挠曲产生的附加弯矩。

《混凝土结构设计规范》(GB 50010—2010)规定，弯矩作用平面内截面对称的偏心受压构件，当同一主轴方向的杆端弯矩比 $\dfrac{M_1}{M_2}$ 不大于 0.9 且轴压比不大于 0.9 时，若构件的长细比满足式(4.3)的要求，可不考虑轴向压力在该方向挠曲杆件中产生的附加弯矩影响。否则，应考虑轴向压力在挠曲杆件中产生的附加弯矩影响。

$$\frac{l_c}{i}\leqslant 34-12\frac{M_1}{M_2} \tag{4.3}$$

式中　M_1,M_2——已考虑侧移影响的偏心受压构件两端截面按结构弹性分析确定的对同一主轴的组合弯矩设计值，绝对值较大端为 M_2，绝对值较小端为 M_1，当构件按单曲率弯曲时，$\frac{M_1}{M_2}$取正值，否则取负值；

l_c——构件的计算长度，可近似取偏心受压构件相应主轴方向上下支撑点之间的距离；

i——偏心方向的截面回转半径。

除排架柱外，偏心受压构件考虑轴向压力在挠曲杆件中产生的二阶效应后控制截面的弯矩设计值，应按式(4.4)计算：

$$M = C_m \eta_{ns} M_2 \tag{4.4}$$

$$C_m = 0.7 + 0.3 \frac{M_1}{M_2} \tag{4.5}$$

$$\eta_{ns} = 1 + \frac{1}{1\,300(M_2/N + e_a)/h_0}\left(\frac{l_c}{h}\right)^2 \zeta_c \tag{4.6}$$

$$\zeta_c = \frac{0.5 f_c A}{N} \tag{4.7}$$

当 $C_m\eta_{ns}$小于 1.0 时取 1.0；对剪力墙及核心筒墙，可取 $C_m\eta_{ns} = 1.0$。

式中　C_m——构件端截面偏心距调节系数，当小于 0.7 时取 0.7；

η_{ns}——弯矩增大系数；

N——与弯矩设计值 M_2 相应的轴向压力设计值。

ζ_c——截面曲率修正系数，当计算值大于 1.0 时取 1.0；

h——截面高度，对环形截面取外直径，对圆形截面取直径；

h_0——截面有效高度；

A——构件的截面面积。

4.4　矩形截面偏心受压构件正截面承载力计算

·4.4.1　正截面承载力计算公式及适用条件·

偏心受压构件正截面承载力计算的基本假定与受弯构件相同，根据基本假定可画出偏心受压构件的应力图形，进而得出正截面承载力计算公式。

1)大偏心受压($\xi \leqslant \xi_b$)

大偏心受压构件破坏时的应力计算图形如图 4.8 所示，由平衡条件，可写出基本计算公式为：

$$N = \alpha_1 f_c bx + f'_y A'_s - f_y A_s \tag{4.8}$$

$$Ne = \alpha_1 f_c bx\left(h_0 - \frac{x}{2}\right) + f'_y A'_s (h_0 - a'_s) \tag{4.9}$$

式中　N——轴向压力设计值；

f_c——混凝土轴心抗压强度设计值；

b——截面宽度；

x——混凝土的受压区高度；

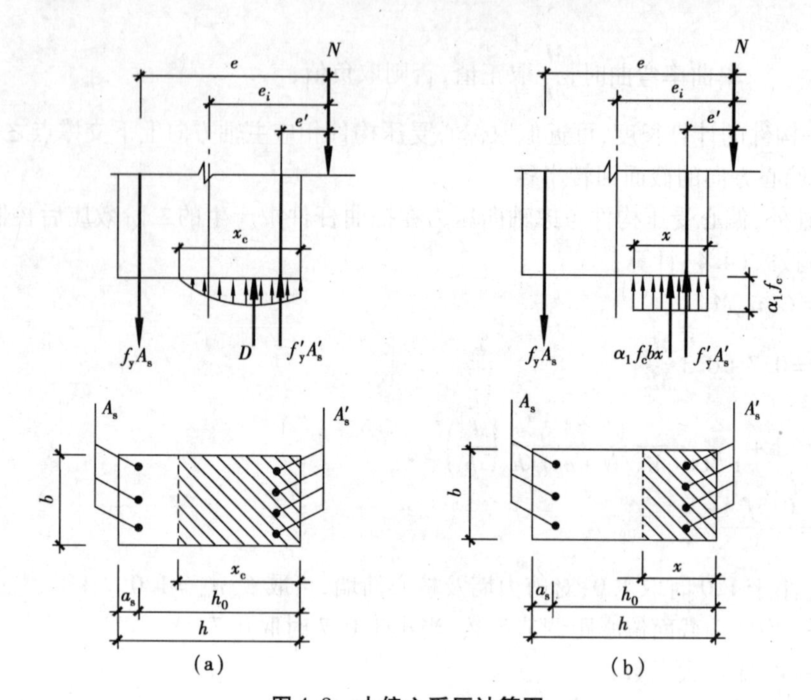

图 4.8　大偏心受压计算图

(a)实际应力分布图;(b)承载力计算简图

h_0——截面的有效高度;

a'_s——纵向受压钢筋的合力作用点到截面受压边缘的距离;

f'_y——纵向受压钢筋的强度设计值;

A'_s——纵向受压钢筋的截面面积;

e——纵向压力作用点至受拉钢筋 A_s 合力作用点的距离, $e = e_i + \dfrac{h}{2} - a_s$。

式(4.8)、式(4.9)的适用条件为:

$$2a'_s < x \leqslant \xi_b h_0$$

当 $x \leqslant 2a'_s$ 时,取 $x = 2a'_s$,并对受压钢筋合力点取矩,得:

$$Ne' = f_y A_s (h_0 - a'_s) \tag{4.10}$$

式中　e'——纵向压力作用点至受压钢筋 A'_s 合力作用点的距离, $e' = e_i - \dfrac{h}{2} + a'_s$。

2)小偏心受压($\xi > \xi_b$)

小偏心受压构件破坏时的应力计算图形如图 4.9 所示,由平衡条件,可写出基本计算公式为:

$$N = \alpha_1 f_c bx + f'_y A'_s - \sigma_s A_s \tag{4.11}$$

$$Ne = \alpha_1 f_c bx\left(h_0 - \frac{x}{2}\right) + f'_y A'_s (h_0 - a'_s) \tag{4.12}$$

式中　σ_s——离纵向力较远一侧钢筋的应力,当混凝土强度等级 ≤ C50 时,取 $\sigma_s = \dfrac{f_y(\xi - 0.8)}{\xi_b - 0.8}$,当 σ_s 为正值时,钢筋受拉;当 σ_s 为负值时,钢筋受压。

其他符号含义同大偏心受压构件。

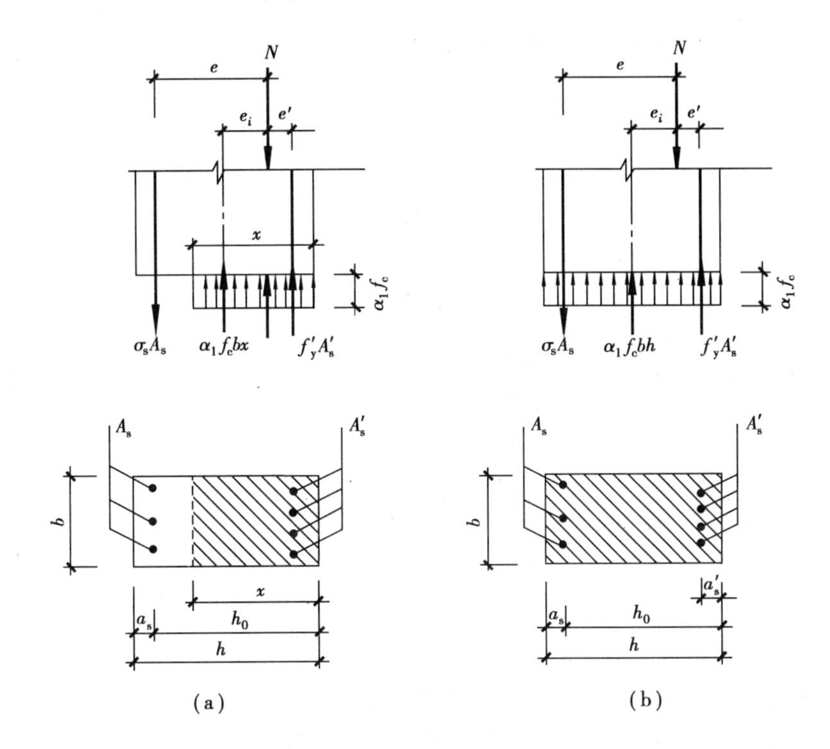

图 4.9　小偏心受压的承载力计算图形

(a)A_s 受拉;(b)A_s 受压

·4.4.2　矩形截面对称配筋计算方法及实例·

钢筋混凝土受压构件的配筋方式有对称配筋和非对称配筋两种。非对称配筋是截面两侧所配置的纵向钢筋不相同,即 $A_s \neq A'_s$ 或 $f_y \neq f'_y$。非对称配筋方式可以节省钢筋,但施工不便,容易把 A_s 和 A'_s的位置放错。为便于施工,在实际工程中常采用对称配筋。所谓对称配筋,是指在偏心受压构件截面的受拉区和受压区配置相同强度等级、相同面积、同一规格的纵向受力钢筋,即:$A_s = A'_s$, $f_y = f'_y$, $a_s = a'_s$。对称配筋的柱,虽然多用了一些钢筋,但构造简单,施工方便,尤其适用于构件在承受不同荷载时可能产生不同符号弯矩的情况。对称配筋是偏心受压柱最常用的配筋形式。

由于对称配筋是非对称配筋的特殊情形,因此偏心受压构件的基本公式仍可应用。但由于对称配筋的特点,这些公式均可简化。大偏心受压的计算公式(4.8)可简化为: $N = \alpha_1 f_c bx$, 其他的计算公式不变。

1)矩形截面对称配筋计算方法

(1)截面设计

已知:轴向压力和弯矩设计值 N,M,构件的截面尺寸 $b \times h$, 材料强度设计值f_c, f_y, f'_y。求钢筋面积 $A_s = A'_s$ 的值。

①大、小偏心受压的判别:

a. 当 $x = \dfrac{N}{\alpha_1 f_c b} \leqslant \xi_b h_0$ 时,按大偏心受压计算;

b. 当 $x = \dfrac{N}{\alpha_1 f_c b} > \xi_b h_0$ 时，按小偏心受压计算。

②大偏心受压：

若 $x > 2a'_s$，由式(4.9)得：

$$A_s = A'_s = \frac{Ne - \alpha_1 f_c bx\left(h_0 - \dfrac{x}{2}\right)}{f'_y(h_0 - a'_s)} \geqslant \rho_{\min} bh \tag{4.13}$$

若 $x \leqslant 2a'_s$，取 $x = 2a'_s$，由式(4.10)得：

$$A_s = A'_s = \frac{Ne'}{f_y(h_0 - a'_s)} \geqslant \rho_{\min} bh \tag{4.14}$$

其中，$e = e_i + \dfrac{h}{2} - a_s$，$e' = e_i - \dfrac{h}{2} + a'_s$。

③小偏心受压：由式(4.11)、式(4.12)，取 $A_s = A'_s, f_y = f'_y, a_s = a'_s$，可得到 ξ 的三次方程，直接求解 ξ 极为不便，可近似采用式(4.15)计算 ξ。

$$\xi = \frac{N - \xi_b \alpha_1 f_c bh_0}{\dfrac{Ne - 0.43\alpha_1 f_c b\, h_0^2}{(\beta_1 - \xi_b)(h_0 - a'_s)} + \alpha_1 f_c bh_0} + \xi_b \tag{4.15}$$

式中　β_1——截面中和轴高度修正系数。当混凝土强度等级不超过 C50 时，取 $\beta_1 = 0.8$；当混凝土强度等级为 C80 时，取 $\beta_1 = 0.74$。其间按线性内插法取用。

将 ξ 代入式(4.12)得：

$$A_s = A'_s = \frac{Ne - \alpha_1 f_c b\xi\, h_0^2(1 - 0.5\xi)}{f'_y(h_0 - a'_s)} \geqslant \rho_{\min} bh \tag{4.16}$$

其中，$e = e_i + \dfrac{h}{2} - a_s$。

(2)承载力校核

已知：构件的截面尺寸 $b \times h$，钢筋面积 A_s 和 A'_s，材料强度设计值 f_c, f_y, f'_y 以及偏心矩 e_0。求该构件所能承受的轴向压力设计值 N_u 和弯矩设计值 M_u ($M_u = N_u e_0$)。

解：需要解答的未知数为 ξ 和 N，可直接利用方程求解。一般先按大偏心受压的基本公式(4.8)和式(4.9)消去 N，求出 ξ。若 $\xi \leqslant \xi_b$，为大偏心受压，即可用 ξ 进而求出 N；若 $\xi > \xi_b$，为小偏心受压，则应按小偏心受压重新计算 ξ，最后求出 N。

2)实例

【例 4.3】　某矩形截面钢筋混凝土框架柱，截面尺寸为 $b \times h = 400\ \text{mm} \times 600\ \text{mm}$，柱的计算高度 $l_0 = 6.3\ \text{m}$，承受轴向压力设计值 $N = 1\ 000\ \text{kN}$，弯矩设计值 $M = 500\ \text{kN} \cdot \text{m}$。混凝土的强度等级为 C30，采用 HRB400 级纵向受力钢筋($\xi_b = 0.518$)，$a_s = a'_s = 40\ \text{mm}$。不考虑轴向压力在该方向挠曲杆件中产生的附加弯距影响。按对称配筋计算该柱所需的纵向受力钢筋截面面积 $A_s = A'_s$ 的值。

【解】　(1)判别大小偏压

$x = \dfrac{N}{\alpha_1 f_c b} = \dfrac{1\ 000 \times 10^3\ \text{N}}{1.0 \times 14.3\ \text{N/mm}^2 \times 400\ \text{mm}} = 174.8\ \text{mm} < \xi_b h_0 = 0.518 \times 560\ \text{mm} = 290.08\ \text{mm}$，为大偏心受压。

(2)计算 e

$h_0=600\text{ mm}-40\text{ mm}=560\text{ mm}$　　　$e_0=\dfrac{M}{N}=500\times10^3\text{ kN}\cdot\text{mm}/1\,000\text{ kN}=500\text{ mm}$

e_a 取 20 mm 和 $h/30=600\text{ mm}/30=20\text{ mm}$ 中较大者,故取 $e_a=20\text{ mm}$。

$e_i=e_0+e_a=500\text{ mm}+20\text{ mm}=520\text{ mm}$

$e=e_i+\dfrac{h}{2}-a_s=520\text{ mm}+300\text{ mm}-40\text{ mm}=780\text{ mm}$

(3)求钢筋面积 A_s 和 A'_s

因为 x 大于 $2a'_s=80\text{ mm}$,故

$$A_s=A'_s=\frac{Ne-\alpha_1 f_c bx\left(h_0-\dfrac{x}{2}\right)}{f'_y(h_0-a'_s)}$$

$$=\frac{1\,000\times10^3\text{ N}\times780\text{ mm}-1\times14.3\text{ N/mm}^2\times400\text{ mm}\times174.8\text{ mm}\times(560-0.5\times174.8)\text{mm}}{360\text{ N/mm}^2\times(560-40)\text{mm}}$$

$=1\,642\text{ mm}^2$

总配筋率 $\rho=\dfrac{1\,642+1\,642}{400\times600}\times100\%=1.37\%$ 大于 0.55%,满足最小配筋率的要求。

每边均选用钢筋 5 ⌀22($A_s=A'_s=1\,900\text{ mm}^2$)。

小结 4

本章讲述的主要内容有:

①钢筋混凝土受压构件按轴向压力作用位置的不同,可分为轴心受压构件和偏心受压构件。受压构件除要满足承载力计算要求之外,还应满足《规范》规定的有关构造要求。

②由于纵向弯曲的影响,轴心受压长柱的承载力低于短柱的承载力,因此在轴心受压构件承载力计算时引入稳定系数 φ(对于短柱,取 $\varphi=1.0$)。

③钢筋混凝土偏心受压构件根据偏心距的大小和配筋情况,可分为大偏心受压和小偏心受压两种状态。大、小偏心受压破坏的共同特点是破坏时受压钢筋一般都能屈服,混凝土被压碎。不同之处是离纵向力较远一侧钢筋的应力状态不同,即:大偏心受压破坏时该钢筋受拉屈服,小偏心受压破坏时该钢筋无论受压或受拉都不屈服。

④弯矩作用平面内截面对称的偏心受压构件,当同一主轴方向的杆端弯矩比 $\dfrac{M_1}{M_2}\leqslant0.9$ 且轴压比 $\leqslant0.9$ 时,若构件的长细比满足 $\dfrac{l_c}{i}\leqslant34-12\dfrac{M_1}{M_2}$ 的要求,可不考虑轴向压力在该方向挠曲杆件中产生的附加弯矩影响。否则,应考虑轴向压力在挠曲杆件中产生的附加弯矩影响。

⑤对称配筋是指在偏心受压构件截面的受拉区和受压区配置相同强度等级、相同面积、同一规格的纵向受力钢筋,即 $A_s=A'_s$, $f_y=f'_y$, $a_s=a'_s$。对称配筋构造简单,施工方便,尤其适用于构件在承受不同荷载时可能产生不同符号弯矩的情况。对称配筋是偏心受压柱最常用的配筋形式。

⑥偏心受压柱矩形截面对称配筋的截面设计,可按照 x 的大小来判别大小偏心受压:当 $x=\dfrac{N}{\alpha_1 f_c b}\leqslant\xi_b h_0$ 时,按大偏心受压计算;当 $x=\dfrac{N}{\alpha_1 f_c b}>\xi_b h_0$,按小偏心受压计算。

复习思考题4

4.1　什么是轴心受压构件和偏心受压构件?试举例说明。

4.2　受压构件中纵向钢筋和箍筋各有哪些构造要求?

4.3　受压构件中对材料强度和截面尺寸各有哪些构造要求?

4.4　轴心受压长柱的破坏特征与短柱有何区别?

4.5　轴心受压柱中配置纵向钢筋和箍筋的作用是什么?

4.6　大、小偏心受压破坏有何区别?其判别的界限是什么?

4.7　一钢筋混凝土轴心受压柱,承受压力设计值 $N=2\ 580\ \text{kN}$,柱的计算长度 $l_0=5.1\ \text{m}$,选用C25混凝土,HRB400级纵向钢筋($f'_y=360\ \text{N/mm}^2$),HPB300级箍筋。试设计该柱的截面并配置钢筋。

4.8　某钢筋混凝土轴心受压柱,截面尺寸为 $400\ \text{mm}\times400\ \text{mm}$,计算长度 $l_0=5.4\ \text{m}$,混凝土强度等级为C30,已配置4Φ20(HRB335级,$A'_s=1\ 256\ \text{mm}^2$,$f'_y=300\ \text{N/mm}^2$)纵向钢筋。求该柱所能承担的轴向压力设计值 N_u。

4.9　某钢筋混凝土框架柱,截面尺寸为 $b\times h=400\ \text{mm}\times600\ \text{mm}$,柱的计算高度 $l_0=6.0\ \text{m}$,承受轴向压力设计值 $N=1\ 200\ \text{kN}$,弯矩设计值 $M=600\ \text{kN}\cdot\text{m}$。混凝土的强度等级为C35,采用HRB400级纵向受力钢筋,$a_s=a'_s=40\ \text{mm}$。不考虑轴向压力在该方向挠曲杆件中产生的附加弯矩影响。求当该柱采用对称配筋时所需的纵向受力钢筋截面面积 $A_s=A'_s$ 的值。

5　混凝土受拉和受扭构件

钢筋混凝土受拉构件,根据拉力作用的位置,分为轴心受拉构件与偏心受拉构件两类。当纵向拉力 N 作用点与截面形心重合时,称为轴心受拉构件;当纵向拉力 N 作用点与截面形心不重合时,称为偏心受拉构件。

在工程中,钢筋混凝土受拉构件是较为常见的,如钢筋混凝土屋架的下弦杆、水池等,如图 5.1 所示。受拉构件除需计算正截面承载力外,还应根据不同情况,进行斜截面受剪承载力计算、抗裂度或裂缝宽度的验算。本章仅介绍受拉构件正截面承载力的计算和构造要求。

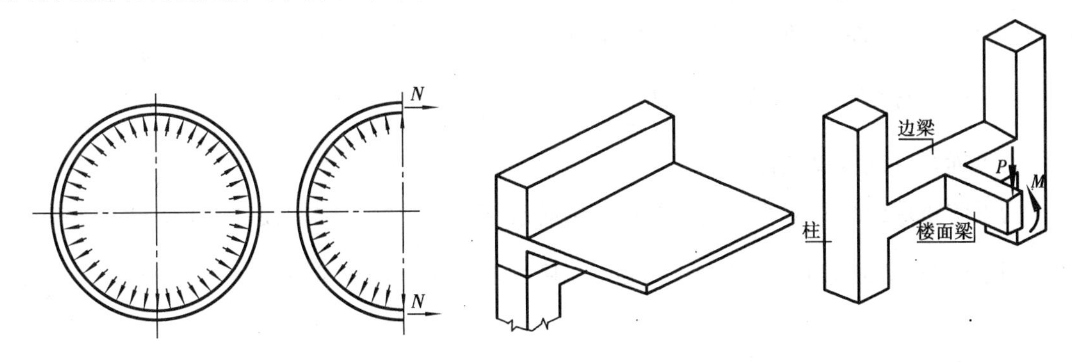

图 5.1　水池受力图　　　　图 5.2　受扭构件

当钢筋混凝土构件的截面内力中含有扭矩时,这种构件就称为受扭构件。工程中的悬臂板式雨篷梁、框架边梁等均为钢筋混凝土受扭构件,如图 5.2 所示。受扭构件按构件上的作用不同可分为纯扭、剪扭、弯扭和弯剪扭 4 种,工程中最常见的是弯剪扭构件。

5.1　构造要求

·5.1.1　受拉构件的构造要求·

1)纵向受力钢筋

①轴心受拉构件及小偏心受拉构件的纵向钢筋不得采用绑扎搭接接头。

②纵向钢筋的最小配筋率不应小于表 5.1 的规定。

③轴心受拉构件的受力钢筋应沿截面周边均匀对称布置,并应优先选择直径较小的钢筋。

表 5.1　钢筋混凝土结构构件中纵向受力钢筋的最小配筋百分率

受力类型			最小配筋百分率/%
受压钢筋	全部纵向钢筋	强度等级 500 MPa	0.50
		强度等级 400 MPa	0.55
		强度等级 300 MPa,335 MPa	0.60
	一侧纵向钢筋		0.20
受弯构件、偏心受拉、轴心受拉构件一侧的受拉钢筋			0.20 或 $45f_t/f_y$ 中的较大值

2)箍筋

在受拉构件中应设置箍筋,轴心受拉构件中设置箍筋的主要目的是与纵向钢筋形成骨架,并固定纵向受力钢筋位置,与受力无关,因此在轴心受拉构件中,箍筋一般采用 HPB300,HRB400,HRBF400 级钢筋,直径一般为 4 ~ 8 mm,箍筋间距一般不大于 200 mm。偏心受拉构件设置箍筋除了满足上述作用外,还要满足偏心受拉构件斜截面抗剪承载力的要求,其数量、间距和直径应通过斜截面承载力计算确定,箍筋一般宜满足受弯构件对箍筋的构造要求。

·5.1.2　受扭构件的构造要求·

1)截面尺寸的限制条件

为了防止截面尺寸太小而产生"完全超筋破坏",《混凝土结构设计规范》(GB 50010—2010)规定矩形截面弯剪扭构件,当$\frac{h_0}{b}\leqslant 4$时,其截面应符合式(5.1)的要求。

$$\frac{V}{bh_0}+\frac{T}{0.8W_t}\leqslant 0.25\beta_c f_c \tag{5.1}$$

式中　V——剪力设计值;

T——扭矩设计值;

W_t——受扭构件的截面受扭塑性抵抗矩。

当不满足式(5.1)的要求时,应增大截面尺寸或提高混凝土的强度等级。

2)最小配筋率

为防止配筋太少而出现少筋破坏现象,《混凝土结构设计规范》(GB 50010—2010)规定弯剪扭构件箍筋和纵筋的配筋率均不得小于各自的最小配筋率,具体见本章 5.3 节的规定。

3)箍筋形式和抗扭纵筋布置

因为受扭构件的四边均有可能受拉,故箍筋必须做成封闭式。箍筋的末端应做成不小于 135°的弯钩,且应钩住纵筋,弯钩端头的平直段长度应不小于 10 d(d 为箍筋直径),如图 5.3 所示。受扭构件箍筋的直径和间距还应符合受弯构件对箍筋的有关规定。

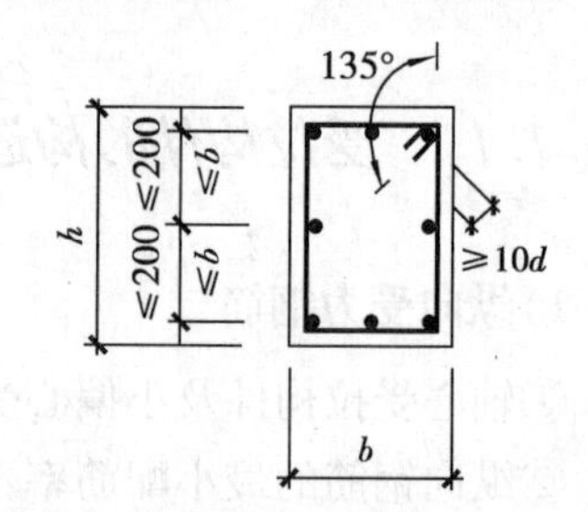

图 5.3　受扭构件的箍筋与纵筋

受扭纵筋应沿截面周边均匀、对称布置,其间距应不大于200 mm和梁的短边尺寸，在截面四角必须设置抗扭纵筋，如图5.3所示。受扭纵筋的接头和锚固均应按钢筋充分受拉考虑。

5.2 受拉构件承载力计算

·5.2.1 受拉构件的破坏特征·

1）轴心受拉构件的破坏特征

试验表明，当采用逐级加载对钢筋混凝土轴心受拉构件进行试验时，构件从开始加载到破坏的受力过程可分成3个阶段。

（1）混凝土开裂前

开始加载时轴心拉力很小，由于钢筋与混凝土之间的粘结力，使截面上各点的应变值相等，混凝土和钢筋都处于弹性受力状态，应力与应变成正比。随着荷载的增加，混凝土出现受拉塑性变形并不断发展，混凝土的应力与应变开始不成比例，应力增长的速度小于应变增长的速度，此时钢筋仍然处于弹性受力状态。如果荷载继续增加，混凝土和钢筋的应力仍将继续加大，当混凝土的应力达到其抗拉强度值时，构件即将开裂。

（2）混凝土开裂后

构件开裂后，裂缝截面与构件轴线垂直，并且贯穿于整个截面。在裂缝截面上，混凝土退出工作，即不能承担拉力。所有外力全部由钢筋承受。在开裂前和开裂后的瞬间，裂缝截面处的钢筋应力发生突变。如果截面的配筋率较高，钢筋应力的突变较小；如果截面的配筋率较低，钢筋应力的突变则较大。由于钢筋的抗拉强度很高，构件开裂一般并不意味着丧失承载力，因而荷载还可以继续增加，新的裂缝也将产生，原有的裂缝将随荷载的增加不断加宽。裂缝的间距和宽度与截面的配筋率、纵向受力钢筋的直径与布置等因素有关。一般情况下，当截面配筋率较高、在相同配筋率下钢筋直径较细、根数较多、分布较均匀时，裂缝间距较小，裂缝宽度较细，反之则裂缝间距较大，裂缝宽度较宽。

（3）破坏阶段

当轴向拉力使裂缝截面内钢筋的应力达到其抗拉强度时，构件进入破坏阶段。当构件采用有明显屈服点钢筋配筋时，构件的变形还可以有较大的发展，但裂缝宽度将大到不适于继续承载的状态。当采用无明显屈服点钢筋配筋时，构件有可能被拉断。

2）偏心受拉构件的破坏特征

（1）偏心受拉构件的分类

偏心受拉构件按纵向拉力 N 的作用位置不同，分为大偏心受拉构件和小偏心受拉构件，如图5.4所示。当轴向拉力 N 作用在 A_s 合力点和 A_s' 合力点之间时，属于小偏心受拉构件，构件破坏时，全截面受拉；轴向拉力 N 作用在 A_s 合力点和 A_s' 合力点范围之外时，属于大偏心受拉构件，构件破坏时，截面部分开裂，但仍有受压区。

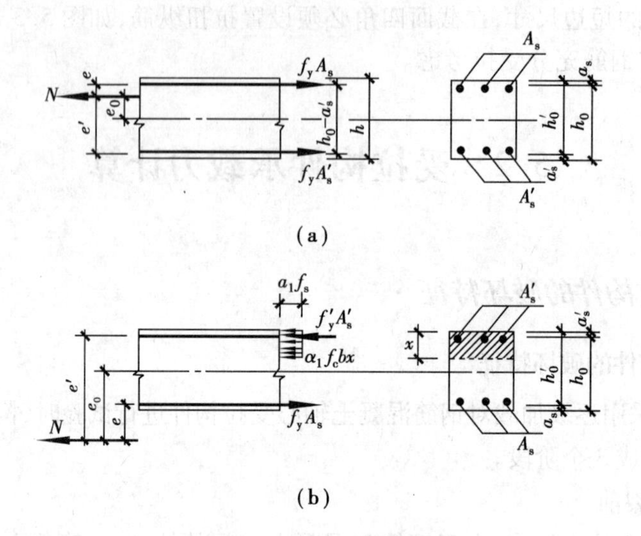

图 5.4　偏心受拉构件

(a)小偏心受拉;(b)大偏心受拉

(2)偏心受拉构件的破坏特征

偏心受拉构件的破坏特征与偏心距的大小有关。由于偏心受拉构件是介于轴心受拉构件和受弯构件之间的受力构件,可以设想:当偏心距很小时,其破坏特征接近轴心受拉构件;而当偏心距很大时,其破坏特征则与受弯构件相近。

- 小偏心受拉　在小偏心拉力作用下,破坏时截面全部裂通,A_s 和 A_s' 一般都受拉屈服,拉力完全由钢筋承担,由于混凝土的抗拉强度很低,在计算时不考虑混凝土受力,如图 5.4(a)所示。

- 大偏心受拉　由于轴向拉力作用于 A_s 和 A_s' 之外,故大偏心受拉构件在整个受力过程中都存在混凝土受压区,如图 5.4(b)所示。破坏时截面不会裂通,当 A_s 适量时,破坏特征与大偏心受压破坏时相同;当 A_s 过多时,破坏特征类似于小偏心受压破坏。

· 5.2.2　计算公式及适用条件 ·

1)轴心受拉构件的计算公式及适用条件

试验表明,轴心受拉构件在混凝土开裂前,混凝土与钢筋共同承受拉力,而开裂后,混凝土退出受拉工作,全部拉力由钢筋承担。当钢筋受拉屈服时,构件即破坏,所以轴心受拉构件的承载力计算公式为:

$$N \leqslant f_y A_s \tag{5.2}$$

式中　N——轴向拉力设计值;

f_y——钢筋抗拉强度设计值;

A_s——全部纵向受力钢筋截面面积。

公式适用条件:$A_s \geqslant \rho_{\min} bh$。

2)偏心受拉构件正截面承载力计算及适用条件

(1)小偏心受拉构件

如图5.4(a)所示,根据平衡条件,可得出小偏心受拉构件的计算公式为:

$$Ne \leqslant f_y A'_s(h_0 - a'_s) \tag{5.3}$$

$$Ne' \leqslant f_y A_s(h'_0 - a_s) \tag{5.4}$$

式中 N——轴向拉力设计值;

f_y——钢筋抗拉强度设计值;

A_s——近 N 一侧纵向钢筋截面面积;

A'_s——另一侧纵向钢筋截面面积;

h_0——有效截面高度,同第3章规定;

a_s——受拉钢筋合力作用点到截面受拉边缘的距离;

a'_s——另一侧受拉钢筋合力作用点到截面受拉边缘的距离;

e——轴向拉力作用点至 A_s 合力作用点的距离,$e = \dfrac{h}{2} - e_0 - a_s$;

e_0——轴向拉力对截面重心的偏心距,$e_0 = \dfrac{M}{N}$;

e'——轴向拉力作用点至 A'_s 合力作用点的距离,$e' = \dfrac{h}{2} + e_0 - a'_s$。

(2)大偏心受拉构件

如图5.4(b)所示,大偏心受拉构件破坏时,截面部分开裂,仍有受压区。当采用不对称配筋时,破坏时 A_s 和 A'_s 均能达到屈服,受压区混凝土也能达到抗压强度设计值。根据平衡条件,大偏心受拉构件的计算公式为:

$$N \leqslant f_y A_s - f'_y A'_s - \alpha_1 f_c bx \tag{5.5}$$

$$Ne \leqslant \alpha_1 f_c bx\left(h_0 - \frac{x}{2}\right) + f'_y A'_s(h_0 - a'_s) \tag{5.6}$$

式中 N——轴向拉力设计值;

f_y——钢筋抗拉强度设计值;

f'_y——钢筋抗压强度设计值;

A_s——纵向受拉钢筋截面面积;

A'_s——纵向受压钢筋截面面积;

e——轴向拉力作用点至 A_s 合力作用点的距离,$e = e_0 - \left(\dfrac{h}{2} - a_s\right)$;

其他符号含义同上。

公式适用条件:$2a'_s \leqslant x \leqslant \xi_b h_0$。

(3)受剪承载力

偏心受拉构件同时承受较大的剪力作用时,需验算其斜截面受剪承载力。由于纵向拉力的存在,使得构件的裂缝提前出现,甚至形成贯通全截面的斜裂缝,会使截面的受剪承载力降低。

《混凝土结构设计规范》(GB 50010—2010)规定矩形截面偏心受拉构件的受剪承载力,采用式(5.7)进行计算:

$$V \leqslant \frac{1.75}{\lambda + 1} f_t b h_0 + f_{yv} \frac{nA_{sv1}}{s} h_0 - 0.2N \tag{5.7}$$

式中　V——与纵向拉力设计值 N 相应的剪力设计值;

λ——计算截面的剪跨比, $\lambda = \frac{a}{h_0}$, 当 $\lambda < 1.5$ 时取 1.5, 当 $\lambda > 3$ 时取 3;

其他符号含义同前。

当式(5.7)右侧计算值小于 $f_{yv} \frac{nA_{sv1}}{s} h_0$ 时,应取等于 $f_{yv} \frac{nA_{sv1}}{s} h_0$, 且 $f_{yv} \frac{nA_{sv1}}{s} h_0 \geqslant 0.36 f_t b h_0$。

3)设计实例

【例 5.1】 某钢筋混凝土屋架下弦截面尺寸 $b \times h = 240\ \text{mm} \times 150\ \text{mm}$,结构重要性系数为 1.0,承受轴向拉力设计值 270 kN,混凝土强度等级为 C30,纵向钢筋采用 HRB400 级,试计算其所需的纵向受拉钢筋截面面积,并选择钢筋。

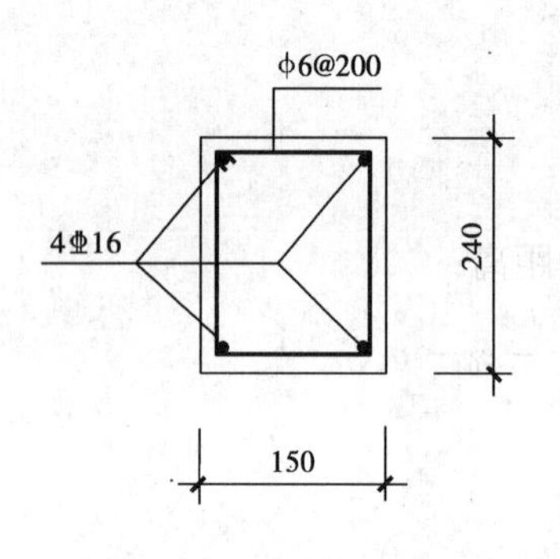

图 5.5　例 5.1 配筋图

【解】 查表 2.4 得,采用 HRB400 级纵向钢筋抗拉强度设计值 $f_y = 360\ \text{N/mm}^2$。

由式(5.2)计算所需受拉钢筋面积为:

$$A_s \geqslant \frac{N}{f_y} = \frac{270\ 000\ \text{N}}{360\ \text{N/mm}^2} = 750\ \text{mm}^2$$

按最小配筋率计算的受拉钢筋的面积为:

$$\rho_{min} bh = 0.4\% \times 240\ \text{mm} \times 150\ \text{mm} = 144\ \text{mm}^2 < 750\ \text{mm}^2$$

查表 3.9,选 4Φ16,钢筋截面面积为 804 mm²,配筋情况如图 5.5 所示。

5.3　受扭构件计算

· 5.3.1　受扭构件的破坏特征 ·

1)素混凝土构件的破坏特征

如图 5.6 所示,纯扭构件破坏时,首先在构件某一长边侧面,出现一条与构件轴线约成 45°的斜裂缝 ab,该裂缝在构件的底部和顶部分别延伸至 c 和 d,该构件将产生三面受拉,一面受压的受力状态,最后,受压面 c,d 两点连线上的混凝土被压碎,构件将断裂破坏,破坏面为一斜向空间扭曲面。

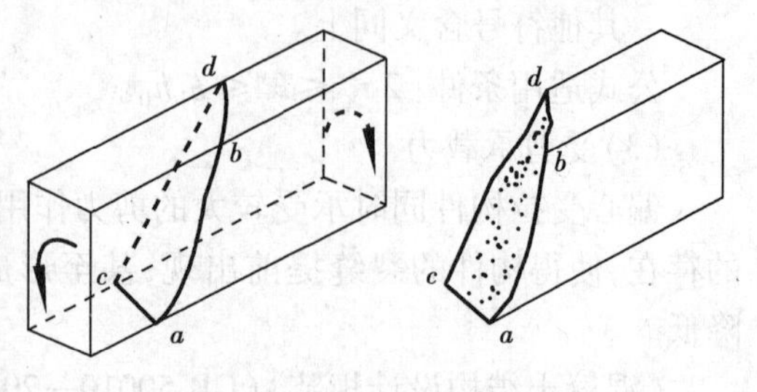

图 5.6　受扭构件的破坏

2)矩形截面钢筋混凝土纯扭构件的破坏特征

试验表明,在裂缝出现之前,钢筋混凝土构件的受力性能与素混凝土构件的几乎没什么差别,扭矩与扭转角之间基本上保持线性关系。由于构件的整个截面都参与抗扭工作，抗扭刚度也较大。抗扭构件的开裂扭矩随配筋率的增大略有提高，通常忽略这一影响，无论配筋率大小，构件的开裂扭矩仍可按素混凝土构件考虑。

在裂缝出现以后，配置了适当的抗扭钢筋的构件不会立即破坏。随着外扭矩的不断增大，在构件表面逐渐形成多条大致与杆轴成45°方向并成螺旋形发展的裂缝，在裂缝处原来由混凝土承担的主拉应力主要改由与裂缝相交的钢筋来承担。多条螺旋形裂缝形成后的钢筋混凝土构件可以看作一个空间桁架，其中，纵向钢筋相当于受拉弦杆，箍筋相当于受拉竖向腹杆，而裂缝之间接近构件表面一定厚度的混凝土则形成承担斜向压力的斜腹杆。研究表明，混凝土开裂后的受力性能和破坏形态与受扭箍筋和受扭纵筋的配置有关，分以下4种类型：

①适筋破坏。首先是混凝土三面开裂，一面受压的空间扭曲破坏面，最后是箍、纵筋屈服，另一面混凝土压碎，整个破坏过程构件具有一定的延性，破坏前有较明显预兆。受扭构件应尽可能设计成这种具有适筋破坏特征的构件。

②少筋破坏。当箍筋或纵筋含量过少时发生，配筋构件的抗扭承载力与素混凝土构件没有实质性差别，构件一裂即坏，破坏是脆性的，没有明显的预兆。在设计时应避免设计成这种少筋破坏的构件。为此，《混凝土结构设计规范》(GB 50010—2010)对受扭构件的箍筋及纵筋数量分别作了最小配筋率的规定。

③完全超筋破坏。当箍筋和纵筋含量均过多时，在两者都还未能达到屈服之前，构件的空间桁架机构中的混凝土斜压杆就被局部压坏而导致构件突然破坏。破坏是突然的，具有明显的脆性性质，并且钢筋未得到充分应用。在设计时应避免设计成这种完全超配筋的构件。为此，《混凝土结构设计规范》(GB 50010—2010)通过对构件最小截面尺寸的限制，间接地规定了截面抗扭承载力的上限和抗扭钢筋的最大用量。

④部分超筋破坏。当箍筋和纵筋中有一种含量太多时，在构件破坏前只有数量相对较小的那部分钢筋受拉屈服，而另一部分钢筋直到受压边被压碎时仍未能屈服。由于构件在破坏时有部分钢筋屈服，破坏特征并非完全脆性，在工程中还是可以采用的。《混凝土结构设计规范》(GB 50010—2010)通过对纵筋与箍筋的配筋强度比来保证箍筋及纵筋能同时屈服。

纵筋与箍筋的配筋强度比ζ按式(5.8)计算：

$$\zeta = \frac{f_y A_{stl} s}{f_{yv} A_{st1} u_{cor}} \tag{5.8}$$

式中 f_y——抗扭纵筋的抗拉强度设计值；

A_{stl}——对称布置在截面中的全部纵筋的截面面积；

A_{st1}——抗扭箍筋的单肢截面面积；

f_{yv}——抗扭箍筋的抗拉强度设计值；

s——抗扭箍筋的间距；

u_{cor}——截面核心部分的周长，$u_{cor} = 2(b_{cor} + h_{cor})$，$b_{cor}$，$h_{cor}$为从箍筋内表面计算的截面核心部分的短边和长边尺寸，如图5.7所示。

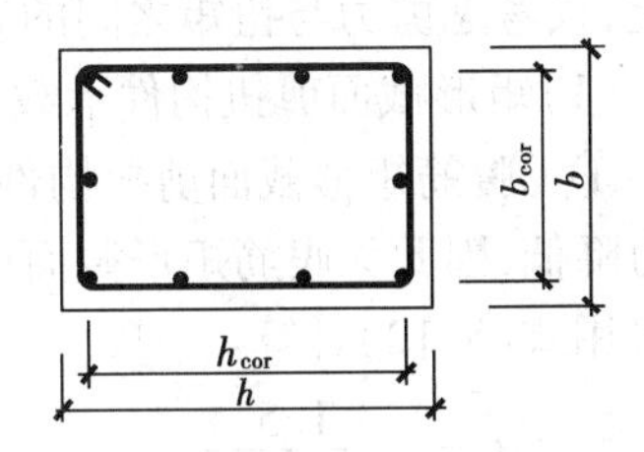

图5.7 受扭构件截面核心部分

为保证构件完全破坏前受扭纵筋和箍筋能同时或先后达到屈服强度，《混凝土结构设计规范》(GB 50010—2010)规定ζ应符合下列条件：

$$0.6 \leqslant \zeta \leqslant 1.7 \tag{5.9}$$

试验表明，最佳配筋强度比$\zeta = 1.2$。

·5.3.2 计算公式及适用条件·

1)矩形截面素混凝土纯扭构件承载力计算公式

矩形截面素混凝土纯扭构件承载力设计值 T_u 的计算公式为:

$$T_u = 0.7f_t W_t \tag{5.10}$$

式中 W_t——截面受扭塑性抵抗矩,矩形 $W_t = b^2(3h-b)/6$,b 为截面的短边尺寸,h 为截面长边尺寸;

f_t——混凝土的抗拉强度设计值。

由于素混凝土纯扭构件的开裂扭矩近似等于其破坏扭矩,所以式(5.10)也可近似用来表示素混凝土构件的开裂扭矩。

2)矩形截面钢筋混凝土纯扭构件承载力计算公式

为方便施工,同时考虑不同方向的扭矩作用,《混凝土结构设计规范》(GB 50010—2010)规定应配置受扭箍筋与纵筋来共同抗扭。为使受扭箍筋和纵筋能较好地发挥作用,应将箍筋配置于构件表面,而将纵筋沿构件核心周边(箍筋内皮)均匀、对称配置。

矩形截面钢筋混凝土纯扭构件在适筋破坏时的承载力设计值 T_u 的计算公式为:

$$T_u = 0.35f_t W_t + 1.2\sqrt{\zeta}\frac{f_{yv}A_{st1}}{s}A_{cor} \tag{5.11}$$

式中 A_{cor}——截面核心部分的面积,$A_{cor} = b_{cor}h_{cor}$;

ζ——受扭纵筋与箍筋的配筋强度比,按式(5.8)计算,尚应符合式(5.9)的条件。

其他符号含义同前。

式(5.11)右边所列的钢筋混凝土受扭承载力可认为由两部分组成:一是混凝土的受扭承载力;二是受扭纵筋和箍筋的受扭承载力。

3)矩形截面弯剪扭构件承载力计算公式及适用条件

弯剪扭构件同时承受弯矩、剪力和扭矩 3 种内力的作用。试验表明,每种内力的存在均会影响构件对其他内力的承载力,这种现象称之为弯剪扭构件 3 种承载力之间相关性。由于弯剪扭三者之间的相关性过于复杂,为了简化计算,《混凝土结构设计规范》(GB 50010—2010)规定,仅考虑剪力与扭矩之间的影响和弯矩与扭矩之间的影响。

(1)矩形截面剪扭构件承载力计算公式

①无腹筋矩形截面剪扭构件承载力计算公式。由于剪力的存在会使混凝土构件的受扭承载力降低,因此无腹筋矩形截面剪扭构件的抗扭承载力计算公式应乘以降低系数 β_t,降低系数 β_t 可用式(5.12)计算。

$$\beta_t = \frac{1.5}{1 + 0.5\dfrac{VW_t}{Tbh_0}} \tag{5.12}$$

当 $\beta_t \leqslant 0.5$ 时,取 0.5;当 $\beta_t \geqslant 1.0$ 时,取 1.0。

对于以集中荷载为主的矩形截面独立梁,按式(5.13)计算 β_t。

$$\beta_t = \frac{1.5}{1 + 0.2(\lambda + 1)\dfrac{VW_t}{Tbh_0}} \tag{5.13}$$

λ 为剪跨比,在 1.5 和 3.0 之间取值。

同样,扭矩的存在会使混凝土的受剪承载力降低,因此无腹筋矩形截面剪扭构件抗剪承载力计算公式应乘以降低系数$(1.5-\beta_t)$。

②有腹筋矩形截面剪扭构件的承载力计算公式。目前仅考虑混凝土部分受剪承载力和受扭承载力之间的相互影响。受剪承载力计算公式如下:

$$V \leqslant V_u = 0.7(1.5-\beta_t)f_t b h_0 + f_{yv}\frac{nA_{sv1}}{s}h_0 \tag{5.14}$$

对于以集中荷载为主的矩形截面独立梁,按式(5.15)计算。

$$V \leqslant V_u = (1.5-\beta_t)\frac{1.75}{\lambda+1}f_t b h_0 + f_{yv}\frac{nA_{sv1}}{s}h_0 \tag{5.15}$$

λ 为剪跨比,在 1.5 和 3.0 之间取值。

受扭承载力计算公式如下:

$$T \leqslant T_u = 0.35\beta_t f_t W_t + 1.2\sqrt{\zeta}\frac{f_{yv}nA_{st1}}{s}A_{cor} \tag{5.16}$$

由以上公式求得$\frac{A_{sv1}}{s}$和$\frac{A_{st1}}{s}$后,可叠加得到剪扭构件需要的单肢箍筋总用量:

$$\frac{A_{svt1}}{s} = \frac{A_{sv1}}{s} + \frac{A_{st1}}{s} \tag{5.17}$$

(2)矩形截面弯扭构件承载力计算

《混凝土结构设计规范》(GB 50010—2010)近似地采用叠加法进行计算,即先分别按受弯和受扭单独计算,然后将所需的纵向钢筋数量按以下原则布置并叠加:

①抗弯所需纵筋布置在截面受拉边。

②抗扭所需纵筋沿截面核心周边均匀、对称布置。

(3)矩形截面弯剪扭构件承载力计算公式及其适用条件

计算方法:通过剪扭计算配置箍筋,通过弯扭计算配置纵筋。

为了避免出现少筋破坏和完全超筋破坏,使用公式时应满足下列适用条件:

①截面尺寸的限制条件。为了防止因截面尺寸太小而导致完全超筋破坏现象,《混凝土结构设计规范》(GB 50010—2010)规定矩形截面弯剪扭构件,当 $h_w/b \leqslant 4$ 时,其截面应符合式(5.18)的要求。

$$\frac{V}{bh_0} + \frac{T}{0.8W_t} \leqslant 0.25\beta_c f_c \tag{5.18}$$

a. 当 $h_w/b = 6$ 时,系数 0.25 改为 0.2;

b. 当 $4 < h_w/b < 6$ 时,系数按线性内插法确定;

c. 当不满足上述要求时,应增大截面尺寸或提高混凝土的强度等级;

d. 当 $h_0/b > 6$ 时,承载力计算应符合有关规定。

式中 β_c——混凝土强度影响系数,当强度不超过 C50 时,取 $\beta_c = 1.0$;当混凝土强度等级为 C80 时,取 $\beta_c = 0.8$;其间按线性内插法确定。

②最小配筋率。为防止配筋太少而出现少筋破坏现象,《混凝土结构设计规范》(GB 50010—2010)规定,构件箍筋和纵筋的配筋率均不得小于各自的最小配筋率,即应符合式(5.19)至式(5.22)的要求。

箍筋：$\rho_{svt} = \frac{nA_{svt1}}{bs} \times 100\% \geqslant \rho_{svt,min}$ (5.19)

其中，$\rho_{svt,min}$为剪扭箍筋的最小配筋率，按式(5.20)计算：

$$\rho_{svt,min} = 0.28\frac{f_t}{f_{yv}} \times 100\% \tag{5.20}$$

纵筋：$\rho = \frac{A_{sm} + A_{stl}}{bs} \times 100\% \geqslant \rho_{sm,min} + \rho_{stl,min}$ (5.21)

式(5.21)中的$\rho_{sm,min}$为受弯构件的纵筋最小配筋率，$\rho_{stl,min}$为受扭纵筋的最小配筋率。$\rho_{stl,min}$按式(5.22)计算：

$$\rho_{stl,min} = 0.6\sqrt{\frac{T}{Vb}}\frac{f_t}{f_y} \tag{5.22}$$

当$\frac{T}{Vb} \geqslant 2.0$时，取$\frac{T}{Vb} = 2.0$。

③简化计算条件。《混凝土结构设计规范》(GB 50010—2010)规定了以下3种简化计算条件和简化计算方法：

- 当$\frac{V}{bh_0} + \frac{T}{W_t} \leqslant 0.7f_t$时，可不进行剪扭计算，只需对受弯构件正截面进行计算，并按构造要求配置箍筋和抗扭纵筋。
- 当$V \leqslant 0.35f_tbh_0$，对于集中荷载为主的矩形截面独立梁，$V \leqslant \frac{0.875}{\lambda + 1}f_tbh_0$时，可不考虑剪力影响，仅按弯扭构件进行计算。
- 当$T \leqslant 0.175f_tW_t$时，可不考虑扭矩影响，仅按弯剪构件进行正截面和斜截面计算。

(4)矩形截面弯剪扭构件的截面设计步骤

当已知截面的内力T, M, V时，并初选截面尺寸和材料强度等级后，可按以下步骤进行设计：

①验算截面尺寸。

a.求W_t；

b.按式(5.18)验算截面尺寸，当截面尺寸不满足时，应增大截面尺寸或提高混凝土强度等级后再验算。

②按简化计算的条件，确定是否需要进行受扭和受剪承载力计算。

a.确定是否需要进行剪扭承载力计算；

b.确定是否需要进行受剪承载力计算；

c.确定是否需要进行受扭承载力计算。

③确定箍筋用量。

a.计算混凝土受扭承载力降低系数β_t；

b.计算受剪所需单肢箍筋的用量A_{sv1}/s；

c.计算受扭所需单肢箍筋的用量A_{st1}/s；

d.计算受剪扭箍筋的单肢总用量A_{svt1}/s，并选配箍筋；

e.验算箍筋的最小配箍率。

④确定纵筋用量。

a. 计算受扭纵筋的截面面积 A_{stl}，并验算最小配筋率；

b. 计算受弯纵筋的截面面积 A_{sm}，并验算最小配筋率；

c. 弯扭纵筋用量叠加，并选配钢筋。

4）设计实例

【例 5.2】 某梁截面尺寸 $b \times h = 250\ \text{mm} \times 600\ \text{mm}$，混凝土强度等级为 C30，纵向钢筋采用 HRB400 级，箍筋采用 HPB300 级。该梁上作用的最大弯矩设计值为 140 kN · m，剪力设计值为 80 kN，扭矩设计值为 30 kN · m，试设计此截面。

【解】 （1）验算截面尺寸是否足够

$$W_t = \frac{b^2}{6}(3h - b) = \frac{(250\ \text{mm})^2}{6} \times (3 \times 600 - 250)\ \text{mm} = 1.615 \times 10^7\ \text{mm}^3$$

$$\frac{V}{bh_0} + \frac{T}{W_t} = \frac{80 \times 10^3}{250 \times 560}\ \text{N/mm}^2 + \frac{30 \times 10^6}{1.615 \times 10^7}\ \text{N/mm}^2 = (0.571 + 1.858)\ \text{N/mm}^2 =$$

$2.429\ \text{N/mm}^2 < 0.25\beta_c f_c = 0.25 \times 14.3\ \text{N/mm}^2 = 3.575\ \text{N/mm}^2$，截面尺寸满足要求。

（2）确定是否需要进行受扭和受剪承载力计算

$\dfrac{V}{bh_0} + \dfrac{T}{W_t} = 2.429\ \text{N/mm}^2 > 0.7f_t = 0.7 \times 1.43\ \text{N/mm}^2 = 1.001\ \text{N/mm}^2$，需进行剪扭计算。

$0.35f_t bh_0 = 0.35 \times 1.43\ \text{N/mm}^2 \times 250\ \text{mm} \times 560\ \text{mm} = 70.07\ \text{kN} < V = 80\ \text{kN}$，需进行受剪计算。

$0.175f_t W_t = 0.175 \times 1.43\ \text{N/mm}^2 \times 1.615 \times 10^7\ \text{mm}^3 = 4.04\ \text{kN} \cdot \text{m} < T = 30\ \text{kN}$，需进行受扭计算。

（3）确定箍筋用量

$$\beta_t = \frac{1.5}{1 + 0.5\dfrac{VW_t}{Tbh_0}} = \frac{1.5}{1 + 0.5\dfrac{80 \times 10^3 \times 1.615 \times 10^7}{30 \times 10^6 \times 250 \times 560}} = 1.30 > 1, \beta_t = 1.0$$

$$V = 0.7(1.5 - \beta_t)f_t bh_0 + f_{yv}\frac{nA_{sv1}}{s}h_0$$

$$80\ 000 = 0.7(1.5 - 1) \times 1.43 \times 250 \times 560 + 270 \times \frac{2A_{sv1}}{s} \times 560$$

$$\frac{A_{sv1}}{s} = 0.033\ \text{mm}^2/\text{mm}$$

$$T = 0.35\beta_t f_t W_t + 1.2\sqrt{\zeta}\frac{f_{yv}nA_{st1}}{s}A_{cor}$$

$$30 \times 10^6 = 0.35 \times 1 \times 1.43 \times 1.615 \times 10^7 + 1.2\sqrt{1.2} \times 270 \times \frac{A_{st1}}{s} \times (250 - 60) \times (600 - 60)$$

$$\frac{A_{st1}}{s} = 0.602\ \text{mm}^2/\text{mm}$$

$$\frac{A_{svt1}}{s} = \frac{A_{sv1}}{s} + \frac{A_{st1}}{s} = (0.033 + 0.602)\ \text{mm}^2/\text{mm} = 0.635\ \text{mm}^2/\text{mm}$$

选用ϕ 10 箍筋，$A_{svt1} = 78.5\ \text{mm}^2$，则

$s=\dfrac{78.5\ \text{mm}^2}{0.635\ \text{mm}}=123.62\ \text{mm}$，取 $s=100\ \text{mm}$

验算最小配箍率：$\rho_{\text{svt,min}}=0.28\dfrac{f_t}{f_{yv}}=0.28\times\dfrac{1.43}{270}=0.001\ 48$

实配箍筋配筋率

$\rho_{\text{svt}}=\dfrac{nA_{\text{svt1}}}{bs}=\dfrac{2\times78.5}{250\times100}=0.006\ 28>\rho_{\text{svt,min}}$，满足最小配箍率要求。

(4)确定纵向钢筋用量

由 $\zeta=\dfrac{f_yA_{stl}s}{f_{yv}A_{st1}u_{\text{cor}}}$，有 $A_{stl}=\dfrac{f_{yv}\zeta A_{st1}u_{\text{cor}}}{f_ys}=\dfrac{1.2\times270\times0.602\times2(190+540)}{360}\text{mm}^2=791\ \text{mm}^2$

$\dfrac{T}{Vb}=30\times10^6/(80\times10^3\times250)=1.5<2.0$

$\rho_{stl,\min}\times bh=0.6\sqrt{\dfrac{T}{Vb}\dfrac{f_t}{f_y}}bh=0.6\sqrt{1.5}\times\dfrac{1.43}{360}\times250\times600\ \text{mm}^2=438\ \text{mm}^2<791\ \text{mm}^2$，满足最小配筋率要求。

$\alpha_s=\dfrac{M}{f_cbh_0^2}=\dfrac{140\times10^6}{14.3\times250\times560^2}=0.125$

$\xi=1-\sqrt{1-2\alpha_s}=1-\sqrt{1-2\times0.125}=0.134<\xi_b=0.518$

$A_{\text{sm}}=\dfrac{f_cbh_0\xi}{f_y}=\dfrac{14.3\times250\times560\times0.134}{360}\ \text{mm}^2=745\ \text{mm}^2>\rho_{\min}\times bh=0.002\times250\ \text{mm}\times600\ \text{mm}=300\ \text{mm}^2$

为使受扭纵筋的间距不大于梁宽和200 mm，需将 A_{stl} 沿截面高度四等分，设承受正弯矩，则截面上、中、下所需的配筋量为：

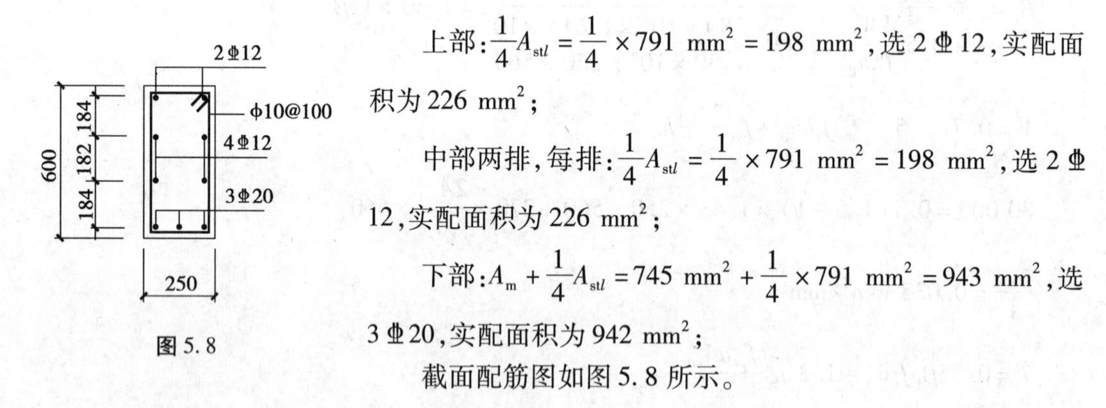

图5.8

上部：$\dfrac{1}{4}A_{stl}=\dfrac{1}{4}\times791\ \text{mm}^2=198\ \text{mm}^2$，选2Φ12，实配面积为226 mm^2；

中部两排，每排：$\dfrac{1}{4}A_{stl}=\dfrac{1}{4}\times791\ \text{mm}^2=198\ \text{mm}^2$，选2Φ12，实配面积为226 mm^2；

下部：$A_m+\dfrac{1}{4}A_{stl}=745\ \text{mm}^2+\dfrac{1}{4}\times791\ \text{mm}^2=943\ \text{mm}^2$，选3Φ20，实配面积为942 mm^2；

截面配筋图如图5.8所示。

小结5

本章讲述的主要内容有：

①计算钢筋混凝土轴心受拉构件时不考虑混凝土参与工作，全部外力由钢筋承担。

②偏心受拉构件的破坏特征与偏心距的大小有关。由于偏心受拉构件是介于轴心受拉构

件和受弯构件之间的受力构件,可以设想:当偏心距很小时,其破坏特征接近轴心受拉构件;而当偏心距很大时,其破坏特征则与受弯构件相似。

③当钢筋混凝土构件的截面内力中含有扭矩时,这种构件就称为受扭构件。受扭构件按构件上的作用不同可分为纯扭、剪扭、弯扭和弯剪扭4种,工程中最常见的是弯剪扭构件。

④受扭构件的混凝土开裂后的受力性能和破坏形态与受扭箍筋和受扭纵筋的配置有关,分4种类型:适筋破坏、少筋破坏、完全超筋破坏和部分超筋破坏。《混凝土结构设计规范》对受扭构件的箍筋及纵筋分别做了最小配筋率的规定,以防止少筋破坏;《混凝土结构设计规范》还对构件最小截面尺寸作了限制,间接地规定了截面抗扭承载力的上限和抗扭钢筋的最大用量,以防止完全超筋破坏。由于部分超筋破坏时部分钢筋屈服,破坏特征并非完全脆性,在工程中还是可以采用的。通过对纵筋与箍筋的配筋强度比来保证箍筋及纵筋能同时屈服,防止这种破坏受扭构件应设计成具有适筋破坏特征的构件。

⑤试验表明,弯剪扭构件中同时承受弯矩、剪力和扭矩3种内力的作用时,每种内力的存在均会影响构件对其他内力的承载力,这种现象称之为弯剪扭构件承载力的相关性。由于弯剪扭三者之间的相关性过于复杂,为简化计算,《混凝土结构设计规范》规定,仅考虑剪力与扭矩、弯矩与扭矩之间的影响。

复习思考题5

5.1 举例说明工程中哪些构件是轴心受拉构件,哪些构件是偏心受拉构件。

5.2 偏心受拉构件可分为哪两类,截面破坏各有何特征。

5.3 举例说明工程中哪些构件是受扭构件。

5.4 试述矩形截面素混凝土纯扭构件的破坏过程。

5.5 如何防止钢筋混凝土受扭构件的少筋破坏、完全超筋破坏、部分超筋破坏和适筋破坏?

5.6 弯剪扭构件设计时,如何确定其箍筋和纵筋用量?符合什么条件时可进行简化计算?如何简化?

5.7 受扭构件的箍筋和受扭纵筋各有哪些构造要求?

5.8 已知某钢筋混凝土轴心受拉构件,截面尺寸 $b \times h = 150\ \text{mm} \times 150\ \text{mm}$,混凝土强度等级采用C25,纵向钢筋采用HRB400级4⏀12钢筋,承受轴向力设计值 $N = 140\ \text{kN}$。试验算杆件承载力是否足够。

5.9 某梁截面尺寸 $b \times h = 250\ \text{mm} \times 500\ \text{mm}$,混凝土强度等级为C30,纵向钢筋采用HRB400级,箍筋采用HPB300级。该梁上作用的最大弯矩设计值为80 kN · m,剪力设计值为50 kN,扭矩设计值为18 kN · m,试设计此截面并绘制梁的配筋断面图。

6 预应力混凝土结构

6.1 概 述

·6.1.1 *预应力混凝土构件的受力特征*·

由于混凝土的抗拉强度很低,极限拉应变很小,因此普通钢筋混凝土结构或构件抗裂性能很差。一般情况下,当钢筋应力超过 20 ~ 30 N/mm² 时,混凝土就会开裂。在正常使用荷载作用下,结构或构件一般均处于带裂缝工作状态。对使用上允许开裂的构件,裂缝宽度一般应控制在 0.2 ~ 0.3 mm 以内,此时相应的受拉钢筋应力最高也只能达到 150 ~ 250 N/mm²。对使用上不允许出现裂缝的构件,普通钢筋混凝土就无法满足。可见,在普通钢筋混凝土构件中,钢筋的强度一般不能充分利用,而且限制了高强度钢筋的应用。同时,混凝土的开裂还将导致构件刚度降低,变形增大,导致构件的变形和裂缝宽度不能满足要求。因此,普通钢筋混凝土不宜用作处在高湿度或侵蚀性环境中的构件,且不能应用高强钢筋。

为了避免普通钢筋混凝土结构的裂缝过早出现,保证构件具有足够的抗裂性能和刚度,充分发挥高强钢筋的作用,可以在构件承受使用荷载以前,预先对受拉区的混凝土施加压力,使受拉区产生预压应力。当构件承受使用荷载而在受拉区产生拉应力时,首先要抵消混凝土的预压应力,然后随着荷载的增加,受拉区混凝土开始产生拉应力并进而出现裂缝。因此,就延缓了混凝土裂缝的出现,也相应减小了裂缝的宽度。这种在承受荷载之前,预先对混凝土受拉区施加预压应力的构件,称为预应力混凝土构件。

现以一预应力混凝土简支梁为例(图 6.1),说明预应力结构的基本受力原理。

在外荷载作用之前,预先在梁的受拉区作用偏心压力 P(一般是通过张拉预应力钢筋来施加),P 在梁截面的下边缘纤维产生压应力(图 6.1(a));在外荷载作用下,梁截面的下边缘纤维产生拉应力(图 6.1(b));在预应力和外荷载共同作用下,梁截面下边缘纤维的应力状态应是两者的叠加,可能是压应力,也可能是较小的拉应力(图 6.1(c))。从图中可见,预应力的作用可部分或全部抵消外荷载产生的拉应力,从而提高结构的抗裂性。对于在使用荷载下出现裂缝的构件,预应力也会起到减小裂缝宽度的作用。

与普通混凝土相比,预应力混凝土具有以下特点:

①提高了构件的抗裂性能,使构件不出现裂缝或减小了裂缝宽度,扩大了钢筋混凝土构件的应用范围。

②增加了构件的刚度,延迟了裂缝的出现和开展,减小了构件的变形。由于预应力能使构

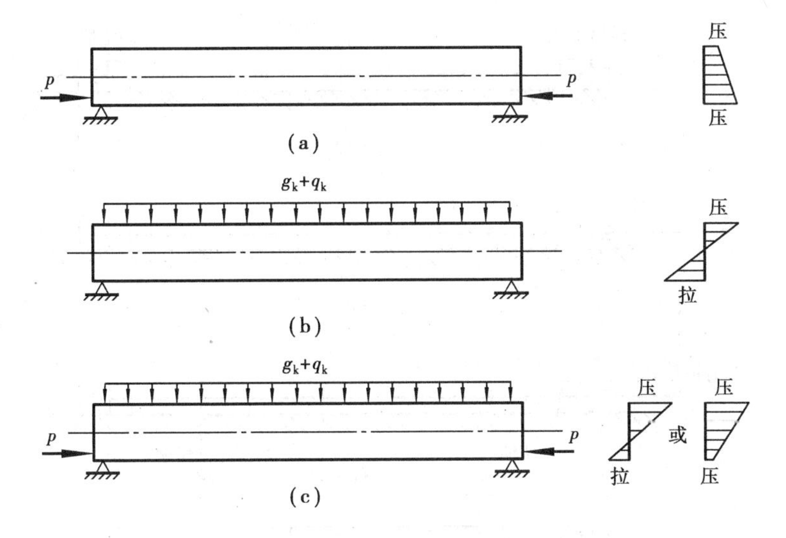

图 6.1　预应力混凝土梁

(a)预压力作用下;(b)外荷载作用下;(c)预压力和外荷载共同作用下

件不出现裂缝或减小裂缝宽度,减少了外界环境对钢筋的侵蚀,从而可提高构件的耐久性,延长构件使用年限。

③能充分发挥高强钢筋和高强混凝土的性能,减少钢筋用量和减小构件的截面尺寸,从而减轻构件自重,节约材料,降低造价。

·6.1.2　施加预应力的方法·

预应力混凝土的主要特征在于构件受荷之前,钢筋和混凝土已存在较大的预应力(钢筋为拉应力,混凝土为压应力),这种预应力是通过张拉钢筋实现的。通常,根据张拉预应力钢筋与浇筑混凝土的先后次序,施加预应力的方法可分为先张法和后张法两种。

1)先张法

在浇筑混凝土之前先张拉钢筋,使之产生预应力的方法称为先张法。

先张法的主要施工工序是(图 6.2):在台座上张拉钢筋,当钢筋应力达到规定值后,锚固预应力钢筋,支模、浇筑混凝土并养护构件,待混凝土凝结硬化达到一定强度(所需的强度值应经过计算确定,但不低于设计强度值的 75%)后,切断并放松预应力钢筋,钢筋立即产生弹性回缩,通过预应力钢筋与混凝土之间的粘结力将回弹力传给混凝土,从而使构件的混凝土处于预压状态。

2)后张法

构件成型、混凝土凝结硬化达到一定强度后,在构件上张拉钢筋使之产生预应力的方法称为后张法。

后张法的施工工序是(图 6.3):先浇筑混凝土,并在构件中预留预应力钢筋的孔道,当混凝土达到一定强度(所需的强度值应经过计算确定,但不低于设计强度值的 75%)后,将钢筋穿入孔道,然后直接在构件上张拉钢筋,同时混凝土受到挤压产生弹性压缩,当钢筋应力达到规定值时,在张拉端用锚具将预应力钢筋锚固在构件上,阻止钢筋回缩,从而使构件混凝土处

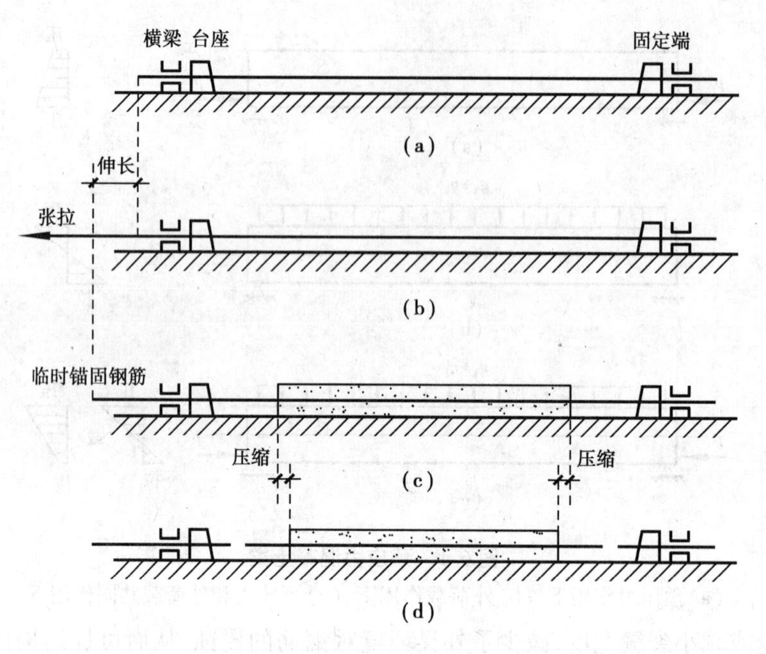

图 6.2　先张法主要工序

(a)钢筋就位;(b)张拉钢筋;(c)浇筑混凝土;(d)放松钢筋

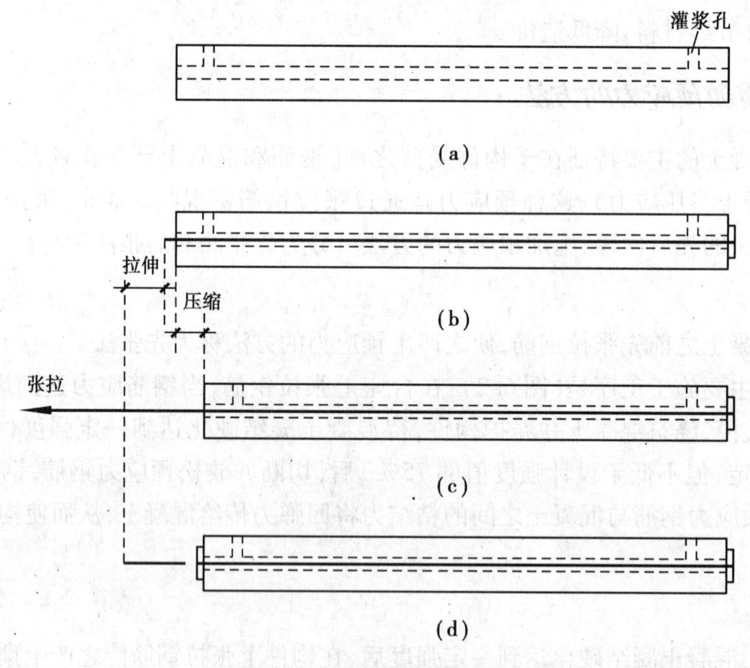

图 6.3　先张法主要工序

(a)构件制作;(b)钢筋就位;(c)张拉钢筋;(d)锚固钢筋,孔道压力灌浆

于预压状态。最后在孔道内进行压力灌浆,防止预应力钢筋锈蚀,使预应力钢筋和混凝土更好地粘结成整体。

两种方法比较而言,先张法的施工工艺简单、工序少、效率高、质量容易保证,适用于批量生产的中小型构件,如楼板、屋面板等;后张法是在构件上张拉预应力钢筋,不需要台座,便于现场制作受力较大的大型构件,但留设孔道和压力灌浆等工序复杂,构件两端需设有特制的永久型锚具,造价较高,适用于现场大中型预应力构件的施工。

·6.1.3 预应力混凝土构件对材料的要求·

1)混凝土

(1)对混凝土性能的要求

●高强度　预应力混凝土要求采用高强混凝土的原因是:首先,采用与高强预应力筋相匹配的高强混凝土,可以充分发挥材料强度,从而有效减小构件截面尺寸和自重,以利于适应大跨径的要求;其次,高强混凝土具有较高的弹性模量,从而具有更小的弹性变形和与强度有关的塑性变形,预应力损失也可相应减小;此外,高强混凝土具有较高的抗拉强度、局部承压强度以及较强的粘结性能,从而可推迟构件正截面和斜截面裂缝的出现,有利于后张和先张预应力筋的锚固。

●收缩、徐变小　在预应力混凝土结构中采用低收缩、低徐变的混凝土,一方面可以减小由于混凝土收缩、徐变造成的预应力损失;另一方面可以有效控制预应力混凝土结构的徐变变形。

●快硬、早强　混凝土具有快硬、早强的性质,可尽早施加预应力,加快施工进度,提高设备以及模板的利用率。

混凝土的强度主要取决于骨料和水泥浆的强度,以及骨料与浆体之间界面过渡区的强度。混凝土是微孔脆性材料,各部分的孔隙率以及孔隙的大小与分布情况直接与混凝土的强度有关。水灰比越小,拌和料硬化后的空隙率越低,混凝土的强度就越高。高效减水剂能够有效改善水泥的水化程度,缩短水化时间,因此掺加高效减水剂有助于混凝土的快硬、早强。

(2)混凝土强度等级的选用

混凝土强度等级的选用与施工方法、构件跨度、钢筋种类以及使用情况有关。预应力混凝土结构的混凝土强度等级不宜低于C40,且不应低于C30。

2)钢筋

(1)对预应力钢筋的要求

●高强度　预应力钢筋中有效预应力的大小取决于预应力钢筋张拉控制应力的大小。考虑到预应力结构在施工以及使用过程中将出现的各种预应力损失,会使预应力钢筋的张拉应力逐渐降低,为使构件的混凝土在产生弹性压缩、徐变、收缩后仍能够保持较高的预压应力,需要钢筋具有较高的张拉力,即要求预应力钢筋有较高的抗拉强度。

提高钢材强度通常有3种不同的方法:

①在钢材成分中增加某些元素,如碳、锰、硅、铬等。

②采用冷拔、冷拉、冷轧等冷加工方法来提高钢材屈服强度。

③通过调质热处理、高频感应热处理、余热处理等方法提高钢材强度。

●较好的塑性　为避免构件发生脆性破坏,要求预应力钢筋应具有一定的延伸率,以保证构件在低温或冲击荷载下能可靠工作。

●良好的加工性　预应力钢筋应具有良好的可焊性,并要求钢筋"镦粗"后不影响其原材料的物理力学性能。

- 与混凝土之间具有良好的粘结能力　在先张法预应力构件中，预应力筋和混凝土之间应具有可靠的粘结力，以确保预应力筋的预加力可靠地传递至混凝土中。在后张法预应力构件中，预应力筋与孔道后灌水泥浆之间具有较高的粘结强度，以使预应力筋与周围的混凝土形成一个整体来共同承受外荷载。另外在采用高强钢丝作为预应力筋时，宜选用刻痕钢丝或以钢丝为母材扭绞形成的钢绞线，以改善钢丝与混凝土之间的粘结性能。

(2) 常用的预应力钢筋

按材质划分，预应力筋包括金属预应力筋和非金属预应力筋两类。常用的金属预应力筋可分为高强钢筋、钢丝和钢绞线3类。非金属预应力筋主要指纤维增强塑料(FRP)预应力筋，目前正处于研究或试用阶段。

- 高强钢筋　高强钢筋主要是采用热轧、轧后余热处理或热处理等工艺生产的预应力混凝土用螺纹钢筋，是一种特殊形状带有不连续的外螺纹的直条钢筋，该钢筋在任意截面处均可以用带有内螺纹的连接器或锚具进行连接或锚固。钢筋的公称直径范围为18～50 mm，常用的钢筋公称直径为25 mm，32 mm。按抗拉强度可分为785 MPa，830 MPa，930 MPa 和1 080 MPa 4个级别。以热轧状态、轧后余热处理状态或热处理状态按直条供货。

- 高强度钢丝　常用的高强钢丝，按交货状态分为冷拉和矫直回火两种，按外形分为光面、刻痕和螺旋肋3种。高强钢丝的直径为4.0～14.0 mm，按抗拉强度可分为800 MPa，970 MPa，1 270 MPa 和1 370 MPa 4个级别。

高强钢丝是用优质碳素钢热轧盘条经冷加工制成。螺旋肋钢丝是对热轧圆盘条在拉拔过程中经螺旋模具旋转，沿钢丝表面长度方向上具有连续规则螺旋肋条的冷拉或冷拉后热处理钢丝。刻痕钢丝是对热轧圆盘条在拉拔过程后，经刻痕辊冷轧，沿钢丝表面长度方向上均匀分布具有规则间隔的两面、三面、四面压痕的冷拉后热处理钢丝。消除应力钢丝就是对钢丝进行低温（一般低于500 ℃）短时矫直回火处理后得到的低松弛钢丝(亦称为矫直回火钢丝)，钢丝经过消除应力达到低松弛的性能要求。

- 钢绞线　钢绞线是用冷加工光圆钢丝及刻痕钢丝捻制而成的，其方法是在绞丝机上以一种稍粗的直钢丝为中心，其余钢丝则围绕其进行螺旋状绞合，再经低温回火处理即可。钢绞线根据加工及钢丝的种类可分为标准型钢绞线(由冷拉光圆钢丝捻制)、刻痕钢绞线(由刻痕钢丝捻制)、模拔型钢绞线(捻制后再经冷拔)。

钢绞线的规格有2股、3股、7股和19股等。7股钢绞线由于面积较大、柔软、施工定位方便，适用于先张法和后张法预应力结构与构件，是目前国内外应用最广的一种预应力钢筋。

6.2　预应力混凝土结构设计的一般规定

·6.2.1　预应力钢筋的张拉控制应力·

张拉控制应力是指张拉预应力钢筋时所达到的规定应力值，用σ_{con}表示。

从构件使用阶段的抗裂性能分析，张拉控制应力σ_{con}值越高，在混凝土中产生的预应力值就越大，故σ_{con}不宜取值过低。但如果σ_{con}过高，将使构件开裂时的荷载与破坏时的荷载很接近，这就意味着构件开裂后不久即告破坏。同时 σ_{con} 过高，由于钢筋的离散性及施工时可能超张拉的原因，会使张拉控制应力 σ_{con} 达到或超过预应力钢筋的实际屈服强度而产生过大的塑性变形，反而达不到预期的预应力效果，甚至还有可能使高强度无明显屈服点的钢筋发生脆断。因此，为充分发挥预应力钢筋的作用，确保操作和使用安全，预应力钢筋的张拉控制应力值不宜超过表 6.1 规定的数值，而且消除应力钢丝、钢绞线、中强度预应力钢丝的张拉控制应力值不应小于 $0.40f_{ptk}$，预应力螺纹钢筋的张拉应力控制值不宜小于 $0.50f_{ptk}$。

表 6.1 张拉控制应力允许值

项　次	钢筋种类	σ_{con}
1	消除应力钢丝、钢铰线	$0.75f_{ptk}$
2	中强度预应力钢丝	$0.70f_{ptk}$
3	预应力螺纹钢筋	$0.85f_{pyk}$

注：在下列情况下，上述张拉控制应力限值可相应提高 $0.05f_{ptk}$ 或 $0.05f_{pyk}$：

①要求提高构件在施工阶段的抗裂性能而在使用阶段受压区内设置的预应力筋；

②要求部分抵消由于应力松弛、摩擦、钢筋分批张拉以及预应力筋与张拉台座之间的温差等因素产生的预应力损失。

·6.2.2 预应力损失值及组合·

1）预应力损失值 σ_l

由于张拉工艺和材料特性等原因，从张拉钢筋开始直至构件使用的整个过程中，预应力钢筋中的张拉控制应力值将随时间的延续而逐渐降低，我们把降低的这部分应力称为预应力损失。预应力损失值的大小是影响构件抗裂性能和刚度的关键。预应力损失过大不仅会减小混凝土的预压应力，降低构件的抗裂能力和刚度，而且可能导致预应力结构构件制作的失败。

产生预应力损失的因素很多，主要有：张拉端锚具变形和钢筋内缩、预应力钢筋与管道壁的摩擦、混凝土加热养护时被张拉钢筋与承受拉力的设备之间的温差、钢筋应力松弛、混凝土的收缩与徐变以及配置螺旋式预应力钢筋的环形构件中混凝土的局部挤压等。下面将分别对它们进行介绍。

（1）张拉端锚具变形和钢筋内缩引起的预应力损失 σ_{l1}

在台座上或直接在构件上张拉钢筋时，一般总是先将钢筋的一端锚固，然后在另一端张拉。在张拉过程中，锚固端的锚具已被挤紧，不会有预应力损失，而张拉端的锚具是在张拉完成后才开始受力的，锚具的变形、钢筋在锚具中的滑动以及锚具下垫板缝隙的压紧等均会产生预应力损失。这种预应力损失用 σ_{l1} 表示。

预应力直线钢筋由于锚具变形和钢筋内缩引起的预应力损失 σ_{l1}，可按式(6.1)计算：

$$\sigma_{l1}=\frac{a}{l}E_s \tag{6.1}$$

式中　a——张拉端锚具变形和钢筋内缩值，按表 6.2 取用；

l——张拉端至锚固端之间的距离，mm。

表6.2　锚具变形和钢筋内缩值 a

锚具类别		a/mm
支承式锚具(钢丝束镦头锚具等)	螺帽缝隙	1
	每块后加垫板的缝隙	1
夹片式锚具	有顶压时	5
	无顶压时	6~8

注:①表中的锚具变形和钢筋内缩值也可根据实测数据确定。

②其他类型的锚具变形和钢筋内缩值应根据实测数据确定。

块体拼成的结构,其预应力损失尚应计入块体间缝隙的预压变形。当采用混凝土或砂浆为填缝材料时,每条填缝的预压变形值应取1 mm。

采用预应力曲线钢筋或折线钢筋的后张法构件,由于曲线孔道上反摩擦力的影响,使同一钢筋不同位置处的 σ_{l1} 各不相同,σ_{l1} 应根据预应力曲线钢筋或折线钢筋与孔道之间反向摩擦影响长度范围内的预应力钢筋变形值等于锚具变形和钢筋内缩值的条件确定。

(2)预应力钢筋与孔道壁之间的摩擦引起的预应力损失 σ_{l2}

后张法构件在张拉钢筋时,由于预应力钢筋与孔道壁之间的摩擦,使得预应力钢筋的应力从张拉端开始沿孔道逐渐减小而产生预应力损失。这种预应力损失用 σ_{l2} 表示。σ_{l2} 可按式(6.2)计算:

$$\sigma_{l2}=\sigma_{con}\left(1-\frac{1}{e^{\kappa x+\mu\theta}}\right) \tag{6.2}$$

式中　x——从张拉端至计算截面的孔道长度,m,亦可近似取该段孔道在纵轴上的投影长度;

θ——从张拉端至计算截面曲线孔道部分切线的夹角,rad;

κ——考虑孔道每米长度局部偏差的摩擦系数,按表6.3采用;

μ——预应力钢筋与孔道壁之间的摩擦系数,按表6.3采用。

当 $\kappa x+\mu\theta\leqslant 0.3$ 时,可按近似公式(6.3)计算:

$$\sigma_{l2}=\sigma_{con}(\kappa x+\mu\theta) \tag{6.3}$$

先张法构件中,张拉钢筋时混凝土尚未浇灌,因此无此项预应力损失。

表6.3　摩擦系数

孔道成型方式	κ	μ(钢绞丝、钢丝束)
预埋金属波纹管	0.001 5	0.25
预埋钢管	0.001 0	0.30
抽芯成型	0.001 4	0.55

注:表中系数也可根据实测确定。

(3)混凝土加热养护时,受张拉钢筋与受拉力设备之间的温差引起的预应力损失 σ_{l3}

在先张法构件中,为了缩短生产周期,浇灌混凝土后常采用蒸汽养护的方法加速混凝土的硬结。升温时,由于新浇注的混凝土尚未硬结,预应力钢筋受热膨胀,但两端的台座是固定不动的,因而,张拉后的钢筋变松,产生预应力损失 σ_{l3}。降温时,混凝土已硬结,与钢筋之间产生粘结力,钢筋不能回缩,所以产生的预应力损失 σ_{l3} 无法恢复。

以 Δt(℃)表示温差,钢筋的线膨胀系数 $\alpha = 1.0 \times 10^{-5}/℃$,取钢筋的弹性模量 $E_s = 2.0 \times 10^5$ N/mm²,则有:

$$\sigma_{l3} = E_s \varepsilon_{st} = 2.0 \times 10^5 \times 1.0 \times 10^{-5} \Delta t = 2\Delta t \tag{6.4}$$

当采用钢模工厂化生产先张法构件时,预应力钢筋加热养护过程中的伸长值与钢模相同,因而不存在这部分预应力损失。

后张法构件及不采用加热养护的先张法构件中均无此项预应力损失。

(4)钢筋应力松弛引起的预应力损失 σ_{l4}

钢筋的应力松弛现象是指钢筋在高应力状态下,由于钢筋的塑性变形而使应力随时间的增长而降低的现象。这种现象在张拉钢筋时就存在,在张拉完毕的前几分钟内发展得特别快,之后趋于缓慢,但持续时间较长,需要 1 个月才能稳定下来。

《混凝土结构设计规范》(GB 50010—2010)根据试验结果,给出该部分预应力损失的取值及计算方法。

钢筋的应力松弛所引起的损失在先张法和后张法构件中都存在。

(5)混凝土收缩、徐变引起的预应力损失 σ_{l5} 和 σ'_{l5}

在先张法和后张法构件中,混凝土受预压后,混凝土的收缩和徐变变形将引起受拉区和受压区预应力钢筋的预应力损失 σ_{l5} 和 σ'_{l5}。因为这两种变形均使构件缩短,预应力钢筋将随之内缩。这部分预应力损失的大小,主要取决于施加预应力时的混凝土立方体抗压强度、预压应力的大小以及纵向钢筋的配筋率等,并与时间及环境条件有关。在总的预应力损失中,这部分所占比重最大。

由于混凝土的收缩、徐变引起的预应力损失 σ_{l5} 的计算公式详见《混凝土结构设计规范》(GB 50010—2010)。

(6)环向预应力钢筋挤压混凝土引起的预应力损失 σ_{l6}

电杆、水池、油罐、压力管道等环形构件采用后张法配置环状或螺旋式预应力钢筋时,直接在混凝土上进行张拉。预应力钢筋将对环形构件的外壁产生环向压力,使构件直径减小,从而引起预应力损失。σ_{l6} 的大小与环形构件的直径 d 成反比,直径越小,损失越大,《混凝土结构设计规范》(GB 50010—2010)规定:

当 $d \leqslant 3$ m 时　　$\sigma_{l6} = 30$ N/mm²

$d > 3$ m 时　　$\sigma_{l6} = 0$

2)预应力损失值的组合

(1)各阶段预应力损失值的组合

各项预应力损失对先张法构件和后张法构件是各不相同的,其出现的先后也有差别。按照预应力损失产生的时间,可将预应力损失分为两批。两批预应力损失是以混凝土刚刚产生预压应力的时刻进行划分的。第一批预应力损失 $\sigma_{l\mathrm{I}}$ 是指混凝土预压前产生的损失,第二批预应力损失 $\sigma_{l\mathrm{II}}$ 是指混凝土预压后产生的损失。预应力损失值在各阶段的组合情况见表 6.4。

表 6.4　预应力损失值在各阶段的组合情况

项　次	预应力损失值的组合	先张法构件	后张法构件
1	混凝土预压前(第一批)损失组合 $\sigma_{l\mathrm{I}}$	$\sigma_{l1}+\sigma_{l2}+\sigma_{l3}+\sigma_{l4}$	$\sigma_{l1}+\sigma_{l2}$
2	混凝土预压后(第二批)损失组合 $\sigma_{l\mathrm{II}}$	σ_{l5}	$\sigma_{l4}+\sigma_{l5}+\sigma_{l6}$

当计算所得的预应力总损失 σ_l 小于下列数值时，应按下列数值取用：

先张法构件：100 N/mm^2；

后张法构件：80 N/mm^2。

(2)减少预应力损失的措施

设计和制作预应力混凝土构件时，应尽量减少预应力损失，保证预应力效果。下列减少预应力损失的措施可供设计和施工时采用：

①采用强度等级较高的混凝土和高强度水泥，减少水泥用量，降低水灰比，采用级配好的骨料，加强振捣和养护，以减少混凝土的收缩、徐变损失。

②控制预应力钢筋放张时的混凝土立方体抗压强度，并控制混凝土的预压应力，使 σ_{pc} 和 σ'_{pc} 不大于 $0.5f'_{cu}$，以减少由于混凝土非线性徐变所引起的损失。

③对预应力钢筋进行超张拉，以减少松弛损失与摩擦损失。

④对后张法构件的曲线预应力钢筋采用两端张拉的方法，以减少预应力钢筋与管道壁之间的摩擦损失。

⑤选择变形小的钢筋、内缩小的锚夹具，尽量减少垫板的数量，增加先张法台座的长度，以减少由于夹具变形和钢筋内缩引起的预应力损失。

·6.2.3　预应力混凝土构件的一般构造要求·

1)预应力混凝土构件的截面形式和尺寸

同钢筋混凝土受弯构件一样，预应力构件的截面形式常为矩形、T形、I形和箱形等，应根据构件的受力特点进行合理选择。对于轴心受拉构件，通常采用正方形或矩形截面。对于受弯构件，除荷载和跨度均较小的梁、板可采用矩形截面外，其余宜采用T形、I形、箱形或其他截面核心范围较大的截面形式，使它们不论在施工阶段或使用阶段，抗裂性能均较好。受弯构件的截面形式沿构件纵轴是可以变化的，如跨中为I形，而在近支座处为了承受较大的剪力并能有足够的地方布置锚具，往往做成矩形。

由于预应力混凝土构件的刚度大，抗裂度高，又采用了强度较高的钢筋和混凝土材料，因此，构件的截面高度可以比非预应力构件的小一些。一般腹板厚度可以比非预应力构件的薄一些，截面的高宽比宜大些，翼缘和肋高宜小些。对于预应力受弯构件的截面高度 h 一般可取 $(1/20 \sim 1/14)l$（l 为构件跨度），约为非预应力受弯构件高度的70%；翼缘宽度一般可取 $(1/3 \sim 1/2)h$，翼缘厚度一般可取 $(1/10 \sim 1/6)h$；腹板宽度尽可能薄些，可根据构造要求及施工条件取 $(1/15 \sim 1/8)h$。

2)纵向钢筋的布置

(1)预应力钢筋的布置

当跨度和荷载不大时，一般采用简单的直线预应力纵向钢筋；当跨度和荷载较大时，为防止由于施加预应力而产生预拉区的裂缝和减少支座附近区段的主拉应力，可采用曲线布置，在靠近支座部分，宜将一部分预应力钢筋曲线弯起。

先张法预应力钢筋（包括预应力螺纹钢筋、钢丝和钢绞线）之间的净距应根据浇灌混凝土、施加预应力及钢筋锚固等要求确定。预应力钢筋的净距不宜小于其公称直径的2.5倍和混凝土粗骨料最大粒径的1.25倍，且应符合下列规定：

①预应力钢丝不应小于 15 mm。

②3 股钢绞线不应小于 20 mm。

③7 股钢绞线不应小于 25 mm。

④当混凝土振捣密实性具有可靠保证时,净间距可放宽为最大粗骨料粒径的 1.0 倍。

后张法构件的预留孔道,预应力钢丝束(包括钢绞线)的预留孔道之间的水平净距不宜小于 50 mm,且不宜小于粗骨料粒径的 1.25 倍;孔道至构件边缘的净距不宜小于 30 mm,且不宜小于孔道直径的 1/2。在现浇梁中,曲线预留孔道在竖直方向的净距不应小于孔道外径,水平方向的净距不应小于 1.5 倍钢丝束的外径,且不宜小于粗骨料粒径的 1.25 倍;从孔道壁至构件边缘的净间距,梁底不宜小于 50 mm,梁侧不宜小于 40 mm,裂缝控制等级为三级的梁,梁底、梁侧分别不宜小于 60 mm 和 50 mm。预留孔道的内径宜比预应力束外径及需穿过孔道的连接器外径大 6 ~15 mm,且孔道的截面积宜为穿入预应力束截面积的 3.0 ~4.0 倍。在现浇楼板中采用扁形锚固体系时,穿过每个预留孔道的预应力筋数量宜为 3 ~5 根,在常用荷载情况下,孔道在水平方向的净间距不应超过 8 倍板厚及 1.5 m 中的较大值。板中单根无粘结预应力筋的间距不宜大于板厚的 6 倍,且不宜大于 1 m;带状束的无粘结预应力筋根数不宜多于 5 根,带状束间距不宜大于板厚的 12 倍,且不宜大于 2.4 m。梁中集束布置的无粘结预应力筋,集束的水平净间距不宜小于 50 mm,束至构件边缘的净距不宜小于 40 mm。

后张法预应力混凝土构件中曲线预应力钢筋的曲率半径不宜小于 4 m,在折线配筋的构件中,折线预应力钢筋弯折处的曲率半径可适当减少。

(2)非预应力钢筋的布置

非预应力钢筋的设置可以防止构件在制作、运输和安装阶段预拉区出现裂缝或减小裂缝宽度。预拉区纵向非预应力钢筋的直径不宜大于 14 mm,并应沿构件预拉区的外边缘均匀配置。设计中,当仅对受拉区部分钢筋施加预应力已能使构件符合抗裂和裂缝宽度要求时,则承载力计算所需的其余受拉钢筋允许采用非预应力钢筋。

(3)预拉区纵向钢筋的配筋要求

施工阶段预拉区允许出拉应力的构件,要求预拉区纵向钢筋的配筋率$\frac{A'_s+A'_p}{A}\geqslant 0.15\%$,其中 A 为构件截面面积,A'_s,A'_p为受压区纵向非预应力钢筋和预应力钢筋的截面面积,但对后张法构件不应计入 A'_p。

施工阶段预拉区不允许出现裂缝的板类构件,预拉区纵向钢筋的配筋可根据具体情况按实践经验确定。

3)构件端部的加强措施

(1)先张法构件

为防止切断预应力筋时在构件端部引起裂缝,要求对预应力钢筋端部周围的混凝土采取下列局部加强措施:

①对单根预应力钢筋(如槽形板肋的配筋),其端部宜设置长度不小于 150 mm 且不少于 4 圈的螺旋筋,如图 6.4(a)所示。当有可靠经验时,亦可利用支座垫板上插筋代替螺旋筋,此时插筋不少于 4 根,其长度不小于 120 mm,如图 6.4(b)所示。

②对分散布置的多根预应力筋,在构件端部 10 d(d 为预应力筋的公称直径)且不小于 100 mm 长度范围内,宜设置 3 ~5 片与预应力筋垂直的钢筋网片,如图 6.4(c)所示。

③对用预应力钢丝或热处理钢筋配置的预应力混凝土薄板，在板端 100 mm 范围内应适当加密横向钢筋，如图 6.4(d)所示。

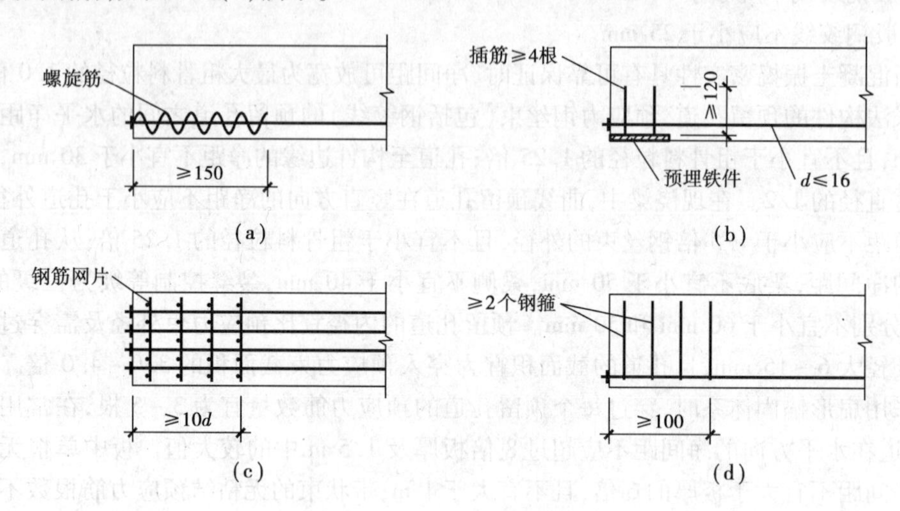

图 6.4　构件端部配筋构造要求

(a)设置螺旋筋；(b)设置插筋；(c)设置钢筋网片；(d)适当加宽横向钢筋

(2)后张法构件

①采用普通垫板时，后张法预应力混凝土构件的端部锚固区应配置间接钢筋，如图 6.5 所示，并应按局部受压承载力进行计算，其体积配筋率 ρ_v 不应小于 0.5%。

为防止孔道劈裂，在构件端部 $3e$(e 为截面重心线上部或下部预应力钢筋的合力点至邻近边缘的距离)且不大于 $1.2h$(h 为构件端部高度)的长度范围内，间接钢筋配置区以外，应在高度 $2e$ 范围内均匀布置附加箍筋或网片，其体积配筋率不应小于 0.5%。

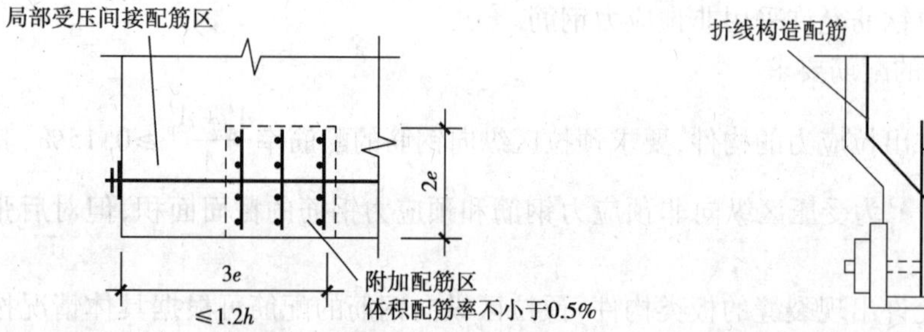

图 6.5　防止沿孔道劈裂的配筋要求

图 6.6　构件端部转折处构造配筋

②当构件端部有局部凹进时，应增设折线构造钢筋，如图 6.6 所示。

③宜在构件端部将一部分预应力钢筋在靠近支座处弯起，并使预应力钢筋沿构件端部均匀布置。如预应力钢筋在构件端部不能均匀布置，而需布置在端部截面的下部或集中布置在上部和下部时，应在构件端部 $0.2h$(h 为构件端部截面高度)范围内设置附加竖向焊接钢筋网、封闭式箍筋或其他形式的构造钢筋。其中，附加竖向钢筋的截面面积应符合《混凝土结构设计规范》(GB 50010—2010)规定。

④后张预应力混凝土外露金属锚具，应采取可靠的防腐及防火措施，并应符合下列规定：无粘结预应力筋外露锚具应采用注有足量防腐油脂的塑料帽封闭锚具端头，并应采用无收缩砂浆或细石混凝土封闭；对处于二 b、三 a、三 b 类环境条件下的无粘结预应力锚固系统，应采

用全封闭的防腐蚀体系,其封锚端及各连接部位应能承受 10 kPa 的静水压力而不得透水;采用混凝土封闭时,其强度等级宜与构件混凝土强度等级一致,且不应低于 C30;采用无收缩砂浆或混凝土封闭保护时,其锚具及预应力筋端部的保护层厚度在一类环境时不应小于 20 mm,二 a、二 b 类环境时不应小于 50 mm,三 a、三 b 类环境时不应小于 80 mm。

6.3 预应力混凝土结构计算的一般原理

·6.3.1 计算内容·

预应力混凝土构件除应进行使用阶段的承载力计算及变形、抗裂度和裂缝宽度验算外,还应按具体情况对制作、运输及吊装等施工阶段进行验算。

计算和验算时,若将预应力作为荷载考虑,则应在荷载效应组合中加入预应力效应,并按式(6.5)进行组合:

$$\gamma_0 S_d + \gamma_p S_p \tag{6.5}$$

式中 γ_0——结构构件的重要性系数,一级 1.1,二级 1.0,三级 0.9;

S_d——《建筑结构荷载规范》(GB 50009—2012)中的荷载效应组合设计值;

S_p——预应力效应,按扣除预应力损失后的预应力钢筋合力 N_p 计算;

γ_p——预应力的荷载分项系数。对承载能力极限状态,当预应力效应对结构有利时,取 1.0,不利时取 1.2,对正常使用极限状态,取 1.0。

1)预应力产生的截面应力

由预加应力产生的混凝土法向应力及相应阶段预应力钢筋的应力,可分别按式(6.6)~式(6.14)计算。

(1)预应力钢筋与混凝土的应力

①对先张法构件:

由预应力产生的混凝土法向应力:

$$\sigma_{pc} = \frac{N_{p0}}{A_0} + \frac{N_{p0} e_{p0}}{I_0} y_0 \tag{6.6}$$

相应阶段预应力钢筋的有效预应力:$\sigma_{pe} = \sigma_{con} - \sigma_l - \alpha_E \sigma_{pc}$

预应力钢筋合力点处混凝土法向应力等于零时的预应力钢筋应力:

$$\sigma_{p0} = \sigma_{con} - \sigma_l \tag{6.7}$$

②对后张法构件:

由预应力产生的混凝土法向应力:

$$\sigma_{pc} = \frac{N_p}{A_n} \pm \frac{N_p e_{pn}}{I_n} y_n + \sigma_{p2} \tag{6.8}$$

相应阶段预应力钢筋的有效预应力:

$$\sigma_{pe} = \sigma_{con} - \sigma_l \tag{6.9}$$

预应力钢筋合力点处混凝土法向应力等于零时的预应力钢筋应力:

$$\sigma_{p0} = \sigma_{con} - \sigma_l + \alpha_E \sigma_{pc} \tag{6.10}$$

式中 A_n——净截面面积，即扣除孔道、凹槽等削弱部分以外的混凝土全部截面面积，以及纵向非预应力钢筋截面面积换算成混凝土的截面面积之和；

A_0——换算截面面积，包括净截面面积以及全部纵向预应力钢筋截面面积换算成混凝土的截面面积；

I_0, I_n——换算截面惯性矩、净截面惯性矩；

e_{p0}, e_{pn}——换算截面重心、净截面重心至预应力钢筋及非预应力钢筋合力点的距离；

y_0, y_n——换算截面重心、净截面重心至计算纤维处的距离；

σ_l——相应阶段的预应力损失值，按表6.4计算；

α_E——预应力钢筋弹性模量与混凝土弹性模量的比值；

N_{p0}, N_p——先张法构件、后张法构件的预应力；

σ_{p2}——由预应力次内力引起的混凝土截面法向应力。

(2)预应力以及合力点的偏心距

①对先张法构件：

$$N_{p0} = \sigma_{p0}A_p + \sigma'_{p0}A'_p - \sigma_{l5}A_s - \sigma'_{l5}A'_s \tag{6.11}$$

$$e_{p0} = \frac{\sigma_{p0}A_p y_p - \sigma'_{p0}A'_p y'_p - \sigma_{l5}A_s y_s + \sigma'_{l5}A'_s y'_s}{\sigma_{p0}A_p + \sigma'_{p0}A'_p - \sigma_{l5}A_s - \sigma'_{l5}A'_s} \tag{6.12}$$

②对后张法构件：

$$N_p = \sigma_{pe}A_p + \sigma'_{pe}A'_p - \sigma_{l5}A_s - \sigma'_{l5}A'_s \tag{6.13}$$

$$e_{pn} = \frac{\sigma_{pe}A_p y_{pn} - \sigma'_{pe}A'_p y'_{pn} - \sigma_{l5}A_s y_{sn} + \sigma'_{l5}A'_s y'_{sn}}{\sigma_{pe}A_p + \sigma'_{pe}A'_p - \sigma_{l5}A_s - \sigma'_{l5}A'_s} \tag{6.14}$$

式中 $\sigma_{p0}, \sigma'_{p0}$——受拉区、受压区预应力钢筋合力点处混凝土法向应力等于零时的预应力钢筋应力；

$\sigma_{pe}, \sigma'_{pe}$——受拉区、受压区预应力钢筋的有效预应力；

A_p, A'_p——受拉区、受压区纵向预应力钢筋的截面面积；

A_s, A'_s——受拉区、受压区纵向非预应力钢筋的截面面积；

y_p, y'_p——受拉区、受压区预应力合力点至换算截面重心的距离；

y_s, y'_s——受拉区、受压区非预应力钢筋重心至换算截面重心的距离；

$\sigma_{l5}, \sigma'_{l5}$——受拉区、受压区预应力钢筋在各自合力点处混凝土收缩和徐变预应力损失值；

y_{pn}, y'_{pn}——受拉区、受压区预应力合力点至净截面重心的距离；

y_{sn}, y'_{sn}——受拉区、受压区非预应力钢筋重心合力点至净截面重心的距离。

当式(6.11)至式(6.14)中的 $A'_p = 0$ 时，可取式中 $\sigma'_{l5} = 0$；当计算次内力时，式(6.13)及式(6.14)中的 σ_{l5} 和 σ'_{l5} 可近似取零。

2)预应力混凝土构件的截面承载力计算

《混凝土结构设计规范》(GB 50010—2010)给出了预应力混凝土构件截面承载力的计算公式，其实质如下：

①当计算轴心受拉构件的正截面受拉承载力时，将截面面积为 A_p 的全部预应力钢筋视作强度为 f_{py} 的普通钢筋。

②当计算受弯构件、偏心受拉构件、偏心受压构件的正截面承载力时，将截面面积为 A_p 的

受拉区预应力钢筋视作强度为f_{py}的普通钢筋，将截面面积为A'_p的受压区预应力钢筋视作强度$(\sigma'_{p0}-f'_{py})$的普通钢筋。

③预加压力能提高截面的受剪承载力和受扭承载力。

3）预应力混凝土构件的正常使用极限状态

（1）裂缝控制验算

根据正常使用阶段对结构构件裂缝控制的不同要求，将裂缝的控制等级分为三级：一级为正常使用阶段严格要求不出现裂缝；二级为正常使用阶段一般要求不出现裂缝；三级为正常使用阶段允许出现裂缝，但须控制裂缝宽度。具体要求是：

①对裂缝控制等级为一级的构件，要求按荷载效应的标准组合进行计算时，构件受拉边缘混凝土不产生拉应力。即：

$$\sigma_{ck}-\sigma_{pc}\leqslant 0 \tag{6.15}$$

式中 σ_{ck}——荷载标准组合下抗裂验算边缘的混凝土法向应力；

σ_{pc}——扣除预应力损失后在抗裂验算边缘混凝土的法向应力，按式（6.6）和式（6.8）计算。

②对裂缝控制等级为二级的构件（一般要求不出现裂缝），要求按荷载标准组合计算时，构件受拉边缘混凝土拉应力不应大于混凝土抗拉强度的标准值，即：

$$\sigma_{ck}-\sigma_{pc}\leqslant f_{tk} \tag{6.16}$$

③对裂缝控制等级为三级的构件，要求按荷载效应的标准组合并考虑荷载长期作用影响计算时，裂缝宽度最大值不超过规范规定的限值。即：

$$\omega_{max}\leqslant\omega_{lim} \tag{6.17}$$

式中 ω_{max}——按荷载的标准组合并考虑荷载长期作用影响计算的最大裂缝宽度；

ω_{lim}——规范规定的最大裂缝宽度限值。

对环境类别为二a类的预应力混凝土构件，在荷载准永久组合下，受拉边缘应力尚应符合下列规定：$\sigma_{cq}-\sigma_{pc}\leqslant f_{tk}$。

式中 σ_{cq}——准永久组合下抗裂验算边缘的混凝土法向应力。

对预应力混凝土轴心受拉构件、受弯构件，纵向受拉钢筋重心一侧混凝土表面的最大裂缝宽度，仍可采用普通钢筋混凝土构件的有关公式计算，但原公式涉及的纵向受拉钢筋面积A_s应改用(A_s+A_p)，计算纵向受拉钢筋应力时，原公式中按荷载标准组合计算的轴向力N_k、弯矩M_k应分别改用(N_k-N_{p0})、$[M_k-N_{p0}(z-e_p)]$，其中N_{p0}按式（6.11）和式（6.13）计算，e_p按式（6.12）和式（6.14）计算。

（2）挠度验算

预应力混凝土受弯构件的刚度仍可采用普通钢筋混凝土构件的有关公式计算，但其中考虑荷载长期作用对挠度增大的影响系数θ应取2.0。另外，短期刚度B_s应使用《混凝土结构设计规范》（GB 50010—2010）给出的预应力混凝土受弯构件的计算公式。

由荷载标准组合下构件产生的挠度减去预应力产生的反拱，即为预应力受弯构件的挠度。对预应力混凝土受弯构件在使用阶段的反拱值计算，在《混凝土结构设计规范》（GB 50010—2010）中给出了计算方法。

4）预应力混凝土构件施工阶段验算

预应力混凝土构件在制作、运输和吊装等施工阶段，混凝土的强度和构件的受力状态与使用阶段往往不同，构件有可能由于抗裂能力不够而开裂，或者由于承载力不足而破坏。因此，除了对使用阶段进行计算和验算外，还应对施工阶段的承载力和裂缝控制进行验算。

《混凝土结构设计规范》(GB 50010—2010)规定，在预加应力、自重及施工荷载作用下(必要时应考虑动力系数)，截面边缘的混凝土法向应力应不超过一定的限值。

6.3.2 预应力混凝土轴心受拉构件计算和验算要点

1)使用阶段

(1)承载力计算

当构件受轴向拉力破坏时，由于混凝土开裂而退出工作，所以在裂缝截面处外力全部由预应力钢筋和非预应力钢筋(因运输、吊装需要，在构件中常配置非预应力钢筋)承担，当加载至构件破坏时，它们的应力分别达到各自的强度设计值($\sigma_p = f_{py}$，$\sigma_s = f_y$)，如图6.7所示。可按式(6.18)进行承载力计算：

$$N \leqslant f_{py}A_p + f_yA_s \tag{6.18}$$

式中 N——轴向拉力设计值；

f_{py}，f_y——预应力钢筋和非预应力钢筋的抗拉强度设计值；

A_p，A_s——预应力钢筋和非预应力钢筋的截面面积。

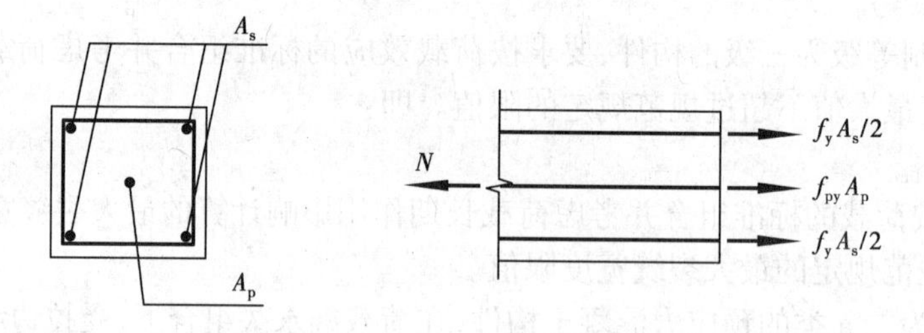

图6.7 轴心受拉构件承载力计算简图

(2)抗裂验算

①严格要求不出现裂缝的构件。

$$\sigma_{ck} - \sigma_{pc} \leqslant 0 \tag{6.19}$$

式中 σ_{ck}——荷载标准组合下抗裂验算的换算截面A_0上的混凝土法向应力，$\sigma_{ck} = N_k/A_0$；

N_k——按荷载效应标准组合计算的轴向拉力；

σ_{pc}——扣除全部预应力损失后在抗裂验算边缘混凝土的法向应力。

先张法构件：$$\sigma_{pc} = \frac{(\sigma_{con} - \sigma_l)A_p}{A_0} \tag{6.20}$$

后张法构件：$$\sigma_{pc} = \frac{(\sigma_{con} - \sigma_l)A_p}{A_n} \tag{6.21}$$

②一般要求不出现裂缝的构件。要求荷载标准组合下，构件受拉边缘混凝土拉应力不应大于混凝土的抗拉强度标准值。即：

$$\sigma_{ck} - \sigma_{pc} \leqslant f_{tk}$$

(3)裂缝宽度验算

裂缝宽度应满足：

$\omega_{max} \leqslant \omega_{lim}$

《混凝土结构设计规范》(GB 50010—2010)规定预应力混凝土轴心受拉构件的最大裂缝宽度限值 $\omega_{lim}=0.2$ mm。

按荷载标准组合并考虑荷载长期作用影响计算的最大裂缝宽度按式(6.22)计算：

$$\omega_{max}=\alpha_{cr}\psi\frac{\sigma_{sk}}{E_s}\left(1.9c+0.08\frac{d_{eq}}{\rho_{te}}\right) \tag{6.22}$$

式中 α_{cr}——构件受力特征系数，预应力混凝土构件当受弯和偏心受压时取1.5，轴心受拉时取2.2。

ψ——裂缝间纵向受拉钢筋的应变不均匀系数，当 $\psi<0.2$ 时，取 $\psi=0.2$；当 $\psi>1$ 时，取 $\psi=1.0$。对直接承受重复荷载的构件，取 $\psi=1.0$。

$$\psi=1.1-0.65\frac{f_{tk}}{\rho_{te}\sigma_{sk}} \tag{6.23}$$

σ_{sk}——按荷载标准组合计算的预应力混凝土轴心受拉构件纵向受拉钢筋的等效应力，按式(6.24)计算。

$$\sigma_{sk}=\frac{N_k-N_{p0}}{A_p+A_s} \tag{6.24}$$

N_k——按荷载效应标准组合计算的轴向拉力。

N_{p0}——混凝土法向应力等于零时的预应力钢筋合力，即：$N_{p0}=\sigma_{p0}A_p$。

d_{eq}——纵向钢筋的等效直径。

ρ_{te}——按有效受拉混凝土面积计算的纵向受拉钢筋配筋率，当 $\rho_{te}\leqslant 0.01$ 时，取 $\rho_{te}=0.01$。

$$\rho_{te}=\frac{A_s+A_p}{A_{te}} \tag{6.25}$$

A_{te}——轴心受拉构件的截面面积。

其他符号含义同前。

2)施工阶段

(1)施工阶段预压时全截面受压的轴心受压构件

对预压时全截面受压的构件，在预加力、自重以及施工荷载(必要时应考虑动力系数)作用下，其截面的混凝土法向应力应符合下列规定：

$$\sigma_{ct}\leqslant f'_{tk} \tag{6.26}$$

$$\sigma_{cc}\leqslant 0.8f'_{tk} \tag{6.27}$$

式中 σ_{cc}, σ_{ct}——相应施工阶段计算截面边缘纤维的混凝土压应力、拉应力，按式(6.28)计算：

$$\sigma_{cc}\text{或}\sigma_{ct}=\sigma_{pc}+\frac{N_k}{A_0}\pm\frac{M_k}{W_0} \tag{6.28}$$

N_k, M_k——构件自重及施工荷载的标准组合在计算截面产生的轴向力值、弯矩值；

f'_{tk}——与各施工阶段混凝土立方体抗压强度 f'_{cu} 相应的抗拉强度标准值；

W_0——验算边缘的换算截面弹性抵抗矩。

(2)后张法构件端部锚固区的局部受压验算

后张法构件中，预应力钢筋中的预压力是通过锚具传递给垫板，再由垫板传递给混凝土的。预压应力在构件的端面上是集中于垫板下的范围之内,然后在构件内逐步扩散,经过一定的扩散长度后才均匀地分布到构件的全截面上,一般取扩散长度等于构件的截面宽度。

如果预压力很大,垫板面积又较小,离开构件端部一定距离的截面虽然不会破坏,但垫板下的混凝土有可能发生局部挤压破坏。因此,应对构件端部锚固区的混凝土进行局部承压验算。为防止构件端部局部受压面积太小而在使用阶段出现裂缝,混凝土局部受压区的截面尺寸应满足要求;为防止构件端部在压力扩散区段内发生受压破坏,通常在该区段内配置方格网(不少于4片)或螺旋式间接钢筋,并进行局部受压承载力验算。

小结6

本章主要讲述了预应力混凝土构件的一般受力特征、预应力损失、预应力混凝土构件的一般构造及预应力混凝土轴心受拉构件的计算等内容。

①预应力混凝土构件的抗裂度大大高于普通钢筋混凝土构件的抗裂度,关键是它在受荷之前构件内已建立预压应力,从而使构件中不容易出现拉应力,或即使出现拉应力,也一定会远远低于普通钢筋混凝土构件,不致使构件裂缝宽度过大。

混凝土中的预压应力愈大,则构件的抗裂度愈高,预应力混凝土构件的效果也愈明显。

②引起预应力损失的因素主要有:张拉端锚具变形和钢筋内缩、预应力钢筋与管道壁的摩擦、混凝土加热养护时被张拉钢筋与承受拉力的设备之间的温差、钢筋应力松弛、混凝土收缩与徐变以及配置螺旋式预应力钢筋的环形构件中混凝土的局部挤压等。实际中,一是要设法尽量减少预应力的损失值;二是要在可能的情况下恰当地提高预应力的张拉控制应力,以提高截面内混凝土的预压应力值。

③在进行预应力轴心受拉构件的设计时,除了满足使用阶段的承载力、抗裂度或裂缝宽度的要求外,还需要对施工阶段的承载力和裂缝情况进行验算。如果一个预应力混凝土轴心受拉构件所采用的钢材品种和钢筋截面面积均与普通钢筋混凝土轴心受拉构件相同,则它们的承载力是相等的。

④普通钢筋混凝土轴心受拉构件的破坏荷载要比它的开裂荷载大数倍,而预应力混凝土轴心受拉构件的开裂荷载要比普通钢筋混凝土提高很多,所以构件的开裂荷载与它的破坏荷载相对较为接近。

⑤其他预应力混凝土受力构件的计算和构造可参见《混凝土结构设计规范》(GB 50010—2010)相关规定。

复习思考题6

6.1　何谓预应力?为什么要对构件施加预应力?

6.2　与普通钢筋混凝土构件相比,预应力混凝土构件有何优点?

6.3　对构件施加预应力是否会改变构件的承载力?

6.4　先张法和后张法各有何特点?

6.5　预应力混凝土构件对材料有何要求？为什么要求预应力混凝土构件采用强度较高的钢筋和混凝土？

6.6　何为张拉控制应力？为什么要对钢筋的张拉应力进行控制？

6.7　何谓预应力损失？有哪些因素会引起预应力损失？如何减少预应力损失？

6.8　先张法构件和后张法构件的预应力损失有何不同？

6.9　后张法构件中为什么要同时预留灌浆孔和出气孔？

6.10　预应力混凝土构件一般应进行哪些计算和验算？计算和验算时，如何考虑预应力效应？

6.11　预应力混凝土构件应考虑哪些构造要求？为什么要对构件的端部局部加强？其构造措施有哪些？

7 混凝土梁板结构

7.1 概 述

前面主要讲述了钢筋混凝土各种基本构件的计算与构造,本章将介绍由梁板等若干构件组成的整体结构的设计与构造问题。

结构设计的主要步骤:

①结构方案选择。选择结构方案主要是根据结构的概念设计,选择合理的结构材料、合理的竖向与水平承重结构体系及布置,以及结构的施工方法。

②结构分析与设计。结构分析与设计是在合理确定结构计算简图的基础上,计算结构内力及变形,并使结构满足承载力(构件截面的配筋计算)、刚度及裂缝控制等要求。

③结构构造设计。在结构分析和设计中,某些难以考虑或不能通过计算解决的问题,需要由构造设计加以解决,构造设计与结构分析和设计具有同等重要的意义。

④结构施工图绘制。施工图主要是绘制结构布置图,结构构件模板图、配筋图及结构节点图等。

1)钢筋混凝土梁板结构基本概念

钢筋混凝土梁板结构主要是由板、梁组成的水平结构体系,其竖向支承结构体系可为柱或墙体。钢筋混凝土梁板结构是工业与民用房屋楼盖、屋盖、楼梯及雨篷等广泛采用的结构形式,此外,它还应用于基础结构,如肋梁式筏片基础、桥梁结构及水工结构等。因此了解钢筋混凝土梁板结构的设计原理及构造要求具有普遍意义。

2)钢筋混凝土梁板结构分类

钢筋混凝土梁板结构按施工方法可分为现浇整体式、装配式及装配整体式结构3种。

(1)现浇整体式结构

现浇整体式结构是采用现场浇筑混凝土的方法而形成的结构,构件之间是整体、连续的,是最基本的结构形式之一。它大量应用于工业与民用建筑,尤其是高层房屋结构的楼、屋盖结构中,其最大优点是整体性好,使用机械少,施工技术简单。其缺点是模板用量较大,施工周期较长,施工时受冬季和雨季的影响。

• 现浇整体式梁板楼盖　按其组成情况主要分为单向板肋梁楼盖、双向板肋梁楼盖和无梁楼盖3种,常见的是肋梁楼盖。

• 现浇整体式梁板结构　按其四边支承板受弯情况可分为单向板和双向板。当板的长跨与短跨之比大于等于3时，板面荷载主要由短向板带承受，长向板带分配的荷载很小，可忽略不计，板面荷载主要使短跨方向受弯，而长跨方向的弯矩很小不予考虑，这种仅由短向板带承受板面荷载的四边支承板称为单向板，如图7.1所示。当板的长跨与短跨之比小于等于2时，板面荷载虽仍然主要由短向板带承受，但长向板带所分配的荷载却不能忽略不计，板面荷载使板在两个方向均受弯，且弯曲程度相差不大，这种由两个方向板带共同承受板面荷载的四边支承板称为双向板，如图7.2所示。当板的长跨与短跨之比大于2，但小于3时宜按双向板考虑，当按单向板考虑时，应沿长边方向配置足够的构造钢筋。

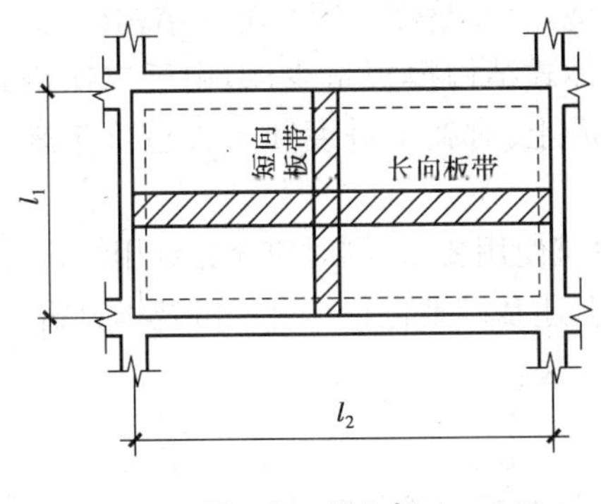

图7.1 单向板

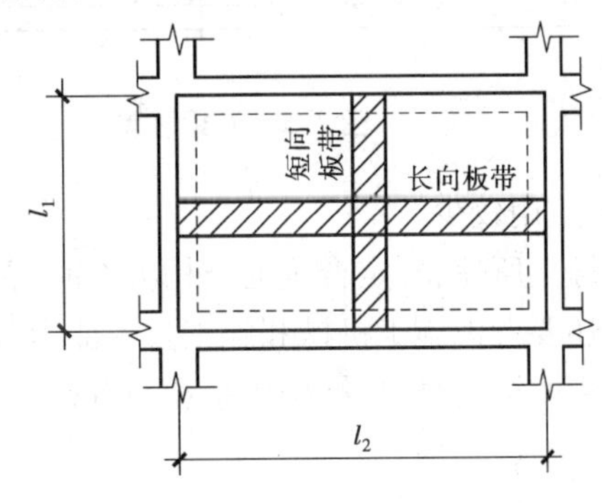

图7.2 双向板

由单向板及其支承梁组成的梁板楼盖结构称为单向板肋梁楼盖，如图7.3所示。由双向板及其支承梁组成的梁板楼盖结构称为双向板肋梁楼盖，如图7.4所示。不设肋梁，将板直接支承在柱上的楼盖称为无梁楼盖，如图7.5所示。单向板肋梁楼盖具有构造简单、计算简便、施工方便、较为经济的优点，故被广泛采用。而双向板肋梁楼盖虽无上述优点，但因梁格可做成正方形或接近正方形，两个方向的肋梁高度设置相同时（也称为双重井式楼盖），较为美观，故在公共建筑的门厅及楼盖中经常应用。无梁楼盖具有顶面平坦、净空较大等优点，但具有楼板厚、不经济等缺点，仅适用于层高受到限制且柱距较小的仓库等建筑。

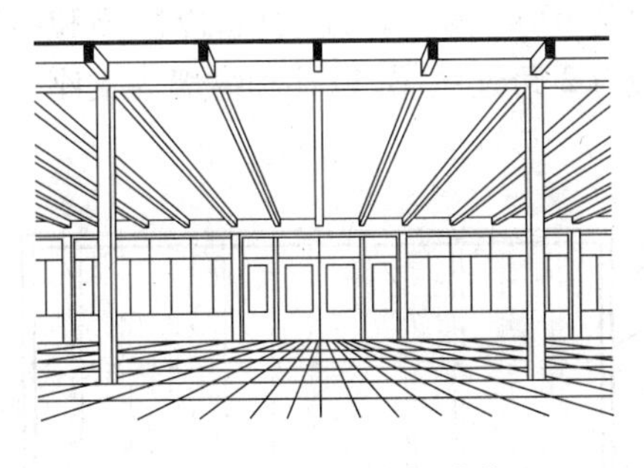

图7.3 单向板肋梁楼盖

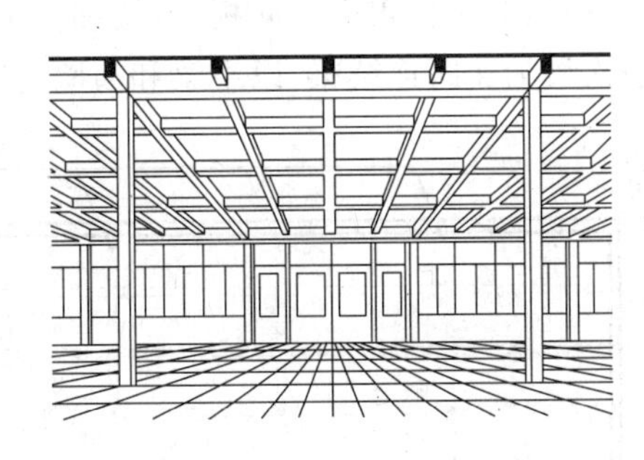

图7.4 双向板肋梁楼盖

（2）装配式结构

装配式结构一般采用现浇梁、预制板等构件，采用现场拼接方式而形成的结构，其构件绝大部分是简支梁、板，也是钢筋混凝土结构最基本的结构形式之一。它大量应用于一般工业与民用建筑的楼、屋盖结构中，其优点是构件工厂预制，模板定型化，混凝土质量容易保证，且受季节性影响较小，预制构件现场安装，施工进度快。其缺点是结构整体性差，预制构件运输及吊装时需要较大的设备。

图 7.5　无梁楼盖

(3)装配整体式结构

装配整体式结构,是在各预制构件吊装就位后,采取在板面做配筋现浇层形成的复合式楼盖,梁做二次浇筑形成叠合梁等措施使梁板连成为整体,多应用于多层及高层房屋的楼盖结构中。装配整体式结构集整体式和装配式结构的优点,其整体性较装配式结构好,又较整体式结构模板量少,但由于二次浇筑混凝土,对施工进度和工程造价带来不利影响,应用较少。

综上所述,确定合理的结构方案时,首先要满足建筑使用要求,同时应充分利用结构性能,另外还要考虑施工机械和施工技术能力等因素,并在上述基础上进行综合经济技术分析,以确定合理的结构材料、结构体系和布置以及结构的施工方法。

7.2　现浇肋形楼盖受力与计算要点

·7.2.1　*单向板肋形楼盖*·

1)结构平面布置

结构平面布置的原则是:适用、经济、整齐。例如:在礼堂、教室内不宜设柱,以免遮挡视线;而在商场、仓库内则可设柱,以减小梁的跨度,达到经济目的。

单向板肋梁楼盖由单向板、次梁和主梁组成。图 7.6(a)为 6 跨连续板,以次梁和纵墙为支座;次梁为 4 跨连续梁,以主梁和横墙为支座;主梁为 2 跨连续梁,以柱和纵墙为支座。

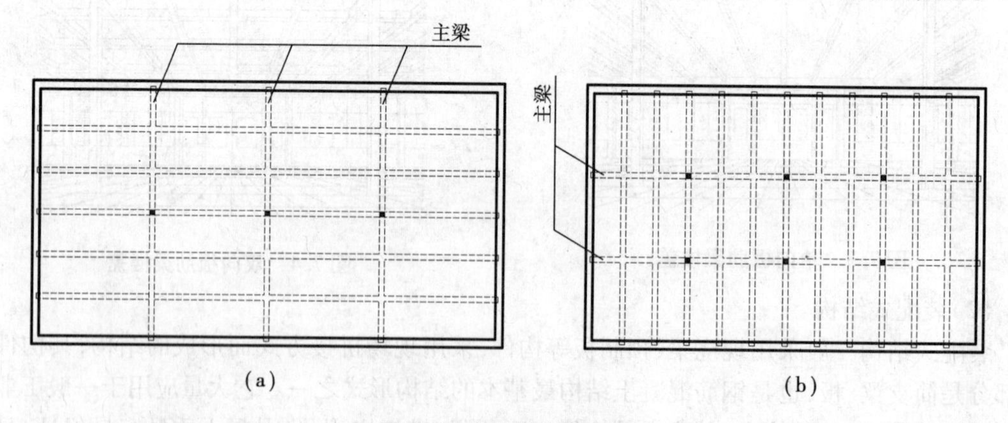

图 7.6　主梁的布置方向

(a)主梁沿房屋横向布置;(b)主梁沿房屋纵向布置

次梁的间距即为板的跨度,主梁的间距即为次梁的跨度,柱或墙在主梁方向的间距即为主梁的跨度。构件的跨度太大或太小均不经济,单向板肋梁楼盖各种构件的经济跨度为:板

1.7 ~2.7 m,次梁 4 ~6 m,主梁 5 ~8 m。

主梁的布置方向有沿房屋横向布置和沿房屋纵向布置两种,如图 7.6 所示。工程中常将主梁沿房屋横向布置,这样房屋的横向刚度容易得到保证。有时为满足某些特殊需要(如楼盖下吊有纵向设备管道)也可将主梁沿房屋纵向布置,以减小层高。

一般情况下,主梁每跨内宜布置两根次梁,这样可使主梁的弯矩图较为平缓,有利于节约钢筋。

2)结构内力计算特点

构件计算的顺序:板→次梁→主梁。计算内容包括选择计算方法、确定计算简图、计算内力值。

(1)计算方法的选择

计算方法分弹性理论计算和塑性理论计算两种。弹性理论计算是将钢筋混凝土视为弹性体,采用结构力学方法(如弯矩分配法)计算内力;塑性理论计算考虑了钢筋混凝土具有一定的塑性变形,将某些截面的内力适当降低后配筋,该法较经济,但构件容易开裂,因此不能用于下列结构:

①直接承受动力荷载的结构,如有振动设备的楼面梁板。

②对裂缝开展宽度有较高要求的结构,如卫生间和屋面的梁板。

③重要部位的结构,如主梁。

(2)确定计算简图

计算简图应反映结构的支承条件、计算跨度、计算跨数、荷载分布及其大小等情况。单向板肋形楼盖中,板、次梁和主梁均为多跨连续构件,结构内力计算时,将连续板、次梁和主梁的支座均视为铰支座。

①计算跨度和计算跨数。计算跨数不超过 5 跨时,按实际考虑;超过 5 跨,但各跨荷载相同且跨度相同或相近(误差不超过 10%)时,可按 5 跨计算,这时,除左右两端各一跨外,中间各跨的内力均认为相同,计算中将所有中间跨视为第 3 跨。

②荷载计算。单向板肋形楼盖中板、次梁和主梁荷载的传力途径为:荷载→板→次梁→主梁→柱(或墙)。作用于楼盖上的荷载有恒载和活载两种。恒载包括结构自重、构造层重(面层、粉刷等)、隔墙和永久性设备重等。活载包括使用时的人群和临时性设备等。

计算单向板时,通常取 1 m 宽的板带为计算单元,故其均布荷载的数值就等于均布面荷载的数值。次梁也承受均布线荷载,除自重和粉刷外,还有板传来的荷载,其负荷范围的宽度即为次梁间距,板传给次梁的线荷载等于板的面荷载乘以次梁的负荷范围的宽度。主梁承受次梁传来的集中力,为简化计算,主梁的自重也可分段并入次梁传来的集中力中。

(3)内力计算

• 按弹性理论计算内力

主梁必须按弹性理论计算,为了保证构件所有截面都能安全可靠地工作,必须分析出构件所有截面的最大内力(活荷载需考虑最不利布置),并按此进行配筋和采取构造措施。单向板和次梁可按塑性理论计算,活荷载不考虑最不利布置,可采用弯矩调幅法求出控制截面(一般为支座和跨中)的内力进行配筋计算,其构件承载力的可靠度低于按弹性理论计算的结果。

对等截面、等跨度连续梁板,可直接查用“内力系数表”。跨度相差在 10% 以内的不等跨连续梁板也可近似地查用该表,在计算支座弯矩时取支座左右跨度的平均值作为计算跨度。

由于连续梁板一般存在活载作用,故在内力计算时应考虑按以下活荷载的最不利位置布置:

①求某跨跨中最大正弯矩时,应在该跨布置,然后两边每隔一跨布置。

②求某支座最大负弯矩时,应在该支座左右两跨布置,然后再隔一跨布置。

③求某支座边最大剪力时,应在该支座左右两跨布置,然后再隔一跨布置。

• 按塑性理论计算内力

弹性理论计算的方法是认为结构上任一截面的内力达到该截面的承载能力极限时,整个结构即达破坏。实际上,钢筋混凝土并非完全弹性材料,当荷载较大时,构件截面上会出现较明显的塑性。另外,当连续构件上出现裂缝,特别是出现"塑性铰"后,构件各截面的内力分布会与弹性分析的结果不一致。考虑以上情况进行内力计算的方法称为"塑性理论"计算方法。

为节约钢材,并避免支座钢筋过密而造成施工困难,在设计普通楼盖的连续板和次梁时,可考虑连续梁板具有的塑性内力重分布特性,采用弯矩调幅法将某些截面的弯矩调整(一般将支座弯矩调低)后配筋。调幅时应遵守以下基本原则:

①为使结构满足正常使用条件,弯矩调低的幅度不能太大:钢筋混凝土梁支座或节点边缘截面的负弯矩调幅幅度不宜大于25%,钢筋混凝土板的负弯矩调幅幅度不宜大于20%。

②调幅后的弯矩应满足静力平衡条件:每跨两端支座负弯矩绝对值的平均值与跨中弯矩之和应不小于简支梁的跨中弯矩。

③为保证实现塑性内力重分布,塑性铰应有足够的转动能力,这就要求混凝土受压区高度小于等于 $0.35h_0$,并宜采用 HPB300 级、HRB335 级或 HRB400 级钢筋。

3)截面配筋和构造要求

(1)单向板

由于单向板主要考虑荷载沿板的短边方向传递,故短跨方向的板底受力钢筋和支座配筋(边支座除外)由计算确定,长跨方向的板底(即分布钢筋)和支座配筋按构造配置。

①受力筋的配筋方式。单向板内受力钢筋有弯起式和分离式两种配置方式,如图 7.7 所示。

• 分离式配筋　分离式配筋是将承担跨中正弯矩的钢筋全部伸入支座,而支座上承担负弯矩的钢筋另外设置,各自独立配置,如图 7.7(a)所示。分离式配筋较弯起式配筋施工简便,适用于不受振动和较薄的板中,在工程中常用。

• 弯起式配筋　弯起式配筋是将承受跨中正弯矩的一部分跨中钢筋在支座附近弯起,并伸过支座后作负弯矩钢筋使用,弯起位置如图 7.7(b)所示。弯起钢筋的弯起角度一般为30°,当板厚 $h>120$ mm 时可为45°。采用弯起式配筋时,板的整体性好且节约钢筋,但施工复杂,仅在楼面有较大振动荷载时采用。

为便于施工架立,板中支座处的负弯矩钢筋,其直径一般不小于 8 mm,且端部应做成90°弯钩,以便施工时撑在模板上。负弯矩钢筋可在距支座边缘不小于 a 的距离处截断,a 的取值如下:当 $\frac{q}{g}\leqslant 3$ 时,$a=\frac{1}{4}l_0$;当 $\frac{q}{g}>3$ 时,$a=\frac{1}{3}l_0$。其中 g,q 分别为均布恒荷载和活荷载,l_0 为单向板的计算跨度。

②分布钢筋。在板中平行于单向板的长跨方向,设置垂直于受力钢筋,位于受力钢筋内侧的钢筋称为分布钢筋。分布钢筋应配置在受力钢筋的所有转折处,并沿受力钢筋直线段均匀

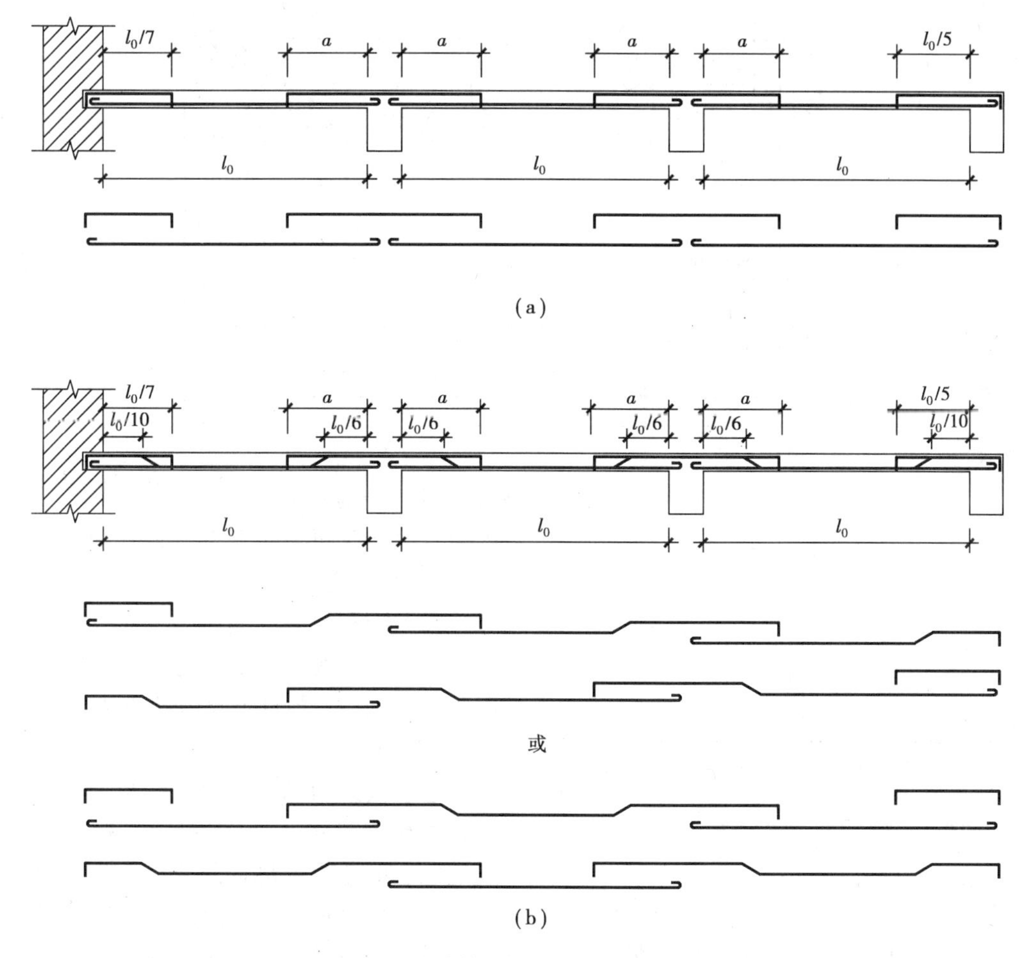

图 7.7 连续单向板受力筋的配筋方式

(a)分离式配筋;(b)弯起式配筋

布置,但在梁的范围内不必布置。分布钢筋按构造配置,其截面面积不应小于受力钢筋截面面积的 15%,且直径不小于 6 mm,间距不大于 250 mm。

③嵌入承重砌体墙内的板面构造钢筋。嵌固在承重墙内的板端,在计算时通常按简支计算,但实际上,距墙一定范围内的板受到墙的约束而存在负弯矩,因而在平行于墙面方向会产生裂缝,在板角部分产生斜向裂缝。为防止上述裂缝的出现,应在板端上部设置与板边垂直的板面构造钢筋。其配筋要求为:钢筋数量不宜少于单向板受力钢筋截面积的 1/3,且不宜少于ϕ8@200,伸出墙边的长度为 $l_0/7$,对两边嵌固在墙内的板角部分,伸出墙边的长度应增加到 $l_0/4$,l_0 为单向板的计算跨度,如图 7.8 所示。

④周边与混凝土梁或墙整浇的板面构造钢筋。现浇楼盖周边与混凝土梁或墙整浇的单向板,应设置垂直于板边的板面构造钢筋。其截面面积不宜少于单向板跨中受力钢筋截面积的 1/3,且不宜少于ϕ8@200。该钢筋自梁边或墙边伸入板内的长度,不宜小于 $l_0/4$,在板角处应双向配置或按放射状布置。

⑤垂直于主梁的板面构造钢筋。当现浇板的受力钢筋与梁平行时,应沿梁长度方向配置不少于ϕ8@200,且与梁垂直的板面构造钢筋,其单位长度内的总截面面积不宜小于板中单位宽度

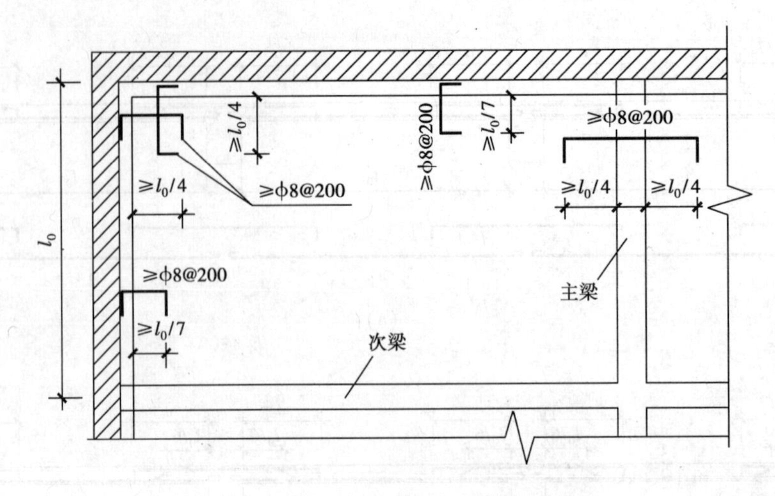

图 7.8　嵌入承重墙内的板面构造筋

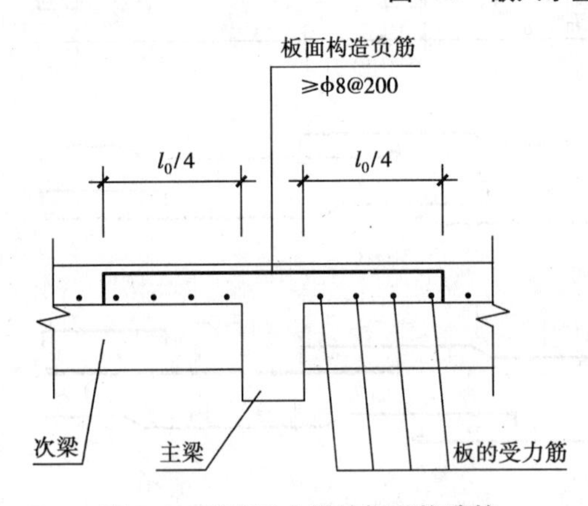

图 7.9　垂直于主梁的板面构造筋

内受力钢筋截面积的 1/3，其伸入板内的长度从梁边算起每边不宜小于 $l_0/4$，如图 7.9 所示。

(2) 次梁

次梁的一般构造要求与普通受弯构件构造要求相同，次梁伸入墙内的支承长度不应小于 240 mm。

连续次梁的纵向受力钢筋布置方式也有分离式和弯起式两种，工程中一般采用分离式配筋，可仅设置箍筋抗剪，而不设弯起钢筋。沿梁长纵向受力钢筋截断点的位置，原则上应按正截面受弯承载力确定。

但对于相邻跨度相差不大于 20%，活荷载与恒荷载比值 $q/g \leqslant 3$ 的次梁，沿梁长纵向受力钢筋可按图 7.10 布置。

次梁支座处上部纵向受力钢筋(总面积为 A_s)必须贯穿其中间支座，第一批截断的钢筋面积不得超过 $A_s/2$，延伸长度从支座边缘起不小于 $l_n/5+20d$(d 为截断钢筋的直径)；第二批截断的钢筋面积不得超过 $A_s/4$，延伸长度从支座边缘起不小于 $l_n/3$；余下的纵筋面积不小于 $A_s/4$，且不少于 2 根，可用来承担部分负弯矩并兼作架立钢筋，其伸入边支座的长度不得小于受拉钢筋的锚固长度 l_a。

下部纵筋伸入边支座和中间支座的锚固长度 l_{as} 应满足下列要求：当 $V \leqslant 0.7f_t bh_0$，$l_{as}=5d$；当 $V>0.7f_t bh_0$ 时，带肋钢筋 $l_{as} \geqslant 12d$，光圆钢筋 $l_{as} \geqslant 15d$。

连续次梁因截面上下均配置受力钢筋，所以一般均沿梁全长配置封闭式箍筋，第一根箍筋可设在距支座边缘 50 mm 处，同时在次梁端部简支支座范围内，一般宜布置两道箍筋。

(3) 主梁的构造要求

一般梁的构造要求已在第 3 章介绍过，现根据主梁特点补充如下：

①主梁伸入墙内的支承长度不应小于 370 mm。

②主梁受力钢筋的弯起和截断，应根据正截面受弯承载力确定，并通过作构件的抵抗弯矩

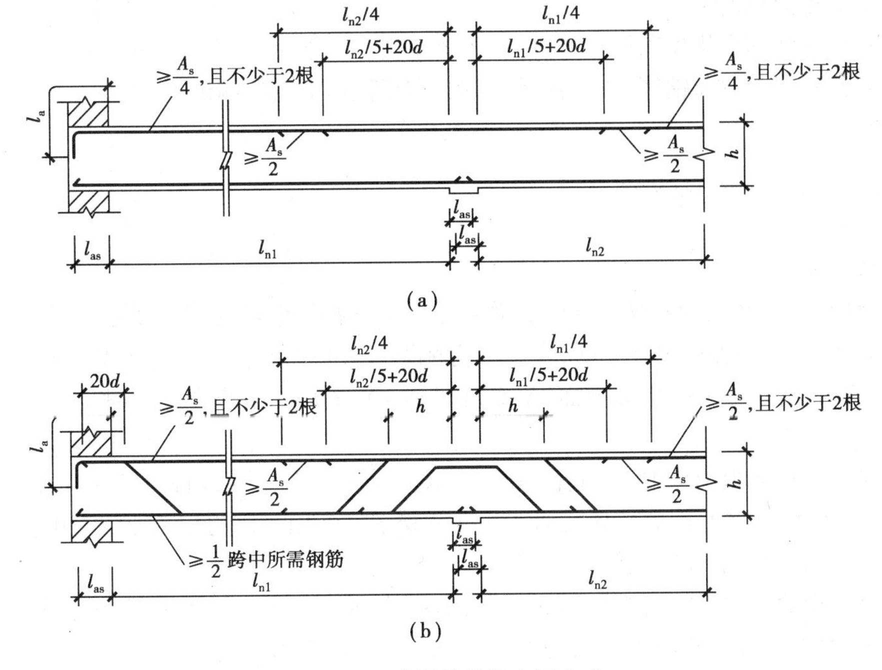

图 7.10 次梁的纵筋布置方式

(a)分离式配筋;(b)弯起式配筋

图来确定。当绘制抵抗弯矩图有困难时,也可参照次梁纵筋布置方式,但纵筋须伸出支座 $l_n/3$ 后逐渐截断。

③在次梁与主梁相交处,应设置附加横向钢筋,以承担由次梁传至主梁的集中荷载,防止主梁下部发生局部开裂破坏。附加横向钢筋有箍筋和吊筋两种形式,宜优先采用附加箍筋。当次梁两侧各设 3 道附加箍筋仍不能满足要求时,应增设吊筋。如图 7.11 所示,附加横向钢筋应在 $s=2h_1+3b$ 长度范围内,距次梁侧 50 mm 处布置,间距 50 mm,所需附加横向钢筋应通过计算确定。当按构造要求配置附加箍筋时,次梁每侧不得少于 2 ϕ6@50,如设置附加吊筋时,附加吊筋不宜少于 2 ϕ12。

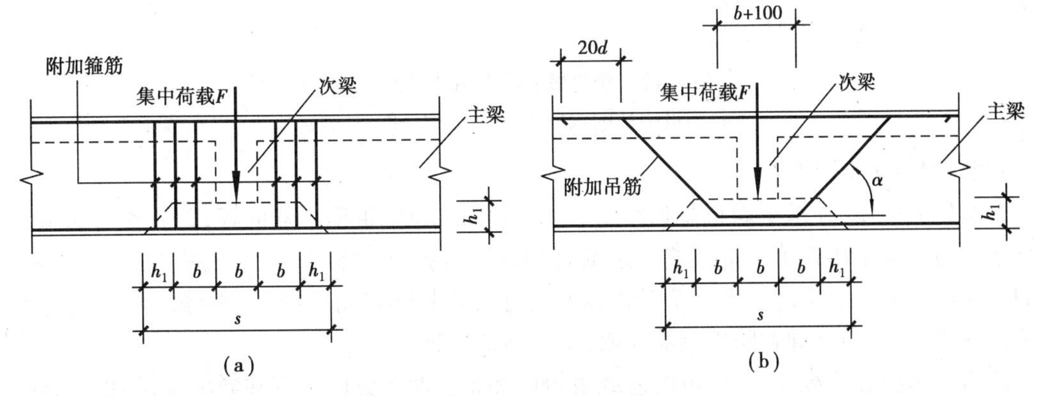

图 7.11 集中主梁的附加横向钢筋

(a)附加箍筋;(b)附加吊筋

④在主梁支座处,主梁与次梁截面的上部纵向受力钢筋相互交叉重叠,主梁的纵筋位置必

须放在次梁的纵向钢筋下面。

⑤梁的受剪钢筋宜优先采用箍筋,但当主梁承受剪力很大,仅用箍筋则间距太小时,也可在近支座处设置部分弯起钢筋,弯起钢筋不宜放在梁截面宽度的两侧,且不宜使用粗直径的钢筋作为弯起钢筋。

·7.2.2 双向板肋形楼盖·

1)结构平面布置

现浇双向板肋梁楼盖中,双向板支承梁可分为主、次梁,也可为双向梁系。如果两个方向梁为双向梁系,并且梁截面尺寸相同,则该结构称为双重井式楼盖。双重井式楼盖结构平面一般为正方形或接近正方形的矩形平面,梁跨度可达 10～30 m,梁跨度较大时也可采用预应力混凝土结构。

整体式双向板梁板结构中,一般梁、板均为双向受力状态,其结构具有良好的刚度和工作性能,可跨越较大的空间,因此整体式双向板肋梁楼盖通常用于民用和工业建筑中柱网较大的大厅、商场和车间的楼盖和屋盖等。

现浇双向板肋梁楼盖的结构平面布置如图 7.12 所示。当空间不大且接近正方形时(如门厅),可不设中柱,双向板的支承梁为两个方向均支承在边墙(或柱)上,且截面相同的井式梁,如图 7.12(a)所示;当空间较大时,宜设中柱,双向板的纵、横向支承梁分别支承在中柱和边墙(或柱或连续梁)上,如图 7.12(b)所示。

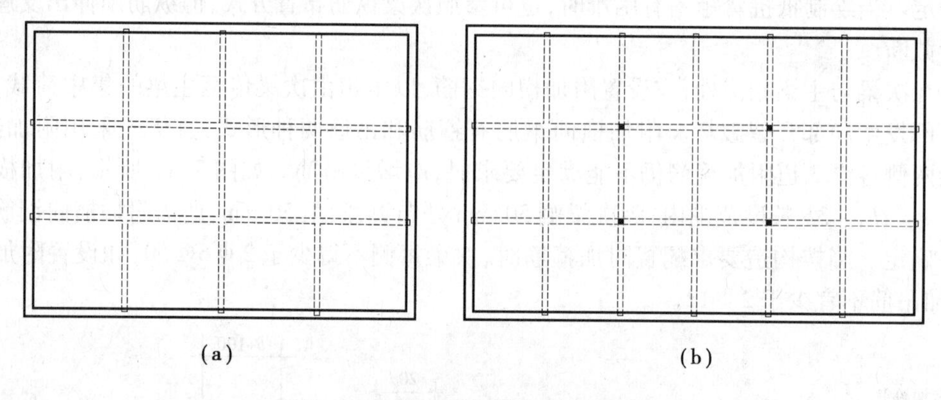

图 7.12　双向板肋梁楼盖的结构布置

(a)不设中柱的双向板;(b)设中柱的双向板

2)双向板的受力特点

试验研究表明,在承受均布荷载作用下的四边简支钢筋混凝土双向板,首先在板底中部且平行于长边方向上出现第一批裂缝并逐渐延伸,然后沿大约 45°向四角扩展,在接近破坏时,板的顶面四角附近也出现了垂直于对角线方向且大体呈环状的裂缝,该裂缝的出现促使板底裂缝进一步开展,最终导致跨中钢筋屈服,整个板即告破坏。

四边支承板在荷载作用下,板的荷载由短向和长向两个方向板带共同承受,各板带分配的荷载值与板的长跨与短跨之比有关,该比值接近时,两个方向板带的弯矩值较为接近,随着该比值增大,短向板带弯矩值逐渐增大,长向板带弯矩值逐渐减小。因此,双向板需要在两个方向同时配置受力钢筋,在配筋率相同时,采用细而密的配筋比采用粗而疏的配筋有利。

3)双向板的构造要求

双向板的厚度一般不小于80 mm,且不大于160 mm。同时,为满足刚度要求,简支板应不小于$l/45$,连续板不小于$l/50$,其中l为双向板的短向计算跨度。

双向板的受力钢筋应沿板的纵、横两个方向设置,短向筋承受的弯矩较大,应放置在沿长向受力钢筋的外侧。配筋方式有弯起式与分离式两种,工程中常采用分离式配筋。

支座负弯矩钢筋一般伸出支座边$l_1/4$。当边支座视为简支计算,但实际上受到边梁或墙约束时,应配置支座构造负筋,其数量应不少于1/3受力钢筋和ϕ8@200,伸出支座边$l_1/4$,l_1为短向跨度。

4)双向板支承梁的构造要求

连续梁的截面尺寸和配筋方式一般参照单向板肋梁楼盖。

对于井式楼盖,其井式梁的截面高度可取为$(1/12\sim1/18)l$,l为短向梁的跨度。纵筋通长布置。考虑到活荷载仅作用在某一梁上时,该梁在节点附近可能出现负弯矩,故上部纵筋数量不宜小于$A_s/4$,且不少于2ϕ12。在节点处,纵、横梁均宜设置附加箍筋,防止活荷载仅作用在某一方向的梁上时,对另一方向的梁产生间接加载作用。

7.3 装配式楼盖布置与连接要求

·7.3.1 结构布置方案·

装配式楼盖是钢筋混凝土结构最基本的形式之一,装配式楼盖的形式有铺板式、无梁式、密肋式,常见的是预制板铺设在砖墙或梁上的铺板式楼盖。

装配式楼盖的结构布置方案应力求布置合理、受力明确、技术经济合理,在满足建筑功能要求的同时,具有较好的整体刚度和稳定性,并注意便于施工。按板的布置方式和荷载传递路线,装配式楼盖的结构布置大致可分为以下几种方案。

1)纵墙承重体系

图7.13为某单层厂房,屋盖采用大型屋面板和预制钢筋混凝土大梁。这类房屋屋盖荷载大部分由纵墙承受,横墙和山墙仅承受自重及一小部分楼屋盖荷载。由于主要承重墙沿房屋纵向布置,因此称为纵墙承重体系。其荷载的主要传递途径为:

楼(屋)盖荷载→板→横向梁→纵墙→基础→地基

2)横墙承重体系

图7.14为某集体宿舍平面的一部分,楼(屋)盖采用钢筋混凝土预制板,支承在横墙上。外纵墙仅承受自重,内纵墙承受自重和走道板的荷载。楼(屋)盖荷载主要由横墙承受,属横墙承重体系。横墙承重体系的荷载传递途径为:

楼(屋)盖荷载→板→横墙→基础→地基

3)纵横墙承重体系

图7.15为某教学楼平面的一部分,楼(屋)盖荷载一部分由纵墙承受,另一部分由横墙承

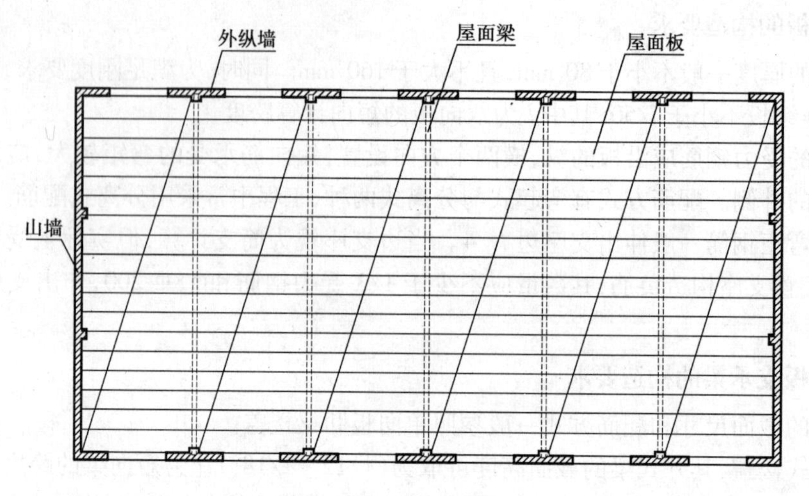

图 7.13　纵墙承重体系

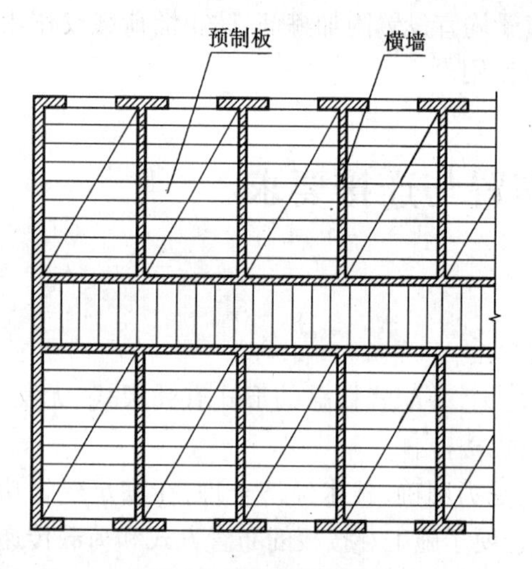

图 7.14　横墙承重体系

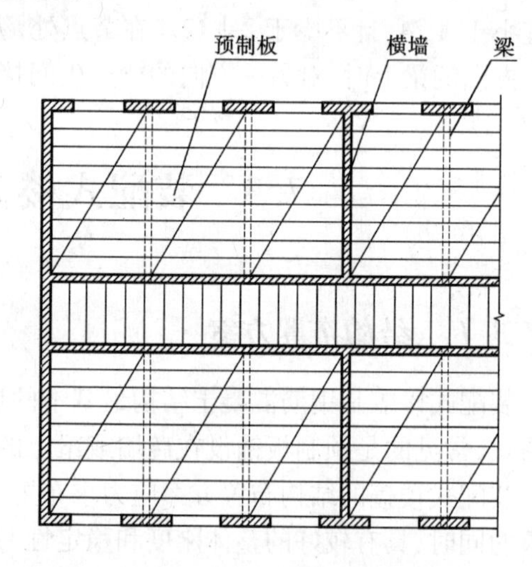

图 7.15　纵横墙承重体系

受，形成纵、横墙共同承重体系。荷载的传递途径为：

（屋）盖荷载→板→梁→纵墙→基础→地基
↓
横墙→基础→地基

·7.3.2　装配式楼盖的构件和连接·

1）装配式楼盖的构件

（1）板

目前采用的预应力板或非预应力板，其长度均与房屋的进深与开间相配合，宽度则依吊装、运输条件确定。各地区都有通用定型构件，由预制构件厂供应。其类型有实心板、空心板、槽板、T 形板等，如图 7.16 所示。

- 实心板　常用作走廊板、地沟盖板等，跨度一般在 2 400 mm 以内，宽度为 300 ~ 600 mm，厚度为 60 ~ 100 mm。

• 圆孔空心板　在民用建筑中最为常用，它刚度大，隔声、隔热效果好，节省材料，自重轻，但板面不能随意开洞。我国大部分省、市、自治区均有空心板定型图，一般可分为普通钢筋混凝土空心板和预应力空心板，目前常用的是预应力混凝土空心板。按板的跨度可分为短向板（跨度1.8～4.2 m）和长向板（跨度4.5～6.9 m），板宽常用0.5，0.6，0.9，1.2 m等，板厚常用120，130，180和190 mm等。

• 槽形板　槽形板有正槽板（肋向下）及反槽板（肋向上）两种。正槽板受力合理，但不能形成平整的天棚，一般用于对顶棚要求不高的建筑和楼面结构，在工业厂房中应用较为广泛；反槽板受力性能差，但能提供平整的天棚，槽内铺以保温材料还可保温、隔热、隔声。槽形板常用跨度为2.4～6.0 m，常用的板宽有0.9，1.2，1.5 m等。

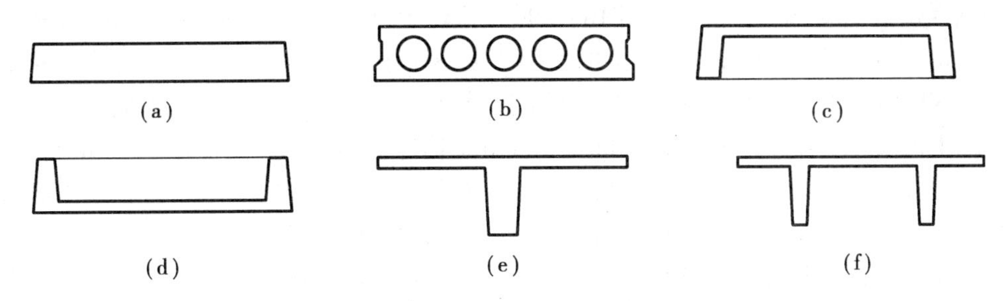

图7.16　预制板的截面形式

(a)实心板；(b)空心板；(c)正槽板；(d)反槽板；(e)单T形板；(f)双T形板

• T形板　T形板有单T形板和双T形板，有预应力和非预应力板。单T形板具有受力性能好、制作简便、布置灵活、开洞自由、能跨越较大空间等特点，是通用性很强的构件；双T形板的宽度和跨度在预制时可根据需要加以调整，并且整体刚度比单T形板好，承载力大，但自重较大，对吊装有较高要求。单T形板和双T形板均编有定型图，常用跨度为6～12 m，肋高300～500 mm，板宽1 500～2 100 mm。

(2)梁

楼盖梁可分为预制和现浇两种，常用的是现浇楼盖梁。装配式铺板楼盖梁的截面形式有矩形、T形、倒T形、十字形、花篮形等，预制楼盖梁截面如图7.17所示。

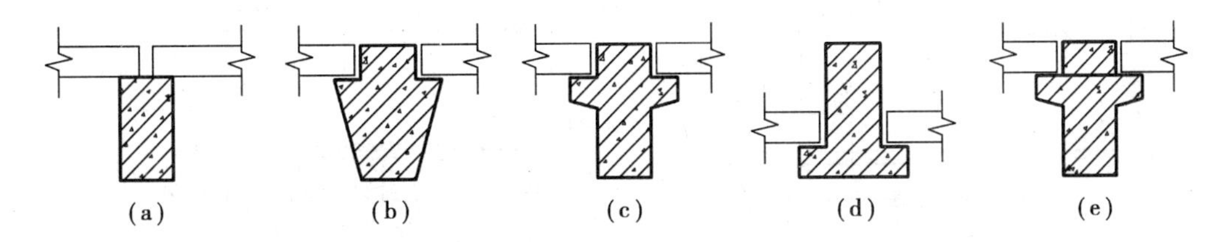

图7.17　常用装配式楼面梁的截面形式

(a)矩形；(b)花篮形；(c)十字形；(d)倒T形；(e)十字形叠合梁

矩形梁外形简单、施工方便，应用十分广泛。当梁高较大时，为增加房屋的净空高度可采用T形梁、花篮梁或十字形梁。

2)装配式楼盖连接构造

装配式楼盖不仅要求各预制构件具有足够的刚度和承载力，同时还要求各构件之间有紧密和可靠的连接。为了加强结构的整体性和稳定性，保证各个预制构件之间以及楼盖与其他承重构件之间的共同工作,必须妥善处理好构件之间的连接构造问题。

(1)板与板的连接

在荷载作用下,预制板间将产生上下错动,为了加强整体性,增加楼屋盖的刚度和避免板缝漏水,使楼板共同工作,预制板间的缝隙应用不低于 C20 的细石混凝土灌注密实。为增强预制板边的咬合力,预制板边应为双齿边或半圆槽边。常规的板缝宽度不应小于 20 mm,地震区的板缝宽度不小于 40 mm(短向板)和 60 mm(长向板)。当楼面有振动荷载或有抗震设防要求时,宜在板缝内设置拉结钢筋,必要时采用 C20 的细石混凝土在预制板上设置厚度为 40~50 mm 的整浇层,内配双向钢筋网片。

(2)板与墙、梁的连接

预制板搁置于墙、梁上时,应采用 10~20 mm 厚,不低于 M5 的水泥砂浆坐浆、找平。预制板用于无抗震设防的结构时,在砖墙上的支承长度不小于 100 mm,在混凝土构件上的支承长度不小于 80 mm;预制板用于有抗震设防的结构时,在外砖墙上的支承长度不应小于 120 mm,在内砖墙上的支承长度不应小于 100 mm,在混凝土构件上的支承长度不小于 80 mm。

当楼面板跨度较大或有抗震设防要求时,应在板的支座上部板缝中,设置拉结钢筋与墙或梁连接,拉结钢筋直径不小于 8 mm,其伸过支座每侧的长度不宜小于 500 mm,此时板缝宽度不宜小于 40 mm,并用不低于 C20 微膨胀细石混凝土灌缝。如图 7.18 所示。

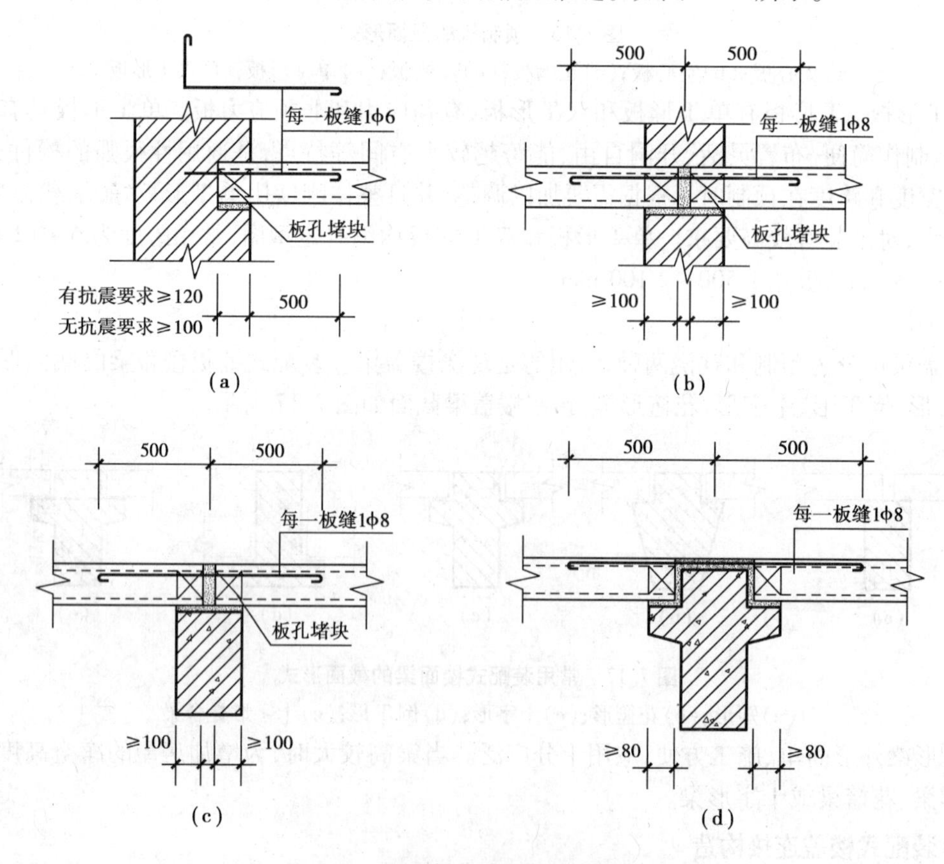

图 7.18　预制板与墙及梁的连接构造

(a)板与端墙连接;(b)板与内墙连接;(c)板与矩形梁连接;(d)板与十字形梁连接

当采用空心板时，板端孔洞须用混凝土块或砖块堵塞密实，以防止端部被压碎。

(3)梁与墙体的连接

梁在砖墙和砖柱上的支承长度不应小于 240 mm，有抗震设防要求时，预制梁梁端必须与砖墙锚固；当为清水墙面且梁高小于 500 mm 时，支承长度不小于 180 mm；在钢筋混凝土柱或其他混凝土构件上的支承长度应不小于 180 mm。

对砖砌体，当梁跨大于 4.8 m(对砌块和料石砌体，当梁跨大于 4.2 m)时，梁端墙体中应设置垫块或垫梁，梁端垫块应满足规范要求。

(4)板间空隙的处理

由于空心板的侧边不宜压入墙内，装配式铺板楼盖布置排板时，垂直于板跨方向的内墙净距往往不是所选板宽的整数倍，所以会有一定的板间空隙，当板间空隙较小时，可采用调整板缝宽度处理；板间空隙较大时，应采用浇筑混凝土板带处理。

7.4 混凝土楼梯的类型与构造

在多层房屋中，楼梯是各楼层间的主要垂直交通设施。由于钢筋混凝土具有坚固、耐久、耐火等优点，故钢筋混凝土楼梯在多层建筑中得到广泛应用。

钢筋混凝土楼梯有现浇整体式和预制装配式两类，但预制装配式楼梯整体性较差，应用较少。在现浇整体式楼梯中，有平面受力体系的普通楼梯和空间受力体系的螺旋式或剪刀式楼梯。以下仅介绍在工程中大量采用的平面受力体系的普通楼梯。

现浇钢筋混凝土普通楼梯又分为梁式楼梯和板式楼梯两种。梁式楼梯在大跨度(如水平投影大于 4 m)时较经济，但构造复杂、外观笨重，在工程中较少采用；板式楼梯虽在大跨度时不经济，但因构造简单、外观轻巧，在工程中得到广泛应用。

· 7.4.1 现浇板式楼梯 ·

板式楼梯有普通板式和折板式两种形式，如图 7.19 所示。

1)普通板式楼梯

(1)结构组成和荷载传递

普通板式楼梯由梯段板、平台板和平台梁组成。普通板式楼梯的梯段板为表面带有三角形踏步的斜板。梯段板上的荷载以均布荷载的形式传给斜板，斜板以均布荷载的形式传给平台梁，故平台梁上不存在集中荷载。

(2)结构设计要点

①梯段板厚度可取为 $l_0/(25 \sim 30)$，l_0 为斜板的水平计算跨度，一般可取为 100 ~ 120 mm。

②梯段板可简化为两端支承在平台梁上的简支斜板来计算，梯段板的跨中最大弯矩按其水平投影跨度和按单位水平投影长度线荷载计算，梯段板的跨中弯矩可取为 $M_{max} = (g+q)l_0^2/8$。

③受力筋可采用分离式(图 7.20)，支座应设置构造负筋，伸进斜板 $l_n/4$(l_n 为斜板的净跨)。

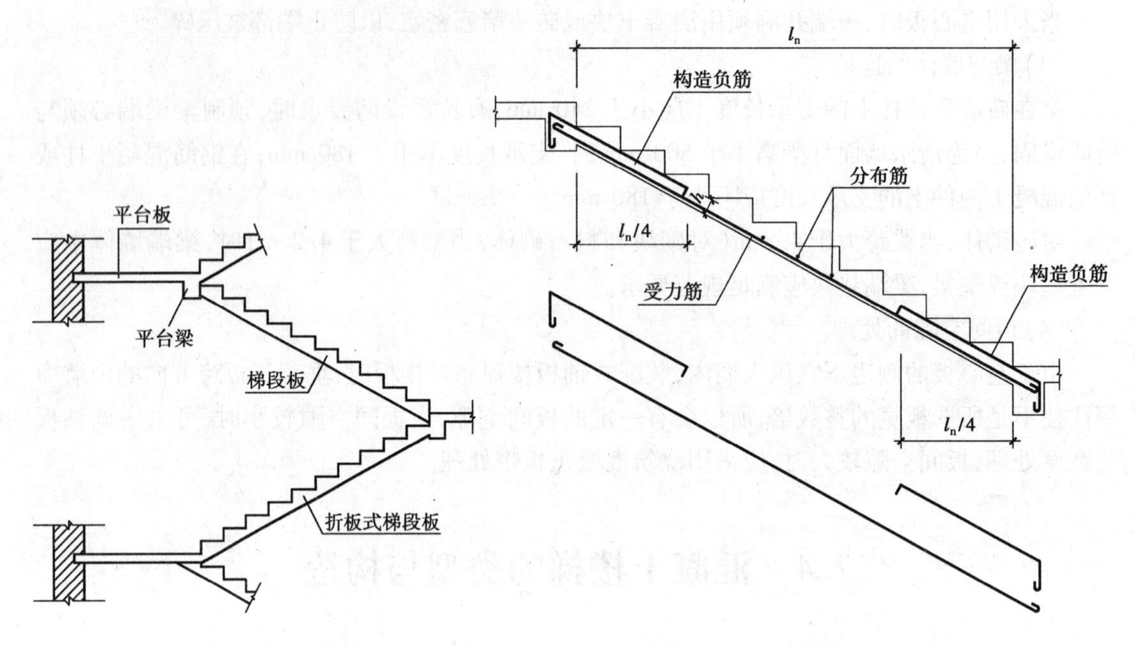

图 7.19 板式楼梯　　　图 7.20 板式楼梯分离式配筋

④梯段板中的分布筋应沿梯段长度方向设置在受力筋内侧，至少应在每个踏步下设置 1 根。

平台板一般为单向板，可取 1 m 宽板带作为计算单元，按简支板计算。当板的一边与平台梁相连，另一边支承在墙上时，板的跨中弯矩应按 $M_{max}=(g+q)l_0^2/8$ 计算；当两端与梁整浇时，考虑梁对板的约束，板的跨中弯矩可取为 $M_{max}=(g+q)l_0^2/10$。当为双向板时，则可按四边简支双向板计算。因板的四周受到梁或墙的约束，故应配不少于ϕ8@200 构造负筋，伸出支座边 $l_n/4$。

平台梁承受平台板和梯段斜板传来的均布荷载，按简支梁计算，其计算和构造与一般受弯构件相同。

2）折板式楼梯

当板式楼梯设置平台梁有困难时，可取消平台梁，做成折板式，如图 7.21 所示。折板由斜板和水平板组成，两端支承于楼盖梁或楼梯间纵墙上，故而跨度较大。折板式楼梯的设计要点如下：

①斜板和平板厚度可取为 $l_0/(25\sim30)$。

②因板较厚，楼盖梁对板的相对约束较小，折板可视为两端简支。

③折板水平段的均布恒载小于其斜段的均布恒载 g，为简化起见，也可近似取为斜段的均布恒载 g，折板的弯矩可取为 $M_{max}=(g+q)l_0^2/8$。

④内折角处的受拉钢筋必须断开后分别锚固，当内折角与支座边的距离小于 $l_n/4$ 时，内折角处的板面应设构造负筋，伸出支座边 $l_n/4$。

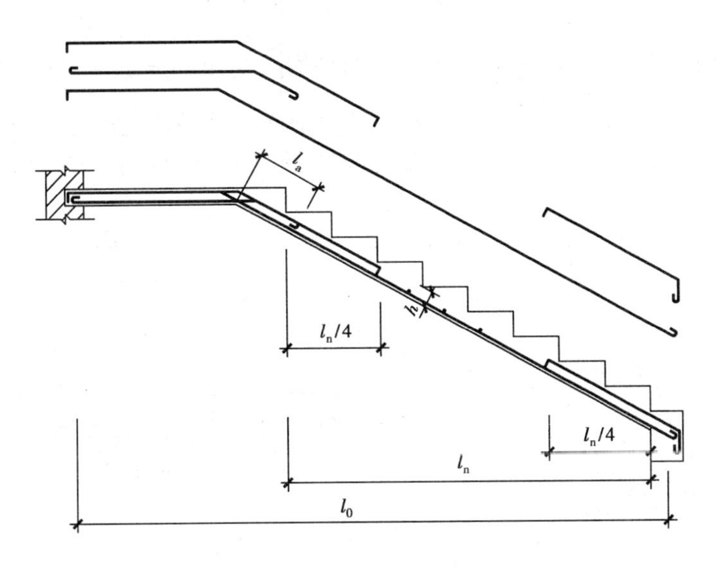

图 7.21　折板式楼梯配筋

· 7.4.2　现浇梁式楼梯 ·

1)结构组成和荷载传递

现浇梁式楼梯由踏步板、斜梁、平台板和平台梁组成,如图 7.22 所示。

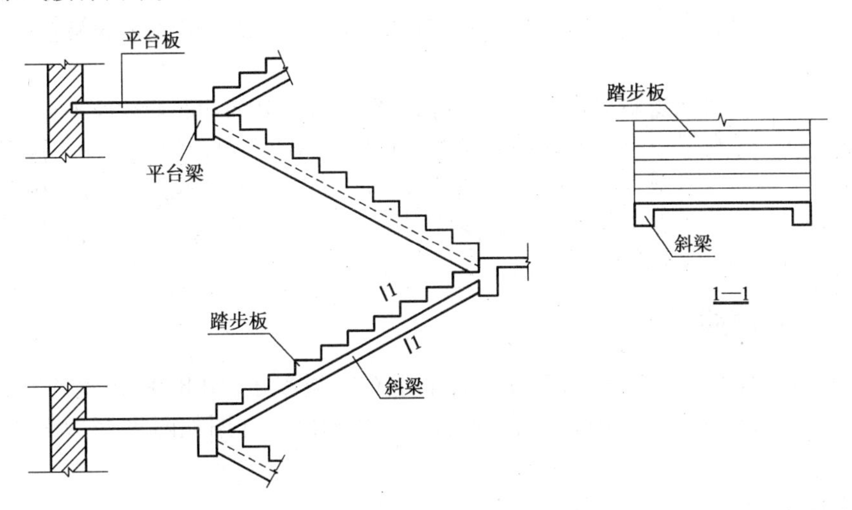

图 7.22　梁式楼梯

梯段上的荷载以均布荷载的形式传递给踏步板,踏步板以均布荷载的形式传给斜梁,斜梁以集中力的形式传给平台梁,同时平台板以均布荷载的形式传给平台梁,最后梁以集中力的形式传给楼梯间的侧墙或柱。

2)结构设计要点

(1)踏步板

梁式楼梯的踏步板为两端斜支在斜梁上的单向板,一般取一个踏步为计算单元(图 7.23),按简支计算。踏步的高度 c 由构造设计确定,踏步板厚 δ 一般取 30 ~ 40 mm。由图可知,踏步板的截面为比较特殊的梯形截面,为方便计算,可简化为高度为梯形中位线的折算矩形截面进行计算，折算高度近似地取梯形截面的平均高度，即 $h=\frac{c}{2}+\frac{\delta}{\cos\alpha}$。踏步板的配筋需按计算确定，且每一级踏步不得少于 2 ϕ 8 的受力钢筋。沿梯段宽度方向应布置间距不大于 250 mm 的ϕ6 分布钢筋。梁式楼梯的踏步板同时应配置负弯矩钢筋，并伸出斜梁边 $l_n/4$（l_n为踏步板净跨度）。

考虑到斜梁对踏步板的约束，可取 $M=(g+q)l_0^2/10$，l_0 为踏步板的计算跨度。

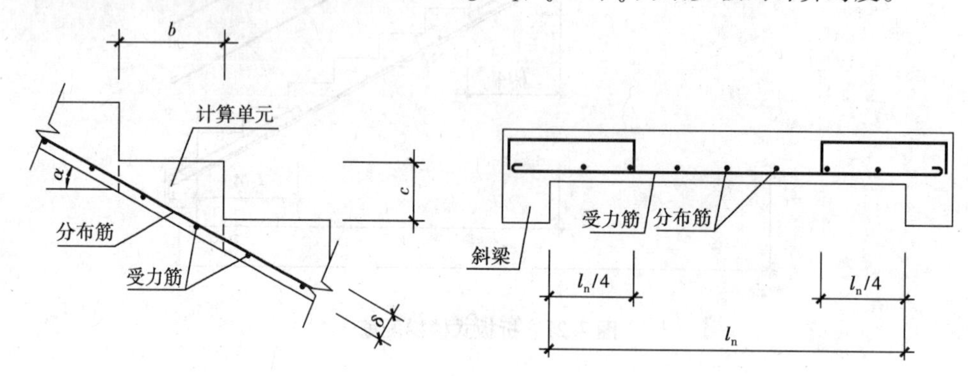

图 7.23　梁式楼梯踏步板

(2)斜梁

梁式楼梯的斜梁两端支承在平台梁上，斜梁的跨中最大弯矩及支座最大剪力按其水平投影跨度 l_0 和按单位水平投影长度线荷载计算，斜梁的截面高度可取 $l_0/15$，梁的均布荷载包括踏步传来的荷载和梁自重。应注意：斜梁的纵向受力钢筋在平台梁中应有足够的锚固长度。

(3)平台梁

梁式楼梯的平台梁承受斜梁传来的集中荷载、平台板传来的均布荷载及平台梁自重，可按简支矩形梁计算。平台梁虽有平台板协同工作，但仍宜按矩形截面计算，且宜将配筋适当增加以抗扭。此外平台梁受有斜梁的集中荷载，所以在位于斜梁支座两侧处，应增设附加箍筋。

平台梁的截面高度应保证斜梁的主筋能放在平台梁的主筋上，即在平台梁与斜梁的相交处，平台梁的底面应低于斜梁的底面，或与平台梁平齐。

·7.4.3　板式楼梯设计实例·

某教学楼楼梯结构布置如图 7.24 所示，采用 C20 混凝土，HPB300 级钢筋，踏步面层为 20 mm厚水泥砂浆，板底为 20 mm 厚混合砂浆抹灰，楼梯踏步详图如图 7.25 所示。试设计此板式楼梯。

1)梯段斜板 TB-1

该板的倾斜角度为：　$\alpha=\arctan\frac{150}{280}=28.18°$　　$\cos\alpha=0.881$

(1)计算跨度和板厚

计算跨度：$l_0=l_n+a=2.8\ \text{m}+0.2\ \text{m}=3.0\ \text{m}$

板厚：　$h=\frac{l_0}{30}=\frac{3\ 000\ \text{mm}}{30}=100\ \text{mm}$

(2)荷载计算

取 1 m 宽为计算单元。

①恒载：

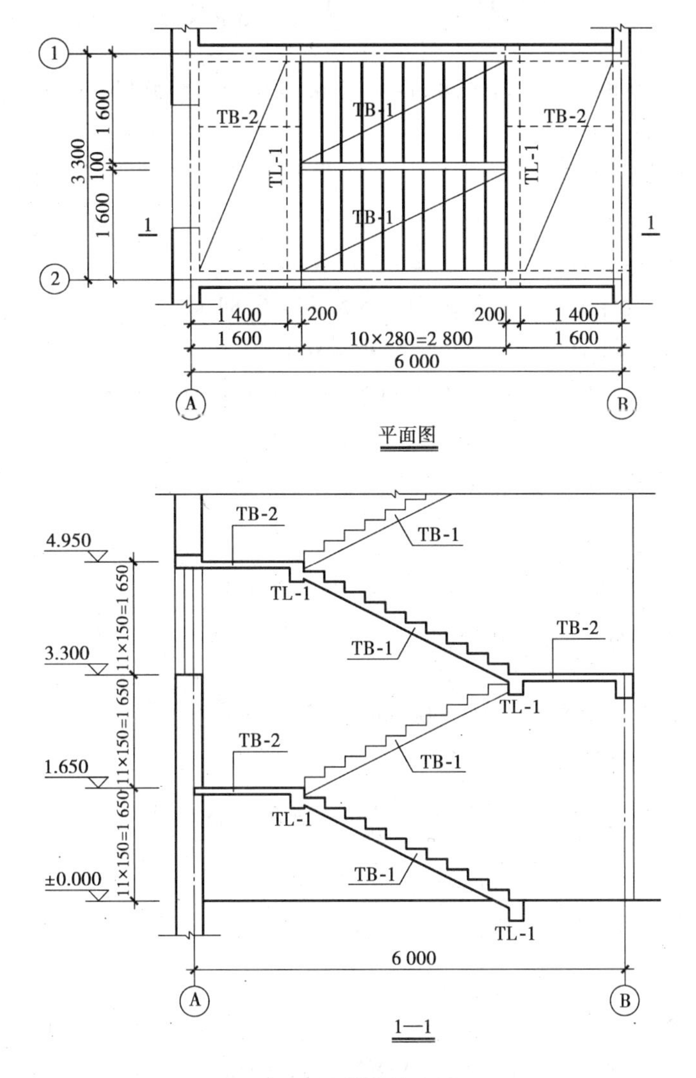

图 7.24　楼梯结构布置图

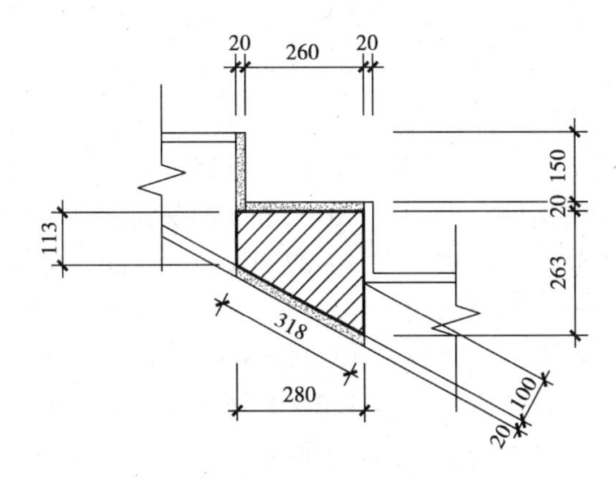

图 7.25　楼梯踏步详图

三角形踏步自重 $\frac{0.113\ \text{m}+0.263\ \text{m}}{2}\times 0.28\ \text{m}\times 25\ \text{kN/m}^2\times\frac{1}{0.28\ \text{m}}=4.700\ \text{kN/m}$

20 mm 厚水泥砂浆面层 $(0.28\ \text{m}+0.15\ \text{m})\times 0.02\ \text{m}\times 20\ \text{kN/m}^2\times\frac{1}{0.28\ \text{m}}=0.614\ \text{kN/m}$

20 mm 厚混合砂浆板底抹灰 $0.318\ \text{m}\times 0.02\ \text{m}\times 17\ \text{kN/m}^2\times\frac{1}{0.28\ \text{m}}=0.386\ \text{kN/m}$

标准值 $g_k=5.70\ \text{kN/m}$

设计值 $g=1.2\times 5.70=6.84\ \text{kN/m}$

②活荷载: 标准值 $q_k=3.50\ \text{kN/m}$

设计值 $q=1.4\times 3.5=4.9\ \text{kN/m}$

(3)内力计算

$$M=\frac{1}{8}(g+q)l_0^2=\frac{1}{8}\times(6.84\ \text{kN/m}+4.9\ \text{kN/m})\times(3\ \text{m})^2=13.21\ \text{kN}\cdot\text{m}$$

(4)配筋计算

$h_0=100\ \text{mm}-25\ \text{mm}=75\ \text{mm}$ $\alpha_1 f_c=9.6\ \text{N/mm}^2$

HPB300 级钢筋,$f_y=270\ \text{N/mm}^2$

$$\alpha_s=\frac{M}{\alpha_1 f_c b h_0^2}=\frac{13.21\times 10^6\ \text{N}\cdot\text{mm}}{9.6\ \text{N/mm}^2\times 1\,000\ \text{mm}\times(75\ \text{mm})^2}=0.245$$

查表得 $\gamma_s=0.857$

$$A_s=\frac{M}{f_y\gamma_s h_0}=\frac{13.21\times 10^6\ \text{N}\cdot\text{mm}}{270\ \text{N/mm}^2\times 0.857\times 75\ \text{mm}}=761\ \text{mm}^2$$

选用Φ10@100($A_s=785\ \text{mm}^2$)

2)平台板 TB-2

(1)计算跨度和板厚

板厚:$h=80$ mm

计算跨度:$l_0=l_n+\frac{a}{2}=1.28\ \text{m}+\frac{0.08\ \text{m}}{2}=1.32\ \text{m}$

(2)荷载计算

取 1 m 宽为计算单元。

①恒载:

80 mm 厚平台现浇板 $0.08\ \text{m}\times 25\ \text{kN/m}^2=2.00\ \text{kN/m}$

20 mm 厚水泥砂浆面层 $0.02\ \text{m}\times 20\ \text{kN/m}^2=0.40\ \text{kN/m}$

20 mm 厚混合砂浆板底抹灰 $0.02\ \text{m}\times 17\ \text{kN/m}^2=0.34\ \text{kN/m}$

标准值 $g_k=2.74\ \text{kN/m}$

设计值 $g=1.2\times 2.74=3.29\ \text{kN/m}$

②活荷载: 标准值 $q_k=3.50\ \text{kN/m}$

设计值 $q=1.4\times 3.5=4.9\ \text{kN/m}$

(3)内力计算

$$M=\frac{1}{8}(g+q)l_0^2=\frac{1}{8}\times(3.29\ \text{kN/m}+4.9\ \text{kN/m})\times(1.32\ \text{m})^2=1.78\ \text{kN}\cdot\text{m}$$

(4)配筋计算

$h_0=(80-25)\text{mm}=55\ \text{mm}$

$\alpha_1 f_c=9.6\ \text{N/mm}^2$

HPB300 级钢筋，$f_y=270\ \text{N/mm}^2$

$$\alpha_s=\frac{M}{\alpha_1 f_c bh_0^2}=\frac{1.78\times10^6\text{N}\cdot\text{mm}}{9.6\ \text{N/mm}^2\times1\ 000\ \text{mm}\times(55\ \text{mm})^2}=0.061$$

查表得 $\gamma_s=0.969$

$$A_s=\frac{M}{f_y\gamma_s h_0}=\frac{1.78\times10^6\ \text{N}\cdot\text{mm}}{270\ \text{N/mm}^2\times0.969\times55\ \text{mm}}=123.7\ \text{mm}^2$$

选用ϕ6@200($A_s=141\ \text{mm}^2$)

3)**平台梁** TL-1

(1)计算跨度及截面

平台梁截面尺寸：$b\times h=200\ \text{mm}\times300\ \text{mm}$

计算跨度：$l_0=l_n+a=3.06\ \text{m}+0.24\ \text{m}=3.3\ \text{m}>1.05l_n=1.05\times3.06\ \text{m}=3.213\ \text{m}$

取 $l_0=3.213\ \text{m}$

(2)荷载计算

恒载及活荷载：

梯段板传来	$(6.84\ \text{kN/m}+4.9\ \text{kN/m})\times\frac{2.8}{2}=16.436\ \text{kN/m}$
平台板传来	$(3.29\ \text{kN/m}+4.9\ \text{kN/m})\times\left(\frac{1.28}{2}+0.2\right)=6.880\ \text{kN/m}$
平台梁自重	$0.2\times(0.3-0.08)\times25\ \text{kN/m}^2\times1.2=1.320\ \text{kN/m}$
梁侧抹灰重	$0.02\times2\times(0.3-0.08)\times17\ \text{kN/m}^2\times1.2=0.180\ \text{kN/m}$

设计值 $g+q=24.816\ \text{kN/m}$

(3)内力计算

$$M=\frac{1}{8}(g+q)l_0^2=\frac{1}{8}\times24.816\ \text{kN/m}\times(3.213\ \text{m})^2=32.02\ \text{kN}\cdot\text{m}$$

$$V=\frac{1}{2}\times(g+q)l_n=\frac{1}{2}\times24.816\ \text{kN/m}\times3.06\ \text{m}=37.97\ \text{kN}$$

(4)配筋计算

①正截面承载力计算

$h_0=300\ \text{mm}-45\ \text{mm}=255\ \text{mm}$ $\alpha_1 f_c=9.6\ \text{N/mm}^2$

HPB300 级钢筋，$f_y=270\ \text{N/mm}^2$

$$\alpha_s=\frac{M}{\alpha_1 f_c bh_0^2}=\frac{32.02\times10^6\ \text{N}\cdot\text{mm}}{9.6\ \text{N/mm}^2\times200\ \text{mm}\times(255\ \text{mm})^2}=0.256$$

查表得　$\gamma_s = 0.849$

$$A_s = \frac{M}{f_y \gamma_s h_0} = \frac{32.02 \times 10^6\ \text{N} \cdot \text{mm}}{270\ \text{N/mm}^2 \times 0.849 \times 255\ \text{mm}} = 548\ \text{mm}^2$$

选用 3ϕ16（$A_s = 603\ \text{mm}^2$）

②斜截面承载力计算

$$\frac{V}{f_c b h_0} = \frac{37.97 \times 10^3\ \text{N}}{9.6\ \text{N/mm}^2 \times 200\ \text{mm} \times 260\ \text{mm}} = 0.076 < 0.25 \quad \text{（截面尺寸满足要求）}$$

$$\frac{V}{f_t b h_0} = \frac{37.97 \times 10^3\ \text{N}}{1.1\ \text{N/mm}^2 \times 200\ \text{mm} \times 260\ \text{mm}} = 0.66 < 0.7 \quad \text{（仅需按构造配置箍筋）}$$

按构造要求，选用ϕ6@200，沿梁长均匀布置。

4）构件配筋图

此板式楼梯的配筋图如图 7.26 所示。

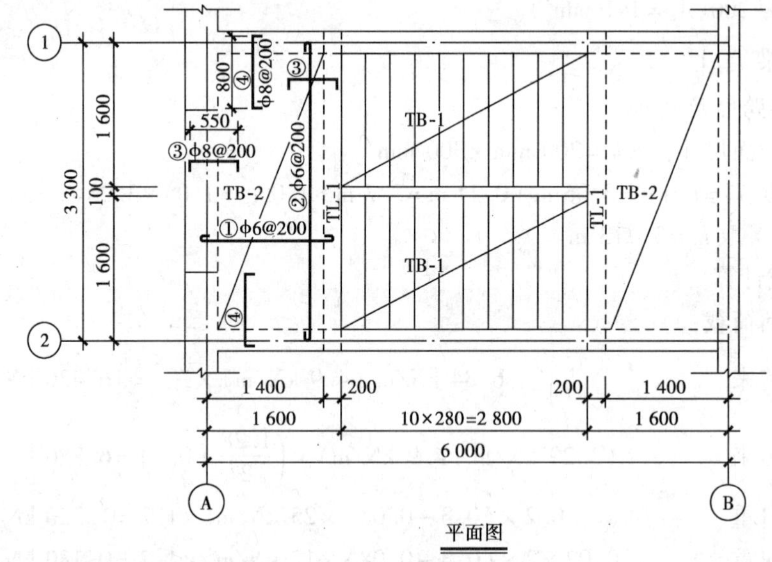

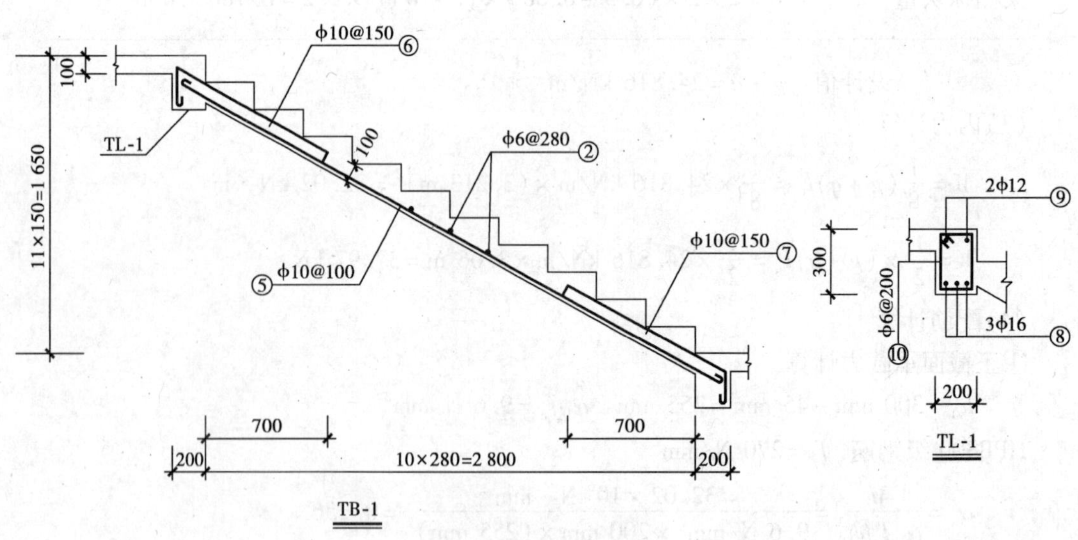

图 7.26　楼梯构件配筋图

小结 7

本章主要讲述以下内容:

①结构设计的主要步骤是:结构方案选择(确定结构材料及体系、结构布置和施工方法),结构分析与设计(主要包括计算简图、内力分析及配筋计算等),结构的构造设计,绘制结构施工图(主要包括结构布置、构件模板和配筋图)。

②梁板结构有整体式单、双向板梁板结构,装配式铺板结构和装配整体式梁板结构等,它们都有各自的受力特点及应用范围,应根据不同的建筑使用要求选择合理的结构形式。

③结构计算简图是将实际结构及其所承受的荷载简化而得的一种模型图示,是进行结构内力计算的依据。确定计算简图时必须抓住影响结构内力和变形的主要因素,忽略次要因素,使之既能满足结构分析的精度要求,又能达到简化结构计算的目的。

④整体式单向板梁板结构的内力分析有两种方法:按弹性理论和按塑性理论的计算方法。考虑塑性内力重分布的分析方法,更符合钢筋混凝土超静定结构的实际受力状态并能取得一定的经济效果,故在楼盖的连续板和次梁的设计中可采用塑性理论的计算方法。为保证超静定结构塑性内力重分布的实现,应对塑性铰的转动幅度予以控制,同时应使塑性铰具有足够的转动能力,为此应采用塑性较好的混凝土和钢筋,混凝土截面受压区高度应满足 $x \leqslant 0.35h_0$ 的要求。同时还应使结构斜截面具有足够的抗剪承载力。为防止梁板结构在正常使用荷载作用下变形及裂缝开展宽度过大,应控制弯矩的调幅程度。

⑤结构必须进行承载力计算,但对于刚度和裂缝宽度,只要结构截面尺寸满足前述的高跨比要求,满足弯矩调整幅度的限制,一般可不必进行刚度和裂缝宽度的验算。

⑥结构的配筋方案:纵向钢筋的弯起和切断,应根据结构的弯矩包络图确定,但对于等跨度、等截面和均布荷载作用下的连续梁、板,一般情况下可按经验配筋方案确定纵向钢筋布置,并满足一定的构造要求。

⑦整体式双向板梁板结构的内力分析亦有按弹性和塑性理论计算两种方法,目前设计中多采用按弹性理论计算方法。多跨连续双向板荷载分解与支承条件的确定是分析双向板最不利内力的关键。

⑧装配式铺板结构中应特别注意板与板、板与墙体的连接,以保证楼盖的整体性,并应进行施工阶段验算。

⑨整体梁、板式楼梯是斜向结构,其内力计算可简化为水平结构进行分析。

复习思考题 7

7.1　结构设计的基本步骤有哪些?试举例说明。

7.2　现浇整体式楼盖有哪几种类型?各自的应用范围是什么?

7.3　何谓单向板?何谓双向板?其受力和配筋的特点是什么?

7.4　单向板楼盖中,板、次梁、主梁的常用跨度是多少?

7.5　单向板中有哪些受力钢筋和构造钢筋？各起什么作用？如何设置？

7.6　板、次梁、主梁各有哪些受力钢筋和构造钢筋？这些钢筋在构件中各起什么作用？

7.7　主梁在与次梁相交处增设附加钢筋的作用是什么？如何设置？

7.8　双向板中支座负筋伸出支座边的长度应为多少？

7.9　装配式铺板楼盖有哪几种结构布置方案？

7.10　装配式铺板结构中，板与板、板与墙、梁与墙的连接各有何要求？

7.11　装配式铺板楼盖板间空隙如何处理？

7.12　梁式楼梯和板式楼梯有何区别？各适用于哪种情况？两者踏步板的配筋有何不同？

7.13　折板和折梁在配筋构造上应注意什么问题？

8 多高层混凝土结构房屋

8.1 概 述

对多层与高层建筑的界限,各国制订的标准不尽相同。我国最新修订的《高层建筑混凝土结构技术规程》(JGJ 3—2010)将10层及10层以上或房屋高度超过28 m的住宅建筑以及房屋高度大于24 m的其他民用建筑定义为高层建筑。

随着国民经济的发展,建筑用地日趋紧张。为了解决人们对居住、办公、商业用房的需要,我国陆续兴建了大量的多层与高层建筑。建造高层建筑,有利于节约用地,减少拆迁费用,有利于节约市政建设和管网建设(包括小区道路、文化福利设施、给排水、煤、电及热力管网等)投资。但高层建筑造价昂贵,管理复杂,能量消耗大,并且难以充分利用天然条件进行采光、通风,同时也会影响附近建筑物的采光和日照。高层建筑通常采用钢筋混凝土结构、钢结构和钢-混凝土混合结构3种形式。

多高层混凝土结构房屋常用的结构体系有框架结构、剪力墙结构、框架-剪力墙结构和筒体结构。

• 框架结构　框架结构是由梁和柱采用刚性连接而成的骨架结构。框架结构具有建筑平面布置灵活,可以形成较大使用空间,易满足多功能使用要求的特点,应用较广泛,主要适用于多层工业厂房和仓库,以及民用房屋中的办公楼、旅馆、医院、学校、商店和住宅等建筑。框架结构的缺点是侧向刚度较小,当框架层数较多时,水平荷载将使梁、柱截面尺寸过大,影响其技术经济效果和建筑物的抗震性能,因此,框架结构体系一般用于非地震区,或层数较少的高层建筑。

• 剪力墙结构　剪力墙结构是由剪力墙同时承受竖向荷载和水平荷载的结构。剪力墙是利用建筑外墙和内墙位置布置的钢筋混凝土结构墙,因其具有较大的承受水平剪力的能力,故被称为剪力墙。剪力墙结构比框架结构刚度大、空间整体性好,故其适用范围较大,但剪力墙结构墙体多,使建筑平面布置和使用要求受到一定的限制,所以一般多用于高层住宅和高层旅馆等建筑。

• 框架-剪力墙结构　框架-剪力墙结构是把框架和剪力墙两种结构共同组合在一起的结构。在框架-剪力墙结构中,房屋的竖向荷载分别由框架和剪力墙共同承担,而水平荷载主要由剪力墙承担。这种结构既具有框架结构平面布置灵活的特点,又具有较大的刚度和较强的抗震能力,因而广泛用于10~40层的高层办公建筑和旅馆建筑中。

• 筒体结构　随着层数、高度增加,高层建筑结构受到水平作用的影响也大大增加,框架结构、剪力墙结构以及框架-剪力墙结构往往都不能满足要求。这时可将剪力墙集中到房屋的内部与外部形成空间封闭筒体,也可由布置在房屋四周的密集立柱与高跨比很大的窗间梁形成空间整体受力的框筒,从而形成具有良好抗风和抗震性能的筒体结构,使整个结构体系既具有极大的抗侧移刚度,又能因为剪力墙的集中而获得较大的空间,使建筑平面设计重新获得良好的灵活性。筒体结构形式特别适用于30层以上或100 m以上的办公楼等各种公共与商业建筑。

8.2 多高层混凝土结构的受力特点与构造要求

·8.2.1 框架结构体系·

1)框架结构的类型

框架结构按施工方法的不同可分为现浇式、装配式和装配整体式。

●现浇式框架　现浇式框架是指梁、柱、板全部为现浇。一般的做法是每层的柱与其上部的梁、板同时支模、绑扎钢筋,然后一次浇筑混凝土。因此,现浇式框架整体性强,抗震性能好,应用较多,但其缺点是现场施工的工作量大,工期长,需要大量模板。

●装配式框架　装配式框架是指梁、柱、板均为预制,通过焊接拼装成整体的框架结构。由于所有构件均为预制,可实现标准化、工厂化、机械化生产,因此,现场施工速度快、效率高。但装配式框架的整体性差,抗震能力弱,不宜在地震地区应用。

●装配整体式框架　装配整体式框架是指梁、板、柱均为预制,在构件吊装就位后,焊接或绑扎节点区钢筋,再通过后浇混凝土,形成框架节点并使各构件连成整体的框架结构。装配整体式框架既具有良好的整体性和抗震能力,又可采用预制构件,兼有现浇式框架和装配式框架的优点,但节点区现场浇筑混凝土施工较为复杂。

2)承重框架的布置

按楼面竖向荷载传递路线的不同,承重框架的布置有横向框架承重、纵向框架承重和纵、横向框架混合承重3种方案。

●横向框架承重方案　横向框架承重方案是在房屋的横向布置框架主梁,而在纵向布置连系梁,如图8.1(a)所示。此方案横向框架跨数少,主梁沿横向布置有利于提高建筑物的横向抗侧移刚度,而纵向框架仅需按构造要求布置较小的连系梁,有利于房屋室内的采光与通风。

●纵向框架承重方案　纵向框架承重方案是在房屋的纵向布置主梁,在横向布置连系梁,如图8.1(b)所示。由于楼面荷载由纵向主梁传给柱子,所以横梁高度较小,有利于设备管线的穿行。纵向框架承重方案的缺点是房屋横向抗侧移刚度较小,进深尺寸受预制板长度的限制。

●纵、横向框架混合承重方案　纵、横向框架混合承重方案是在纵横两个方向上均布置框架主梁以承受楼面荷载。当采用预制板楼盖时,其布置如图8.1(c)所示;当采用现浇楼盖且为双向板时,其布置如图8.1(d)所示。当楼面上作用有较大荷载,或楼面有较大开洞时,或当柱网布置为正方形或接近正方形时,常采用纵、横向框架混合承重方案。这种方案具有较好的整体性能,目前应用较多。

3)框架结构的内力计算方法简介

框架结构是由若干平面框架通过连系梁连接而形成的空间结构体系,但在一般情况下,可

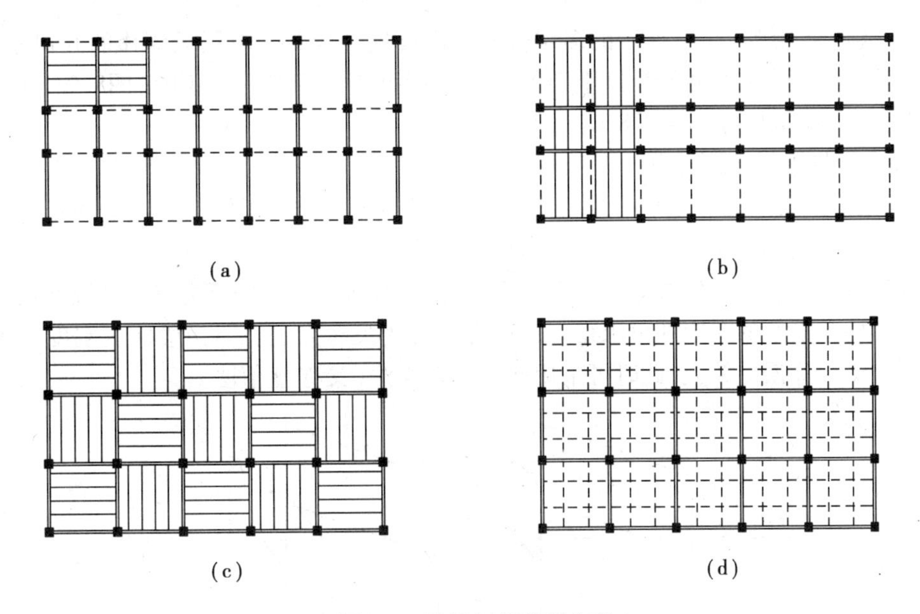

图 8.1 承重框架布置方案

(a)横向框架承重;(b)纵向框架承重;(c)采用预制板楼盖的纵、横向框架混合承重;(d)采用双向板现浇楼盖的纵、横向框架混合承重

以忽略它们之间的空间联系,而按平面框架计算。

(1)竖向荷载作用下的内力计算

框架在竖向荷载作用下的内力可近似地采用分层法计算。分层法假定:每层梁上的竖向荷载对其他各层梁的影响可以忽略不计;在竖向荷载作用下,多层多跨框架的侧移极小,可近似按无侧移框架进行分析。

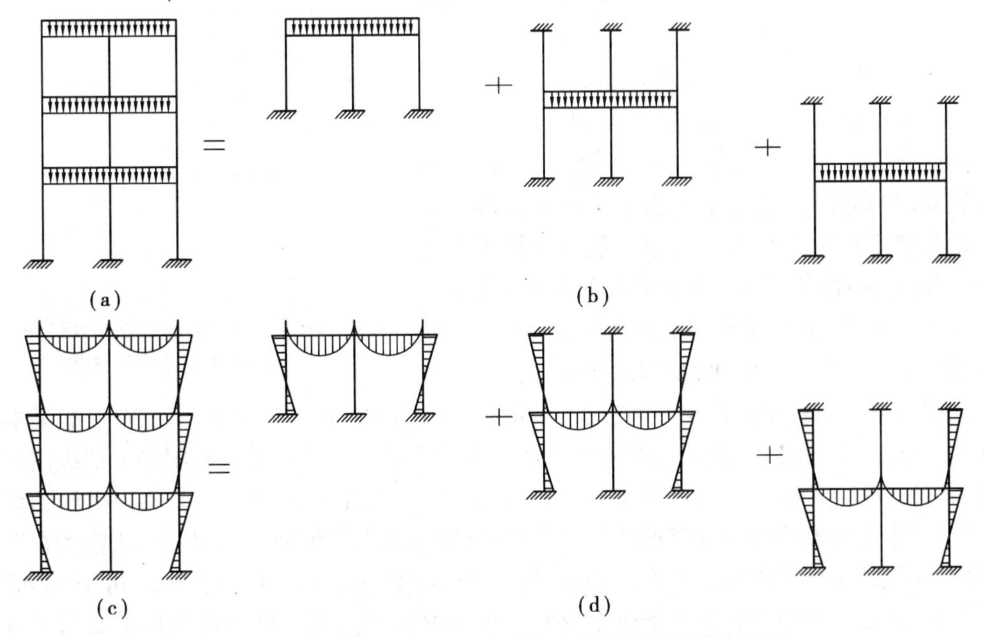

图 8.2 分层法计算简图及框架在竖向荷载作用下的弯矩图

(a)多层框架;(b)单层无侧移开口刚架;(c)整个框架的弯矩图;(d)各开口刚架的弯矩图

根据上述假定，图 8.2(a)所示的多层框架可沿高度分成 3 个单层无侧移的开口刚架(图 8.2(b))，用弯矩分配法求出各开口刚架的内力后即可绘出相应的弯矩图(图8.2(d))，然后叠加，即得整个框架的弯矩图(图 8.2(c))。

(2)水平荷载作用下的内力计算

多层框架受风或地震等水平荷载的作用，一般可简化为作用于框架节点上的水平力。由精确法分析可知，框架结构在节点水平力作用下的弯矩图，如图 8.3 所示。从图中可以看出，各杆的弯矩图均为直线形，每根立柱都有一个反弯点，如求出各柱的反弯点位置及在反弯点处的剪力值，则柱和横梁的弯矩即可求得。这种方法称为反弯点法。但当梁柱线刚度较为接近时，用反弯点法计算误差较大，此时可采用修正反弯点法(又称 D 值法)。

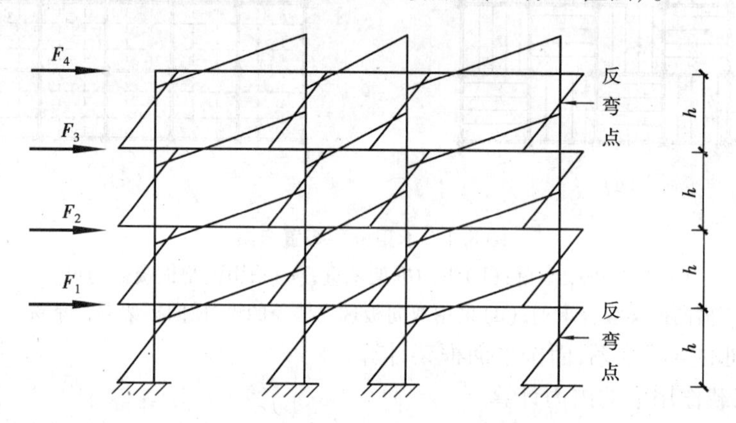

图 8.3　框架在水平力作用下的弯矩图

4)非抗震设计时现浇框架的节点构造

①框架梁上部纵向钢筋伸入中间层端节点的锚固长度，直线锚固时不应小于 l_a，且应伸过柱中线，伸过的长度不宜小于 $5d$(d 为梁上部纵向钢筋的直径)。当柱截面尺寸不足时，梁上部纵筋也可采用 90°弯折锚固的方式，此时梁上部纵筋应伸至柱外侧纵向钢筋内边并向节点内弯折，其包含弯弧在内的水平投影长度不应少于 $0.4l_{ab}$，弯折钢筋在弯折平面内包含弯弧段的投影长度不应小于 $15d$，如图 8.4 所示。

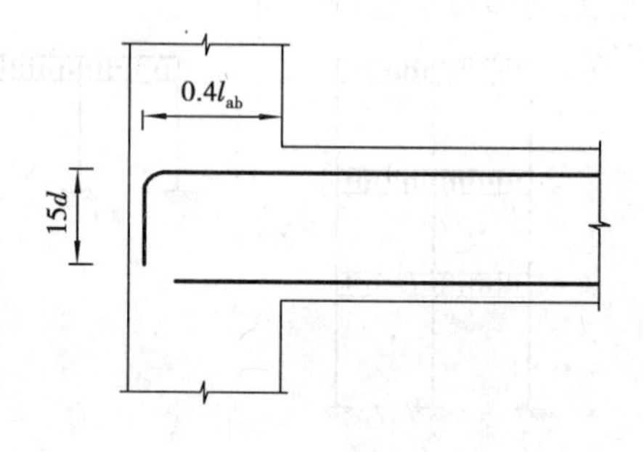

图 8.4　梁上部纵向钢筋在框架中间层端节点内的锚固

框架梁下部纵向钢筋在端节点处的锚固要求与中间节点处梁下部纵向钢筋的锚固要求相同。

②框架梁上部纵筋应贯穿中间节点，该钢筋自柱边伸向跨中的截断位置应根据梁端负弯矩确定。框架梁下部纵向钢筋的锚固要求如图 8.5 所示。当计算中不利用梁下部纵向钢筋强度时，其伸入节点内的锚固长度不小于 $12d$(带肋钢筋)或 $15d$(光圆钢筋)，d 为钢筋的最大直径；当计算中充分利用梁下部钢筋的抗拉强度时，梁下部纵向钢筋可采用直线式锚固在节点或支座内，直线式锚固长度不小于 l_a，如图 8.5(a)所示；当柱截面尺寸不足时，也可采用 90°弯折锚固方式，其包含弯弧在内的水平投影长度不应少于 $0.4l_{ab}$，弯折钢筋在弯折平面内包含弯弧段的投影长度不应小于 $15d$，如图 8.5(b)所示。下部纵向钢筋也可伸过节点，并在梁中弯矩较小处设置搭接接头，搭接长度的起始点至节点或支座边缘的距离不应小于 $1.5h_0$，如图

8.5(c)所示。

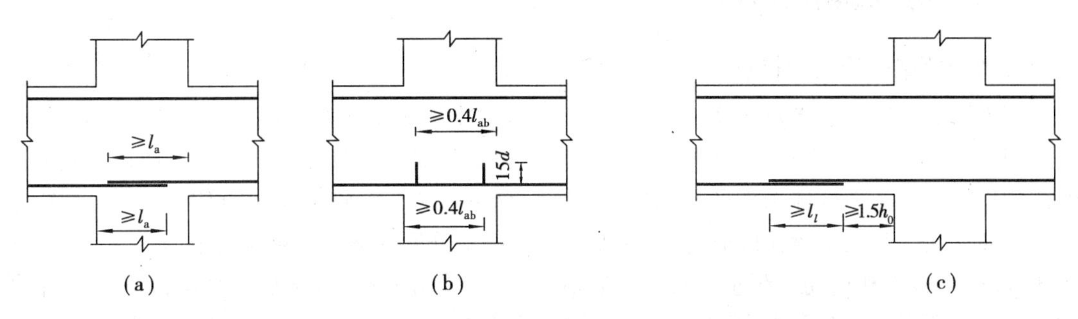

图 8.5　梁下部纵向钢筋在框架中间节点内的锚固

③框架柱的纵向钢筋应贯穿中间层中间节点和中间层端节点，柱纵向钢筋接头应设在节点区以外。顶层中间节点的柱纵向钢筋及端节点柱内侧纵向钢筋应伸至柱顶，其自梁底标高算起的锚固长度不少于 l_a，如图 8.6(a)所示。当顶层节点处梁截面高度不足时，可采用 90°弯折锚固措施。此时，柱纵向钢筋应伸至柱顶并向节点内水平弯折，包括弯弧在内的垂直投影长度不应小于 $0.5l_{ab}$，在弯折平面内包含弯弧段的水平投影长度不宜小于 $12d$，如图 8.6(b)所示；当柱顶有现浇板且板厚不少于 100 mm 时，柱内纵筋也可向外弯折，弯折后的水平投影长度不宜小于 $12d$，如图 8.6(c)所示。

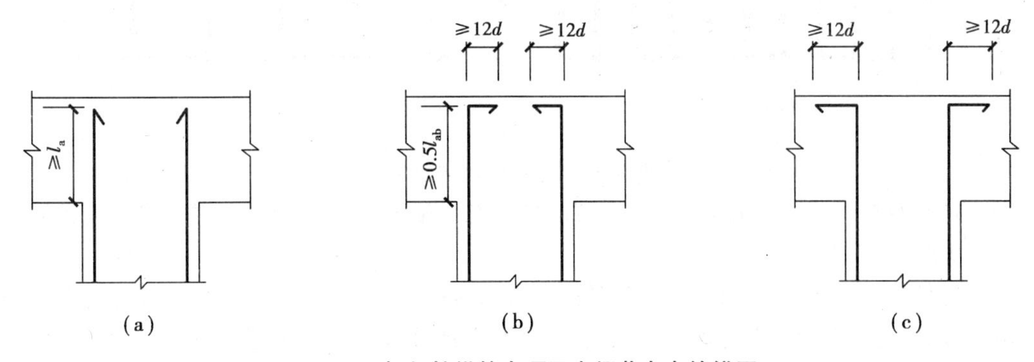

图 8.6　框架柱纵筋在顶层中间节点内的锚固

④框架顶层端节点处，可将柱外侧纵向钢筋的相应部分弯入梁内作梁上部纵筋使用(图 8.7(a))，也可将梁上部纵筋与柱外侧纵向钢筋在顶层端节点及附近部位搭接(图 8.7(b))。

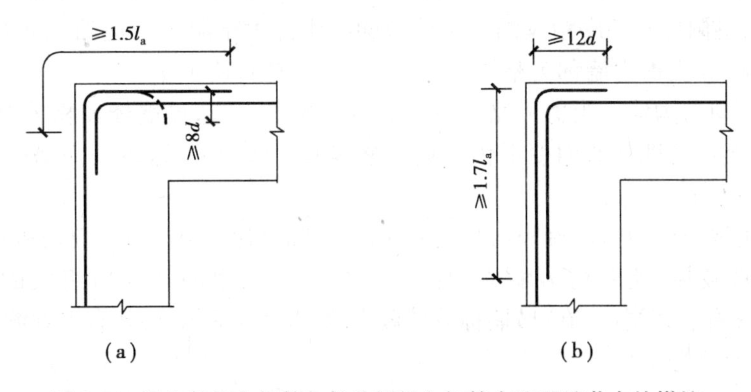

图 8.7　梁上部纵向钢筋与柱外侧纵向钢筋在顶层端节点的搭接

·8.2.2 剪力墙结构体系·

1)剪力墙结构的受力特点

剪力墙的高度一般与整个房屋的高度相同,宽度由建筑平面布置而定,一般为几米至几十米,而其厚度一般仅有200~300 mm,相对而言较薄。因此,剪力墙在其墙身平面内具有很大的抗侧移刚度。剪力墙体系中的剪力墙,既承受竖向荷载与水平荷载,又起围护及分隔作用,所以对高层住宅和旅馆等比较合适。当剪力墙采用小开间布置时,横墙间距为3.3~4.2 m,墙体太多,混凝土和钢筋的用量增加,材料强度得不到充分利用,既增加了结构自重,又限制了建筑上的灵活多变;采用大开间布置时,横墙间距为6~8 m,便于建筑上灵活布置,又可充分利用剪力墙的材料强度,减轻结构自重。目前剪力墙多采用大开间布置。图8.8所示为剪力墙体系结构布置的示例。

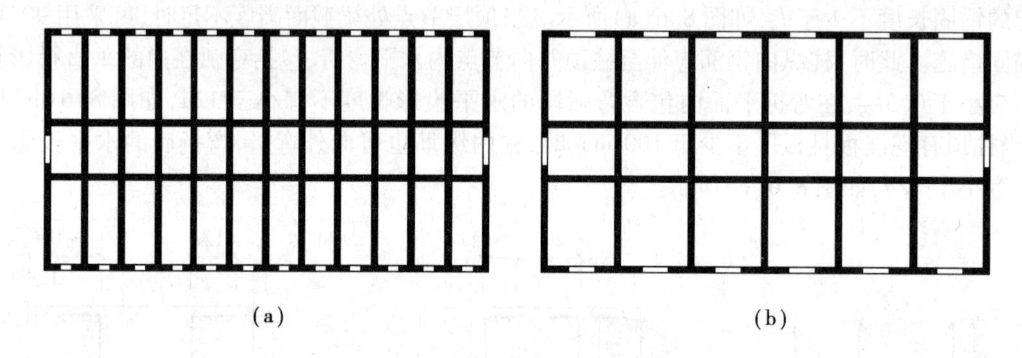

图8.8 剪力墙结构布置

剪力墙在纵横两个方向都可布置,布置时应注意纵横向剪力墙交叉布置使之连成整体,使墙肢形成I形、T形、[形等。

为满足使用要求,剪力墙上常有门窗等洞口,这时应尽量使洞口上下对齐,布置规则,使洞口至墙边及相邻洞口之间形成墙肢,上下洞口之间形成连梁。洞口对剪力墙的受力性能有很大影响。剪力墙按受力特点的不同可分为整截面剪力墙、整体小开口剪力墙、联肢剪力墙和壁式框架等类型,如图8.9所示。

- 整截面剪力墙　无洞口的剪力墙或剪力墙开有一定数量的洞口,但洞口面积不超过墙体面积的16%,且洞口间的净距及洞口至墙边的净距都大于洞口长边的尺寸时,可以忽略洞口对墙体的影响,这类剪力墙称为整体剪力墙,如图8.9(a)所示。
- 整体小开口剪力墙　当剪力墙上所开洞口面积稍大,超过墙体面积的16%时,在水平荷载作用下,这类剪力墙其截面变形仍接近于整体截面剪力墙,这种剪力墙称为整体小开口墙,如图8.9(b)所示。
- 联肢剪力墙　当剪力墙沿竖向开有一列或多列洞口时,由于洞口总面积较大,剪力墙截面的整体性已被破坏,这时剪力墙成为由一系列连梁约束的墙肢所组成的联肢墙,如图8.9(c)所示。开有一列洞口的联肢墙称双肢剪力墙(简称双肢墙),开有多列洞口的联肢墙称多肢剪力墙(简称多肢墙)。
- 壁式框架　当剪力墙的洞口尺寸更大,墙肢宽度较小,连梁的线刚度接近于墙肢的线刚度时,剪力墙受力性能已接近框架,此时称为壁式框架,其墙体即为框架柱,如图8.9(d)所示。

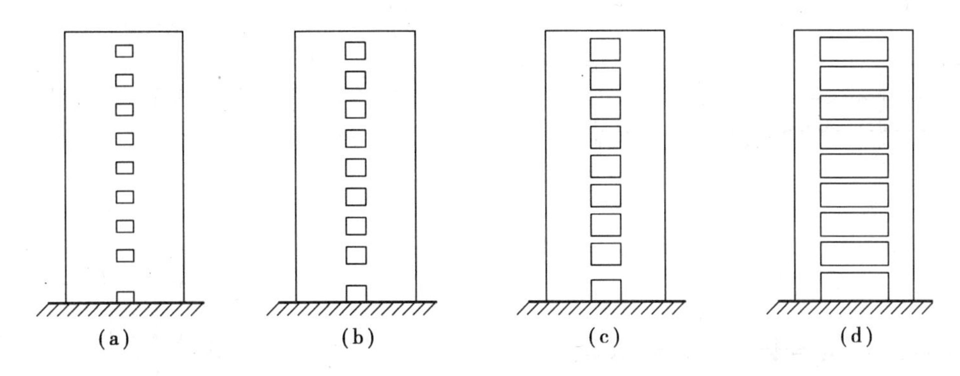

图 8.9 剪力墙结构的分类

(a)整截面剪力墙;(b)整体小开口剪力墙;(c)联肢剪力墙;(d)壁式框架

2)剪力墙结构的构造要求

①钢筋混凝土剪力墙的混凝土强度等级不宜低于 C20。

②非抗震设计时,钢筋混凝土剪力墙的厚度不应小于 160 mm,同时不宜小于楼层高度的 1/25。

③钢筋混凝土剪力墙墙肢端部应按构造要求设置剪力墙边缘构件,宜配置直径较大的端部钢筋,端部钢筋面积一般按墙肢正截面承载力计算确定。当墙肢端部有端柱时,端柱即成为边缘构件;当墙肢端部无端柱时,则应设置构造暗柱。墙肢端部边缘构件的配筋不宜少于 4 根直径为 12 mm 或 2 根直径为 16 mm 的钢筋,沿该竖向钢筋方向宜配置直径不少于 6 mm、间距为 250 mm 的箍筋或拉筋。

④钢筋混凝土剪力墙的墙肢中应当配置一定数量的水平和竖向分布钢筋,其水平和竖向分布钢筋的配筋率 ρ_{sh} 和 ρ_{sv} 不应小于 0.2%,水平及竖向分布钢筋的直径不宜小于 8 mm,间距不宜大于 300 mm。结构中重要部位的剪力墙,配筋率宜适当提高。

⑤厚度大于 160 mm 的剪力墙应配置双排分布钢筋网。结构中重要部位的剪力墙,当其厚度不大于 160 mm 时,也宜配置双排分布钢筋网。双排分布钢筋网应沿墙的两个侧面布置,且应采用拉筋连接,拉筋直径不宜小于 6 mm,间距不宜大于 600 mm。

⑥剪力墙内水平分布钢筋的搭接长度不应小于 $1.2l_a$。同排水平分布钢筋的搭接接头之间,以及上、下相邻水平分布钢筋的搭接接头之间,沿水平方向的净间距不宜小于 500 mm。剪力墙内竖向分布钢筋可在同一高度搭接,搭接长度不应小于 $1.2l_a$。剪力墙的配筋形式如图 8.10所示。

⑦剪力墙洞口上、下两边的水平纵筋需经计算确定,且不应少于 2 根直径 12 mm 的钢筋。对于计算分析中可忽略的洞口,洞边钢筋截面面积分别不宜小于洞口截断的水平分布钢筋总截面面积的一半。纵向钢筋自洞口边伸入墙内的长度不应小于受拉钢筋的锚固长度 l_a。连梁中箍筋直径不宜小于 6 mm,间距不宜大于 150 mm。在顶层洞口连梁纵向钢筋伸入墙内锚固长度范围内,应设置间距不大于 150 mm 的箍筋,箍筋直径宜与该连梁跨内箍筋直径相同。连梁的配筋如图 8.11 所示。

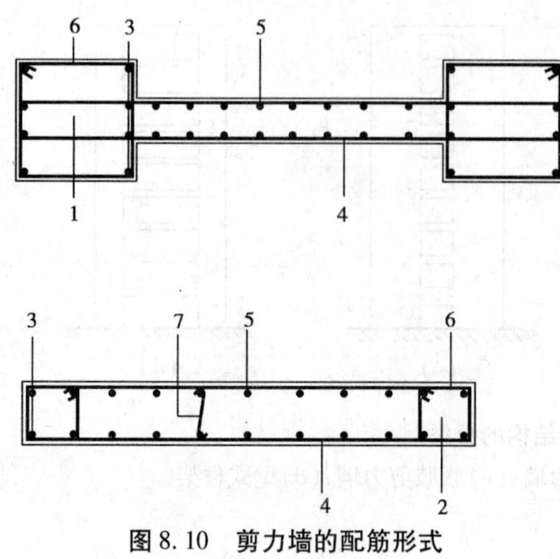

图 8.10　剪力墙的配筋形式

1—端柱;2—暗柱;3—竖向受力筋;4—水平分布筋;
5—竖向分布筋;6—箍筋;7—拉筋

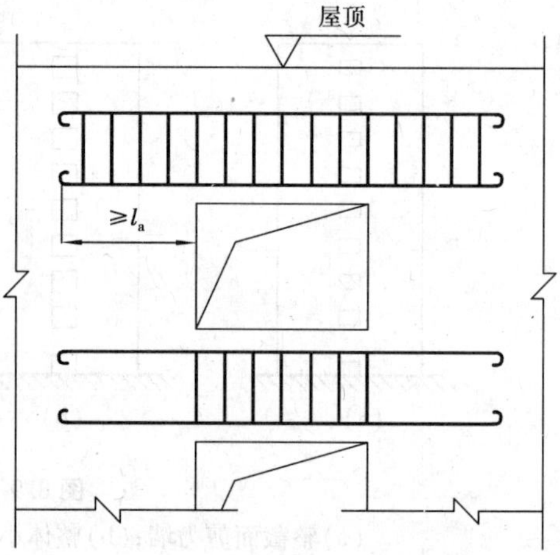

图 8.11　连梁配筋示意图

·8.2.3　框架-剪力墙结构体系·

1)框架-剪力墙结构的受力特点

房屋在风荷载和地震作用下,靠近底层的结构构件内力随房屋的增高会急剧增大。因此,当房屋的高度超过一定限度时,若采用框架结构,则框架的梁与柱的截面尺寸就会很大,这不仅使房屋造价升高,而且也将减少建筑的使用面积。在这种情况下,如在框架中设置剪力墙,使框架和剪力墙同时承受竖向荷载和水平荷载。在竖向荷载作用下,框架和剪力墙分别承担其受荷范围内的竖向力,受荷范围的确定与楼盖结构的布置有关。在水平力作用下,框架和剪力墙协同工作,共同抵抗水平力。在结构的底部,框架结构的层间位移较大,剪力墙发挥了较大的作用,框架结构的变形受到剪力墙的制约;而在结构的顶部,剪力墙的层间位移较大,剪力墙受到框架结构的扶持作用。

在框架-剪力墙体系的房屋中,剪力墙的数量及位置既影响建筑的使用功能,又影响结构的抗侧移刚度。剪力墙的数量及布置是否合理,对房屋的受力、变形以及在经济上均有很大影响。剪力墙的布置,应遵循"均匀、分散、对称、周边"的原则。一般情况下,剪力墙宜布置在竖向荷载较大处,建筑物端部附近,楼梯、电梯间以及平面形状变化处。上下层剪力墙应对齐,且宜直通到顶。如剪力墙不全部直通到顶,则应沿高度逐渐减少,避免刚度突变。图 8.12 为框架-剪力墙结构的布置示例。

框架-剪力墙结构在竖向荷载作用下,由于框架和剪力墙各自承受所在范围的荷载,计算比较简单。但在水平荷载作用下,由于楼盖把框架与剪力墙连成了整体,两者共同变形,其内力计算就比较复杂。为了简化在水平荷载作用下框架-剪力墙结构的计算,可将其所有框架和所有剪力墙各自综合在一起,分别形成综合框架(所有框架之和)和综合剪力墙(所有剪力墙之和),并以连杆(代替楼盖)连接,在计算上按平面结构处理。如图 8.13 所示。

2)框架-剪力墙结构的构造

在框架-剪力墙结构中,剪力墙周边有梁和柱与其相连,这种每层有梁、周边带柱的剪力墙

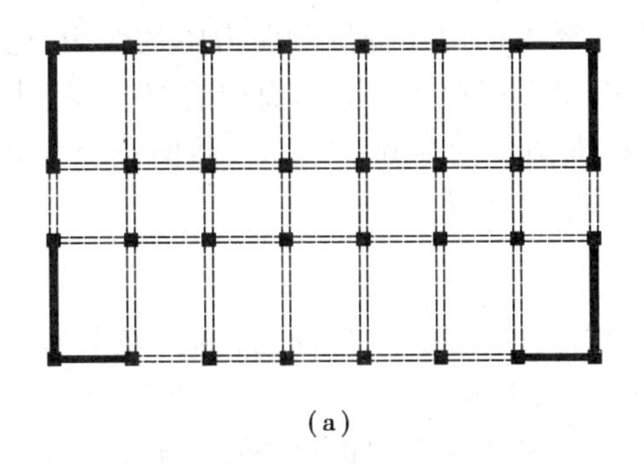

(a)

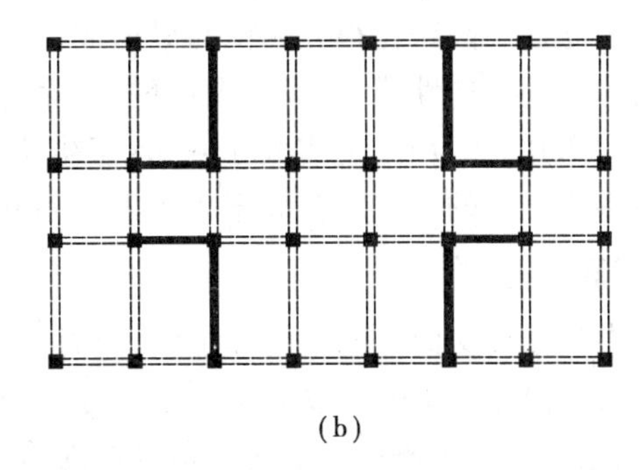

(b)

图 8.12 框架-剪力墙结构的布置

称为带边框剪力墙。

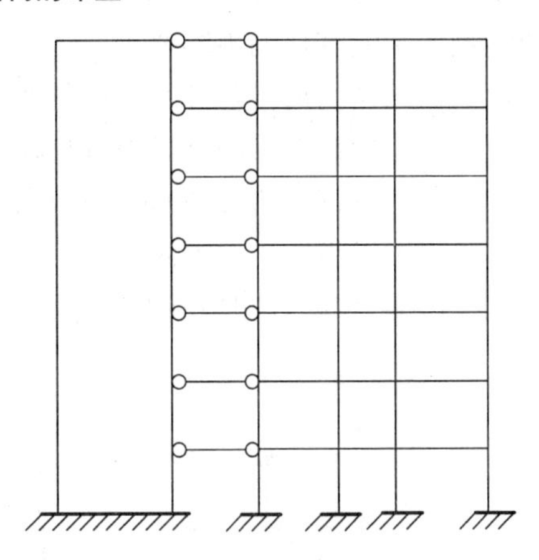

图 8.13 框架-剪力墙结构的计算简图

①对周边有梁柱的剪力墙，墙厚不应小于 160 mm，且不宜小于楼层高度的 1/20。剪力墙中线与墙端边柱中线宜重合，防止偏心。梁的截面宽度不小于 $2b_w$（b_w 为剪力墙厚度），梁的截面高度不小于 $3b_w$；柱的截面宽度不小于 $2.5b_w$，柱的截面高度不小于柱的宽度。

②周边有梁柱的剪力墙，如剪力墙与梁柱有可靠连接时，主要竖向受力筋应配置在端柱截面内，当墙周边仅有柱而无梁时，应设置暗梁。

③剪力墙中应沿竖向和水平方向布置分布钢筋，且分布钢筋应采用双排钢筋，钢筋直径不小于 8 mm，间距不得大于 300 mm。非抗震设计时，剪力墙竖向和水平分布钢筋的配筋率均不应小于 0.2%；抗震设计时，剪力墙竖向和水平分布钢筋的配筋率均不应小于 0.25%。

④现浇剪力墙与预制框架柱之间的钢筋应相互连接。当剪力墙水平分布钢筋直径大于 16 mm 时应采用焊接，当直径小于 16 mm 时可采用搭接，搭接长度不应小于 $1.2l_a$。剪力墙内竖向和水平分布筋的锚固端应加直钩，直钩长为 $10d$（d 为钢筋直径），直钩方向垂直于墙面。

框架-剪力墙结构中的框架和剪力墙的截面及构造除按上述各项要求外，其他均按高层框架和一般剪力墙结构的要求处理。

· 8.2.4 筒体体系 ·

根据筒的布置、组成和数量不同，筒体体系又可分为框架-筒体结构、筒中筒结构、成束筒结构、多重筒结构等。

1）框架-筒体结构

图 8.14(a)所示的框架-筒体结构，是在中央布置剪力墙薄壁筒井并由其承受大部分水平荷载，周边布置大柱距的框架并由其承受相应范围内的竖向荷载，整个结构的受力特点类似于框架-剪力墙结构。这种形式的筒体结构可提供较大的空间，因此常被用于高层办公楼建筑中。但由于柱子数量少、断面大，所以需特别注意保证内筒的抗侧移刚度和结构的抗震性能。

图 8.14(b)所示的框架-筒体结构，是由内部框架和外部框筒组成。外部框筒是由房屋四

周的密集立柱与高跨比很大的窗间梁形成。为保证翼缘框架在抵抗侧向力中的作用,充分发挥框筒的空间工作性能,一般要求:每一立面孔洞面积不宜大于立面总面积的60%;周边柱轴线间距为2.0~3.0 m,不宜大于4 m;窗裙梁横截面高度为0.6~1.2 m,截面宽度为0.3~0.5 m;整个结构的高宽比宜大于3,结构平面的长宽比不宜大于2。

2)筒中筒结构

筒中筒结构由内外两个筒体组成,内筒一般为剪力墙壁筒,而外筒为框筒,如图8.14(c)所示。筒中筒结构平面可以为正方形、矩形、圆形、三角形或其他形状。建筑布置时一般是把楼梯间、电梯间等服务性设施全部布置在内筒内,而在内外筒之间提供环形的开阔空间,以满足建筑上自由分隔、灵活布置的要求。因此,筒中筒结构常被用于供出租用的商务办公中心,以便满足各承租客户的不同要求。

筒中筒结构的内筒与外筒之间的距离以不大于12 m为宜。当内外筒之间的距离较大时,可另设柱子作为楼面梁的支撑点,以减小楼盖结构的跨度。一般来说,内筒的边长为外筒相应边长的1/3左右较为适宜,同时为房屋高度的1/15~1/12。如另外有角筒或剪力墙时,内筒平面尺寸还可适当减小。内筒过大,内外筒之间的使用面积减小,会影响到建筑的使用效益;内筒过小,则结构的抗侧移刚度降低。

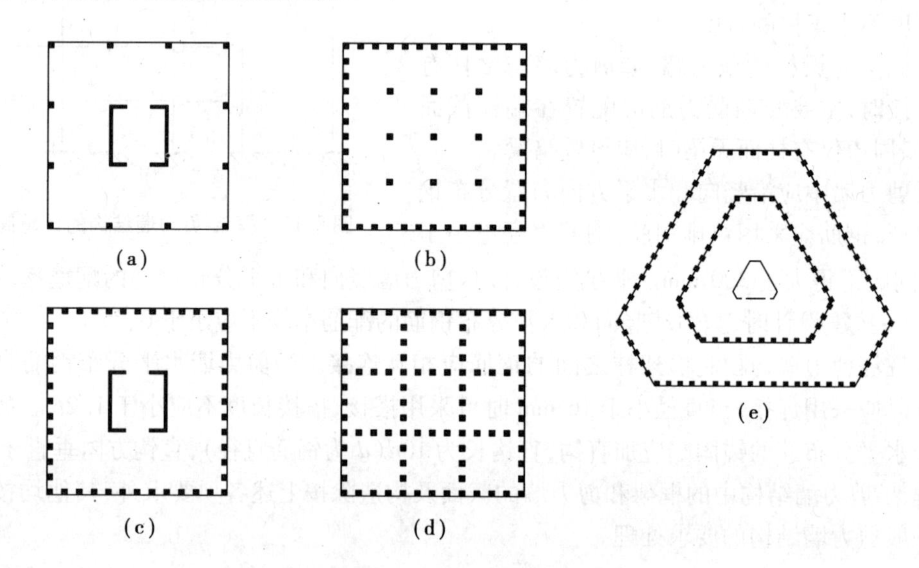

图8.14 筒体结构的布置

(a),(b)框架-筒体结构;(c)筒中筒结构;(d)成束筒结构;(e)多重筒结构

3)成束筒结构

当建筑物高度或其平面尺寸进一步加大,以至于框筒结构或筒中筒结构无法满足抗侧移刚度要求时,可采用束筒结构,如图8.14(d)所示。由于中间两排密柱框架的作用,可以使翼缘框架柱子充分发挥作用。

4)多重筒结构

当建筑平面尺寸很大或当内筒面积较小时,内外筒之间的距离较大,即楼盖结构的跨度较大,这样势必会增加板厚或楼面大梁的高度。为保证楼盖结构的合理性,降低楼盖结构的高度，可在筒中筒结构的内外筒之间增设一圈柱子或剪力墙。若将这些柱子或剪力墙用梁联系起来使之也形成一个筒的作用，则可认为是由3个筒共同作用来抵抗侧向力，亦即成为一个三重筒结构，如图8.14(e)所示。

小结8

本章主要讲述以下内容：

①多高层混凝土结构房屋常用的结构体系有框架结构、剪力墙结构、框架-剪力墙结构和筒体结构。随建筑物高度的增加，水平荷载对结构所起的作用越来越大，结构的抗侧移刚度成为高层建筑结构设计的主要问题。

②框架结构按施工方法的不同可分为现浇式框架、装配式框架和装配整体式框架。按楼面竖向荷载传递路线的不同，承重框架的布置方案有横向框架承重、纵向框架承重和纵、横向框架混合承重。

③竖向荷载作用下框架内力可采用分层法做近似计算。水平荷载作用下框架的内力可采用反弯点法或D值法计算。

④为保证框架节点的整体性，现浇框架中梁、柱纵筋在节点内应具有足够的锚固长度。

⑤剪力墙按受力特点不同可分为整截面剪力墙、整体小开口墙、双肢（或多肢）墙和壁式框架。剪力墙的墙肢中应当配置一定数量的水平和竖向分布钢筋，墙肢端部应按构造要求设置剪力墙边缘构件，并宜配置直径较大的端部钢筋。剪力墙墙肢及连梁中的钢筋除满足计算要求外，尚需满足有关构造要求。

⑥框架-剪力墙结构中，剪力墙的布置应遵循“均匀、分散、对称、周边”的原则。

⑦框架-剪力墙结构在水平荷载作用下，框架和剪力墙协同工作，共同抵抗水平力。其内力分析时可将所有框架和所有剪力墙各自综合在一起，分别形成综合框架和综合剪力墙，并以连杆相连。

⑧根据筒的布置、组成和数量不同，筒体体系可分为框架-筒体结构、筒中筒结构、成束筒结构、多重筒结构等。

复习思考题8

8.1　怎样区分多层与高层建筑？多高层混凝土结构常用的结构体系有哪些？

8.2　框架结构按施工方法不同可分为哪几种？各有何优缺点？

8.3　框架结构有哪几种布置方案？

8.4　何为剪力墙结构？剪力墙可分为哪几种？

8.5　框架和剪力墙的协同工作是指什么？

8.6　什么是框架-筒体结构和筒中筒结构？

9　砌体结构房屋

砌体结构是指由各种块材通过砂浆铺缝砌筑而成的结构。砌体结构有着悠久的历史,目前砌体结构仍广泛地用于低层及多层的居住和办公建筑,甚至一些高层建筑也有采用砌体结构的。砌体结构的主要优点:易于就地取材,具有良好的保温、耐火、隔声等性能,能节约水泥、钢材、木材等主要材料,施工设备简单,可连续施工等。但砌体结构也存在承载力低,砌筑工作量大,劳动强度高,整体性、抗震性差等缺点,限制了它在高层建筑和地震区建筑中的应用。

9.1　砌体的种类及其力学性能

·9.1.1　砌体的种类·

砌体是由块材和砂浆粘结而成的复合体。砌体按是否配有钢筋分为无筋砌体和配筋砌体;按所用材料分为砖砌体、砌块砌体和石砌体。

1)无筋砌体

(1)无筋砖砌体

砖砌体是应用最普遍的一种砌体,砌筑时砖应分皮错缝搭接。实心砖砌体常用的砌筑方式有一顺一丁、梅花丁、三顺一丁等,如图9.1所示。砖砌体的尺寸应与所用砖的规格尺寸相适应。烧结普通砖砌体的厚度一般为240(一砖)、370(一砖半)、490(二砖)、620(二砖半)及740 mm(三砖)等;在特殊情况下,也可侧砌成180,300,420 mm等尺寸。多孔砖则可砌成200,240,300 mm等厚度的墙体。

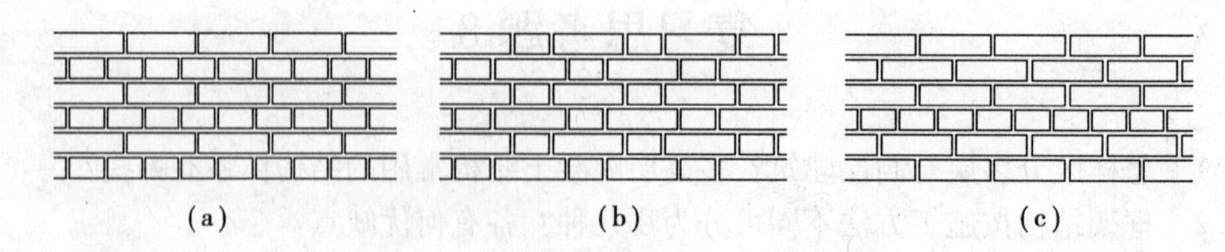

图9.1　常用的砖砌体砌合方法

(a)一顺一丁;(b)梅花丁;(c)三顺一丁

(2)无筋砌块砌体

砌块砌体中多采用的是小型砌块,由于砌块的尺寸比砖大,故采用砌块砌体有利于提高劳动效率。砌块砌体应分皮错缝搭接,小型砌块上、下皮搭接长度不得小于90 mm。砌筑空心砌块时,应对孔,使上、下皮砌块的肋对齐以利于传力,并且可以利用空心砌块的孔洞做成配筋芯柱,提高砌体的抗震能力。

(3)无筋石砌体

由石材和砂浆或混凝土砌筑而成的砌体称为石砌体。石砌体分为料石砌体、毛石砌体、毛石混凝土砌体。料石砌体和毛石砌体用砂浆砌筑,毛石混凝土砌体是在预先立好的模板内交替铺设混凝土层和毛石层。在产石山区,石砌体应用较为广泛。

2)配筋砌体

在无筋砌体内配置适量的钢筋或浇筑钢筋混凝土,称为配筋砌体。配筋砌体可以提高砌体的承载力和抗震性能,扩大砌体结构的使用范围。

(1)横向配筋砌体

横向配筋砌体又称网状配筋砌体,是在砖砌体的水平灰缝内配置钢筋网片。在砌体受压时,网状配筋可约束砌体的横向变形,从而提高砌体的抗压强度。

(2)组合配筋砌体

由砖砌体和钢筋混凝土或钢筋砂浆构成的砌体称为组合配筋砖砌体。组合配筋砖砌体通常有两种:一种是用钢筋混凝土或钢筋砂浆做面层,如图9.2(a)所示;另一种是在墙体的转角和交接处设置钢筋混凝土构造柱,如图9.2(b)所示。这种墙体必须先砌墙,留设马牙槎,后浇筑构造柱,并且构造柱与圈梁相互连接还可提高砌体结构房屋的抗震能力。

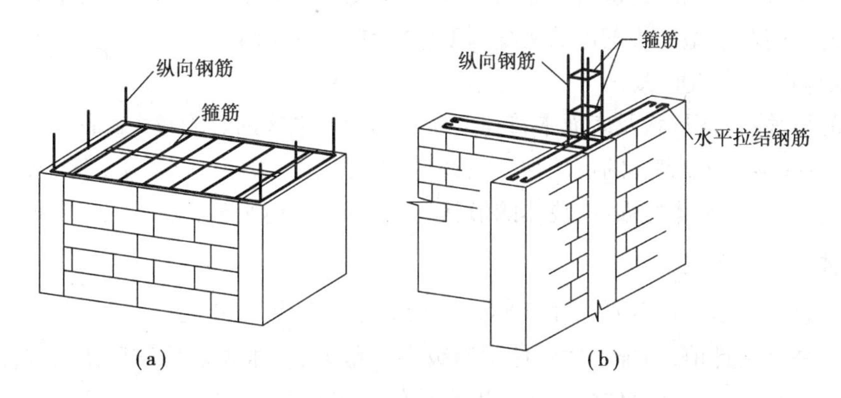

图9.2 组合配筋砌体

(a)用钢筋混凝土或钢筋砂浆做面层;(b)设置钢筋混凝土构造柱

(3)约束配筋砌体

约束配筋砌体是指在墙体周边设置钢筋混凝土框或构造梁、柱所形成的砌体。目前常用的是在砌块或砌体组砌的空洞内配置纵向钢筋,也可在内外层砌体的中间空腔内设置纵向和横向钢筋并灌筑细石混凝土或砂浆。

· 9.1.2 砌体的力学性能 ·

砌体的强度有抗压强度、抗剪强度、抗弯强度、抗拉强度等,其中砌体的抗压强度较高,故在建筑物中主要利用砌体来承受压力。下面主要讲述砌体的抗压强度。

1)影响砌体抗压强度的主要因素

(1)块体和砂浆的强度

块体和砂浆的强度是决定砌体抗压强度的最主要因素。试验表明,块体和砂浆的强度高,砌体的抗压强度也高。相比较而言,块体强度对砌体强度的影响要大于砂浆,因此要提高砌体的抗压强度,应优先考虑提高块体的强度。

(2)砂浆的流动性和保水性

砂浆的流动性和保水性对砌体强度有较大的影响。在砂浆的流动性和保水性较好时,砂浆铺砌时易于铺平,可保证灰缝的均匀性和饱满度,可减小砖内的复杂应力,使砌体强度提高。水泥砂浆的流动性和保水性较差,因此在砂浆强度等级相同的前提下,用水泥砂浆砌筑的砌体抗压强度有所降低。

(3)砌筑质量

砌筑质量主要表现在水平灰缝的均匀性、饱满度和合适的灰缝厚度等方面。砂浆铺砌饱满、均匀,可改善块体在砌体中的受力性能,使之较均匀地受压而提高砌体抗压强度。同时,在保证质量的前提下,快速砌筑,能使砌体在硬化前就受压,可增加水平灰缝的密实性,也有利于提高砌体的抗压强度。

砂浆灰缝的厚度越厚,越难保证均匀与密实,会使块体的弯剪作用加大,另外受压灰缝横向变形所引起块体的拉应力也会随之增大,从而降低砌体强度。所以当块体表面平整时,灰缝应尽量减薄。砖和小型砌块砌体的灰缝厚度应控制在 8 ~ 12 mm。

(4)块体的尺寸和形状

块体的尺寸、几何形状及表面平整程度对砌体抗压强度的影响较大。高度大的块体,其抗弯、抗剪及抗拉能力大,砌体的抗压强度高;块体长度较大、表面凹凸不平,都将使其受弯、受剪作用增大,从而降低砌体的强度;块体的形状越规则,表面越平整,砌体的抗压强度则越高。

2)砌体的抗压强度

根据《砌体结构设计规范》(GB 50003—2011),龄期为 28 d 的以毛截面面积计算的各类砌体的抗压强度设计值,当施工质量控制等级为 B 级时,应根据块体和砂浆的强度等级确定。烧结普通砖和烧结多孔砖砌体的抗压强度设计值见表 9.1。

表 9.1 烧结普通砖和烧结多孔砖砌体的抗压强度设计值 单位:MPa

砖强度等级	砂浆强度等级					砂浆强度
	M15	M10	M7.5	M5	M2.5	0
MU30	3.94	3.27	2.93	2.59	2.26	1.15
MU25	3.60	2.98	2.68	2.37	2.06	1.05
MU20	3.22	2.67	2.39	2.12	1.84	0.94
MU15	2.79	2.31	2.07	1.83	1.60	0.82
MU10	—	1.89	1.69	1.50	1.30	0.67

注:当烧结多孔砖的孔洞率大于 30% 时,表中数值应乘以 0.9。

下列情况的各类砌体，其砌体抗压强度设计值应乘以调整系数 γ_a：

①对无筋砌体构件，其截面面积小于0.3 m^2 时，γ_a 为其截面面积加0.7；对配筋砌体构件，当其中砌体截面面积小于0.2 m^2 时，γ_a 为其截面面积加0.8。构件截面面积以“m^2”计。

②当砌体用强度等级小于M5.0的水泥砂浆砌筑时，对抗压强度设计值的调整系数 γ_a 为0.9。

③当验算施工中房屋的构件时，γ_a 为1.1。

验算施工阶段砂浆尚未硬化的新砌砌体的强度和稳定性，可取砂浆强度为零。

9.2 砌体结构构件的承载力计算

砌体结构构件的设计方法仍采用极限状态设计法。砌体结构一般只进行承载能力极限状态计算，即承载力计算，而通常采取构造措施来满足正常使用极限状态的要求。本节主要介绍无筋砌体受压构件承载力和局部受压承载力的计算方法。

·9.2.1 受压构件承载力计算·

《砌体结构设计规范》(GB 50010—2010)规定，无筋砌体受压构件的承载力按式(9.1)计算：

$$N \leqslant \varphi f A \tag{9.1}$$

式中 N——轴向力设计值；

φ——高厚比 β 和轴向力偏心距 e 对受压构件承载力的影响系数，见表9.2和表9.3；

f——砌体抗压强度设计值；

A——截面面积，对各类砌体均可按毛截面面积计算。

在应用表9.2和表9.3查 φ 时，矩形截面构件高厚比 β 应按式(9.2)确定：

$$\beta = \gamma_\beta \frac{H_0}{h} \tag{9.2}$$

式中 γ_β——不同砌体材料构件的高厚比修正系数，按表9.4采用；

H_0——受压构件的计算高度；

h——矩形截面轴向力偏心方向的边长，当轴心受压时，为截面较小边边长。

表9.2 影响系数 φ(砂浆强度等级≥M5)

β	e/h 或 e/h_T												
	0	0.025	0.05	0.075	0.1	0.125	0.15	0.175	0.2	0.225	0.25	0.275	0.3
≤3	1	0.99	0.97	0.94	0.89	0.84	0.79	0.73	0.68	0.62	0.57	0.52	0.48
4	0.98	0.95	0.91	0.86	0.82	0.75	0.69	0.64	0.58	0.53	0.48	0.44	0.40
6	0.95	0.91	0.86	0.81	0.76	0.70	0.64	0.59	0.54	0.49	0.44	0.40	0.37
8	0.91	0.87	0.82	0.77	0.71	0.66	0.60	0.55	0.50	0.45	0.41	0.37	0.34
10	0.87	0.82	0.77	0.72	0.66	0.61	0.56	0.51	0.46	0.42	0.38	0.34	0.31

续表

β	e/h 或 e/h_T												
	0	0.025	0.05	0.075	0.1	0.125	0.15	0.175	0.2	0.225	0.25	0.275	0.3
12	0.82	0.77	0.72	0.67	0.62	0.57	0.52	0.47	0.43	0.39	0.35	0.31	0.28
14	0.77	0.72	0.68	0.63	0.58	0.53	0.48	0.44	0.40	0.36	0.32	0.29	0.26
16	0.72	0.68	0.63	0.58	0.54	0.49	0.45	0.40	0.37	0.33	0.30	0.27	0.24
18	0.67	0.63	0.59	0.54	0.50	0.46	0.42	0.38	0.34	0.31	0.28	0.25	0.22
20	0.62	0.58	0.54	0.50	0.46	0.42	0.39	0.35	0.32	0.28	0.26	0.23	0.21
22	0.58	0.54	0.51	0.47	0.43	0.40	0.36	0.33	0.30	0.27	0.24	0.22	0.19
24	0.54	0.50	0.47	0.44	0.40	0.37	0.34	0.30	0.38	0.25	0.22	0.20	0.18
26	0.50	0.47	0.44	0.40	0.37	0.34	0.31	0.28	0.26	0.23	0.21	0.19	0.17
28	0.46	0.43	0.41	0.38	0.35	0.32	0.29	0.26	0.24	0.22	0.20	0.17	0.16
30	0.42	0.40	0.38	0.35	0.32	0.30	0.27	0.25	0.22	0.20	0.18	0.16	0.15

表 9.3　影响系数 φ(砂浆强度等级 M2.5)

β	e/h 或 e/h_T												
	0	0.025	0.05	0.075	0.1	0.125	0.15	0.175	0.2	0.225	0.25	0.275	0.3
≤3	1	0.99	0.97	0.94	0.89	0.84	0.79	0.73	0.68	0.62	0.57	0.52	0.48
4	0.97	0.94	0.89	0.84	0.79	0.73	0.68	0.62	0.57	0.52	0.47	0.43	0.39
6	0.93	0.89	0.84	0.79	0.74	0.68	0.62	0.57	0.52	0.47	0.43	0.39	0.35
8	0.89	0.84	0.79	0.74	0.68	0.63	0.57	0.52	0.48	0.43	0.39	0.35	0.32
10	0.83	0.78	0.74	0.68	0.63	0.58	0.53	0.48	0.43	0.39	0.36	0.32	0.29
12	0.78	0.73	0.68	0.63	0.58	0.53	0.48	0.44	0.40	0.36	0.32	0.29	0.26
14	0.72	0.67	0.63	0.58	0.53	0.49	0.44	0.40	0.36	0.33	0.30	0.27	0.24
16	0.66	0.62	0.58	0.53	0.49	0.45	0.41	0.37	0.34	0.30	0.27	0.24	0.22
18	0.61	0.57	0.53	0.49	0.45	0.41	0.38	0.34	0.31	0.28	0.25	0.22	0.20
20	0.56	0.52	0.49	0.45	0.42	0.38	0.35	0.31	0.28	0.26	0.23	0.21	0.18
22	0.51	0.48	0.45	0.41	0.38	0.35	0.32	0.29	0.26	0.24	0.21	0.19	0.17
24	0.46	0.44	0.41	0.38	0.35	0.32	0.30	0.27	0.24	0.22	0.20	0.18	0.16
26	0.42	0.40	0.38	0.35	0.32	0.30	0.27	0.25	0.22	0.20	0.18	0.16	0.15
28	0.40	0.37	0.35	0.32	0.30	0.28	0.25	0.23	0.21	0.19	0.17	0.15	0.14
30	0.36	0.34	0.32	0.30	0.28	0.26	0.24	0.21	0.16	0.18	0.16	0.14	0.13

表 9.4　高厚比修正系数 γ_β

砌体材料类别	γ_β
烧结普通砖、烧结多孔砖	1.0
混凝土普通砖、混凝土多孔砖、混凝土及轻集料混凝土砌块	1.1
蒸压灰砂普通砖、蒸压粉煤灰普通砖、细料石	1.2
粗料石、毛石	1.5

在进行受压构件承载力计算时应注意以下问题：

①轴向力的偏心距 e 按内力设计值计算，并不应超过 $0.6y$（y 为截面重心到轴向力所在偏心方向截面边缘的距离）。

②对矩形截面构件，当轴向力偏心方向的截面边长大于另一方向的边长时，除按偏心受压计算外，还应对较小边长方向按轴心受压进行验算。

【例 9.1】 一轴心受压砖柱，截面尺寸为 370 mm×490 mm，采用 MU10 烧结普通砖、M5 混合砂浆砌筑，施工质量控制等级为 B 级，砖柱承受的轴向压力设计值为 180 kN（已考虑自重），砖柱的计算高度 $H_0=3.7$ m。验算该柱的受压承载力是否满足要求。

【解】 $A=0.37\ \text{m}\times0.49\ \text{m}=0.181\ \text{m}^2<0.3\ \text{m}^2,\gamma_a=A+0.7=0.181+0.7=0.881$

$$f=0.881\times1.5\ \text{N/mm}^2=1.32\ \text{N/mm}^2$$

$$\beta=\gamma_\beta\frac{H_0}{h}=1\times\frac{3\ 700\ \text{mm}}{370\ \text{mm}}=10, e=0,$$ 查表 9.2 得：$\varphi=0.870$

$$\varphi fA=0.870\times1.32\ \text{N/mm}^2\times0.181\ \text{m}^2\times10^3=207.9\ \text{kN}>N=180\ \text{kN}$$（满足要求）

【例 9.2】 某矩形砖柱截面尺寸为 490 mm×620 mm，柱的计算高度 $H_0=6.2$ m，采用 MU10 烧结普通砖、M5 水泥砂浆砌筑。柱底截面承受轴向力设计值 $N=200$ kN，沿长边方向弯矩设计值 $M=15.5$ kN·m，施工控制质量为 B 级。确定柱的承载力能否满足要求。

【解】 (1)计算柱沿长边偏心受压承载力

$A=0.49\times0.62=0.303\ \text{m}^2>0.3\ \text{m}^2,\gamma_a=1.0$

水泥砂浆砌筑，$\gamma_a=0.9$

$f=\gamma_a f=0.9\times1.5\ \text{N/mm}^2=1.35\ \text{N/mm}^2$

$$e=\frac{M}{N}=\frac{15.5\times10^6\ \text{N}\cdot\text{mm}}{200\times10^3\ \text{N}}=77.5\ \text{mm}<0.6y=0.6\times310\ \text{mm}=186\ \text{mm}$$，满足要求。

$$\frac{e}{h}=\frac{77.5\ \text{mm}}{620\ \text{mm}}=0.125,\beta=\gamma_\beta\frac{H_0}{h}=1.0\times\frac{6\ 200\ \text{mm}}{620\ \text{mm}}=10$$，查表 9.2 得：$\varphi=0.621$

$\varphi fA=0.621\times1.35\ \text{N/mm}^2\times490\ \text{mm}\times620\ \text{mm}=254\ 691\ \text{N}=254.7\ \text{kN}>200\ \text{kN}$（满足要求）

(2)计算柱沿短边方向轴心受压承载力

$$e=0,\beta=\gamma_\beta\frac{H_0}{h}=1.0\times\frac{6\ 200\ \text{mm}}{490\ \text{mm}}=12.65$$，查表 9.2 得：$\varphi=0.803$

$\varphi fA=0.803\times1.35\ \text{N/mm}^2\times490\ \text{mm}\times620\ \text{mm}=329\ 334\ \text{N}=329.3\ \text{kN}>200\ \text{kN}$（满足要求）

·9.2.2 局部受压承载力计算·

压力仅仅作用在砌体部分面积上的受力状态称为砌体局部受压。局部受压面积上压应力均匀分布时称为局部均匀受压，如支承砖柱的砖基础顶面；砌体局部受压面积上压应力不均匀分布时称为局部非均匀受压，如梁端支承处砌体属于局部非均匀受压。

1)局部均匀受压

砌体截面中局部均匀受压时的承载力应按式(9.3)计算：

$$N_l\leqslant\gamma fA_l \tag{9.3}$$

式中 N_l——局部受压面积上的轴向力设计值；

f——砌体的抗压强度设计值，局部受压面积小于 0.3 m² 时，可不考虑强度调整系数 γ_a

的影响；

A_l——局部受压面积；

γ——砌体局部抗压强度提高系数，按式(9.4)计算：

$$\gamma = 1 + 0.35\sqrt{\frac{A_0}{A_l} - 1} \tag{9.4}$$

A_0——影响砌体局部抗压强度的计算面积，按图9.3确定。

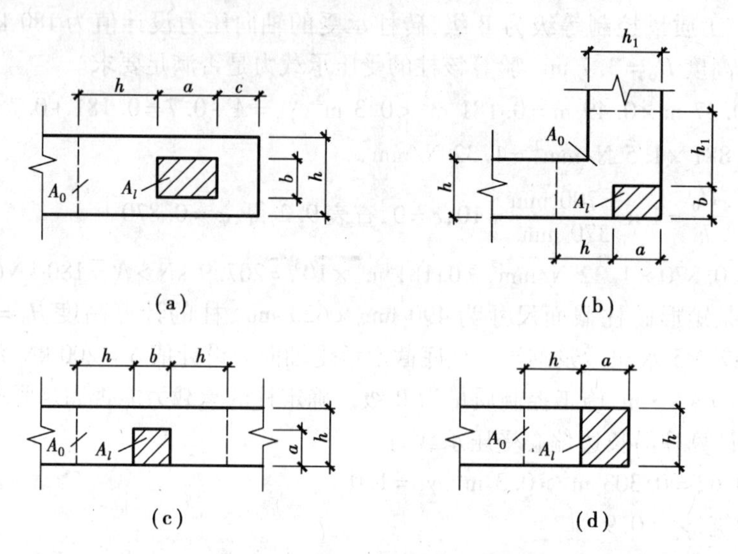

图9.3　影响砌体局部抗压强度的计算面积 A_0

按式(9.4)计算所得的 γ 值，应符合下列规定：

①在图9.3(a)的情况下，$A_0 = (h + a + c)h$，计算出的 γ 应满足 $\gamma \leqslant 2.5$。

②在图9.3(b)的情况下，$A_0 = (h + a)h + (b + h_1 - h)h_1$，计算出的 γ 应满足 $\gamma \leqslant 1.5$。

③在图9.3(c)的情况下，$A_0 = (b + 2h)h$，计算出的 γ 应满足 $\gamma \leqslant 2.0$。

④在图9.3(d)的情况下，$A_0 = (h + a)h$，计算出的 γ 应满足 $\gamma \leqslant 1.25$。

⑤对于多孔砖砌体和要求灌孔的混凝土砌块砌体，在上述①，②，③情况下，尚应符合 $\gamma \leqslant 1.5$，未灌孔的混凝土砌块砌体，$\gamma = 1.0$。

2)梁端支承处砌体局部受压

梁端支承处砌体的局部受压承载力应按式(9.5)～式(9.7)计算：

$$\psi N_0 + N_l \leqslant \eta \gamma f A_l \tag{9.5}$$

$$A_l = a_0 b \tag{9.6}$$

$$a_0 = 10\sqrt{\frac{h_c}{f}} \tag{9.7}$$

式中　ψ——上部荷载的折减系数，$\psi = 1.5 - 0.5\dfrac{A_0}{A_l}$，当 $\dfrac{A_0}{A_l} \geqslant 3$ 时取 $\psi = 0$；

N_0——局部受压面积内上部轴向力设计值，$N_0 = \sigma_0 A_l$；

σ_0——上部平均压应力设计值，N/mm²；

N_l——梁端支承压力设计值，N；

η——梁端底面压应力图形的完整系数,应取0.7,对于过梁和墙梁应取1.0;

γ——砌体局部抗压强度提高系数;

a_0——梁端有效支承长度,mm,当 a_0 大于实际支承长度 a 时,应取 a_0 等于 a;

b——梁的截面宽度,mm;

h_c——梁的截面高度,mm;

f——砌体的抗压强度设计值,MPa。

【例9.3】 截面尺寸 $b \times h = 200\ \text{mm} \times 500\ \text{mm}$ 的梁支承在窗间墙上,窗间墙截面尺寸为1 200 mm×370 mm,梁在墙上的支承长度 $a = 240$ mm,梁端支座反力设计值 $N_l = 70$ kN,上部作用在窗间墙上的压力设计值 $N_0 = 80$ kN,如图9.4所示。墙体采用MU10砖、M5混合砂浆砌筑。计算梁下端支承处墙体的局部受压承载力。

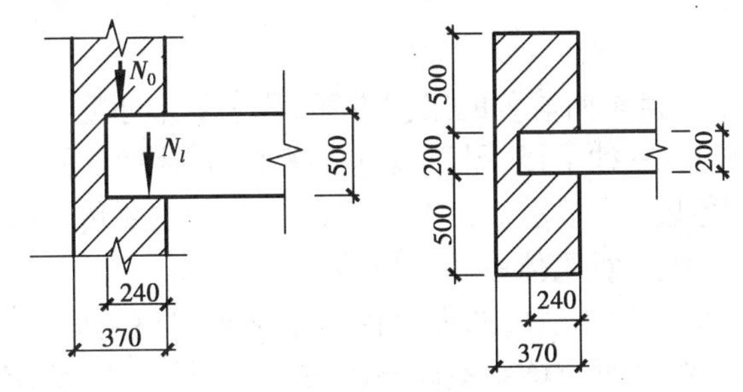

图9.4 例9.2图

【解】 $a_0 = 10\sqrt{\dfrac{h_c}{f}} = 10 \times \sqrt{\dfrac{500}{1.5}}\ \text{mm} = 182.6\ \text{mm} < a = 240\ \text{mm}$,取 $a_0 = 182.6$ mm

$$A_0 = (b + 2h)h = (200\ \text{mm} + 2 \times 370\ \text{mm}) \times 370\ \text{mm} = 347\ 800\ \text{mm}^2$$

$$A_l = a_0 \times b = 182.6\ \text{mm} \times 200\ \text{mm} = 36\ 520\ \text{mm}^2$$

$$\gamma = 1 + 0.35\sqrt{\frac{A_0}{A_l} - 1} = 1 + 0.35 \times \sqrt{\frac{347\ 800\ \text{mm}^2}{36\ 520\ \text{mm}^2} - 1} = 2.02 \geqslant 2.0,\text{取 } \gamma = 2.0$$

因 $\dfrac{A_0}{A_l} = \dfrac{347\ 800\ \text{mm}^2}{36\ 520\ \text{mm}^2} = 9.5 > 3.0$,取上部荷载的折减系数 $\psi = 0$。

$$\eta\gamma f A_l = 0.7 \times 2.0 \times 1.5\ \text{N/mm}^2 \times 36\ 520\ \text{mm}^2 \times 10^{-3} = 76.7\ \text{kN} > N_l = 70\ \text{kN}$$

局部受压承载力满足要求。

9.3 混合结构房屋墙与柱设计

混合结构房屋通常指墙、柱等竖向承重构件采用砌体结构,而屋盖、楼盖等水平承重构件采用钢筋混凝土结构所组成的房屋。混合结构墙、柱设计一般按下述步骤进行:

①根据房屋使用要求和当地条件(材料、地质、抗震要求等),确定墙体材料,选择合理的承重体系。

②根据设计经验,初步选择墙、柱截面尺寸和材料强度等级,并选择合理的计算单元进行高厚比及承载力验算。

③墙体构造设计。

·9.3.1 混合结构房屋的结构布置方案·

1)横墙承重方案

由横墙直接承受楼(屋)盖竖向荷载的结构方案,称为横墙承重方案。横墙承重方案中竖向荷载的主要传递路线为:板→横墙→基础→地基。横墙承重方案的主要特点有:

①横墙是主要的承重墙。纵墙主要起围护、分隔室内空间和将横墙连成整体的作用。因此,横墙承重体系对纵墙上门窗位置和大小限制较少。

②房屋的空间刚度大,整体性好。

③楼(屋)盖结构简单,施工方便。

横墙承重方案适用于横墙间距较小(一般为2.7~4.5 m)的宿舍、住宅等居住建筑。

2)纵墙承重方案

由纵墙直接承受楼(屋)盖竖向荷载的结构方案,称为纵墙承重方案。纵墙承重方案中荷载分两种方式传递到纵墙上:一种是楼、屋面板直接搁置在纵墙上;另一种是楼、屋面板搁置于大梁上,大梁只搁置于纵墙上。纵墙承重方案中竖向荷载的主要传递路线为:板→大梁(或屋架)→纵墙→基础→地基。纵墙承重体系的主要特点有:

①纵墙是主要的承重墙。设置横墙的主要目的是满足房屋空间刚度和整体性的要求,因此,横墙间距可以相当大。纵墙承重体系室内空间较大,有利于灵活隔断和布置。

②由于纵墙承受的荷载较大,因而纵墙上门窗的位置和大小受到一定的限制。

③由于横墙较少,房屋的空间刚度差,抗震性能差。

纵墙承重体系适用于使用上要求有较大空间的房屋,如教学楼、办公楼、食堂、仓库以及中小型工业厂房等。

3)纵横墙承重方案

由纵墙和横墙混合承受楼(屋)盖竖向荷载的结构方案,称为纵横墙承重方案。纵横墙承重方案的荷载传递路线为:板→$\begin{bmatrix}\text{纵墙}\\\text{横墙}\end{bmatrix}$→基础→地基。纵横承重方案的特点有:

①结构布置较为灵活,应用范围广。

②空间刚度较纵墙承重结构好。这种结构布置,横墙一般间距不太大;因而在整个结构中,横向水平地震作用完全可以由横墙承担,通常可以满足抗震要求。对纵墙而言,由于有部分是承重的,从而也增强了墙体的抗剪能力,对整个结构承担纵向地震作用也是有利的。

③抗震性能介于前述两种承重结构之间。

4)内框架承重方案

内框架承重方案是内部为钢筋混凝土梁柱组成的框架承重,外墙为砌体承重的混合承重方案。内框架承重方案房屋有以下特点:

①房屋开间大,平面布置较为灵活,容易满足使用要求。

②周边采用砌体承重,与全框架结构相比,可节省钢材、水泥和木材。

③由于全部或部分取消内墙,横墙较少,房屋的空间刚度较差,抗震性能欠佳。

④施工工序较多,影响施工进度。

内框架砌体结构适宜于轻工业、仪器仪表工业车间等使用,也适用于民用建筑中的多层商业用房。

· 9.3.2 混合结构房屋的静力计算方案 ·

混合结构房屋的静力计算方案，应根据房屋的空间刚度大小确定，《砌体结构设计规范》(GB 50003—2011)中为方便计算，主要考虑楼(屋)盖类型和横墙间距，按房屋空间刚度的大小分为刚性方案、弹性方案和刚弹性方案3种。设计时，可按表9.5确定静力计算方案。

表9.5 房屋的静力计算方案

屋盖或楼盖类别		刚性方案	刚弹性方案	弹性方案
1	整体式、装配整体式和装配式无檩体系钢筋混凝土屋盖或钢筋混凝土楼盖	$S<32$	$32 \leqslant S \leqslant 72$	$S>72$
2	装配式有檩体系钢筋混凝土屋盖、轻钢屋盖和有密铺望板的木屋盖或木楼盖	$S<20$	$20 \leqslant S \leqslant 48$	$S>48$
3	瓦材屋面的木屋盖和轻钢屋盖	$S<16$	$16 \leqslant S \leqslant 36$	$S>36$

注：表中 S 为房屋横墙间距，单位为m。

· 9.3.3 墙、柱的高厚比验算 ·

墙、柱的高厚比是指墙、柱的计算高度 H_0 与墙厚或矩形柱的边长 h(与 H_0 相对应)的比值，用 β 表示，即 $\beta=H_0/h$。β 越大，稳定性越差。砌体结构房屋中的墙、柱除了满足承载力要求外，还必须进行高厚比验算以保证其稳定性。

1)墙、柱计算高度的确定

《砌体结构设计规范》(GB 50003—2011)规定，受压构件的计算高度 H_0 应根据房屋类别和构件支承条件等按表9.6采用。表中的构件高度 H 应按下列规定采用：

表9.6 受压构件的计算高度 H_0

房屋类别			柱		带壁柱墙或周边拉结的墙		
			排架方向	垂直排架方向	$S>2H$	$2H \geqslant S>H$	$S \leqslant H$
有吊车的单层房屋	变截面柱上段	弹性方案	$2.5H_u$	$1.25H_u$	$2.5H_u$		
		刚性、刚弹性方案	$2.0H_u$	$1.25H_u$	$2.0H_u$		
	变截面柱下段		$1.0H_l$	$0.8H_l$	$1.0H_l$		
无吊车的单层和多层房屋	单 跨	弹性方案	$1.5H$	$1.0H$	$1.5H$		
		刚弹性方案	$1.2H$	$1.0H$	$1.2H$		
	多 跨	弹性方案	$1.25H$	$1.0H$	$1.25H$		
		刚弹性方案	$1.10H$	$1.0H$	$1.1H$		
	刚性方案		$1.0H$	$1.0H$	$1.0H$	$0.4S+0.2H$	$0.6S$

注：①表中 H_u 为变截面柱的上段高度，H_l 为变截面柱的下段高度。

②对于上端为自由端的构件，$H_0=2H$。

③S 为房屋横墙间距。

①在房屋底层，为楼板顶面到构件下端支点的距离。下端支点的位置，可取在基础顶面。当基础埋置较深且有刚性地坪时，可取室外地面以下500 mm处。

②在房屋其他层，为楼板或其他水平支点间的距离。

③对于无壁柱的山墙，可取层高加山墙尖高度的1/2；对于带壁柱的山墙，可取壁柱处的山墙高度。

2）墙、柱的允许高厚比

《砌体结构设计规范》（GB 50003—2011）规定，墙、柱的允许高厚比$[\beta]$见表9.7。

表9.7　墙、柱的允许高厚比$[\beta]$

砌体类型	砂浆强度等级	墙	柱
无筋砌体	M2.5	22	15
	M5.0或Mb5.0，Ms5.0	24	16
	≥M7.5或Mb7.5，Ms7.5	26	17
配筋砌块砌体	—	30	21

注：①毛石墙、柱允许高厚比应按表中数值降低20%。

②带有混凝土或砂浆面层的组合砖砌体构件的允许高厚比，可按表中数值提高20%，但不得大于28。

③验算施工阶段砂浆尚未硬化的新砌砌体高厚比时，允许高厚比对墙取14，对柱取11。

3）矩形截面墙、柱的高厚比验算

矩形截面墙、柱的高厚比应按式（9.8）验算：

$$\beta=\frac{H_0}{h}\leqslant\mu_1\mu_2[\beta] \tag{9.8}$$

式中　β——墙、柱的高厚比。

$[\beta]$——墙、柱的允许高厚比，按表9.7采用。

H_0——墙、柱的计算高度，按表9.6采用。

h——墙厚或矩形柱的截面高度。

μ_1——自承重墙允许高厚比的修正系数。对厚度$h\leqslant240$ mm的自承重墙，μ_1应按下列规定采用：$h=240$ mm，$\mu_1=1.2$；$h=90$ mm，$\mu_1=1.5$；240 mm $>h>$ 90 mm，μ_1可按插入法取值。对承重墙，$\mu_1=1$。

μ_2——有门、窗洞口墙允许高厚比的修正系数，μ_2应按式（9.9）计算：

$$\mu_2=1-0.4\frac{b_s}{s} \tag{9.9}$$

其中　b_s——在宽度s范围内的门窗洞口总宽度，如图9.5所示；

s——相邻窗间墙或壁柱之间的距离，如图9.5所示。

当按式（9.9）算得$\mu_2<0.7$时，应采用0.7；当洞口高度等于或小于墙高的1/5时，可取$\mu_2=1.0$。

【例9.4】　某办公楼底层平面的一部分如图9.6所示，采用现浇整体式钢筋混凝土楼盖。纵、横墙均为承重墙，墙厚均为240 mm，墙体用M5砂浆砌筑，底层墙高4.5 m（算至基础顶面)。试验算底层外纵墙、横墙的高厚比。

【解】 (1)确定静力计算方案

最大横墙间距 $S=4\times3.6=14.4\ \text{m}<32\ \text{m}$,查表9.5知,该房屋属刚性方案。

(2)外纵墙的高厚比验算

底层墙高 $H=4.5\ \text{m}$,$S=14.4\ \text{m}>2H=9.0\ \text{m}$,查表9.6得,$H_0=1.0H=4.5\ \text{m}$

$$\mu_1=1.0,\mu_2=1-0.4\frac{b_s}{s}=1-0.4\times\frac{1.8\ \text{m}}{3.6\ \text{m}}=0.8$$

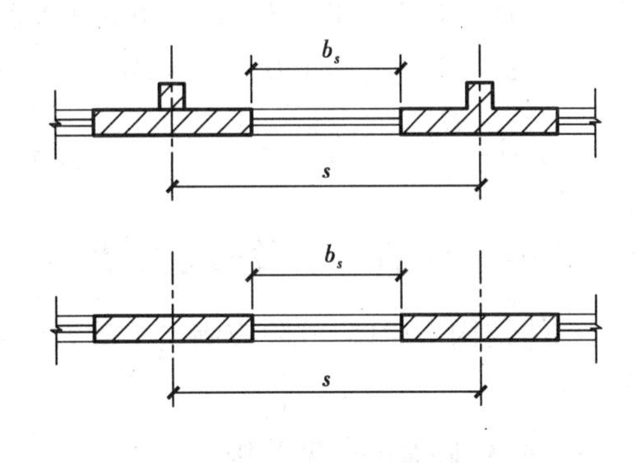

图9.5 b_s,s 示意图

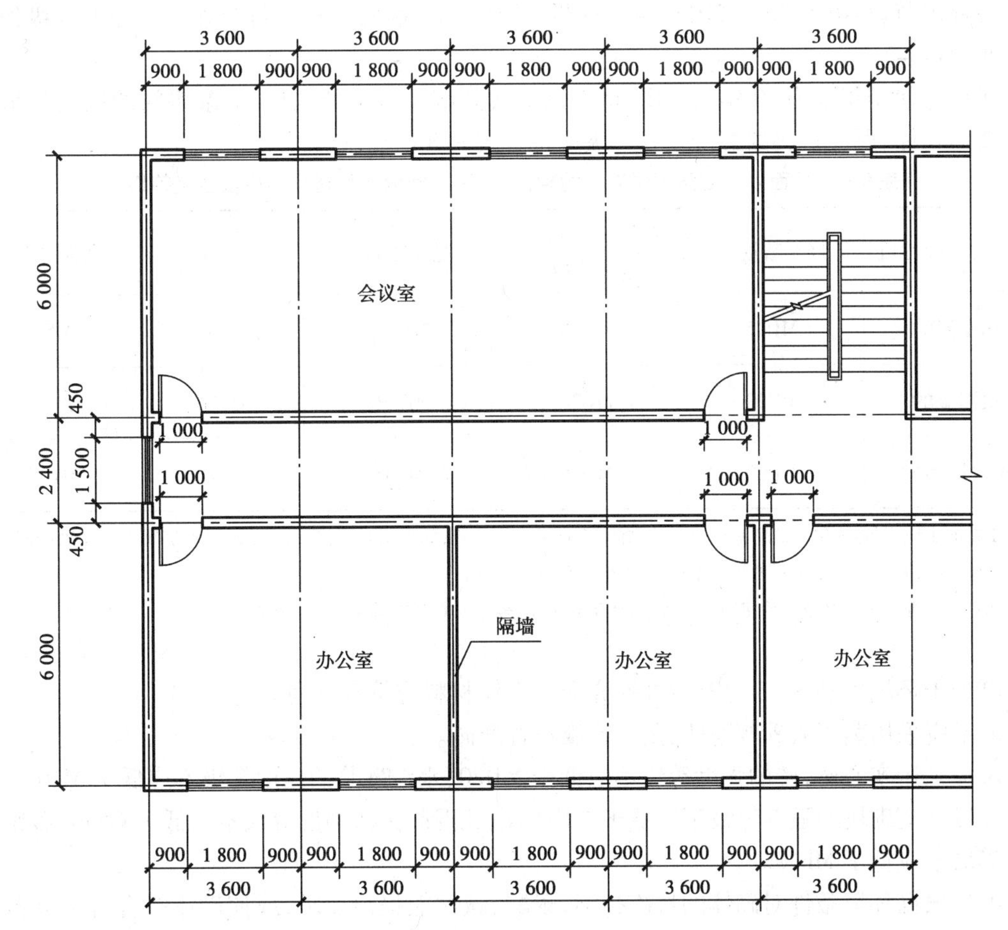

图9.6 某办公楼底层平面

砂浆强度等级为 M5,$[\beta]=24$

$$\beta=\frac{H_0}{h}=\frac{4.5\ \text{m}}{0.24\ \text{m}}=18.75<\mu_1\mu_2[\beta]=1.0\times0.8\times24=19.2 \quad (满足要求)$$

(3)横墙的高厚比验算

底层墙高 $H=4.5\ \text{m}$,$S=6\ \text{m}$,$2H\geqslant S>H$,查表9.6:

$$H_0 = 0.4S + 0.2H = 0.4 \times 6\ \text{m} + 0.2 \times 4.5\ \text{m} = 3.3\ \text{m}$$

$$\mu_1 = 1.0, \mu_2 = 1.0, [\beta] = 24$$

$$\beta = \frac{H_0}{h} = \frac{3.3\ \text{m}}{0.24\ \text{m}} = 13.75 < \mu_1\mu_2[\beta] = 1.0 \times 1.0 \times 24 = 24 \qquad \text{(满足要求)}$$

·9.3.4 墙、柱的一般构造要求·

砌体结构房屋墙、柱除应满足承载力计算和高厚比验算的要求外,还应满足相关的构造要求。

1)块材、砂浆的强度等级

一般墙体的砖和砂浆的强度等级可按截面承载力计算结果选用。但对某些墙体,《砌体结构设计规范》(GB 50003—2011)从耐久性、重要性方面考虑,对块材和砂浆的强度等级作了进一步规定。

①设计使用年限为50年的房屋,地面以下或防潮层以下的砌体,潮湿房间的墙或环境类别为2的砌体,所用材料的最低强度等级应符合表9.8的要求。

表9.8 地面以下或防潮层以下的砌体、潮湿房间墙所用材料的最低强度等级

基土的潮湿程度	烧结普通砖	混凝土普通砖、蒸压普通砖	混凝土砌块	石　材	水泥砂浆
稍潮湿的	MU15	MU20	MU7.5	MU30	M5
很潮湿的	MU20	MU20	MU10	MU30	M7.5
含水饱和的	MU20	MU25	MU15	MU40	M10

注:①在冻胀地区,地面以下或防潮层以下的砌体,不宜采用多孔砖,如采用时,其孔洞应用水泥砂浆灌实。当采用混凝土砌块时,其孔洞应采用强度等级不低于Cb20的混凝土灌实。

②对安全等级为一级或设计使用年限大于50年的房屋,表中材料强度等级应至少提高一级。

②处于环境类别3~5等有侵蚀性介质的砌体材料应符合下列规定:

a. 不应采用蒸压灰砂普通砖、蒸压粉煤灰普通砖。

b. 应采用实心砖,砖的强度等级不应低于MU20,水泥砂浆的强度等级不应低于M10。

c. 混凝土砌块的强度等级不应低于MU15,灌孔混凝土的强度等级不应低于Cb30,砂浆的强度等级不应低于Mb10。

d. 应根据环境条件对砌体的抗冻指标,耐酸、碱性能提出要求,或使砌体符合有关规范的规定。

2)最小截面规定

墙、柱的截面尺寸应与块材的尺寸相适应,如砖墙厚一般采用120,180,240,370,490,620 mm等尺寸。为了避免墙、柱因截面尺寸过小导致稳定性变差,应限制各种构件的最小尺寸。承重的独立砖柱截面尺寸不应小于240 mm×370 mm。毛石墙的厚度不宜小于350 mm,毛石柱较小边长不宜小于400 mm。当有振动荷载时,墙、柱不宜采用毛石砌体。

3）墙体与屋盖、楼盖的连接构造

①预制钢筋混凝土板在混凝土圈梁上的支承长度不应小于 80 mm，板端伸出的钢筋应与圈梁可靠连接，且同时浇筑；预制钢筋混凝土板在墙上的支承长度不应小于 100 mm，并按下列方法进行连接：

a. 板支承于内墙时，板端钢筋伸出长度不应小于 70 mm，且与支座处沿墙配置的纵筋绑扎，用强度等级不低于 C25 的混凝土浇筑成板带。

b. 板支承于外墙时，板端钢筋伸出长度不应小于 100 mm，且与支座处沿墙配置的纵筋绑扎，用强度等级不低于 C25 的混凝土浇筑成板带。

c. 预制钢筋混凝土板与现浇板对接时，预制板端钢筋应伸入现浇板中进行连接后，再浇筑现浇板。

②跨度大于 6 m 的屋架和跨度较大的梁（对砖砌体大于 4.8 m，对砌块和料石砌体大于 4.2 m，对毛石砌体大于 3.9 m），应在支承处砌体上设置混凝土或钢筋混凝土垫块。当墙中设有圈梁时，垫块与圈梁宜浇成整体。

③当梁跨度大于或等于下列数值时，其支承宜加设壁柱，或采取其他加强措施：对 240 mm 厚的砖墙为 6 m，对 180 mm 厚的砖墙为 4.8 m；对砌块、料石墙为 4.8 m。

4）墙体连接构造

①墙体转角处和纵横墙交接处应沿竖向每隔 400 ~ 500 mm 设拉结钢筋，其数量为每 120 mm 墙厚不少于 1 根直径为 6 mm 的钢筋；或采用焊接钢筋网片，埋入长度从墙的转角或交接处算起，对实心砖墙每边不小于 500 mm，对多孔砖墙和砌块墙不小于 700 mm。

②填充墙、隔墙应分别采取措施与周边主体结构构件可靠连接，连接构造和嵌缝材料应能满足传力、变形、耐久和防护要求。

③不应在截面长边小于 500 mm 的承重墙体、独立柱内埋设管线；不宜在墙体中穿行暗管或预留、开凿沟槽，当无法避免时，应采取必要的措施或按消弱后的截面验算墙体承载力。

④砌块砌体应分皮错缝搭砌，上下搭砌长度不得小于 90 mm。当搭砌长度不满足上述要求时，应在水平灰缝设置不少于 2ϕ4 的焊接钢筋网片（横向钢筋的间距不宜大于 200 mm，网片每端应伸出该垂直缝不小于 300 mm）。

⑤砌块墙与后砌隔墙交接处，应沿墙高每 400 mm 在水平灰缝内设置不少于 2ϕ4、横筋间距不大于 200 mm 的焊接钢筋网片，如图 9.7 所示。

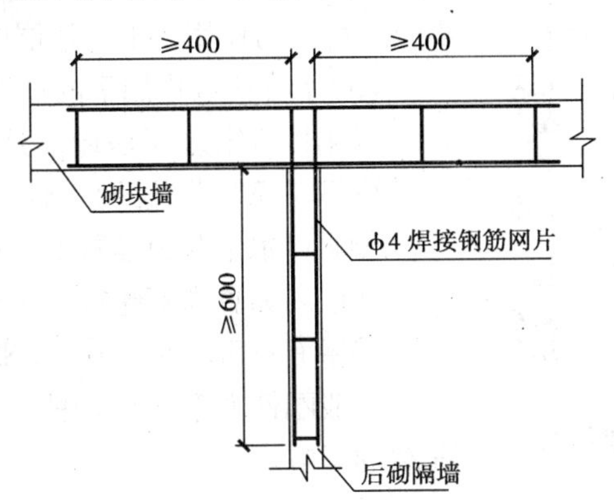

图 9.7　砌块墙与后砌隔墙交接处钢筋网片

⑥混凝土砌块房屋，宜将纵横墙交接处、距墙中心线每边不小于 300 mm 范围内的孔洞，采用不低于 Cb20 灌孔混凝土沿全墙高灌实。

⑦混凝土砌块墙体的下列部位，若未设圈梁或混凝土垫块，应采用不低于 Cb20 混凝土将孔洞灌实：

a. 格栅、檩条和钢筋混凝土楼板的支承面下，高度不应小于 200 mm 的砌体。

b. 屋架、梁等构件的支承面下，长度不应小于 600 mm 的砌体，高度不应小于 600 mm 的砌体。

c. 挑梁支承面下，距墙中心线每边不应小于 300 mm，高度不应小于 600 mm 的砌体。

· 9.3.5　多层刚性方案房屋的墙体计算 ·

大量的多层民用建筑，如住宅、旅馆、办公楼等，其横墙间距较小，楼(屋)盖采用钢筋混凝土梁板结构，房屋的空间刚度很大，一般属于刚性方案房屋。在设计时，除验算墙、柱的高厚比外，还应对墙、柱的控制截面进行承载力计算。

1) 多层房屋承重纵墙计算

(1) 计算单元的选取

在进行承重纵墙的承载力验算时，首先要选择计算部位，通常取受力较大、截面较弱的一段进行计算，称为计算单元。一般情况下，选择有代表性的一段纵墙作为计算单元，通常取相邻两洞口的中心之间的墙体(图 9.8)，无洞口时取相邻两梁中心之间的墙体(一个开间)。

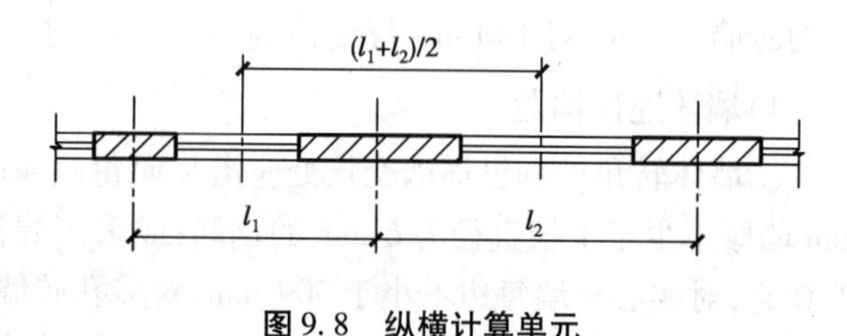

图 9.8　纵横计算单元

(2) 竖向荷载作用下的计算

多层刚性方案房屋在竖向荷载作用下，墙、柱在每层高度范围内，可近似地视作两端铰支的竖向构件，如图 9.9所示。在计算简图中，底层构件长度取基础顶面到楼板之间的距离，其余各层取层高。

对本层的竖向荷载，应考虑对墙、柱的实际偏心影响，当梁支承于墙上时，梁端支承压力 N_l 到墙内边的距离，应取 $0.4a_0$ (屋盖取 $0.33a_0$)。由上面楼层传来的荷载 N_u，可视为作用于上一楼层的墙、柱的截面形心处。

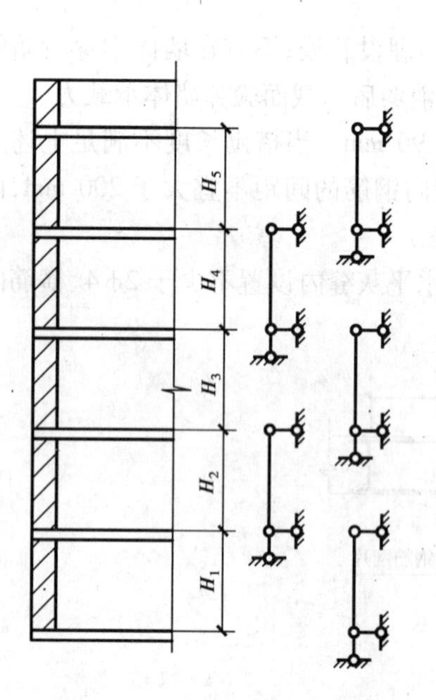

图 9.9　承重纵墙的计算简图

(3) 水平荷载作用下的计算

当刚性方案多层房屋的外墙符合下列要求时，静力计算可不考虑风荷载的影响：

①洞口水平截面面积不超过全截面面积的 2/3。

②层高和总高不超过表 9.9 的规定。

③屋面自重不小于 0.8 kN/m²。

一般刚性方案房屋均能满足上述要求，可不考虑风荷载的影响。

表 9.9　外墙不考虑风荷载影响时的最大高度

基本风压值/$(kN \cdot m^{-2})$	层　高/m	总　高/m
0.4	4.0	28
0.5	4.0	24
0.6	4.0	18
0.7	3.5	18

(4)控制截面及内力计算

对于第 i 层墙体(图 9.10),当截面不变化时,上部截面Ⅰ—Ⅰ为偏心受压,其内力为:

$$\begin{cases} N_{Ⅰ} = N_u + N_l \\ M_{Ⅰ} = N_l e_l \end{cases} \tag{9.10}$$

墙体下部截面Ⅱ—Ⅱ为轴心受压,其内力为:

$$\begin{cases} N_{Ⅱ} = N_u + N_l + G \\ M_{Ⅱ} = 0 \end{cases} \tag{9.11}$$

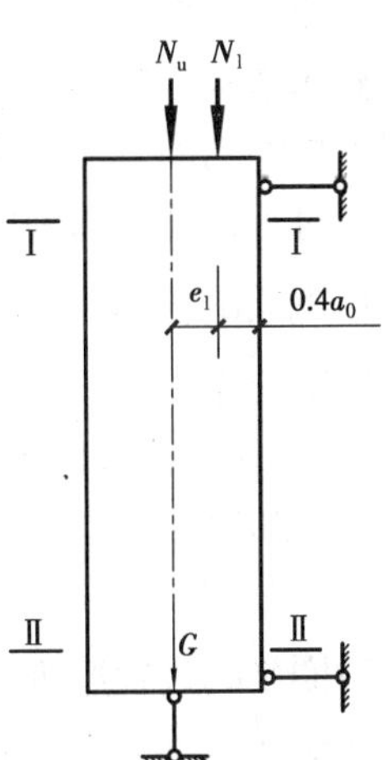

图 9.10　作用在纵墙上的竖向荷载

式中　N_u——由上层墙传来的荷载;

N_l——本层楼盖梁(或板)端支承压力;

G——本层墙体自重;

e_l——N_l 对本层墙体截面形心线的偏心距,e_l 可按式(9.12)计算:

$$e_l = y - 0.4a_0(0.33a_0) \tag{9.12}$$

其中　y——墙体截面形心到轴向力所在偏心方向截面边缘的距离;

a_0——梁(或板)有效支承长。

控制截面即内力组合值最大、截面承载力较小的截面。每层墙体的控制截面有两个:一是墙体顶部位于大梁(或板)底的砌体截面Ⅰ—Ⅰ,该截面弯矩最大,应对该截面进行偏心受压和梁端下砌体局部受压承载力计算;二是墙体底部的截面Ⅱ—Ⅱ(图 9.10),该处轴向力 N 最大,应按轴心受压构件进行受压承载力验算。

当各层墙体的截面及材料强度等级相同时,只需验算最下一层墙体的承载力。若截面或材料强度等级有变化,则变化层墙体也需进行验算。

2)多层房屋承重横墙计算

承重横墙的计算简图和内力分析与承重纵墙的基本相同,楼盖和屋盖可作为横墙的不动铰支点,各层均按静定结构计算。但也有不同之处,主要特征如下:

①荷载及计算单元。横墙一般承受均布荷载(墙体自重和楼板传来的荷载),故通常取1 m宽度的墙体作为计算单元。

②构件高度 H。底层和中间层取值与纵墙相同,但当顶层为坡屋顶时,该层应取层高加上山尖高度的1/2。

③控制截面。对于中间横墙,当由两边的恒载和活载引起的竖向力相同时,横墙只承受轴心压力,其控制截面可只取墙体底部进行轴心受压承载力验算。如果两边楼板的构造不同

(楼面恒载不同)或者开间不等,则作用于墙顶上荷载为偏心荷载,应按偏心受压来验算横墙上部截面的承载力。

9.4 圈梁、过梁和挑梁

·9.4.1 圈梁·

砌体结构房屋中,在墙体内沿水平方向设置的连续、封闭的钢筋混凝土梁,称为圈梁;位于房屋檐口处的圈梁又称为檐口圈梁;在 ±0.000 标高以下,基础顶面处设置的圈梁,又称为地圈梁。对有地基不均匀沉降或较大振动荷载的房屋,可在砌体墙中设置现浇钢筋混凝土圈梁。

1)圈梁的作用

圈梁的作用是增加房屋的整体刚度,防止由于地基不均匀沉降或较大振动荷载等对房屋造成不利影响,跨过门窗洞口的圈梁还可兼作过梁。在考虑地基不均匀沉降时,圈梁以设置在基础顶面和房屋檐口部位起的作用最大。如果房屋沉降中间较大,两端较小时,基础顶面的圈梁作用最大;如果房屋沉降中间较小,两端较大时,则位于檐口部位的圈梁作用最大。

2)圈梁的设置原则

通常考虑房屋的类型、层数、地基情况、荷载特点等条件来决定圈梁设置的位置和数量。对于一般的工业与民用建筑,《砌体结构设计规范》(GB 50003—2011)规定,圈梁的设置原则如下:

①厂房、仓库、食堂等空旷的单层房屋应按下列规定设置圈梁:

a. 砖砌体结构房屋,檐口标高为 5 ~ 8 m 时,应在檐口标高处设置圈梁一道;檐口标高大于 8 m 时,应增加设置数量。

b. 砌块及料石砌体房屋,檐口标高为 4 ~ 5 m 时,应在檐口标高处设置圈梁一道;檐口标高大于 5 m 时,应增加设置数量。

c. 对有吊车或较大振动设备的单层工业房屋,当未采取有效的隔振措施时,除在檐口或窗顶标高处设置现浇钢筋混凝土圈梁外,尚应增加设置数量。

②多层工业与民用建筑应按下列规定设置圈梁:

a. 住宅、办公楼等多层砌体结构民用房屋,且层数为 3 ~ 4 层时,应在底层和檐口标高处各设置一道圈梁。当层数超过 4 层时,除应在底层和檐口标高处各设置一道圈梁外,至少应在所有纵、横墙上隔层设置。

b. 多层砌体工业房屋,应每层设置现浇混凝土圈梁。

c. 设置墙梁的多层砌体房屋,应在托梁、墙梁顶面和檐口标高处设置现浇钢筋混凝土圈梁。

d. 采用现浇钢筋混凝土楼(屋)盖的多层砌体结构房屋,当层数超过 5 层时,除应在檐口标高处设置一道圈梁外,还可隔层设置圈梁,并与楼(屋)面板一起现浇。

③建筑在软弱地基或不均匀地基上的砌体房屋,除按上述规定设置圈梁外,尚应符合现行国家标准《建筑地基基础设计规范》(GB 50007—2011)的有关规定。

3)圈梁的构造要求

《砌体结构设计规范》(GB 50003—2011)规定,圈梁应符合下列构造要求:

①圈梁宜连续地设在同一水平面上,并形成封闭状。当圈梁被门窗洞口截断时,应在洞口上部增设相同截面的附加圈梁。附加圈梁与圈梁的搭接长度不应小于其到中垂直间距的2倍,且不得小于1 m,如图9.11所示。

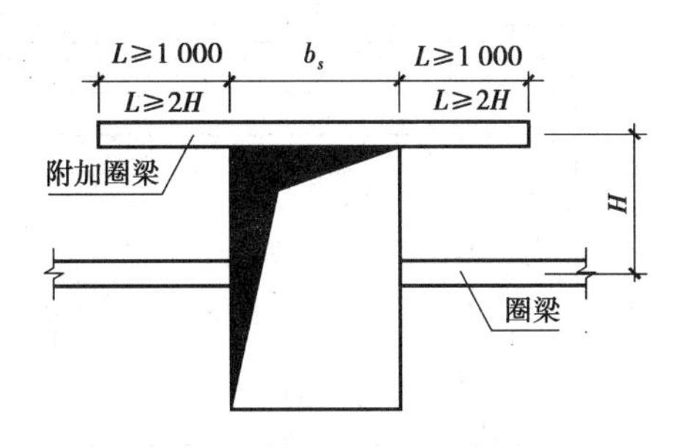

图9.11 附加圈梁

②纵横墙交接处的圈梁应有可靠的连接。刚弹性和弹性方案房屋,圈梁应与屋架、大梁等构件可靠连接。

③钢筋混凝土圈梁的宽度宜与墙厚相同,当墙厚 $h \geqslant 240$ mm 时,其宽度不宜小于 $2h/3$。圈梁高度不应小于120 mm。纵向钢筋不应少于4ϕ10,绑扎接头的搭接长度按受拉钢筋考虑,箍筋间距不应大于300 mm。

④圈梁兼作过梁时,过梁部分的钢筋应按计算用量另行增配。

⑤采用现浇钢筋混凝土楼(屋)盖的多层砌体结构房屋,圈梁应与楼(屋)面板一起现浇。未设置圈梁的楼面板嵌入墙内的长度不应小于120 mm,并沿墙长配置不少于2ϕ10的纵向钢筋。

·9.4.2 过梁·

砌体结构墙体中跨过门窗洞口上部的梁称为过梁。过梁的作用是承受门窗洞口上部墙体及梁、板传来的荷载。

1)过梁的类型及构造要求

常见的过梁有钢筋混凝土过梁和砖砌过梁两种。砖砌过梁又可分为砖砌平拱过梁、砖砌弧拱过梁和钢筋砖过梁3种。砖砌平拱和砖砌弧拱过梁是将砖竖立或侧立砌筑而成。钢筋砖过梁的砌筑方法同墙体,仅在过梁的底部水平灰缝内配置受力钢筋而成。常见的过梁类型如图9.12所示。

(1)钢筋混凝土过梁

钢筋混凝土过梁具有施工方便、跨度较大、抗震性能好等优点,因而在地震区得到广泛采用,是目前应用最广泛的过梁形式。钢筋混凝土过梁多采用预制构件,也可根据需要采用现浇。对有较大振动荷载或可能产生不均匀沉降的房屋,应采用钢筋混凝土过梁。

(2)砖砌过梁

砖砌过梁具有节约钢材和水泥、造价低廉、砌筑方便等优点,但对振动荷载和地基不均匀沉降较为敏感。因此,对有较大振动荷载或可能产生不均匀沉降的房屋,应采用钢筋混凝土过梁。砖砌过梁的跨度不宜过大,钢筋砖过梁不应超过1.5 m,砖砌平拱过梁不应超过1.2 m。

砖砌过梁的构造应符合下列规定:

①砖砌过梁截面计算高度(不大于$\frac{1}{3}l_n$或梁板以下高度)内的砂浆不宜低于M5。

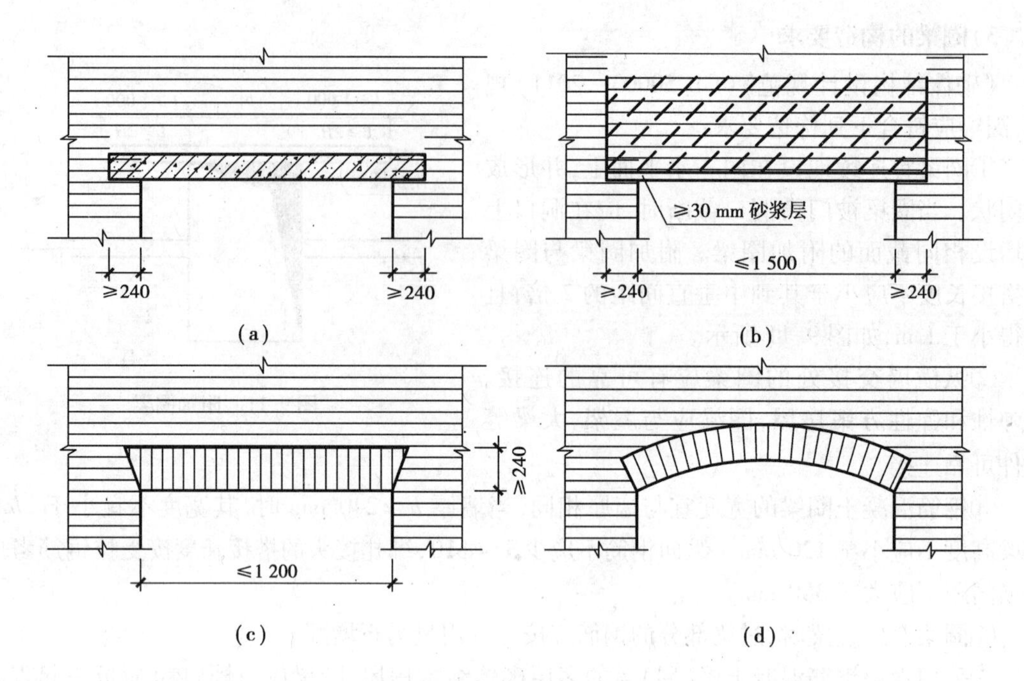

图 9.12 过梁类型

(a)钢筋混凝土过梁;(b)钢筋砖过梁;(c)砖砌平拱过梁;(d)砖砌弧拱过梁

②砖砌平拱用竖砖砌筑部分的高度不应小于 240 mm。

③钢筋砖过梁底面砂浆层的钢筋,其直径不应小于 5 mm,间距不宜大于 120 mm,钢筋伸入支座砌体内的长度不宜小于 240 mm,砂浆层的厚度不宜小于 30 mm。

2)过梁上荷载取值

过梁承受的荷载有两种情况:一种仅有墙体自重;另一种除墙体自重外,还承受梁、板传来的荷载。根据《砌体结构设计规范》(GB 50003—2011),过梁上的荷载按下列规定采用:

(1)梁、板荷载

对砖和砌块砌体,当梁、板下的墙体高度 $h_w < l_n$ 时(l_n 为过梁的净跨),过梁应计入梁、板传来的荷载;否则可不考虑梁、板荷载。

(2)墙体荷载

①对砖砌体,当过梁上的墙体高度 $h_w < l_n/3$ 时,墙体荷载应按墙体的均布自重采用;否则应按高度为 $l_n/3$ 墙体的均布自重采用。

②对砌块砌体,当过梁上的墙体高度 $h_w < l_n/2$ 时,墙体荷载应按墙体的均布自重采用;否则应按高度为 $l_n/2$ 墙体的均布自重采用。

·9.4.3 挑梁·

在砌体结构房屋中,一端埋入墙内,另一端悬挑在墙外的钢筋混凝土梁,称为挑梁。通常利用挑梁悬挑部分来承受雨篷、阳台、外走廊等传来的荷载,挑梁需埋入墙内一定长度以防止倾覆。

1)挑梁的受力特点和破坏形态

挑梁在荷载作用下可能发生以下 3 种破坏形态:

(1)挑梁倾覆破坏

当砌体强度足够,挑梁埋入墙内长度较短时,在荷载作用下,在挑梁埋入段尾部处的砌体中产生 $\alpha \geqslant 45°$方向的裂缝,并有可能贯穿全墙。此时挑梁上的墙体及其他抗倾覆荷载已不能有效地抵抗挑梁的倾覆,挑梁即发生倾覆破坏,如图 9.13(a)所示。

(2)挑梁下砌体局部受压破坏

当砌体的抗压强度较低,且挑梁埋入段较长时,挑梁埋入段尾部斜裂缝的发展比较缓慢,但由于挑梁下水平裂缝的发展,挑梁下砌体受压区段逐渐减少,压应力不断增大,可能使挑梁埋入段前部的砌体局部压碎而被破坏,如图 9.13(b)所示。

(3)挑梁自身破坏

若挑梁自身承载力不足,将发生受弯、受剪破坏,或者因挑梁端部变形过大影响正常使用,如图 9.13(c)所示。

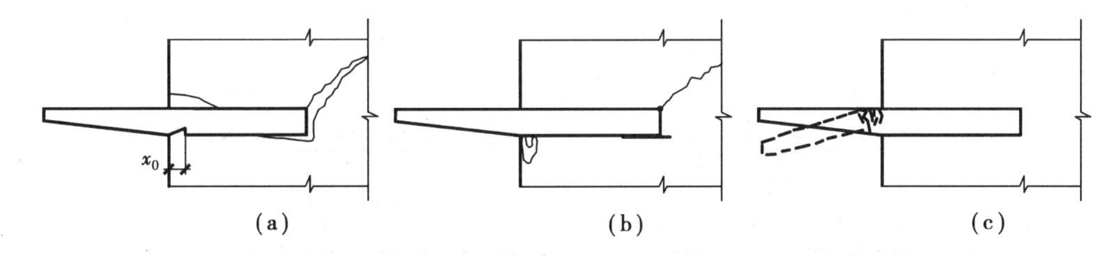

图 9.13 挑梁的破坏形态

(a)倾覆破坏;(b)挑梁下砌体局部受压破坏;(c)挑梁自身破坏

2)挑梁的计算

根据挑梁的 3 种破坏形态,应分别对挑梁进行抗倾覆验算、挑梁下砌体局部受压承载力验算和挑梁自身承载力验算。

(1)挑梁的抗倾覆验算

挑梁发生倾覆破坏,是由于外力对倾覆点的力矩大于或等于砌体和上部荷载对该点的力矩。挑梁发生倾覆破坏的计算简图,如图 9.14 所示,图中 O 点为挑梁丧失稳定时的计算倾覆点。《砌体结构设计规范》(GB 50003—2011)规定砌体墙中钢筋混凝土挑梁的抗倾覆按式(9.13)验算:

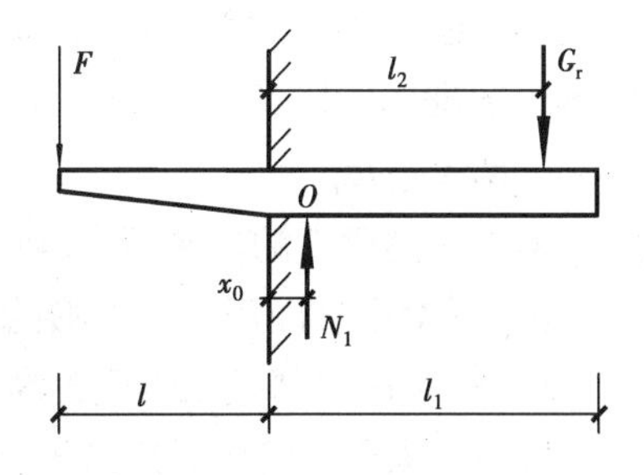

图 9.14 挑梁抗倾覆计算简图

$$M_{ov} \leqslant M_r \tag{9.13}$$

式中 M_{ov}——挑梁的荷载设计值对计算倾覆点产生的倾覆力矩;

M_r——挑梁的抗倾覆力矩设计值。

挑梁计算倾覆点 O 至墙外边缘的距离 x_0(mm),可按下列规定采用:当 $l_1 \geqslant 2.2h_b$ 时,取 $x_0 = 0.3h_b$,且 $x_0 \leqslant 0.13l_1$;当 $l_1 < 2.2h_b$ 时,取 $x_0 = 0.3l_1$。其中,l_1 为挑梁埋入砌体墙中的长度(mm),h_b 为挑梁的截面高度(mm)。当挑梁下有构造柱时,计算倾覆点至墙外边缘的距离可取 $0.5x_0$。

挑梁的抗倾覆力矩设计值可按式(9.14)计算:

$$M_r = 0.8G_r(l_2 - x_0) \tag{9.14}$$

式中　G_r——挑梁的抗倾覆荷载，为挑梁尾部上部45°扩散角阴影范围（其水平长度为 l_3）内，本层砌体与楼面恒荷载标准值之和，如图9.15所示。当上部楼层无挑梁时，抗倾覆荷载中可计及上部楼层的楼面永久荷载。

l_2——G_r 作用点至墙外边缘的距离。

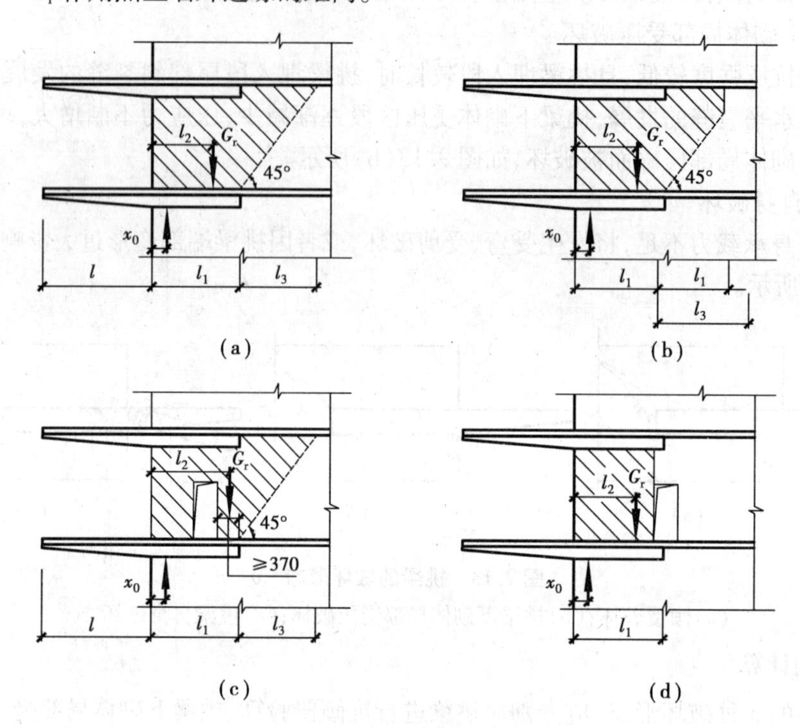

图9.15　挑梁的抗倾覆荷载

(a) $l_3 \leqslant l_1$ 时；(b) $l_3 > l_1$ 时；(c)洞在 l_1 之内；(d)洞在 l_1 之外

(2)挑梁下砌体局部受压承载力验算

挑梁下砌体的局部受压承载力，可按式(9.15)验算：

$$N_l \leqslant \eta\gamma f A_l \tag{9.15}$$

式中　N_l——挑梁下的支承压力，可取 $N_l = 2R$，R 为挑梁的倾覆荷载设计值；

η——梁端底面压应力图形的完整系数，取 $\eta = 0.7$；

γ——砌体局部抗压强度提高系数，对图9.16(a)可取1.25，对图9.16(b)可取1.5；

A_l——挑梁下砌体局部受压面积，可取 $A_l = 1.2bh_b$，其中，b 为挑梁截面宽度，h_b 为挑梁的截面高度。

(3)挑梁自身承载力验算

挑梁自身受弯、受剪承载力计算与一般钢筋混凝土梁相同。由于挑梁的倾覆点在离墙体边缘 x_0 处，因此，挑梁的最大弯矩设计值 $M_{max} = M_{ov}$，最大剪力设计值 $V_{max} = V_0$，V_0 为挑梁的荷载设计值在挑梁墙外边缘处截面产生的剪力。

3)挑梁的构造要求

挑梁除应符合《混凝土结构设计规范》(GB 50010—2010)的有关规定外，尚应满足下列构造要求：

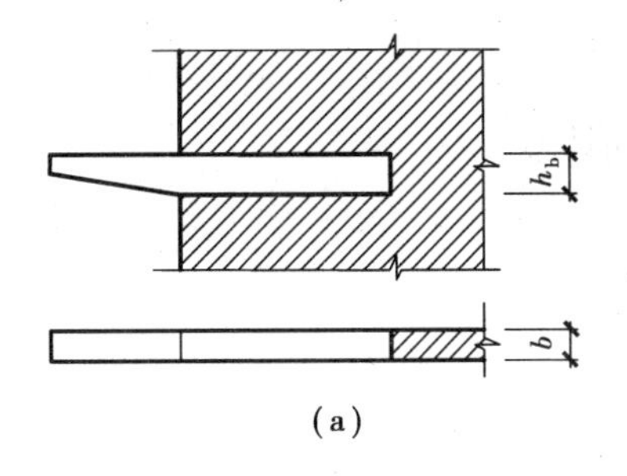

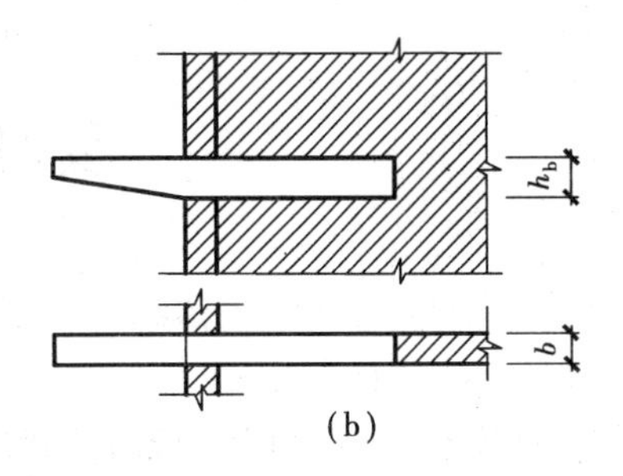

图 9.16 挑梁下砌体局部受压

(a)挑梁支撑在一字墙;(b)挑梁支撑在丁字墙

①纵向受力钢筋至少应有 1/2 的钢筋面积伸入梁尾端,且不少于 $2\phi12$。其余钢筋伸入支座的长度不应小于 $2l_1/3$。

②挑梁埋入砌体长度 l_1 与挑出长度 l 之比宜大于 1.2。当挑梁上无砌体时,l_1 与 l 之比宜大于 2。

小 结 9

本章主要讲述以下内容:

①砌体结构是指由各种块体通过砂浆铺缝砌筑而成的,作为建筑物主要受力构件的结构。砌体按是否配有钢筋分为无筋砌体和配筋砌体;按所用材料分为砖砌体、砌块砌体和石砌体。

②砌体的抗压强度较高,故在建筑物中主要利用砌体来承受压力。影响砌体抗压强度的因素主要有块材和砂浆的强度、砂浆的流动性和保水性、块材的尺寸与形状、砌筑质量等。

③砌体构件受压承载力计算公式为 $N \leqslant \varphi fA$,其中 φ 为考虑高厚比 β 和偏心距 e 对受压构件承载力的影响系数。设计时应注意使 $e \leqslant 0.6y$,当不能满足时应采用配筋砌体。

④梁端局部受压时,由于梁挠曲变形和砌体压缩变形的影响,梁端的有效支承长度 a_0 和实际支承长度 a 不同,梁下砌体的局部压应力也非均匀分布。当梁端局部受压承载力不满足要求时,应设置刚性垫块或垫梁。

⑤混合结构房屋的结构布置方案有横墙承重方案、纵墙承重方案、纵横墙承重方案、内框架承重方案、底层框架-剪力墙承重方案等。混合结构房屋的静力计算方案分为刚性方案、弹性方案和刚弹性方案 3 种。一般混合结构多层房屋多为刚性方案房屋。

⑥砌体结构房屋中,在墙体内沿水平方向设置的连续、封闭的钢筋混凝土梁称为圈梁。圈梁的主要作用是增强房屋的整体性和空间刚度,防止由于地基不均匀沉降或较大振动荷载等对房屋的不利影响。因此,在各类房屋砌体中均应按规定设置圈梁。

⑦砌体结构墙体中跨过门窗洞口上部的梁称为过梁,常见的有钢筋混凝土过梁和砖砌过梁两种。过梁上荷载的确定应符合《砌体结构设计规范》(GB 50003—2011)的相关规定。

⑧在砌体结构房屋中,一端埋入墙内,另一端悬挑在墙外的钢筋混凝土梁称为挑梁。挑梁应进行抗倾覆验算、挑梁自身承载力计算和挑梁下砌体局部受压承载力验算。

复习思考题 9

9.1　什么是砌体结构？砌体结构有哪些优缺点？

9.2　砌体有哪些种类？

9.3　影响砌体抗压强度的因素有哪些？

9.4　混合结构房屋的结构布置方案有哪些？静力计算方案有哪些？

9.5　什么是墙、柱的高厚比？为什么要验算墙、柱的高厚比？

9.6　什么是圈梁？圈梁的作用是什么？

9.7　圈梁的布置原则和构造要求有哪些？

9.8　过梁有哪几种类型？构造要求有哪些？

9.9　如何确定过梁上的荷载？

9.10　挑梁可能发生哪几种破坏？要进行哪些方面的验算？

9.11　挑梁的构造要求有哪些？

9.12　某砖柱截面尺寸为490 mm×620 mm,柱的计算高度 $H_0=5$ m,承受轴向压力设计值 $N=160$ kN,沿长边方向弯矩设计值 $M=20$ kN·m,施工控制质量为 B 级,采用 MU10 烧结普通砖、M2.5 混合砂浆砌筑。计算柱的受压承载力是否满足要求。

9.13　某多层砖混结构房屋,房屋的开间为3.6 m,每开间有1.8 m 宽的窗,墙厚240 mm,墙体计算高度 $H_0=4.8$ m,砂浆为 M2.5。若该墙体为承重墙体,试验算该墙体的高厚比是否满足要求。

10　钢结构知识

10.1　概　述

·10.1.1　钢结构的材料·

1)钢结构对材料的要求

钢结构采用的钢材应具有下列性能:

①屈服强度及抗拉强度较高。钢材的屈服强度f_y高可以减小构件的截面,从而减轻自重,节约钢材,降低造价;钢材的抗拉强度f_u高,可以增强结构的安全保障。

②塑性和韧性性能好。钢材的塑性好可使结构在破坏前具有比较明显的变形,从而减少脆性破坏的危险性,并且塑性变形还能调整局部高峰应力,使之趋于平缓;韧性好表示结构在动力荷载作用下,破坏时能吸收比较多的能量,表示钢材有较好的抵抗冲击荷载的能力。

③良好的加工性能。钢材应具有适合冷、热加工和良好的可焊性能,不因各种加工而对强度、塑性及韧性产生较大的不利影响。

此外,根据钢结构的具体工作条件,钢材在必要时还应该具有适应低温、有害介质侵蚀及疲劳荷载作用等性能。

2)钢材的破坏形式

钢材有两种性质完全不同的破坏形式,即塑性破坏和脆性破坏。

钢材的应力超过屈服强度f_y后,即有明显的塑性变形产生,应力达到抗拉强度f_u后,构件将在很大变形的情况下断裂,断口呈纤维状,色泽发暗。这就是钢材的塑性破坏。塑性破坏前,结构有明显的变形,并有较长的变形持续时间,容易及时发现并采取补救措施。

钢材脆性破坏前塑性变形很小,甚至没有塑性变形,破坏往往发生在瞬间,破坏前没有明显的预兆,断口平齐且呈有光泽的晶粒状。由于脆性破坏没有明显的预兆,无法及时察觉和采取补救措施,危险性大,所以在设计、施工和使用过程中,均应采取措施防止钢材发生脆性破坏。

3)钢材的机械性能

机械性能是衡量钢材质量的重要指标,包括强度、塑性和韧性等。这些指标须经试验测定。

(1)屈服强度

如图 10.1 所示,钢材的屈服强度 f_y 是衡量结构的承载能力和确定强度设计值的指标。碳素结构钢和低合金结构钢在受力达到屈服强度以后应变急剧增长,从而使结构的变形迅速增加以致不能继续使用。所以钢结构的强度设计值一般都是以钢材屈服强度 f_y 为依据而确定的。

(2)抗拉强度

钢材的抗拉强度 f_u 是应力-应变图中的最大应力值,它是衡量钢材抵抗拉断的性能指标,直接反映钢材内部组织的优劣,并与疲劳强度有着比较密切的关系。

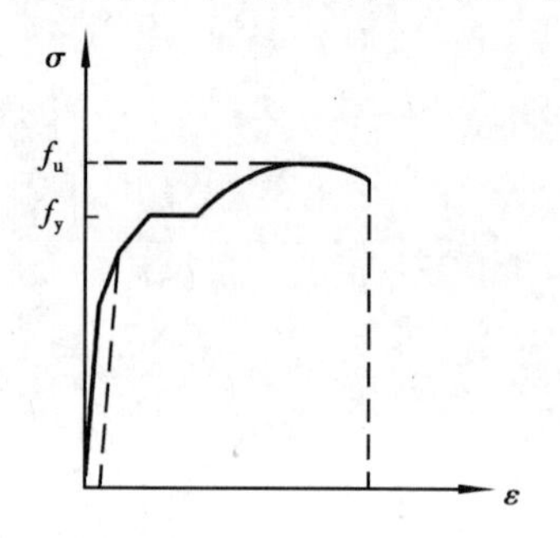

图 10.1　钢材的应力-应变图

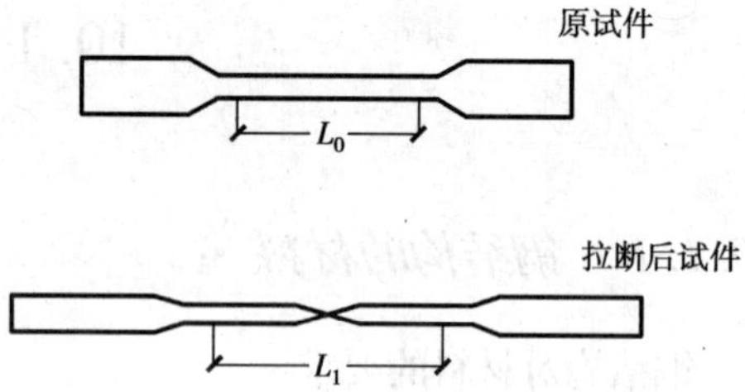

原试件

L_0

拉断后试件

L_1

图 10.2　钢材的受拉试件

(3)伸长率

钢材的伸长率是衡量钢材塑性性能的指标。钢材的塑性是指在外力作用下,产生永久变形时抵抗断裂的能力。伸长率 δ 等于试件(图 10.2)拉断后,原标距间的塑性变形(即伸长值)和原标距比值的百分率,即

$$\delta = \frac{L_1 - L_0}{L_0} \times 100\% \tag{10.1}$$

式中　δ——伸长率;

L_0——试件原标距长度;

L_1——试件拉断后的原标距间的长度。

δ 随试件的标距长度不同而不同,试件的标距有 $10d$ 及 $5d$(d 为试件直径)两种,其伸长率分别以 δ_{10} 及 δ_5 表示。

(4)冷弯性能

结构在制作、安装过程中要进行冷加工,尤其是焊接结构焊后变形的调直等工序,都需要钢材有较好的冷弯性能。冷弯性能由冷弯试验测定,如图 10.3 所示。试验时按规定的弯心直径将试件弯成 180°,其表面及侧面无裂纹、裂缝或裂断则为“冷弯试验合格”。冷弯试验合格一方面表示材料塑性变形能力符合要求;另一方面表示钢材的冶金质量(颗粒结晶及非金属夹杂分布)符合要求。因此,冷弯性能是判别钢材塑性变形能力及冶金质量的综合指标。

(5)冲击韧性

钢材在动力荷载作用下的破坏是脆性断裂。冲击韧性就是衡量钢材承受动力荷载时抵抗脆性断裂破坏时的性能,其指标用冲击值来表示。冲击值通过冲击试验测定,如图 10.4 所示。现行国家标准规定采用国际上通用的夏比 V 型缺口试件在夏比试验机上进行试验,试件折断所需的功就是冲击值,用 A_{kV} 或 C_V 表示,单位为 J。

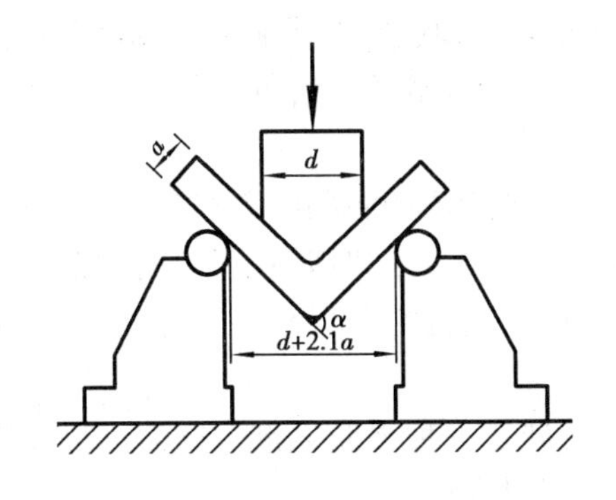

图 10.3　冷弯试验

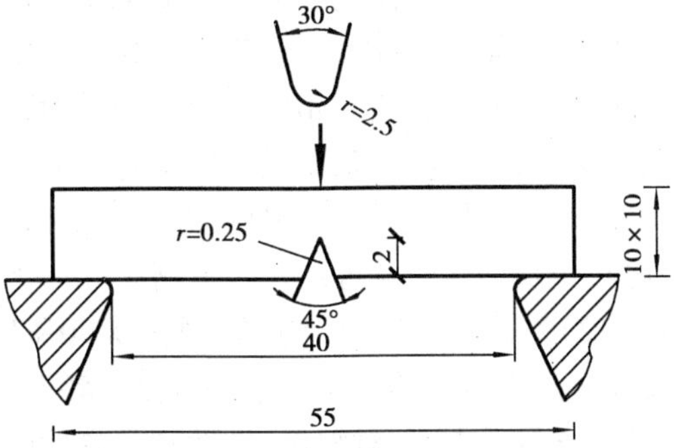

图 10.4　夏比冲击试验

钢材的强度设计值见表 10.1。

表 10.1　钢材的强度设计值　　单位：N/mm²

钢材		抗拉、抗压和抗弯 f	抗剪 f_v	端面承压（刨平顶紧）f_{ce}
钢号	厚度或直径/mm			
Q235 钢	≤16	215	125	325
	>16～40	205	120	
	>40～60	200	115	
	>60～100	190	110	
Q345 钢	≤16	310	180	400
	>16～35	295	170	
	>35～50	265	155	
	>50～100	250	145	
Q390 钢	≤16	350	205	415
	>16～35	335	190	
	>35～50	315	180	
	>50～100	295	170	
Q420 钢	≤16	380	220	440
	>16～35	360	210	
	>35～50	340	195	
	>50～100	325	185	

注：表中厚度是指计算点的钢材厚度，对轴心受拉和轴心受压构件是指截面中较厚板件的厚度。

4）钢材的化学成分

钢是由各种化学成分组成的，化学成分及其含量对钢材的性能，特别是力学性能有着重要影响。铁(Fe)是钢的基本元素。在碳素结构钢中,铁约占99%,其余1%是碳(C)、硅(Si)、锰(Mn)、硫(S)、磷(P)、氧(O)、氮(N)等。在低合金结构钢中还含有少量的合金元素,如铜(Cu)、钛(Ti)、钒(V)、铌(Nb)、铬(Cr)、硼(B)、镍(Ni)等。

碳素结构钢中,碳是除铁以外的最主要元素,它直接影响着钢材的强度、塑性、韧性和可焊性等。随着含碳量的增加,钢材的屈服强度和抗拉强度提高,而塑性和韧性下降,同时钢材的冷弯性能、耐腐蚀性能及可焊性也显著下降。因此,钢结构中钢材的含碳量不宜太高,一般不应超过0.22%,焊接结构中则应限制在0.20%以下。

锰和硅是钢材中的有益元素。锰是一种弱脱氧剂,而硅是一种强脱氧剂。它们可提高钢材的强度,含量适宜时,对塑性、韧性和可焊性的不良影响不太明显。

硫是有害元素,含硫量增大会降低钢材的塑性、冲击韧性、疲劳强度和抗锈蚀性能。在高温时,硫使钢变脆,称为热脆。磷也是有害元素,它能降低钢材的塑性和低温时的冲击韧性。在低温时,磷使钢变脆,称为冷脆。但磷可提高钢的强度和抗锈蚀能力。一般硫、磷的含量应不超过0.045%。

氧和氮也是有害杂质,在金属熔化的状态下可以从空气中进入。氧能使钢热脆,其作用比硫剧烈,氮能使钢冷脆,与磷相似。故其含量必须严格加以控制。

钒和钛是有益元素,能提高钢的强度和抗锈蚀能力,而不显著降低其塑性。

5)钢材的钢号、选择及规格

(1)钢种与钢号

钢结构所用的钢材有不同的种类,每个种类又有不同的牌号,简称钢种与钢号。在钢结构中采用的钢材主要是碳素结构钢和低合金结构钢。

• 碳素结构钢　碳素结构钢的牌号(简称钢号)由代表屈服强度的字母Q、屈服强度数值、质量等级符号、脱氧方法符号4部分按顺序组成。例如Q235AF。

根据屈服强度数值,碳素结构钢分为Q195,Q215,Q235,Q275共4种,钢结构一般只用Q235。碳素钢的质量等级分为A,B,C,D四级,A级钢只保证抗拉强度、屈服强度和伸长率,必要时还可附加保证冷弯试验的要求;B,C,D级钢均保证抗拉强度、屈服强度、伸长率、冷弯性能和冲击韧性等力学性能。按脱氧方法不同分为镇静钢(Z)、沸腾钢(F)与特殊镇静钢(TZ)。

按国家标准规定,符号Z和TZ在表示牌号时予以省略。对Q235钢来说,A,B两级的脱氧方法可以是Z或F,C级只能是Z,D级只能是TZ。这样,其牌号表示法及代表的意义如下:

Q235A——屈服强度为235 N/mm^2,A级,镇静钢;
Q235AF——屈服强度为235 N/mm^2,A级,沸腾钢;
Q235B——屈服强度为235 N/mm^2,B级,镇静钢;
Q235BF——屈服强度为235 N/mm^2,B级,沸腾钢;
Q235C——屈服强度为235N/mm^2,C级,镇静钢;
Q235D——屈服强度为235N/mm^2,D级,特殊镇静钢。

• 低合金结构钢　低合金钢是在普通碳素钢中添加一种或几种少量的其他元素,其屈服强度和抗拉强度比相应的碳素钢高,并具有良好的塑性和冲击韧性(特别是低温冲击韧性),也较耐腐蚀。其牌号表示方法与碳素结构钢相同。

根据国家标准《低合金高强度结构钢》(GB/T 1591—2008)的规定,低合金高强度结构钢分为 Q295,Q345,Q390,Q420 及 Q460 共 5 种,其中 Q345,Q390 为钢结构常用的钢种。质量等级分为 A,B,C,D,E 五级。低合金高强度结构钢一般为镇静钢,因此钢的牌号中不注明脱氧方法。

(2)钢材的选择

选择钢材的目的是要做到安全可靠,用材经济合理。承重结构的钢材,应根据结构的重要性、荷载特征、连接方法、工作温度等不同情况选择其钢号及材质。《钢结构设计规范》规定:

①承重结构的钢材宜采用 Q235,Q345,Q390 和 Q420 钢,其质量应分别符合现行国家标准《碳素结构钢》(GB/T 700—2006)和《低合金高强度结构钢》(GB/T 1591—2008)的规定。当采用其他牌号的钢材时,还应符合相应有关标准的规定和要求。

②下列情况的承重结构和构件不应采用 Q235 沸腾钢:

• 焊接结构　直接承受动力荷载或振动荷载且需要验算疲劳的结构;工作温度低于 -20 ℃时直接承受动力荷载或振动荷载但可不验算疲劳的结构,以及承受静力荷载的受弯及受拉的重要承重结构;工作温度等于或低于 -30 ℃的所有承重结构。

• 非焊接结构　工作温度等于或低于 -20 ℃时直接承受动力荷载且需要验算疲劳的结构。

③承重结构采用的钢材应具有抗拉强度、伸长率、屈服强度和硫、磷含量的合格保证,对焊接结构应具有碳含量的合格保证。焊接承重结构以及重要的非焊接承重结构的钢材还应具有冷弯试验的合格保证。

(3)钢材的规格

钢结构构件宜直接选用型钢,可减少制造工作量,降低造价。型钢尺寸不合适或构件很大时则用钢板制作。因此钢结构所用钢材主要是型钢及钢板。

①热轧钢板。热轧钢板分厚钢板(厚度 4.5 ~ 60 mm)、薄钢板(厚度 0.35 ~ 4 mm)及扁钢(厚度 4 ~ 60 mm,宽度 30 ~ 200 mm)。钢板的表示方法是在符号"—"后加"宽 × 厚 × 长(各单位均为 mm)",如:— 600 × 8 × 1 000。

②热轧型钢。热轧型钢有角钢、工字钢、槽钢、钢管等,如图 10.5 所示。

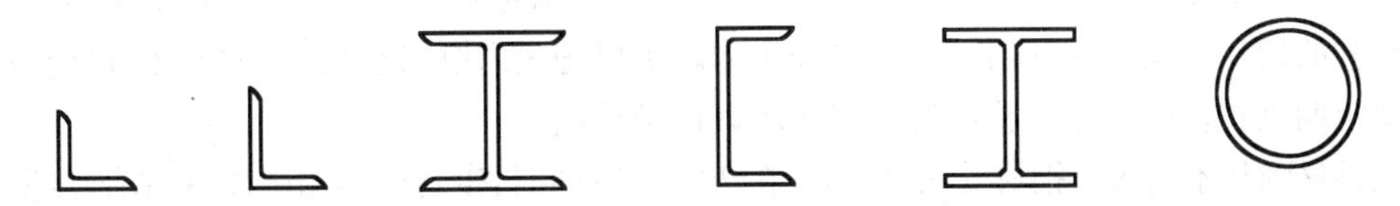

图 10.5　热轧型钢的截面

• 角钢　角钢有等边和不等边两种。角钢表示方法是在符号"∟"后加"长边宽 × 短边宽 × 肢厚(单位均为 mm)",如∟ 100 × 80 × 8。等边角钢是在"∟"后加"边宽 × 肢厚",如∟ 100 × 80。

• 工字钢　工字钢分为普通工字钢和轻型工字钢。表示方法是在符号"Ⅰ"后加号数,号数即为其截面高度的厘米数,20 号以上的普通型钢按腹板厚度分 a,b,c 3 种,a 类腹板较薄,如Ⅰ30a。

• H 型钢　H 型钢是目前使用很广泛的热轧型钢,其翼缘内外两侧平行,便于与其他构件相连。可分为宽翼缘 H 型钢(HW)、中翼缘 H 型钢(HM)、窄翼缘 H 型钢(HN)。H 型钢的规格采用"高度 H × 宽度 B × 腹板厚度 t_1 × 翼缘厚度 t_2(单位均为 mm)"表示,如 HW300 × 300 ×

10×15。

• 槽钢　槽钢分普通槽钢和轻型槽钢两种。槽钢的表示方法与工字钢相似。在符号“[”后加号数，号数即为其截面高度的厘米数，如[32a。

• 钢管　钢管有无缝及焊接两种，用符号“Φ”后面加“外径×厚度(单位均为mm)”表示，如Φ180×8。

③薄壁型钢。薄壁型钢是用1.5～5 mm厚的薄钢板经冷弯或模压而成型的。薄壁型钢的截面形式如图10.6所示。

热轧型钢的型号及截面几何特性可参考有关资料。

图10.6　薄壁型钢的截面

·10.1.2　钢结构的特点·

钢结构和其他材料的结构相比具有如下特点：

①钢材的强度高，塑性、韧性好。钢材的强度比混凝土、砖石、木材等要高得多，钢材的塑性、韧性也较其他材料好，一般情况下不宜突然断裂，对动力荷载的适应性也比较强。

②钢结构的实际受力情况与力学计算假定比较接近。钢材内部组织比较均匀，接近各向同性，同时，在一定的应力幅度范围内几乎完全是弹性的，这些性能和力学计算中的假定比较接近。

③钢结构的自重轻。钢材的质量密度虽较其他建筑材料大，但由于钢材的强度高，因而用钢材建造的结构比其他结构轻。

④钢结构制作、安装的工业化程度高。钢结构的制作主要是在专业化的金属结构厂进行的，精确度很高。在安装方面，钢结构的装配化程度高，安装速度快，工期短。

⑤钢结构的耐腐蚀性较差。钢材在潮湿环境中，特别是有腐蚀性介质的环境中容易锈蚀，影响结构的使用寿命。为此对钢结构必须采取防护措施，新建的钢结构需要油漆，已建成的钢结构要定期维护。因此钢结构的维护费用较其他结构高。

⑥钢材耐热不耐火。钢材受热时，温度在200 ℃以内时，钢材的屈服强度、抗拉强度降低不多；温度超过200 ℃后，材质发生较大变化，不仅强度降低，还会发生蓝脆现象；温度达到500～600 ℃时，钢材进入塑性状态而不能继续承载。因此，《钢结构设计规范》规定当钢结构的表面长期受辐射热在150 ℃以上或在短时间内可能受到火焰作用时，应采取有效的防护措施。

根据上述特点，钢结构主要应用于大跨度结构、厂房结构、高层建筑结构、高耸构筑物、可拆卸结构等。

10.2　钢结构的连接

钢结构的连接方法可分为焊接、铆钉连接和螺栓连接3种，如图10.7所示。

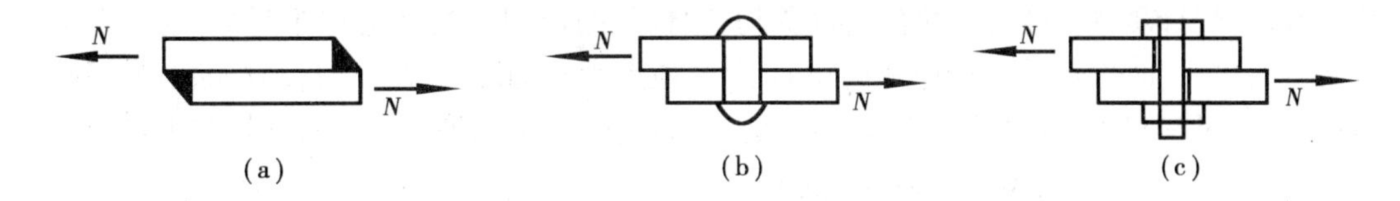

图 10.7 钢结构的连接方法

(a)焊缝连接;(b)铆钉连接;(c)螺栓连接

焊接是目前钢结构最主要的连接方法,其优点是构造简单,节约钢材,加工方便,易于采用自动化操作。目前,在工业与民用建筑中绝大部分的连接均已采用焊接。

铆钉连接因费钢费工,现已很少采用。但铆钉连接的塑性和韧性较好,传力可靠,质量易于检查,在一些重型和直接承受动力荷载的结构中,有时仍然采用。

螺栓连接分为普通螺栓连接和高强度螺栓连接两种。普通螺栓连接施工简单,拆装方便,主要用在安装结构和可拆装结构中;高强度螺栓连接具有连接紧密,受力良好,耐疲劳,可拆换,安装简单,便于养护以及动力荷载作用下不易松动等优点,是很有发展前途的一种连接方法。

· 10.2.1 焊接连接 ·

1)钢结构中常用的焊接方法

焊接连接有电弧焊、电阻焊和气焊等方法。电弧焊又分为手工电弧焊、自动或半自动埋弧焊、CO_2 气体保护焊等。目前,钢结构中常用的是手工电弧焊。

• 手工电弧焊　其原理如图 10.8 所示。通电后,在涂有焊药的焊条与焊件间产生电弧。在高温作用下,电弧周围的金属变成液态,形成熔池,同时,焊条熔化滴落熔池中,并与焊件熔化部分结成焊缝。焊条药皮在焊接过程中产生气体,防止空气中的氧、氮等有害气体与熔化的液体金属接触,避免形成脆性易裂的化合物。手工电弧焊焊条应与焊件金属品种相适应,Q235 钢焊件用 E43 系列型焊条,Q345 钢焊件用 E50 系列型焊条,Q390 钢焊件用 E55 系列型焊条。

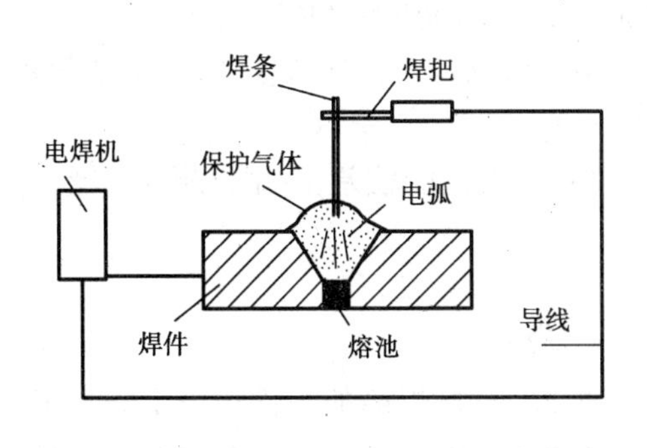

图 10.8 手工电弧焊原理图

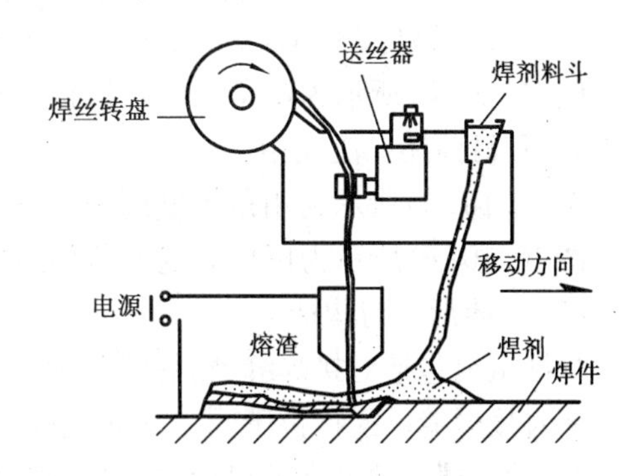

图 10.9 自动(或半自动)埋弧焊原理图

• 自动(或半自动)埋弧焊　其原理如图 10.9 所示。其主要设备是自动电焊机,它可沿轨道按选定的速度移动。通电引弧后,由于电弧的作用,使埋于焊剂下的焊丝和附近的焊剂熔化,熔渣浮在熔化的焊缝金属上面,使熔化金属不与空气接触,有时还可供给焊缝必要的合金元素，以改善焊缝质量。随着焊机的自动移动，颗粒状的焊剂不断地由料斗漏下，电弧完全被埋在焊剂之内，同时焊丝也自动地随熔化而下降，故称为自动埋弧焊。半自动焊除由人工操作前进外，其余过程与自动焊相同，而焊缝质量介于自动焊与手工焊之间。自动焊和半自动焊所采用的焊丝和焊剂要与主体金属强度相适应。

2)焊接连接形式及焊缝形式

(1)连接形式

焊接连接形式按被连接构件间的相对位置分为对接、搭接、T形连接和角部连接4种。这些连接所采用的焊缝形式主要有对接焊缝和角焊缝。

图10.10(a)所示为用对接焊缝的对接连接，它的特点是用料经济，传力均匀平缓，没有明显的应力集中，但是焊件边缘需要加工。

图10.10(b)所示为用拼接板和角焊缝的对接连接，这种连接传力不均匀、费料，但施工简便，所接两板的间隙大小无需严格控制。

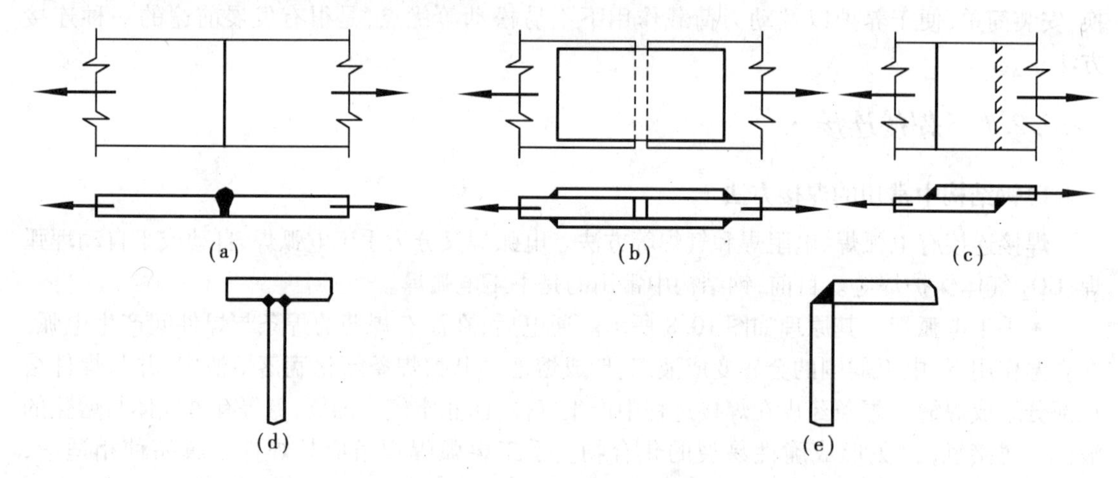

图10.10 焊接连接的形式

(a)用对接焊缝的对接连接；(b)用拼接板和角焊缝的对接连接；
(c)用角焊缝的搭接连接；(d)用角焊缝的工形连接；(e)用角焊缝的角部连接

图10.10(c)所示为用角焊缝的搭接连接，这种连接传力不均匀，材料较费，但构造简单，施工方便，目前还广泛应用。

图10.10(d)所示为用角焊缝的T形连接，构造简单，受力性能较差，应用也颇为广泛。

图10.10(e)所示为用角焊缝的角部连接。

(2)焊缝形式与构造

焊缝主要包括对接焊缝、角焊缝两种形式。

• 对接焊缝　连接位于同一平面的构件采用对接焊缝，对接焊缝的焊件边缘常需加工坡口，焊接的金属就填充在坡口内，所以对接焊缝是被连接板件的组成部分。对接焊缝按坡口形式分为直边缝、单边V形缝、双边V形缝，U形缝、K形缝和X形缝等，如图10.11所示。

当焊件厚度t很小($t \leqslant 10$ mm)，可采用直边缝；对于一般厚度($t = 10 \sim 20$ mm)的焊件可采用有斜坡口的单边V形缝或双边V形缝；对于较厚的焊件($t > 20$ mm)，可采用U形缝、K形缝或X形缝。对于V形缝和U形缝的根部，还需要清除焊根并进行补焊。对于没有条件清根和补焊者,要事先加垫板以保证焊透。

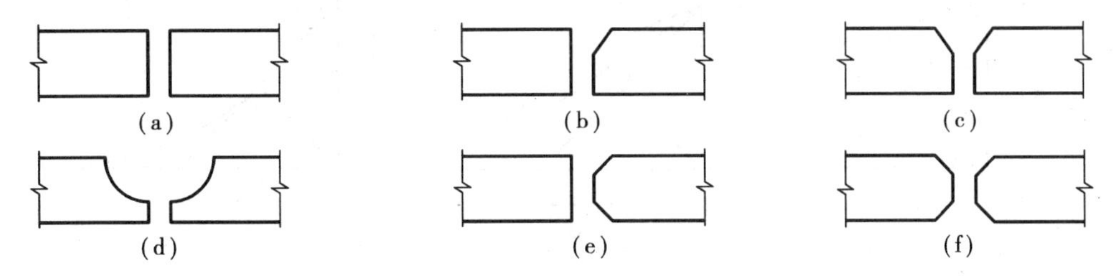

图 10.11 对接焊缝的坡口形式

(a)直边缝;(b)单边 V 形缝;(c)双边 V 形缝;(d)U 形缝;(e)K 形缝;(f)X 形缝

在钢板宽度不同或厚度在一侧相差 4 mm 以上时,应分别在宽度方向或厚度方向一侧或两侧做成坡度不大于 1∶2.5 的斜角,如图 10.12 所示。

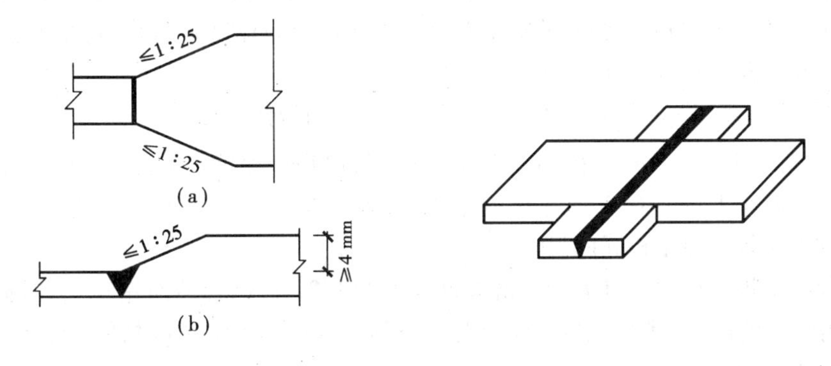

图 10.12 不同宽度或厚度钢板的拼接

(a)不同宽度钢板的拼接;(b)不同厚度钢板的拼接

图 10.13 对接焊缝的引弧板

对接焊缝的起弧和落弧点,常因不能熔透而出现缺陷,该处易产生裂纹和应力集中现象。为消除焊口缺陷,焊接时可将焊缝的起点和终点延伸至引弧板(如图 10.13 所示)上,焊后将引弧板切除。

• 角焊缝　在相互搭接或丁字连接构件的边缘,所焊截面为三角形的焊缝,称为角焊缝(如图 10.10(b),(c),(d),(e)所示)。角焊缝按其与作用力的关系可分为正面角焊缝、侧面角焊缝。正面角焊缝的焊缝长度方向与作用力垂直,如图 10.14(a)所示;侧面角焊缝的焊缝长度方向与作用力平行,如图 10.14(b)所示。

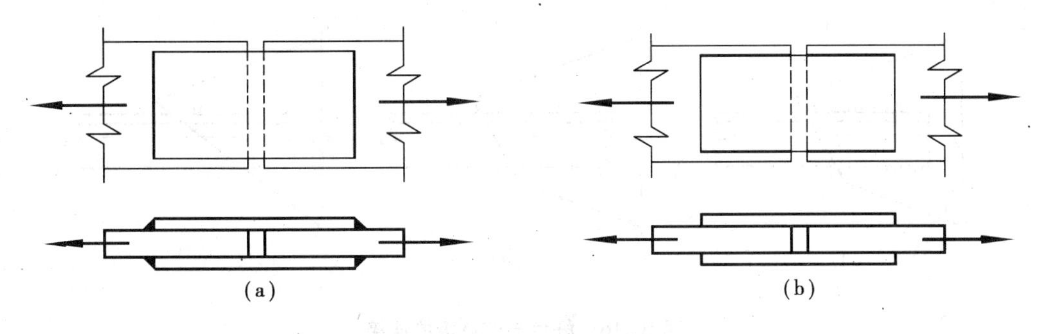

图 10.14 角焊缝

(a)正面角焊缝;(b)侧面角焊缝

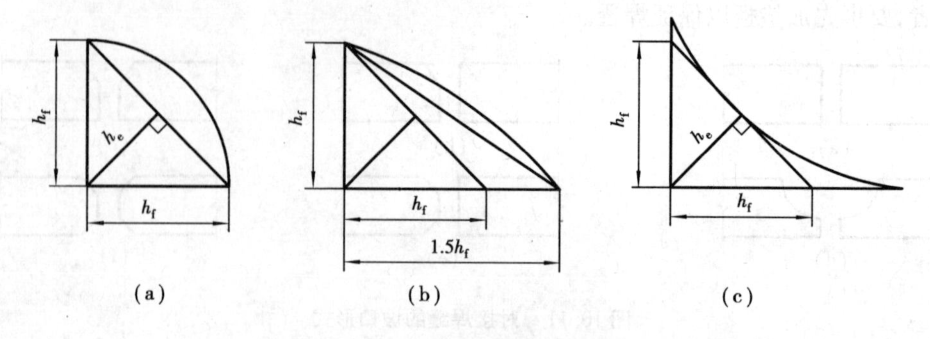

图 10.15　直角角焊缝截面

钢结构中,最常用的是图 10.15(a)所示的普通直角角焊缝。

直角角焊缝的直角边长度称为焊脚尺寸,其中较小的焊脚尺寸以 h_f 表示,在以 h_f 为两直角边的直角三角形中,与 h_f 成45°的喉部长度为焊缝的有效厚度 h_e,也就是角焊缝计算截面的有效厚度。在直角角焊缝中,$h_e = \cos 45° \times h_f \approx 0.7h_f$。

《钢结构设计规范》规定角焊缝的焊脚尺寸应符合下列要求:

①角焊缝的焊脚尺寸 h_f 不得小于 $1.5\sqrt{t}$,t 为较厚焊件厚度(单位取 mm)。对自动焊,最小焊脚尺寸则减小 1 mm;对 T 形连接的单面角焊缝,应增加 1 mm;当焊件厚度等于或小于 4 mm 时,则取与焊件厚度相同的尺寸。

②角焊缝的焊脚尺寸不宜大于较薄焊件厚度的 1.2 倍(钢管结构除外)。但板件(厚度为 t)的边缘角焊缝的最大焊脚尺寸 h_f,还应符合下列要求:当 $t \leqslant 6$ mm 时,$h_f \leqslant t$;当 $t > 6$ mm 时,$h_f \leqslant t-(1 \sim 2$ mm)。

③角焊缝的两焊脚尺寸一般相等。当两焊件厚度相差悬殊,用等焊脚尺寸无法满足要求时,可用不等焊脚尺寸。

④侧面角焊缝或正面角焊缝的计算长度不得小于 $8h_f$ 和 40 mm。

⑤侧面角焊缝的计算长度,不宜大于 $60h_f$。如大于上述数值,其超过部分在计算中不予考虑,若内力若沿侧面角焊缝全长分布,其计算长度不受此限。

⑥杆件与节点板的连接焊缝,如图 10.16 所示,宜采用两面侧焊,也可采用三面围焊,对角钢杆件也可用 L 形围焊,所有围焊的转角处必须连续施焊。

⑦当角焊缝的端部在构件转角处做长度为 $2h_f$ 的绕角焊时,转角处必须连续施焊。

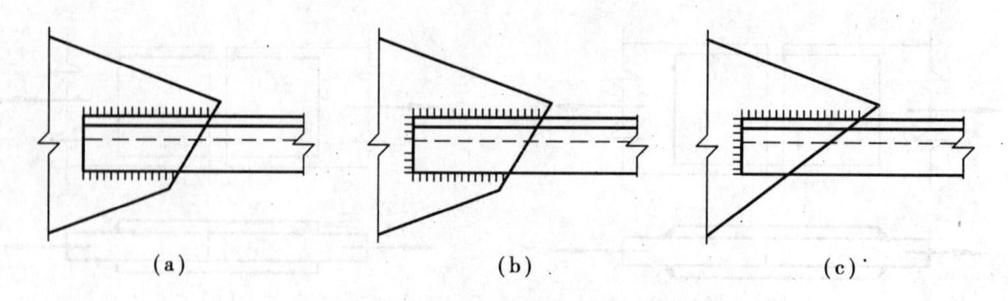

图 10.16　杆件与节点板的连接

(a)两面侧焊;(b)三面围焊;(c)L 形围焊

3)焊缝符号

在钢结构施工图上,要用焊缝符号标明焊缝形式、尺寸和辅助要求。《建筑结构制图标准》(GB/T 50105—2010)规定:焊缝符号由引出线、图形符号和辅助符号3部分组成。图形符号表示焊缝的基本形式,如角焊缝用◺表示,V形焊缝用V表示;引出线由横线、斜线及单边箭头组成,横线的上面和下面用来标注符号和尺寸,斜线和箭头用来将整个焊缝符号指到图形上的有关焊缝处,必要时在横线的末端可加一尾部作为其他说明之用。引出线采用细实线绘制。辅助符号表示焊缝的辅助要求,如相同符号及现场安装焊缝等。

当引出线的箭头指向对应焊缝所在的一面时,应将图形符号和焊缝尺寸标注在水平横线的上面;当箭头指向对应焊缝所在的另一面时,则应将图形符号和焊缝尺寸标注在水平横线的下面。

有关焊缝符号的详细说明,可参考《建筑结构制图标准》(GB/T 50105—2010),表10.2中列出的只是部分的常用焊缝符号。

表10.2 焊缝符号

	角焊缝				对接焊缝	塞焊缝	三面围焊
	单面焊缝	双面焊缝	安装焊缝	相同焊缝			
形式	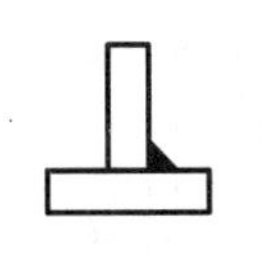	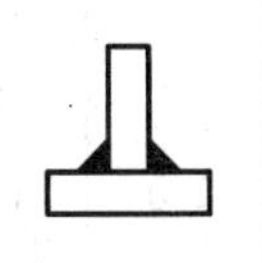			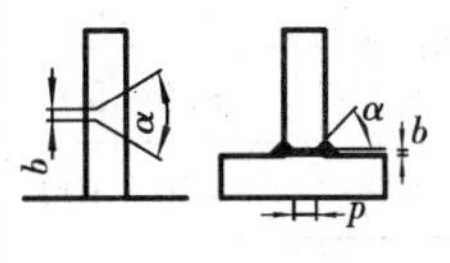		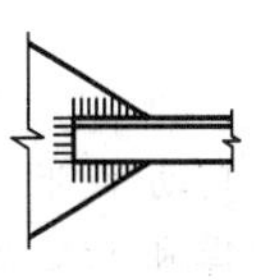
标注方法	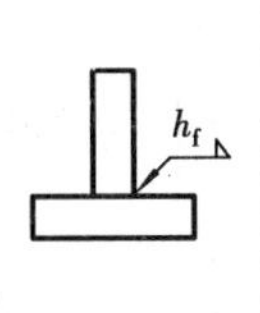	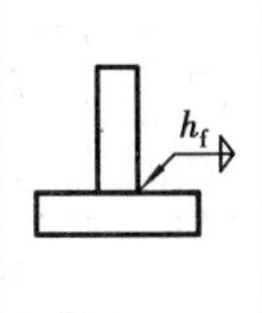	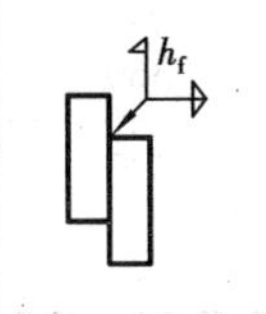	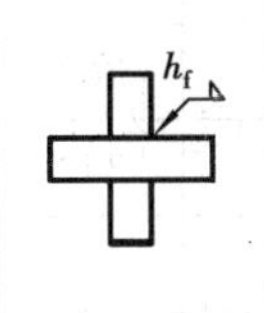	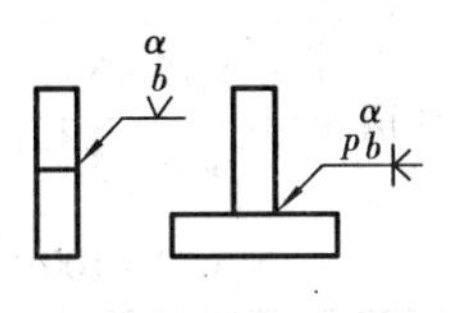		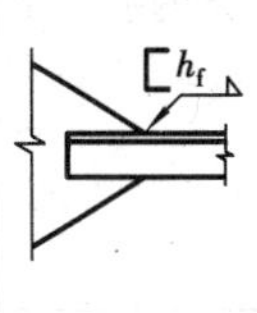

4)焊透的对接焊缝的计算

根据对接焊缝按是否被焊透,又分为焊透的对接焊缝和未焊透的对接焊缝两种。这里仅介绍焊透的对接焊缝的计算。

(1)轴心力作用的对接焊缝计算

图10.17(a)为垂直于轴心力的对接焊缝,可按式(10.2)计算

$$\sigma = \frac{N}{l_w t} \leqslant f_t^w \text{或} f_c^w \tag{10.2}$$

式中 N——轴心拉力或压力的设计值;

l_w——焊缝计算长度,当采用引弧板施焊时,取焊缝实际长度,当不采用引弧板时,每条焊缝取实际长度减去$2t$;

t——对接连接中为连接件的较小厚度,T形连接中为腹板厚度;

f_t^w,f_c^w——对接焊缝抗拉、抗压强度设计值,按表10.3采用。

表 10.3　焊缝的强度设计　　单位：N/mm²

焊接方法和焊条型号	构件钢材		对接焊缝				角焊缝
	牌号	厚度或直径/mm	抗压 f_c^w	焊缝质量为下列等级时，抗拉 f_t^w		抗剪 f_v^w	抗拉、抗压和抗剪 f_t^w
				一级、二级	三级		
自动焊、半自动焊和 E43 型焊条的手工焊	Q235 钢	≤16	215	215	185	125	160
		>16～40	205	205	175	120	
		>40～60	200	200	170	115	
		>60～100	190	190	160	110	
自动焊、半自动焊和 E50 型焊条的手工焊	Q345 钢	≤16	310	310	265	180	200
		>16～35	295	295	250	170	
		>35～50	265	265	225	155	
		>50～100	250	250	210	145	
自动焊、半自动焊和 E55 型焊条的手工焊	Q390 钢	≤16	350	350	300	205	220
		>16～35	335	335	285	190	
		>35～50	315	315	270	180	
		>50～100	295	295	250	170	
	Q420 钢	≤16	380	380	320	220	220
		>16～35	360	360	305	210	
		>35～50	340	340	290	195	
		>50～100	325	325	275	185	

注：①自动焊和半自动焊所采用的焊丝和焊剂，应保证其熔敷金属的力学性能不低于现行国家标准《埋弧焊用碳钢焊丝和焊剂》(GB/T 5293)和《低合金埋弧焊用焊剂》(GB/T 12470)中相关的规定。

②焊缝质量等级应符合现行国家标准《钢结构工程施工质量验收规范》(GB 50205)的规定。其中厚度小于 8 mm 钢材的对接焊缝，不应采用超声波探伤确定焊缝质量等级。

③对接焊缝在受压区的抗弯强度设计值取 f_c^w，在受拉区的抗弯强度设计值取 f_t^w。

④表中厚度是指计算点的钢材厚度，对轴心受拉和轴心受压构件是指截面中较厚板件的厚度。

若采用直缝不能满足强度要求时，可采用图 10.17(b)所示的斜对接焊缝。规范规定当斜缝和作用力间夹角 θ 符合 $\tan\theta \leqslant 1.5$ 时，可不计算焊缝强度。

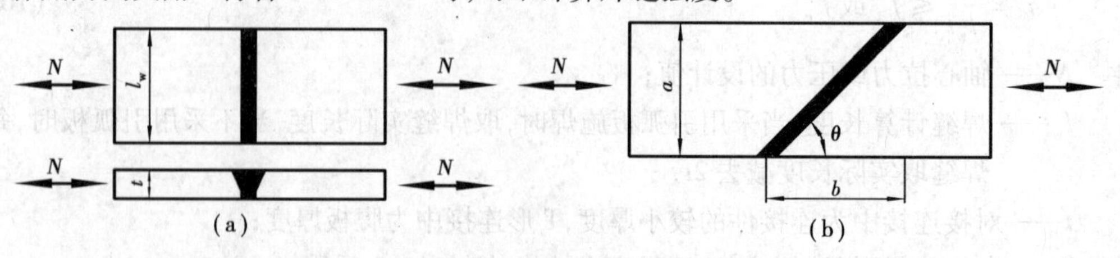

图 10.17　对接焊缝受轴心力

(a)垂直于轴心力的对接焊缝；(b)斜对接焊缝

(2)弯矩和剪力共同作用的对接焊缝计算

图10.18所示的对接接头承受弯矩和剪力共同作用,其正应力与剪应力的最大值应分别满足下列强度条件:

$$\sigma_{max} = \frac{M}{W_w} = \frac{6M}{l_w^2 t} \leqslant f_t^w \tag{10.3}$$

$$\tau_{max} = \frac{VS_w}{I_w t} \leqslant f_v^w \tag{10.4}$$

式中 W_w——焊缝截面的抵抗矩;

I_w——焊缝截面对其中和轴的惯性矩;

S_w——焊缝截面在计算剪应力处以上部分对中和轴的面积矩;

f_v^w——对接焊缝的抗剪强度设计值,按表10.3采用。

图10.18(b)所示为工字形或H形截面梁的对接接头,除应验算最大正应力和剪应力外,同时在受有较大正应力和剪应力处(如图中腹板与翼缘的交接点),还应按式(10.5)验算折算应力:

$$\sqrt{\sigma_1^2 + 3\tau_1^2} \leqslant 1.1 f_t^w \tag{10.5}$$

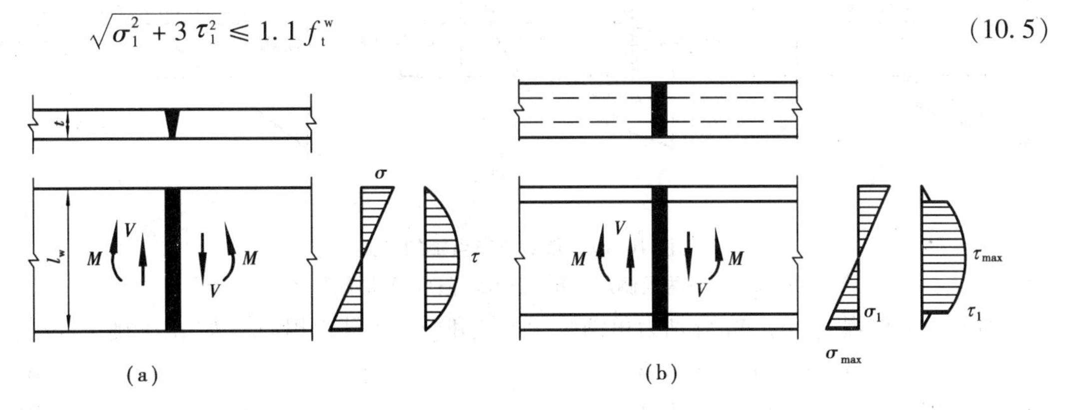

图10.18 对接焊缝受弯矩和剪力的共同作用

(a)对接接头承受弯矩和剪力共同作用;

(b)I形或H形截面梁对接接头承受弯矩和剪力共同作用

5)直角角焊缝的计算

(1)角焊缝的受力特点

试验表明,直角角焊缝的破坏通常发生在45°方向的最小截面。设计计算时,不论角焊缝受力方向如何,均假定其破坏截面在45°方向处,此截面称为直角角焊缝的有效截面或计算截面。正面角焊缝的破坏强度较高,一般是侧面角焊缝的1.35~1.55倍。角焊缝的抗拉、抗压、抗剪强度设计值都采用同一指标,用f_f^w表示,见表10.3。

(2)角焊缝的计算

当焊件受轴心力,且轴心力通过连接焊缝中心时,焊缝的应力可认为是均匀分布的。

当采用正面角焊缝时,按式(10.6)计算:

$$\sigma_f = \frac{N}{h_e l_w} \leqslant \beta_f f_f^w \tag{10.6}$$

当采用侧面角焊缝时,按式(10.7)计算:

$$\tau_f = \frac{N}{h_e l_w} \leqslant f_f^w \tag{10.7}$$

式中 l_w——焊缝计算长度。当采用引弧板施焊时，取焊缝实际长度；当不采用引弧板时，每条焊缝取实际长度减去 $2h_f$。

h_e——角焊缝的有效厚度。

β_f——正面角焊缝的强度设计值增大系数，对承受静力荷载和间接承受动力荷载的结构，$\beta_f = 1.22$；对直接承受动力荷载的结构，$\beta_f = 1.0$。

(3)角钢连接中角焊缝的计算

钢桁架中角钢腹杆与节点板的连接一般采用两面侧焊(图 10.19(a))或三面围焊(图 10.19(b))，也可用 L 形围焊(图 10.19(c))。为了避免焊缝偏心受力，焊缝所传递的合力作用线应与角钢杆件的轴线重合。

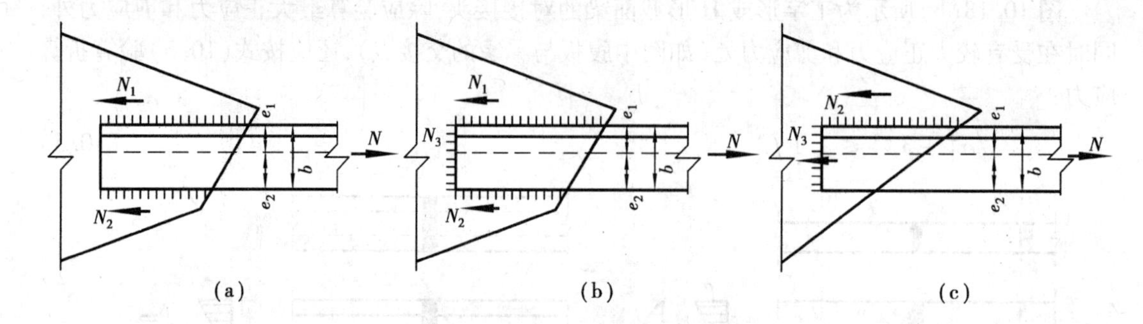

图 10.19 角钢与节点板的连接

(a)两面侧焊；(b)三面围焊；(c)L 形围焊

对于两面侧焊，设 N_1，N_2 分别为角钢肢背焊缝和肢尖焊缝承担的内力，由平衡条件得：

$$N_1 = e_2 N/(e_1 + e_2) = K_1 N \tag{10.8}$$

$$N_2 = e_1 N/(e_1 + e_2) = K_2 N \tag{10.9}$$

K_1，K_2 称为焊缝内力分配系数，可按表 10.4 采用。

表 10.4 焊缝内力分配系数

角钢种类	连接情况	角钢肢背 K_1	角钢肢背 K_2
等边角钢		0.70	0.30
不等边角钢(短边相连)		0.75	0.25
不等边角钢(长边相连)		0.65	0.35

对于三面围焊,可先按构造要求确定端焊缝的焊脚尺寸与焊缝长,求出端焊缝承担的内力 N_3,然后再求出角钢肢背与肢尖焊缝承担的 N_1,N_2,由 N_1,N_2 确定两侧焊缝的长度及焊脚尺寸。

对于L形围焊,同理求得 N_3 后,可得 $N_1 = N - N_3$,求得 N_1 后,也可确定侧焊缝的长度及焊脚尺寸。

【例 10.1】　设计采用拼接盖板的对接连接如图 10.20 所示。已知钢板宽度 $B = 400$ mm,厚度 $t_2 = 18$ mm,拼接盖板厚度板 $t_1 = 10$ mm。该连接承受轴心力设计值 $N = 1\ 500$ kN(静力荷载),钢材为 Q235,采用 E43 系列型焊条,手工焊。

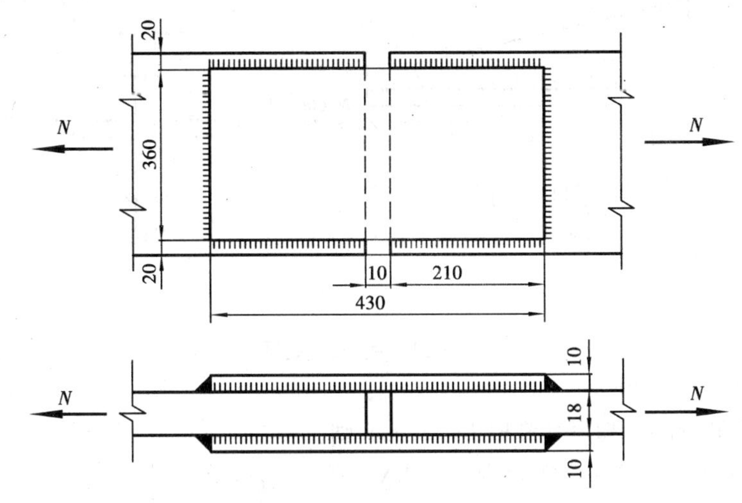

图 10.20　例 10.1 附图

【解】　(1)拼接板截面选择

根据拼接板和主板承载能力相等原则,拼接板钢材亦采用 Q235,两块拼接板截面面积之和应不小于主板截面面积,考虑拼接板要侧面施焊,取拼接板宽度为 360 mm,则:

$$A' = 360 \text{ mm} \times 2 \times 10 \text{ mm} = 7\ 200 \text{ mm}^2$$
$$= A = 400 \text{ mm} \times 18 \text{ mm} = 7\ 200 \text{ mm}^2 \text{(满足强度要求)}$$

故每块拼接板截面为 10 mm×360 mm。

(2)确定焊脚尺寸

设 $h_f = 8 \text{ mm} \leqslant t - (1 \sim 2) \text{ mm} = 10 \text{ mm} - (1 \sim 2) \text{ mm} = 8 \sim 9 \text{ mm} >$

$$1.5\sqrt{t} = 1.5\sqrt{18} \text{ mm} = 6.4 \text{ mm}$$

(3)焊缝计算

由表 10.3 查得 $f_f^w = 160 \text{ N/mm}^2$。

采用如图 10.20 所示的三面围焊。

由式(10.6)得正面角焊缝承担的力为:

$$N_3 = 2h_e l_w \beta_f f_f^w = 2 \times 0.7 \times 8 \text{ mm} \times 360 \text{ mm} \times 1.22 \times 160 \text{ N/mm}^2 = 787\ 000 \text{ N}$$

由式(10.7)得连接一侧所需侧面角焊缝的总长度为:

$$\sum l_w = \frac{N - N_3}{h_e f_t^w} = \frac{1\ 500\ 000 \text{ N} - 787\ 000 \text{ N}}{0.7 \times 8 \text{ mm} \times 160 \text{ N/mm}^2} = 796 \text{ mm}$$

连接一侧共有4条侧面角焊缝,则一条侧面角焊缝的实际长度为:

$$l = \frac{l_w}{4} + h_f = \frac{796\ \text{mm}}{4} + 8\ \text{mm} = 207\ \text{mm},\text{取}\ l = 210\ \text{mm}$$

被拼接两板间留出缝隙10 mm,拼接盖板长度为$L=2l+10\ \text{mm}=430\ \text{mm}$。

【例10.2】 一桁架的腹杆,截面为2∟100×10,钢材为Q235B钢,手工焊,焊条为E43型。杆件承受静力荷载$N=600\ \text{kN}$(设计值)。杆件与12 mm厚节点板相连,如图10.21所示。试设计此连接。

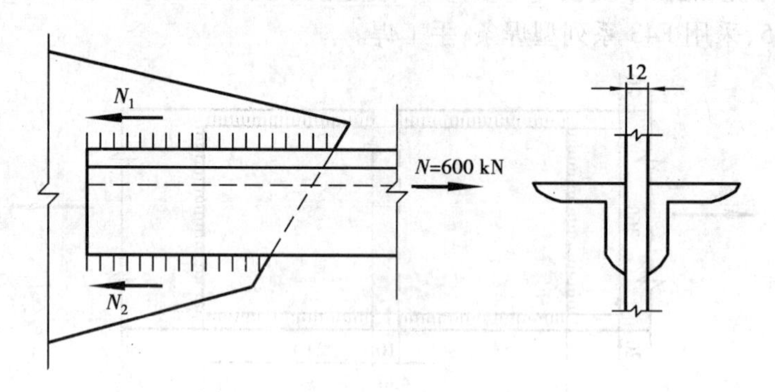

图10.21 例10.2附图

【解】 采用两面侧焊

角钢肢尖和肢背的焊脚尺寸都取$h_f=8\ \text{mm}$,则:

$$N_1 = K_1 N = 0.7 \times 600\ \text{kN} = 420\ \text{kN}$$

$$N_2 = K_2 N = 0.3 \times 600\ \text{kN} = 180\ \text{kN}$$

所需焊缝长度:

肢背:

$$l_{w1} = \frac{N_1}{2h_e f_t^w} = \frac{420 \times 10^3\ \text{N}}{2 \times 0.7 \times 8\ \text{mm} \times 160\ \text{N/mm}^2} = 234\ \text{mm} < 60\ h_f = 480\ \text{mm}$$

$$l_1 = l_{w1} + 2h_f = 234\ \text{mm} + 16\ \text{mm} = 250\ \text{mm}$$

肢尖:

$$l_{w2} = \frac{N_2}{2h_e f_t^w} = \frac{180 \times 10^3\ \text{N}}{2 \times 0.7 \times 8\ \text{mm} \times 160\ \text{N/mm}^2} = 100\ \text{mm} < 8\ h_f = 64\ \text{mm}$$

$$l_2 = l_{w2} + 2h_f = 100\ \text{mm} + 16\ \text{mm} = 116\ \text{mm}$$

故取肢背侧焊缝的实际长度为250 mm,肢尖侧焊缝的实际长度为120 mm。

·10.2.2 螺栓连接·

1)普通螺栓连接

(1)普通螺栓的性能与构造

普通螺栓一般用Q235钢(用于螺栓时也称4.6级)制成,常用的螺栓直径为18,20,22,24 mm。其优点是施工简单、拆装方便。普通螺栓按加工精度分为C级螺栓和A,B级螺栓3种。

● C级螺栓 加工粗糙,尺寸不够准确,只要求Ⅱ类孔,成本低。C级螺栓传递剪力时,连接变形较大，工作性能较差，但传递拉力的性能仍较好。所以 C 级螺栓广泛用于需要拆装的连接、承受拉力的安装连接、不重要的连接或作安装时的临时固定。

• A，B 级螺栓　需要机械加工，尺寸准确，要求Ⅰ类孔，其抗剪性能比 C 级螺栓好，但成本高，制造和安装比较复杂，价格昂贵，目前在钢结构应用较少。

(2)普通螺栓的排列

螺栓在构件上的排列可以是并列(图 10.22(a))或错列(图 10.22(b))。根据受力、构造、施工等要求，《钢结构设计规范》规定螺栓的距离应符合表 10.5 的要求。

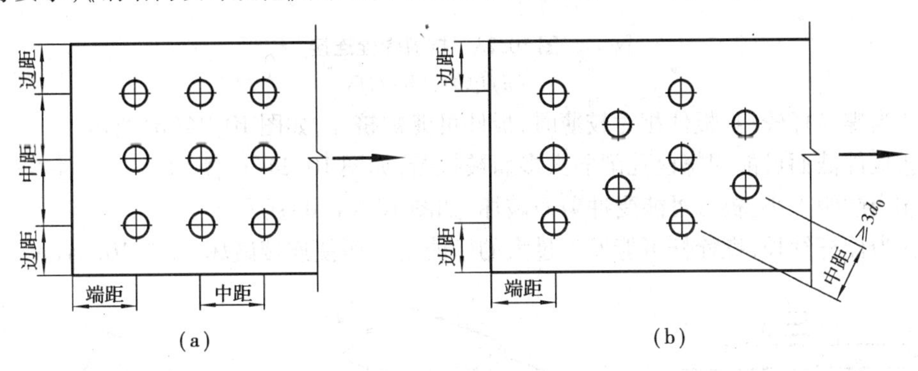

图 10.22　螺栓的排列

(a)并列；(b)错列

表 10.5　螺栓或铆钉的最大、最小容许距离

<table>
<tr><th>名　称</th><th colspan="3">位置和方向</th><th>最大容许距离
(取两者的最小值)</th><th>最小容许距离</th></tr>
<tr><td rowspan="5">中心
间距</td><td colspan="3">外排(垂直内力方向或顺内力方向)</td><td>$8d_0$ 或 $12t$</td><td rowspan="5">$3d_0$</td></tr>
<tr><td rowspan="3">中间排</td><td colspan="2">垂直内力方向</td><td>$16d_0$ 或 $24t$</td></tr>
<tr><td rowspan="2">顺内力方向</td><td>构件受压力</td><td>$12d_0$ 或 $18t$</td></tr>
<tr><td>构件受拉力</td><td>$16d_0$ 或 $24t$</td></tr>
<tr><td></td><td colspan="2">沿对角线方向</td><td>—</td></tr>
<tr><td rowspan="4">中心至
构件边
缘距离</td><td colspan="3">顺内力方向</td><td rowspan="4">$4d_0$ 或 $8t$</td><td>$2d_0$</td></tr>
<tr><td rowspan="3">垂直
内力
方向</td><td colspan="2">剪切边或手工气割边</td><td>$1.5d_0$</td></tr>
<tr><td rowspan="2">轧制边、自动
气割或锯割边</td><td>高强度螺栓</td><td rowspan="2">$1.2d_0$</td></tr>
<tr><td>其他螺栓或铆钉</td></tr>
</table>

(3)普通螺栓连接的工作性能

按照螺栓传力方式，普通螺栓连接可分为抗剪螺栓连接和抗拉螺栓连接。

• 抗剪螺栓连接　抗剪螺栓连接是指在外力作用下，被连接构件的接触面产生相对剪切滑移的连接，如图 10.23 所示。

图 10.24 表示螺栓连接有 5 种可能破坏情况：

①当螺栓杆较细、板件较厚时，螺栓杆可能被剪断，如图 10.24(a)所示。

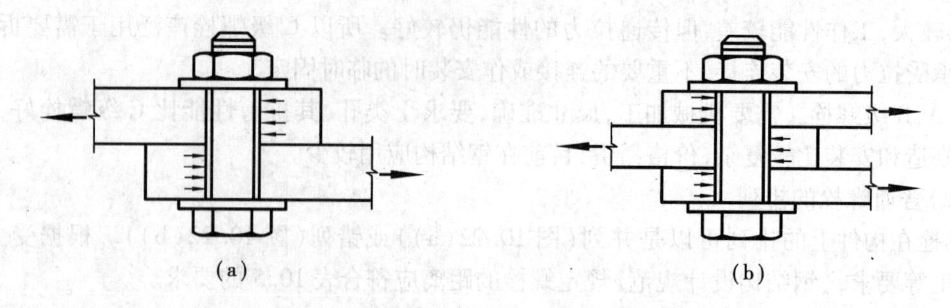

图 10.23 抗剪螺栓连接

(a)单剪;(b)双剪

②当螺栓杆较粗、板件相对较薄时,板件可能被挤坏,如图 10.24(b)所示。

③板件截面可能因螺栓孔削弱太多而被拉断,如图 10.24(c)所示。

④当端距太小,板端可能受冲剪而破坏,如图 10.24(d)所示。

⑤当栓杆细长,螺栓杆可能发生过大的弯曲变形而使连接破坏,如图 10.24(e)所示。

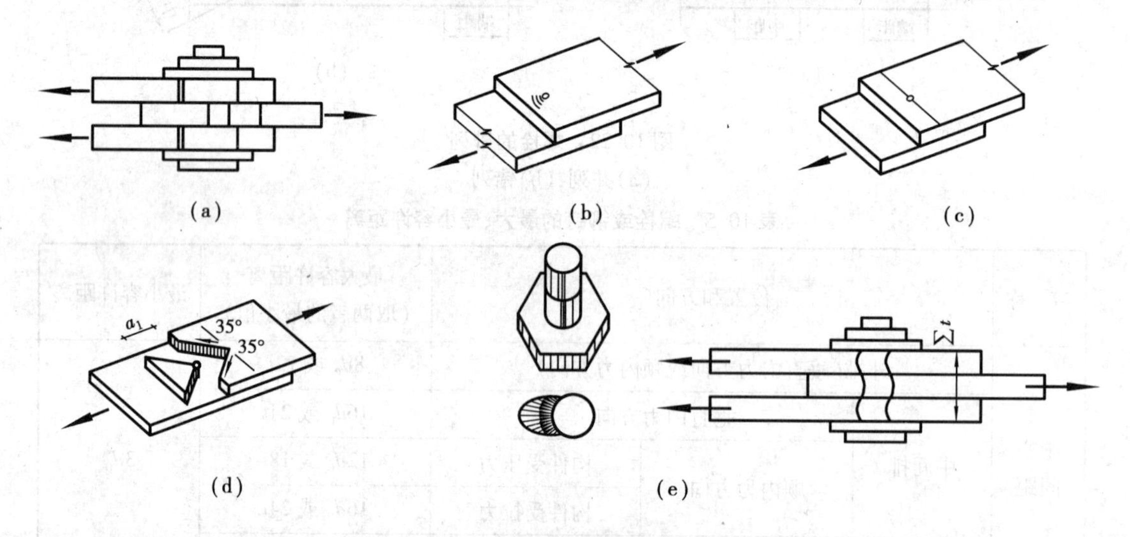

图 10.24 受剪螺栓连接破坏的形式

(a)剪断破坏;(b)挤压破坏;(c)拉断破坏;(d)冲剪破坏;(e)弯曲变形破坏

其中对①,②,③三种破坏要进行计算,对④,⑤两种破坏可通过限制螺栓端距及板叠厚度加以避免。

一个螺栓的受剪承载力设计值按式(10.10)计算:

$$N_{v}^{b}=n_{v}\frac{\pi d^{2}}{4}f_{v}^{b} \tag{10.10}$$

一个螺栓的承压承载力设计值按式(10.11)计算:

$$N_{c}^{b}=d\sum t\times f_{c}^{b} \tag{10.11}$$

式中 n_v——螺栓受剪面数目,单剪 $n_v=1$,双剪 $n_v=2$;

d——螺栓杆直径;

$\sum t$——在同一方向承压的较小构件总厚度;

f_v^b, f_c^b——螺栓的抗剪、承压强度设计值，f_v^b见表10.6。

表10.6 螺栓连接的强度设计值

单位：N/mm²

螺栓的性能等级、锚栓和构件钢材的牌号		普通螺栓						锚栓	承压型连接高强度螺栓		
		C级螺栓			A级、B级螺栓						
		抗拉 f_t^b	抗剪 f_v^b	承压 f_c^b	抗拉 f_t^b	抗剪 f_v^b	承压 f_c^b	抗拉 f_a^t	抗拉 f_t^b	抗剪 f_v^b	承压 f_c^b
普通螺栓	4.6级、4.8级	170	140	—	—	—	—	—	—	—	—
	5.6级	—	—	—	210	190	—	—	—	—	—
	8.8级	—	—	—	400	320	—	—	—	—	—
锚栓	Q235钢	—	—	—	—	—	—	140	—	—	—
	Q345钢	—	—	—	—	—	—	180	—	—	—
承压型连接高强度螺栓	8.8级	—	—	—	—	—	—	—	400	250	—
	10.9级	—	—	—	—	—	—	—	500	310	—
构件	Q235钢	—	—	305	—	—	405	—	—	—	470
	Q345钢	—	—	385	—	—	510	—	—	—	590
	Q390钢	—	—	400	—	—	530	—	—	—	615
	Q420钢	—	—	425	—	—	560	—	—	—	655

注：①A级螺栓用于$d \leqslant 24$ mm和$L \leqslant 10d$或$L \leqslant 150$ mm（按较小值）的螺栓；B级螺栓用于$d > 24$ mm和$L > 10d$或$L > 150$ mm（按较小值）的螺栓。d为公称直径，L为螺栓公称长度。

②A，B级螺栓孔的精确度和孔壁表面粗糙度，C级螺栓孔的允许偏差和孔壁表面粗糙度，均应符合现行国家标准《钢结构工程施工质量验收规范》（GB 50205—2001）的要求。

一个抗剪螺栓的承载力设计值应该取N_v^b与N_c^b的最小值N_{min}^b。

当外力通过螺栓群形心时，假定每个螺栓平均受力，则螺栓抗剪连接所需螺栓数为：

$$n = \frac{N}{N_{min}^b} \tag{10.12}$$

式中 N——作用于螺栓群的轴心力的设计值。

由于螺栓孔削弱了板件的截面，为防止板件在净截面上被拉断，需要验算净截面的强度，即：

$$\sigma = \frac{N}{A_n} \leqslant f \tag{10.13}$$

式中 A_n——净截面面积；

f——钢材的抗拉强度设计值。

• 抗拉螺栓连接　抗拉螺栓连接是指在外力作用下，被连接构件的接触面将互相脱开而使螺栓受拉的连接，如图10.25所示。

一个抗拉螺栓的承载力设计值按式(10.14)计算：

$$N_t^b = \frac{\pi d_e^2}{4} f_t^b \tag{10.14}$$

式中　d_e——普通螺栓或锚栓螺纹处的有效直径；

f_t^b——普通螺栓或锚栓的抗拉强度设计值，见表10.6。

2）高强度螺栓连接

（1）高强度螺栓连接的性能

高强度螺栓连接和普通螺栓连接的主要区别是：在抗剪时，普通螺栓连接依靠杆身承压和螺栓抗剪来传递剪力，在扭紧螺帽时螺栓产生的预拉力很小，其影响可以忽略；而高强度螺栓则除了其材料强度高之外，还给螺栓施加很大的预拉力，使被连接构件的接触面之间产生挤压力，因而垂直螺栓杆的方向有很大摩擦力，如图10.26所示。这种挤压力和摩擦力对外力的传递有很大影响。预拉力、抗滑移系数和钢材种类都直接影响到高强度螺栓连接的承载力。

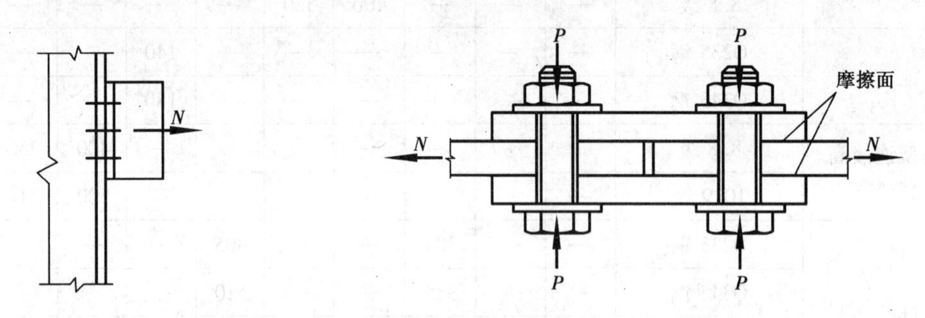

图10.25　抗拉螺栓连接　　　　图10.26　高强度螺栓连接

高强度螺栓连接分为摩擦型高强度螺栓连接和承压型高强度螺栓连接。

摩擦型高强度螺栓连接只依靠被连接构件间的摩擦阻力传递剪力，以剪力等于摩擦力作为承载能力的极限状态；承压型高强度螺栓连接的传力特征是剪力超过摩擦力时，被连接构件间发生相互滑移，螺栓杆身与孔壁接触，螺杆受剪，孔壁承压，以螺栓受剪或钢板承压破坏为承载能力的极限状态，其破坏形式和普通螺栓连接相同。

高强度螺栓所用材料的强度约为普通螺栓强度的4～5倍，一般常用性能等级有10.9级（20MnTiB钢、40B钢、35VB钢）和8.8级（45号钢和35号钢）。高强度螺栓的预拉力设计值P见表10.7。

表10.7　一个高强度螺栓的预拉力P　　单位：kN

螺栓的性能等级	螺栓公称直径/mm					
	M16	M20	M22	M24	M27	M30
8.8级	80	125	150	175	230	280
10.9级	100	155	190	225	290	355

高强度螺栓连接中，摩擦系数大小对承载力的影响较大，而摩擦面抗滑移系数与连接板件接触面的处理方法和板件的钢号有关。《钢结构设计规范》规定的摩擦面抗滑移系数μ值见表10.8。

高强度螺栓的排列和普通螺栓相同。

表 10.8　摩擦面的抗滑移系数 μ

在连接处构件接触面的处理方法	构件的钢号		
	Q235 钢	Q345 钢、Q390 钢	Q420 钢
喷砂(丸)	0.45	0.5	0.5
喷砂(丸)后涂无机富锌漆	0.35	0.4	0.4
喷砂(丸)后生赤锈	0.45	0.5	0.5
钢丝刷清除浮锈或未经处理的干净轧制表面	0.3	0.35	0.4

(2)摩擦型高强度螺栓的计算

摩擦型高强度螺栓承受剪力时的设计准则是剪力不得超过最大摩擦阻力。每个螺栓所产生的最大摩擦阻力为 $n_f \mu P$,但是考虑到整个连接中各个螺栓受力未必均匀,应乘以系数 0.9,故一个摩擦型高强度螺栓的抗剪承载力设计值为:

$$N_v^b = 0.9 n_f \mu P \tag{10.15}$$

式中　n_f——一个螺栓的传力摩擦面数目;

μ——摩擦面的抗滑移系数,见表 10.8;

P——高强度螺栓预拉力,见表 10.7。

一个摩擦型高强度螺栓的抗剪承载力设计值求得后,即可按式(10.16)计算连接一侧所需高强度螺栓的数目

$$n \geqslant \frac{N}{N_v^b} \tag{10.16}$$

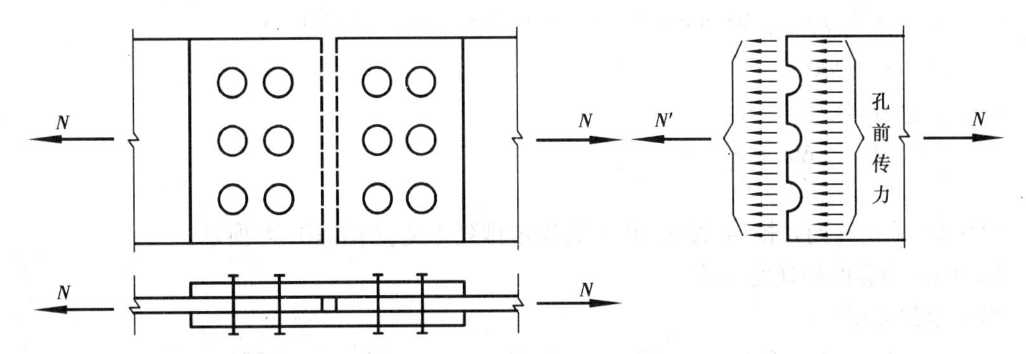

图 10.27　高强度螺栓连接的孔前传力

对摩擦型高强度螺栓连接的构件净截面强度验算,要考虑由于摩擦阻力作用,一部分剪力由孔前接触面传递,如图 10.27 所示。按照规范规定,孔前传力占螺栓传力的 50%。所以截面 Ⅰ—Ⅰ 处净截面传力为:

$$N' = N\left(1 - 0.5\frac{n_1}{n}\right) \tag{10.17}$$

式中　n_1——计算截面上的螺栓数;

n——连接一侧的螺栓总数。

求出 N'后,构件净截面强度仍按式(10.13)进行验算。

【例 10.3】 如图 10.28 所示，截面为 340 mm×12 mm 钢板采用双盖板普通螺栓连接（C 级），盖板厚 8 mm，钢材为 Q235 钢，螺栓直径 $d=20$ mm，孔径 $d_0=21.5$ mm，构件承受轴心拉力设计值 $N=650$ kN。试进行螺栓连接计算。

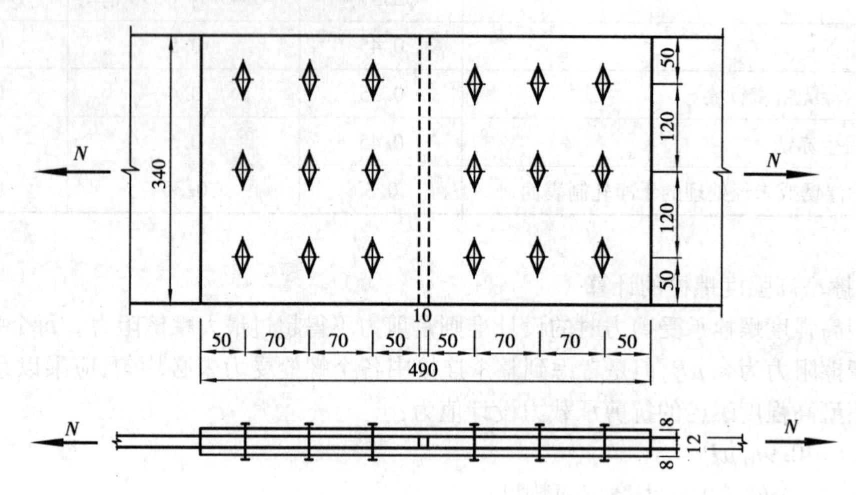

图 10.28 例 10.3 计算结果图

【解】 (1)计算螺栓数

一个螺栓的受剪承载力设计值：

$$N_v^b = n_v \frac{\pi d^2}{4} f_v^b = 2 \times \frac{\pi \times (20\ \text{mm})^2}{4} \times 130\ \text{N/mm}^2 = 81\ 640\ \text{N}$$

一个螺栓的承压承载力设计值：

$$N_c^b = d \sum t f_c^b = 20\ \text{mm} \times 12\ \text{mm} \times 305\ \text{N/mm}^2 = 73\ 200\ \text{N}$$

则 $N_{min}^b = 73\ 200$ N。

连接一边所需螺栓数为：

$$n = \frac{N}{N_{min}^b} = \frac{650\ 000\ \text{N}}{73\ 200\ \text{N}} = 8.9$$

取 9 个，采用并列式排列，按表 10.3 的规定排列距离，如图 10.28 所示。

(2)构件净截面积强度验算

构件净截面积为：

$$A_n = A - n_1 d_0 t = 340\ \text{mm} \times 12\ \text{mm} - 3 \times 21.5\ \text{mm} \times 12\ \text{mm} = 3\ 306\ \text{mm}^2$$

$n_1=3$，为第一列螺栓的数目。

构件的净截面强度为：

$$\sigma = \frac{N}{A_n} = \frac{650\ 000\ \text{N}}{3\ 306\ \text{mm}^2} = 196.6\ \text{N/mm}^2 < f = 215\ \text{N/mm}^2$$

满足要求。

【例 10.4】 将【例 10.3】改用高强度螺栓连接。采用 10.9 级的 M24 高强度螺栓，连接处构件接触面用钢丝刷清理腐锈。

【解】 查表 10.6 得 $P=225$ kN，查表 10.7 得 $\mu=0.3$

(1)采用摩擦型高强度螺栓时，一个螺栓的抗剪承载力设计值。

$N_v^b = 0.9n_f \mu P = 0.9 \times 2 \times 0.3 \times 225\ \text{kN} = 121.5\ \text{kN}$

连接一侧所需螺栓数为 $n = \dfrac{N}{N_v^b} = \dfrac{650\ \text{kN}}{121.5\ \text{kN}} = 5.3$

取 6 个,螺栓排列如图 10.29 所示。

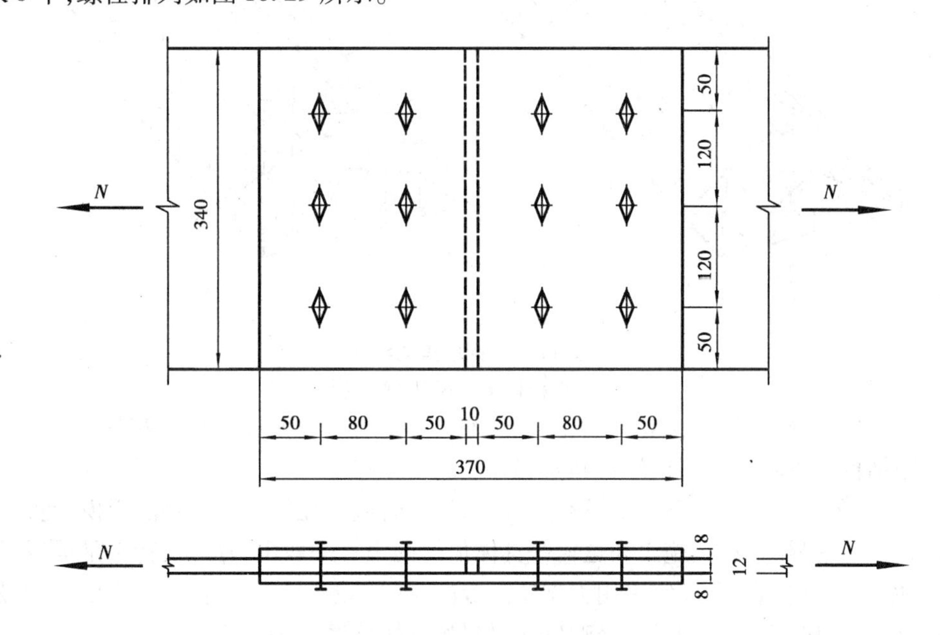

图 10.29 例 10.4 计算结果图

(2)构件净截面强度验算:钢板第一列螺栓孔处的截面最危险。

$$N' = N\left(1 - 0.5\frac{n_1}{n}\right) = 650\ \text{kN}\left(1 - 0.5 \times \frac{3}{6}\right) = 487.5\ \text{kN}$$

$$\sigma = \frac{N'}{A_n} = \frac{487\ 500\ \text{N}}{(340\ \text{mm} \times 12\ \text{mm} - 3 \times 25.5\ \text{mm} \times 12\ \text{mm})}$$

$$= 154.2\ \text{N/mm}^2 < f = 215\ \text{N/mm}^2$$

10.3 钢屋盖

· 10.3.1 钢屋盖的组成和分类 ·

钢屋盖结构一般由大型屋面板或檩条、屋架、天窗架、托架或托梁以及支撑系统等组成。

屋盖结构主要分为无檩体系屋盖和有檩体系屋盖,如图 10.30 所示。无檩体系屋盖通常采用大型屋面板直接支承在钢屋架上;有檩体系屋盖是在钢屋架上设置檩条来支承屋面材料。

无檩体系屋盖的承重构件仅有钢屋架和大型屋面板,故构件种类和数量都少,安装效率高,施工速度快,便于其上做保温层,而且屋盖的整体性好,横向刚度大,能耐久,在工业厂房中普遍采用。但无檩体系屋盖也有不足之处,即大型屋面板自重大,用料费,运输和安装不方便;有檩体系屋盖的承重构件有钢屋架、檩条和轻型屋面材料,故构件种类和数量较多,安装效率

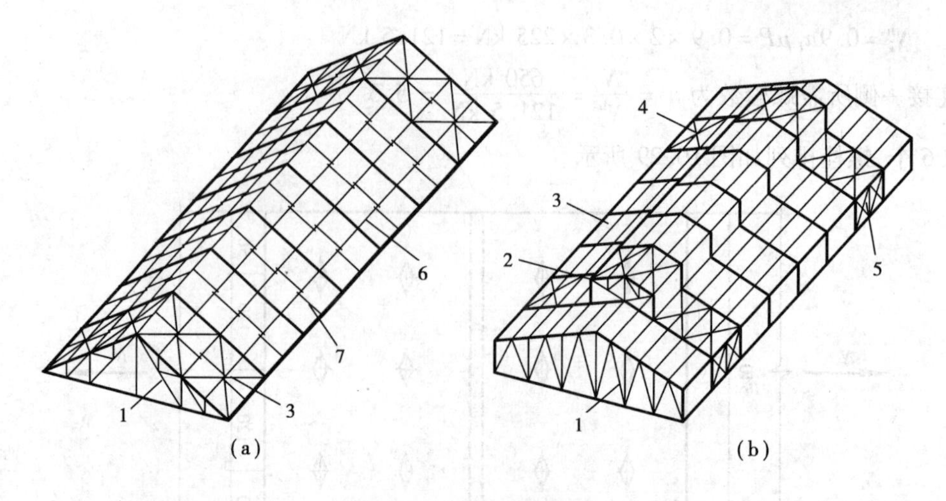

图 10.30　钢屋盖的组成

(a)有檩体系;(b)无檩体系

1—屋架;2—天窗架;3—大型屋面板;4—上弦横向水平支撑;5—垂直支撑;6—檩条;7—拉条

低。但是,结构自重轻,用料省,运输和安装方便。

无檩体系屋盖和有檩体系屋盖各有其优点,设计时应首先根据建筑物的规模、受力特点和使用要求,并考虑材料供应、施工和运输等具体情况确定。一般中型厂房,特别是重型厂房,由于对横向刚度要求较高,所以宜采用大型屋面板的无檩体系屋盖;而对于中、小型,特别是不需要做保温层的厂房,则宜采用具有轻型屋面材料的有檩体系屋盖。

·10.3.2　钢屋盖的支撑系统·

1)概述

在钢屋盖中,屋架是主要承重构件。由平面屋架和檩条、屋面板组成的屋盖结构是一个不稳定的空间体系,在荷载作用下甚至在安装时,各屋架就可能向一侧倾倒。如果将某些屋架在适当部位用支撑联系起来,成为稳定的空间体系,其余屋架再由檩条或其他构件连接在这个空间稳定体系上,就保证了整个屋盖的稳定,使之成为空间整体。

支撑(包括屋架支撑和天窗架支撑)是屋盖结构的必要组成部分。图 10.31 和图 10.32 分别为有檩体系屋盖和无檩体系屋盖的支撑布置示例。

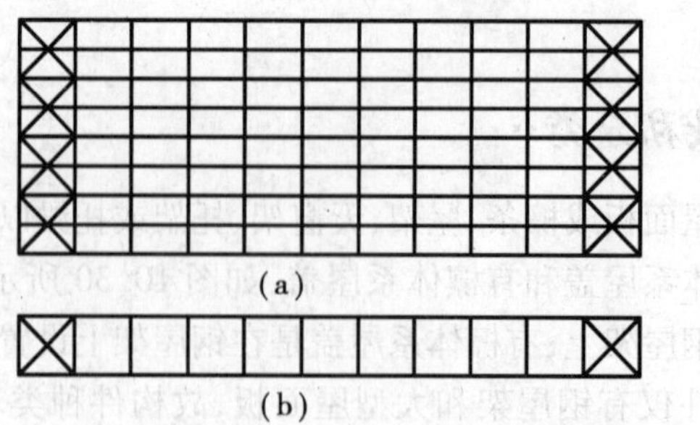

图 10.31　有檩屋盖的支撑布置

(a)上弦横向支撑;(b)垂直支撑

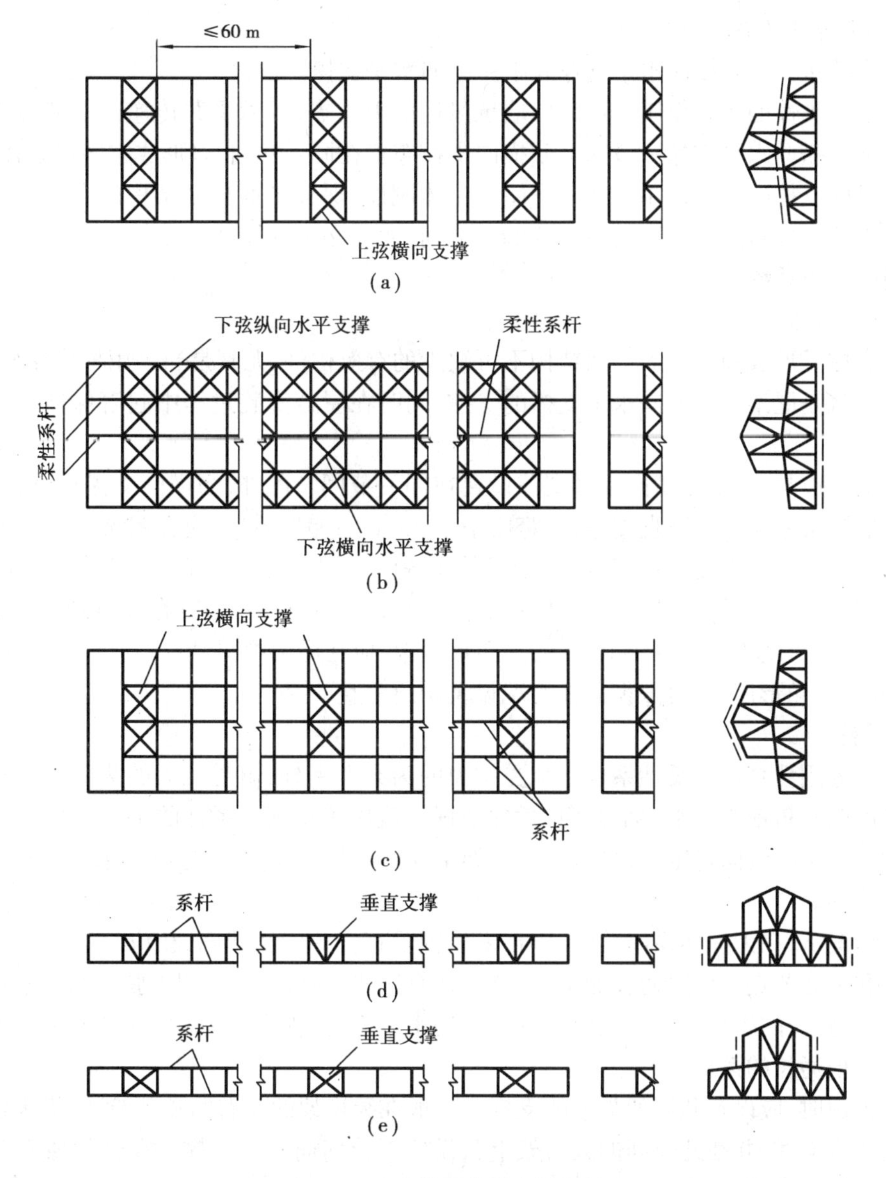

图 10.32 无檩屋盖的支撑布置

(a)屋架上弦横向支撑;(b)屋架下弦水平支撑;(c)天窗上弦横向支撑;

(d)屋架跨中及支座处的垂直支撑;(e)天窗架侧柱垂直支撑

2)支撑的种类、作用和布置原则

支撑包括上弦横向支撑、下弦水平支撑、垂直支撑和系杆。

(1)上弦横向支撑

上弦横向支撑由相邻屋架的上弦、交叉支撑所组成。其作用主要是保证屋架上弦杆在屋架平面外的稳定。上弦横向支撑一般布置在房屋两端(或温度伸缩缝两侧)的第一柱间(图10.31)或第二柱间内(图10.32)。当房屋较长时,需沿长度方向每隔50～60 m增设一道上弦横向支撑,以保证上弦支撑的有效作用,提高屋盖的纵向刚度。

(2)下弦水平支撑

下弦支撑包括下弦横向水平支撑和下弦纵向水平支撑。

下弦横向支撑的主要作用是作为山墙抗风柱的上支点，以承受并传递由山墙传来的纵向风荷载。下弦横向水平支撑一般同上弦横向支撑布置在同一柱间，以形成空间稳定体系。

下弦纵向支撑的主要作用是加强房屋的整体刚度，保证平面排架结构的空间工作。下弦纵向水平支撑一般布置在屋架的左右两端部节间，而且必须和屋架下弦横向水平支撑相连以形成封闭的支撑系统。

(3)垂直支撑

垂直支撑是形成稳定屋盖空间结构不可缺少的有效构件，尤其是当采用梯形屋架时，端部的垂直支撑就是屋架上弦横向水平支撑的支撑，同时在屋盖安装过程中起着保证屋盖稳定的重要作用。

垂直支撑应与上、下弦横向水平支撑设置在同一节间。此外，当横向支撑相隔较远时，每隔4或5榀屋架还应加设垂直支撑；对跨度小于30 m的梯形屋架，应在屋架跨中及两端竖杆平面内各设置一道垂直支撑；对跨度大于或等于30 m的梯形屋架，应在屋架两端和跨度1/3左右的竖杆平面内各设置一道垂直支撑；如有天窗时，垂直支撑可设置在天窗侧立柱下的屋架竖杆平面内；对跨度小于或等于18 m的三角形屋架，应在屋架中间设置一道垂直支撑；对跨度大于18 m的三角形屋架，可根据具体情况设置两道垂直支撑。

(4)系杆

系杆分为刚性系杆和柔性系杆。承受拉力的为柔性系杆，承受压力的为刚性系杆。刚性系杆一般由两根角钢连成十字形截面，柔性系杆一般用单角钢。系杆的主要作用是保证无横向支撑的各屋架的侧向稳定，减少弦杆在屋架平面外的计算长度，传递纵向水平荷载以及提高屋盖的整体性。

一般情况下，在无檩体系屋盖中，应在未设置垂直支撑的屋架间，相应与垂直支撑平面的屋架上弦和下弦节点处设置通长的水平系杆；在有檩体系屋盖中，屋架上弦的水平系杆可由檩条代替，仅在相应的屋架下弦节点处设置通长的水平系杆；如有天窗时，应在天窗范围内的屋脊处增设一根通长的系杆。

当有天窗时，应设置和屋架类似的支撑。一般在天窗架的左右两端部节间，沿天窗两侧各设置一道垂直支撑，并在此节间的天窗架上弦设置上弦横向水平支撑。在其他所有节间的天窗中央节点和两端节点上各设置一道通长的水平系杆。

·10.3.3 常用钢屋盖的形式和特点·

1)三角形屋架

三角形屋架适用于屋面坡度较陡的有檩屋盖体系。三角形屋架的腹杆布置常用的有芬克式(图10.33(a)、(b))、单斜式(图10.33(c))和人字式(图10.33(d))。芬克式腹杆的屋架，腹杆数量较多，但短杆受压、长杆受拉，杆件受力合理，节点构造简单，并且屋架可以拆成3部分(两个小桁架和一段下弦杆)，便于制作与运输，故应用较广。人字式腹杆的屋架，腹杆数量少，腹杆总长度较小且屋架节点少，可减少制作工作量，但受压腹杆较长。单斜式腹杆的屋架，其腹杆和节点数目都较多，且长杆受压、短杆受拉，杆件受力不合理，只用于下弦需要设置天棚的屋架。

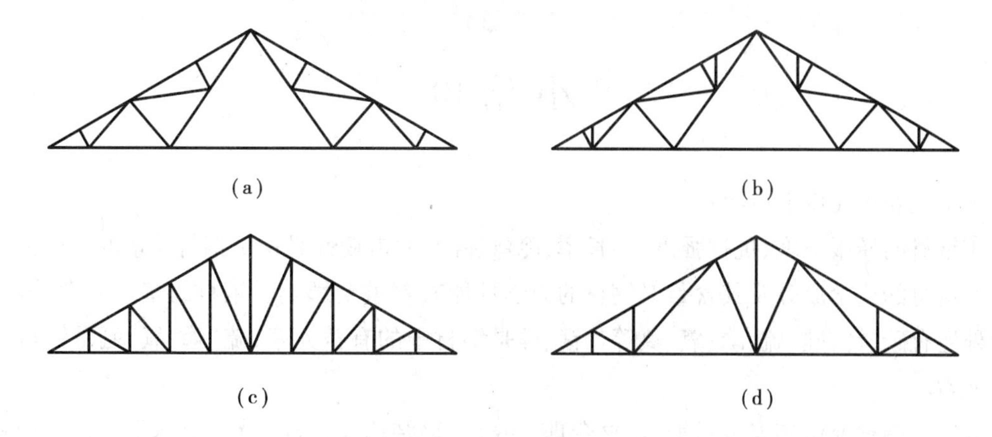

图 10.33　三角形屋架

(a),(b)芬克式;(c)单斜式;(d)人字式

2)梯形屋架

梯形屋架适用于屋面坡度较为平缓的无檩屋盖体系。其外形与均布荷载作用下简支受弯构件的弯矩图形比较接近,弦杆受力较均匀。梯形屋架的腹杆布置可采用单斜式(图 10.34(a))、人字式(图 10.34(b),(c))和再分式(图 10.34(d))。

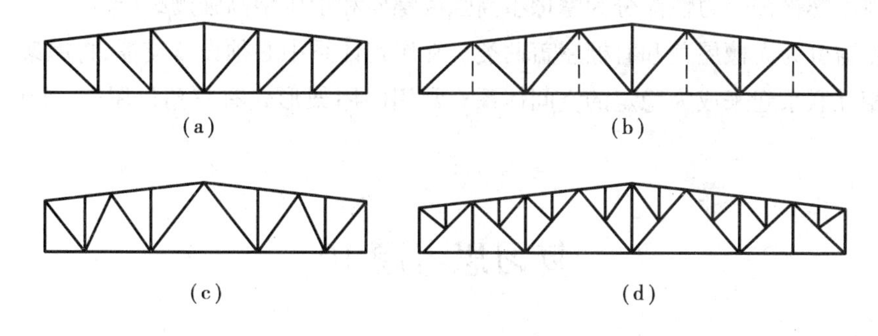

图 10.34　梯形屋架

(a)单斜式;(b),(c)人字式;(d)再分式

3)平行弦屋架

平行弦屋架在构造方面有突出的优点。其上、下弦和腹杆等同类的杆件长度一致,节点形式相同,可使节点构造形式统一,符合工业化制造的要求。平行弦屋架可以做成不同大小的坡度,能用于单坡屋盖及双坡屋盖。腹杆布置通常采用人字式,如图 10.35 所示。

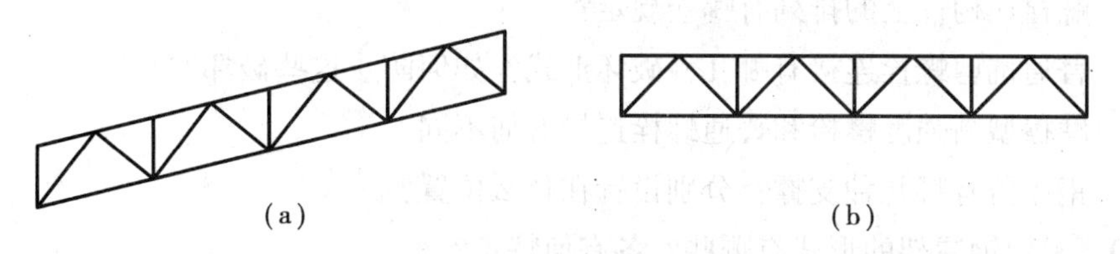

图 10.35　平行弦屋架

小 结 10

本章主要讲述以下内容:

①钢材的屈服强度、抗拉强度、伸长率、冷弯性能、冲击韧性是衡量钢材质量的重要指标。

②钢材的化学成分及其含量对钢材的力学性能有着重要影响。钢材的基本元素是铁,除铁以外还有碳、锰、硅、硫、磷、氧、氮等。锰、硅是钢材中的有益元素,硫、磷、氧、氮是钢材中的有害元素。

③选择钢材要做到安全可靠、用材合理。我国《钢结构设计规范》规定承重结构的钢材宜采用 Q235 钢、Q345 钢、Q390 钢及 Q420 钢。

④钢结构的连接方法可分为焊接、铆钉连接和螺栓连接 3 种。焊接是目前钢结构最主要的连接方法。焊缝形式主要有对接焊缝和角焊缝,其中直角角焊缝较为常用。

⑤常用的普通螺栓连接为 C 级螺栓。抗剪螺栓是螺栓连接的主要受力形式,一个抗剪螺栓的承载力设计值应该取其受剪承载力设计值和承压承载力设计值中的较小值。

⑥高强度螺栓按受力性能分为摩擦型高强度螺栓和承压型高强度螺栓。

⑦钢屋盖分为无檩屋盖和有檩屋盖两类。在屋盖体系中必须设置支撑,将屋架、天窗架等平面结构相互联系起来成为稳定的空间体系。常用的屋架形式有三角形屋架、梯形屋架和平行弦屋架。

复习思考题 10

10.1　简述钢结构对钢材的要求。《钢结构设计规范》推荐使用的钢材有哪些?

10.2　钢材有哪几项机械性能指标?各项指标有何意义?

10.3　什么是钢材的塑性破坏和脆性破坏?

10.4　钢材有哪几种规格?说明各种规格钢材的表示方法。

10.5　《钢结构设计规范》对角焊缝的焊脚尺寸有哪些规定?

10.6　螺栓在构件上的排列有哪些规定?

10.7　普通抗剪螺栓连接有哪几种破坏形式?如何防止这些破坏?

10.8　摩擦型高强度螺栓和普通螺栓连接有何不同?

10.9　钢屋盖有哪几种支撑?分别设置在什么位置?

10.10　常用钢屋架的形式有哪些?各有何特点?

10.11　设计采用拼接盖板的对接连接。已知钢板宽度 $B=300$ mm,厚度 16 mm,拼接盖板厚度 10 mm,该连接承受轴心力设计值 $N=1\ 000$ kN(静力荷载),钢材为 Q235,采用 E43 系列型焊条,手工焊。

10.12　一桁架的腹杆，截面为 2∟140×10，钢材为 Q235B 钢，手工焊，焊条为 E43 型，杆件承受静力荷载 $N=500$ kN（设计值）。杆件与 12 mm 厚节点板相连，采用两边侧焊缝。试设计此连接。

10.13　截面为 400 mm×10 mm 的钢板采用双盖板普通螺栓连接（C 级），盖板厚 8 mm，钢材为 Q235 钢，螺栓直径 $d=20$ mm，孔径 $d_0=21.5$ mm，构件承受轴心力设计值 $N=800$ kN。试进行螺栓连接计算。

11 建筑地基基础

11.1 概　述

任何建筑物都是建筑在一定地层(土层或岩层)上的,通常将支承基础的土体或岩体称为地基。未经过人工处理就可以满足设计要求的地基称为天然地基。若地基软弱,承载力不满足设计要求,需要对地基进行加固处理才能建造基础的地基称为人工地基。

基础是将结构承受的各种作用传递到地基上的结构组成部分,一般应埋入地下一定深度,进入较好的地层。根据基础埋置深度不同,可分为浅基础和深基础。浅基础的埋置深度 d 与基础底面宽度 b 之比相对较小,荷载通过基础底面扩散到下部地层;深基础埋深较大,往往把所承受的荷载集中传递到下部坚实土层或岩层上。

·11.1.1　地基基础设计等级与原则·

1)地基基础设计等级

根据地基复杂程度、建筑物规模、功能特征以及由于地基问题可能造成建筑物破坏或影响正常使用的程度,将地基基础设计分为甲、乙、丙三级,设计时应根据具体情况按表 11.1 选用。

表 11.1　地基基础设计等级

设计等级	建筑和地基类型
甲　级	重要的工业与民用建筑物 30 层以上的高层建筑 体形复杂、层数相差超过 10 层的高低层连成一体的建筑物 大面积的多层地下建筑物(如地下车库、商场、运动场等) 对地基变形有特殊要求的建筑物 复杂地质条件下的坡上建筑物(包括高边坡) 对原有工程影响较大的新建建筑物 场地和地基条件复杂的一般建筑物 位于复杂地质条件及软土地区的 2 层及 2 层以上地下室的基坑工程 开挖深度大于 15 m 的基坑工程 周边环境条件复杂、环境保护要求较高的基坑工程

续表

设计等级	建筑和地基类型
乙　级	除甲级、丙级以外的工业与民用建筑物 除甲级、丙级以外的基坑工程
丙　级	场地和地基条件简单、荷载分布均匀的7层及7层以下民用建筑及一般工业建筑物 次要的轻型建筑物 非软土地区且场地地质条件简单、基坑周边环境条件简单、环境保护要求不高且开挖深度小于5.0 m的基坑工程

2)地基基础设计原则

(1)承载力计算

所有建筑物的地基都应满足承载力计算的有关规定,即作用于地基上的荷载效应(基底压应力)不得超过地基容许承载力或地基承载力特征值,以保证建筑物不因地基承载力不足而造成整体破坏或影响正常使用,并具有足够防止整体破坏的安全储备。

(2)地基变形验算

基础沉降不得超过地基变形容许值,保证建筑物不因地基变形而损坏或影响其正常使用。

①设计等级为甲级、乙级的建筑物,均应按地基变形设计。

②表11.2所列范围内设计等级为丙级的建筑物可不做变形验算。

表11.2　可不做地基变形计算的丙级建筑物

地基主要受力层情况	地基承载力特征值 f_{ak}/kPa			$80 \leq f_{ak} < 100$	$100 \leq f_{ak} < 130$	$130 \leq f_{ak} < 160$	$160 \leq f_{ak} < 200$	$200 \leq f_{ak} < 300$
	各土层坡度/%			≤5	≤10	≤10	≤10	≤10
建筑类型	砌体承重结构、框架结构层数			≤5	≤5	≤6	≤6	≤7
	单层排架结构(6 m柱距)	单跨	吊车额定起重量/t	10~15	15~20	20~30	30~50	50~100
			厂房跨度/m	≤18	≤24	≤30	≤30	≤30
		多跨	吊车额定起重量/t	5~10	10~15	15~20	20~30	30~75
			厂房跨度/m	≤18	≤24	≤30	≤30	≤30
	烟囱		高度/m	≤40	≤50	≤75		≤100
	水塔		高度/m	≤20	≤30	≤30		≤30
			容积/m^3	50~100	100~200	200~300	300~500	500~1 000

丙级建筑物遇到下列情况之一时,仍应做变形验算:

a. 地基承载力特征值小于 130 kPa,且体形复杂的建筑;

b. 在基础上及其附近有地面堆载或相邻基础荷载差异较大,可能引起地基产生过大的不均匀沉降时;

c. 软弱地基上的建筑物存在偏心荷载时;

d. 相邻建筑距离过近,可能发生倾斜时;

e. 地基内有厚度较大或厚薄不均的填土,其自重固结尚未完成时。

(3)稳定性验算

对经常受水平荷载作用的高层建筑、高耸结构和挡土墙等,以及建造在斜坡上或边坡附近的建筑物和构筑物,还应验算其稳定性。对基坑工程亦应进行稳定性验算。

(4)抗浮验算

当地下水较浅,建筑地下室或地下构筑物存在上浮问题时,尚应进行抗浮验算。

·11.1.2　地基基础设计的荷载效应组合与计算·

1)地基基础设计的荷载效应组合

地基基础设计时,所采用的荷载效应最不利组合与相应的抗力限值应按下列规定:

①按地基承载力确定基础底面积及埋深或按单桩承载力确定桩数时,传至基础或承台底面上的荷载效应应按正常使用极限状态下荷载效应的标准组合。相应的抗力应采用地基承载力特征值或单桩承载力特征值。

②计算地基变形时,传至基础底面上的荷载效应应按正常使用极限状态下荷载效应的准永久组合,不应计入风荷载和地震作用。相应的限值应为地基变形允许值。

③计算挡土墙土压力、地基或斜坡稳定及滑坡推力时,荷载效应应按承载能力极限状态下荷载效应的基本组合,但其分项系数均为 1.0。

④在确定基础或桩基承台高度、支挡结构截面,计算基础或支挡结构内力,确定配筋和验算材料强度时,上部结构传来的荷载效应组合和相应的基底反力,应按承载能力极限状态下荷载效应的基本组合,采用相应的分项系数。当需要验算基础裂缝宽度时,应按正常使用极限状态荷载效应标准组合。

⑤基础设计安全等级、结构设计使用年限、结构重要性系数应按有关规范的规定采用,但结构重要性系数 γ_0 不应小于 1.0。

2)地基计算

地基计算包括基础埋置深度的确定、承载力计算、变形计算、稳定性计算等。这里简单介绍基础埋置深度确定和承载力计算。

(1)基础埋置深度

基础埋置深度是指基础底面至地面(天然地坪面)的距离。基础埋置深度应按以下条件综合考虑后确定。

①建筑物的用途,有无地下室、设备基础和地下设施,基础的形式和构造。建筑物的用途不同,作用在地基上的荷载大小和性质也不相同,因此,对地基土的承载力和变形要求有很大差别。有地下室时,基础取决于地下室的做法和地下室的高度。设备基础和地下设施与基础

的相对关系影响基础的深度，基础的形式、高度等也是影响基础埋深的因素。

②工程地质和水文地质条件。这是决定基础埋深的关键因素之一，应进行多方面比较后才能确定。其原则是：

a. 尽量浅埋。在满足地基稳定和变形要求的前提下，基础应尽量浅埋。当上层地基的承载力大于下层土时，宜利用上层土作持力层。但除岩石地基外，基础埋深不宜小于0.5 m。

b. 宜埋置在地下水位之上。当必须埋在地下水位以下时，应采取措施使地基土在施工时不受扰动。当基础埋置在易风化的岩层上，施工时应在基坑开挖后立即铺筑垫层。

c. 满足稳定要求或抗滑要求。位于土质地基上的高层建筑，基础埋深应满足稳定要求；位于岩石地基上的高层建筑基础埋深应满足抗滑移要求。

③原有相邻建筑的影响。当存在相邻建筑物时，新建建筑物的基础埋深不宜大于原有建筑基础。当埋深大于原有建筑基础时，两基础间应保持一定净距 l（图 11.1），其数值根据原有建筑荷载大小、基础形式和土质情况确定。

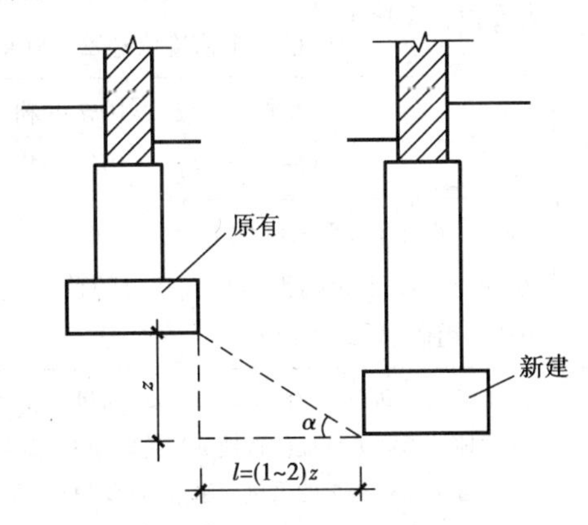

图 11.1 相邻建筑物和基础埋深

④地基冻胀和融陷的影响。对于埋置在非冻胀土中的基础，其埋深可不考虑冻深的影响。对于埋置在弱冻胀、冻胀和强冻胀土中的基础，应按计算确定基底下允许残留冻土层的厚度。

⑤高层建筑基础。高层建筑筏形基础和箱形基础的埋置深度应满足地基承载力、变形和稳定性的要求。在抗震设防区，除岩石地基外，天然地基上的箱形和筏形基础的埋置深度不宜小于建筑物高度的1/15；桩箱或桩筏基础的埋置深度不宜小于建筑物高度的1/18 ~1/20（此深度不包括桩长）。

（2）承载力计算

①地基承载力特征值。在岩土工程勘探报告中，将根据钻探取样，室内土工试验、触探，并结合其他测试方法进行地基评价，提供地基承载力特征值 f_{ak}。当基础大于3 m或埋置深度大于0.5 m，应按式（11.1）进行修正。修正后的地基承载力特征值为 f_a。

$$f_a = f_{ak} + \eta_b \gamma (b - 3) + \eta_d \gamma_m (d - 0.5) \tag{11.1}$$

式中 f_a——修正后的地基承载力特征值。

f_{ak}——地基承载力特征值。

η_b, η_d——基础宽度和埋深的地基承载力修正系数，按表 11.3 查得。

b——基础底面宽度（m），当基础底面宽度小于3 m时按3 m计算，大于6 m时按6 m计算。

γ——基础底面以下土的重度，地下水位以下取浮重度。

γ_m——基础底面以上土的加权平均重度，地下水位以下取浮重度。

d——基础埋置深度，宜自室外地面标高算起。在填方整平地区，可自填土地面标高算起，但填土在上部结构施工后完成时应从天然地面标高算起。对于地下室，当采用箱形基础或筏基时，基础埋置深度自室外地面标高算起；当采用独立基础或条形基础时，应从室内地面标高算起。

表 11.3　承载力修正系数

土的类别		η_b	η_d
淤泥和淤泥质土		0	1.0
人工填土 e 或 I_L 大于等于 0.85 的黏性土		0	1.0
红黏土	含水比 $\alpha_w > 0.8$	0	1.2
	含水比 $\alpha \leqslant 0.8$	1.5	1.4
大面积压实填土	压实系数大于 0.95、黏粒含量 $\rho_c \geqslant 10\%$ 的粉土	0	1.5
	最大干密度大于 2 100 kg/m^3 的级配砂石	0	2.0
粉　土	黏粒含量 $\rho_c \geqslant 10\%$ 的粉土	0.3	1.5
	黏粒含量 $\rho_c < 10\%$ 的粉土	0.5	2.0
e 及 I_L 小于 0.85 的黏性土		0.3	1.6
粉砂、细砂(不包括很湿与饱和时的稍密状态)		2.0	3.0
中砂、粗砂、砾砂和碎石土		3.0	4.4

注:①强风化和全风化的岩石,可参照所风化成的相应土类取值,其他状态下的岩石不修正;

②地基承载力特征值按地基规范附录 D 深层平板载荷试验确定时 η_d 取 0;

③含水比是指土的天然含水量与液限的比值;

④大面积压实填土是指填土范围大于 2 倍基础宽度的填土。

②基础底面的压力。

• 轴心荷载作用时

$$p_k \leqslant f_a \tag{11.2}$$

式中　f_a——修正后的地基承载力特征值;

p_k——相应于荷载效应标准组合时基础底面处的平均压力值,其计算式为:

$$p_k = \frac{F_k + G_k}{A} \tag{11.3}$$

其中　F_k——相应于荷载效应标准组合时,上部结构传至基础顶面的竖向力值;

G_k——基础自重和基础上的土重,$G_k = \gamma_G Ad$,γ_G 可取为 20 kN/m^3;

A——基础底面面积。

• 偏心荷载作用时

除满足式(11.2)的要求外,尚应满足

$$p_{kmax} \leqslant 1.2 f_a \tag{11.4}$$

式中　p_{kmax}——相应于荷载效应标准组合时,基础底面边缘的最大压力值,kPa,其计算式为:

$$p_{kmax} = \frac{F_k + G_k}{A} + \frac{M_k}{W} \tag{11.5}$$

其中　W——基础底面的抵抗矩,m^3;

M_k——相应于荷载效应标准组合时,作用于基础底面的力矩值。

当偏心距 $e>b/6$ 时(图 11.2),p_{kmax} 按式(11.6)计算:

$$e=\frac{M_{\mathrm{k}}}{F_{\mathrm{k}}+G_{\mathrm{k}}}$$

$$p_{\mathrm{kmax}}=\frac{2(F_{\mathrm{k}}+G_{\mathrm{k}})}{3la} \tag{11.6}$$

式中 l——垂直于力矩作用方向的基础底面边长;

a——合力作用点至基础底面最大压应力边缘的距离;

b——力矩作用方向的基础底面边长。

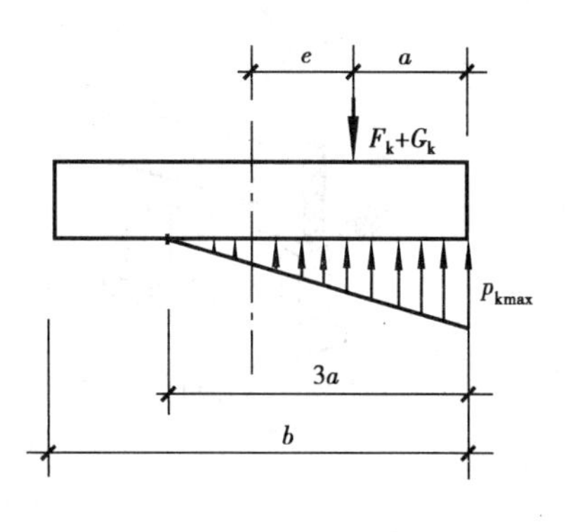

图 11.2　$e>b/6$ 时的基底压力计算

11.2　常用地基基础的形式与受力特点

·11.2.1　单独基础·

1)单独基础的形式

按照上部结构类型,可分为柱下单独基础和墙下单独基础。

单独基础是柱基础的主要类型。它所用材料根据柱荷载大小及柱身材料确定,通常采用砖、石、混凝土和钢筋混凝土等。

(1)柱下单独基础

现浇柱下钢筋混凝土基础的截面可做成阶梯形或锥形,预制柱下的基础一般做成杯形,如图 11.3 所示。

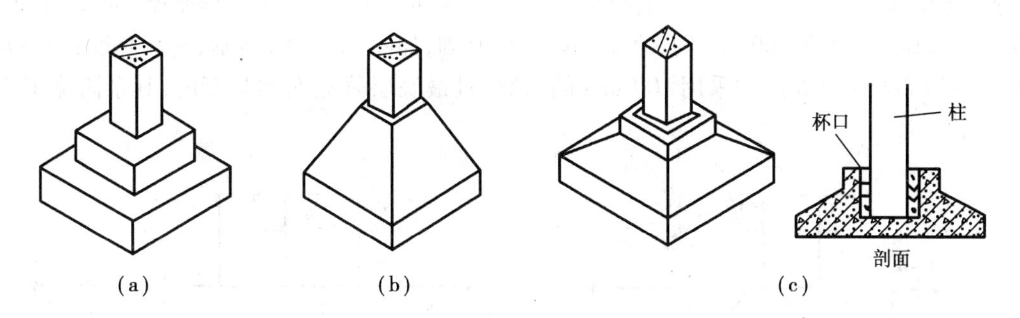

图 11.3　柱下单独基础

(a)阶梯形;(b)锥形;(c)杯形

(2)墙下单独基础

当墙下地基土上层土质松软,而在不深处有可作持力层的好土时,为节省基础材料和减少土方开挖量而采用的一种基础形式,如图 11.4 所示。

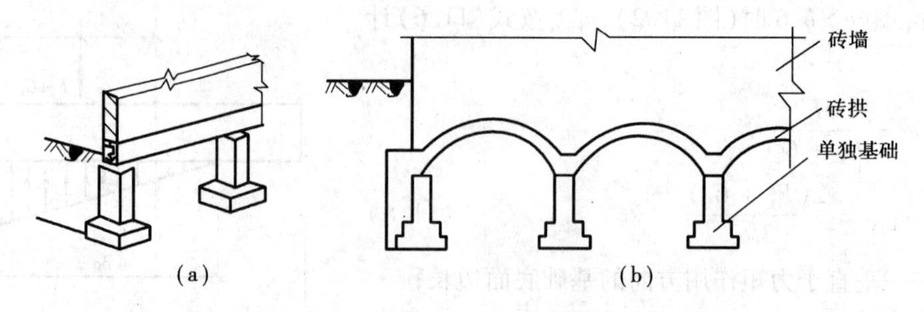

图 11.4　墙下单独基础

(a)支承梁;(b)支承拱

2)柱下钢筋混凝土独立基础设计

(1)一般设计要求

①材料选择

• 混凝土　混凝土强度等级不应低于 C20;基础垫层厚度不宜小于 70 mm,混凝土强度等级不宜小于 C10;预制柱与杯口之间的缝隙,用不低于 C20 的细石混凝土充填密实。

• 钢筋　受力筋最小配筋率不应小于 0.15%。底板受力钢筋的最小直径不应小于 10 mm,间距不应大于 200 mm,也不应小于 100 mm。基础与上部结构连接的插筋数量、直径及种类应与上部结构的钢筋规格完全一致。插筋的锚固长度应符合现行《混凝土结构设计规范》(GB 50010—2010)要求,插筋的下端宜做成直钩放在基础底板钢筋网上。

②混凝土保护层。当有混凝土垫层时,底板钢筋的混凝土保护层厚度不应小于 40 mm;无混凝土垫层时,底板钢筋的混凝土保护层厚度不应小于 70 mm。

③基础的形状和尺寸

• 底板　轴心受压基础底板一般采用正方形。偏心受压基础底板一般采用矩形,其长边和短边之比一般为 1.5 ~2,弯矩作用在长边方向。

• 基础的高度　基础高度按抗冲切承载力计算确定,且基础有效高度 h_0 尚应满足柱纵向受力钢筋在基础内的锚固要求。当基础高度小于 500 mm 时,可采用锥形基础,如图 11.5(a)所示;当基础高度大于 600 mm 时,宜采用阶梯形基础,如图 11.5(b)所示,每阶高度宜为300 ~500 mm,阶高和水平宽度均采用 100 mm 的倍数,且最底层阶宽 $b_1 \leqslant 1.75h_1$,其余阶宽不大于相应阶高。

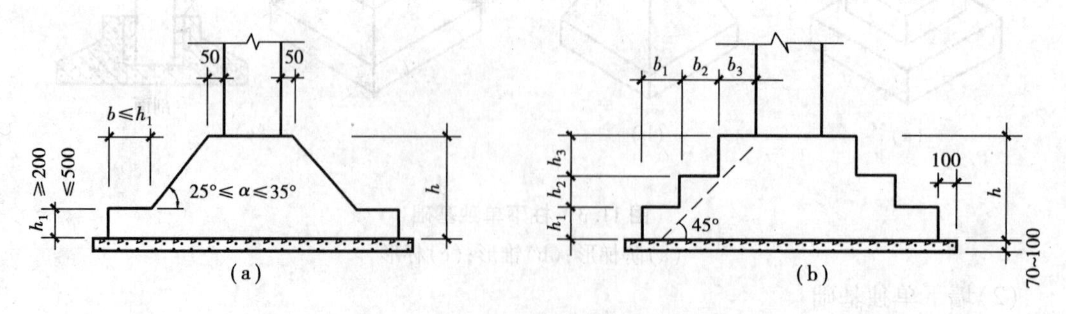

图 11.5　柱下独立基础的形状和尺寸

(a)锥形基础;(b)阶梯形基础

(2)基础底面尺寸的确定

• 轴心受压基础　按承载力极限状态确定基底尺寸时,要求作用于基础底面处的平均压应力值不大于修正后地基承载力的特征值。

由式(11.2)、式(11.3)可得:

$$A \geqslant \frac{F_k}{f_a - 20d} \tag{11.7}$$

式中　A——基础底面面积;

d——基础埋深。

当为方形基础时,基础底面尺寸 $l = b = \sqrt{A}$。

• 偏心受压基础　偏心受压基础底面尺寸需用试算法确定。一般步骤为:

①首先按轴心荷载作用初估基础底面面积 A_0。

②根据偏心荷载作用下应力分布不均匀程度,将 A_0 扩大 10% ~ 40%,即 $A = (1.1 \sim 1.4)A_0$。

③将 A 代入式(11.4)进行验算。

④如不满足要求,需重新调整 A 值直至满足式(11.4)。

在确定基础边长时,应注意荷载对基础的偏心距不宜过大,以保证基础不致发生过度倾斜。一般对建筑在中、高压缩性土上的基础或有吊车的工业厂房柱基础,偏心距 e 不宜大于 $l/6$;对建在低压缩性土上的基础,可适当放宽,但偏心距 e 不得大于 $l/4$。

(3)基础高度的确定

在基底土净反力作用下,基础可能发生冲切破坏;破坏面为大致沿柱边 45°方向的锥形斜面,如图 11.6 所示。破坏的原因是由于混凝土斜截面上的主拉应力超过混凝土抗拉强度,从而引起斜拉破坏。

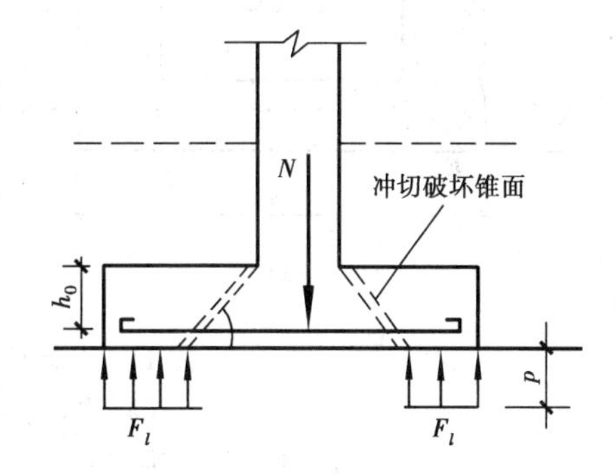

图 11.6　基础的冲切破坏

为了防止冲切破坏的发生,当冲切锥体落在基础底面以内时,对矩形截面柱的阶形基础,在柱与基础交接处以及基础变阶处的受冲切承载力应进行计算,并满足如下要求(图 11.7):

$$\left.\begin{aligned} F_l &\leqslant 0.7\beta_{hp} f_t a_m h_0 \\ F_l &= p_j A_l \\ a_m &= (a_t + a_b)/2 \end{aligned}\right\} \tag{11.8}$$

式中　p_j——扣除基础自重及其上土重后相应于荷载的基本组合时的地基土单位面积净反力,对偏心受压基础可取基础边缘处最大地基土单位面积净反力。

h_0——基础冲切破坏锥体的有效高度。

A_l——考虑冲切荷载时取用的多边形面积(图 11.7 中阴影面积 $ABCDEF$)。

a_t——冲切破坏锥体最不利一侧斜截面的上边长。在图 11.7(a)中取柱宽,在图 11.7(b)中取上阶宽。

a_b——冲切破坏锥体最不利一侧斜截面在基础底面积范围内的下边长(m),当冲切破坏锥体的底面落在基础底面以内(图 11.7(a),(b)),计算柱与基础交接处的受冲切承载力时,取柱宽加 2 倍基础有效高度;当计算基础变阶处的受冲切承载力时,取上阶宽加 2 倍该处的基础有效高度。

β_{hp}——受冲切承载力截面高度影响系数,当 $h \leqslant 800$ mm 时取 $\beta_{hp}=1.0$,当 $h \geqslant 2\,000$ mm 时取 $\beta_{hp}=0.9$,其间按线性内插法取用。

f_t——混凝土轴心抗拉强度设计值。

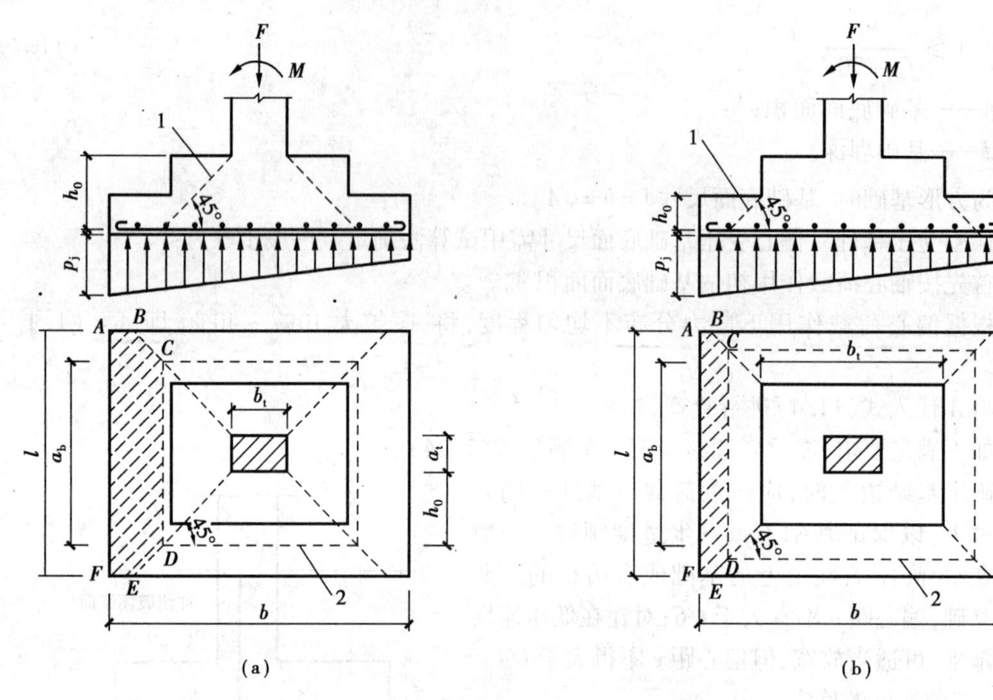

图 11.7 计算基础受冲切承载力截面位置

(a)柱与基础交接处;(b)基础变阶处

1—冲切破坏锥体最不利一侧的斜截面;2—冲切破坏锥体底面线

在设计时,先按构造要求选定基础高度和阶高,然后进行验算,直到满足要求为止。显然,当破坏锥面落在基础底面(或变阶处下底面)以外时,不必进行验算。

当基础底面短边尺寸小于或等于柱宽加 2 倍基础有效高度的柱下独立基础,应验算柱与基础交接处的基础受剪切承载力。

$$V_s \leqslant 0.7\beta_{hs} f_t A_0 \tag{11.9}$$

$$\beta_{hs}=\left(\frac{800}{h_0}\right)^{\frac{1}{4}} \tag{11.10}$$

式中 V_s——柱与基础交接处的剪力设计值,kN,图 11.8 中的阴影面积乘以基底平均净反力。

β_{hs}——受剪切承载力截面高度影响系数,当 $h_0 < 800$ mm 时,取 $h_0=800$ mm;当 $h_0 > 2\,000$ mm时,取 $h_0=2\,000$ mm。

A_0——验算截面处基础的有效截面面积,m^2。当验算截面为阶形或锥形时,可将其截面折算成矩形截面,截面的折算宽度和截面的有效高度按《建筑地基基础设计规范》(GB 50007—2011)附录 U 计算。

(4)基础底板配筋

在基底净反力设计值 p_j 的作用下,基础底板在两个方向发生弯曲,受力状态如同倒置的变截面悬臂板，所以两个方向都要配受力钢筋，钢筋面积按两个方向的最大弯矩分别计算，计算截面取柱边或变阶处截面。

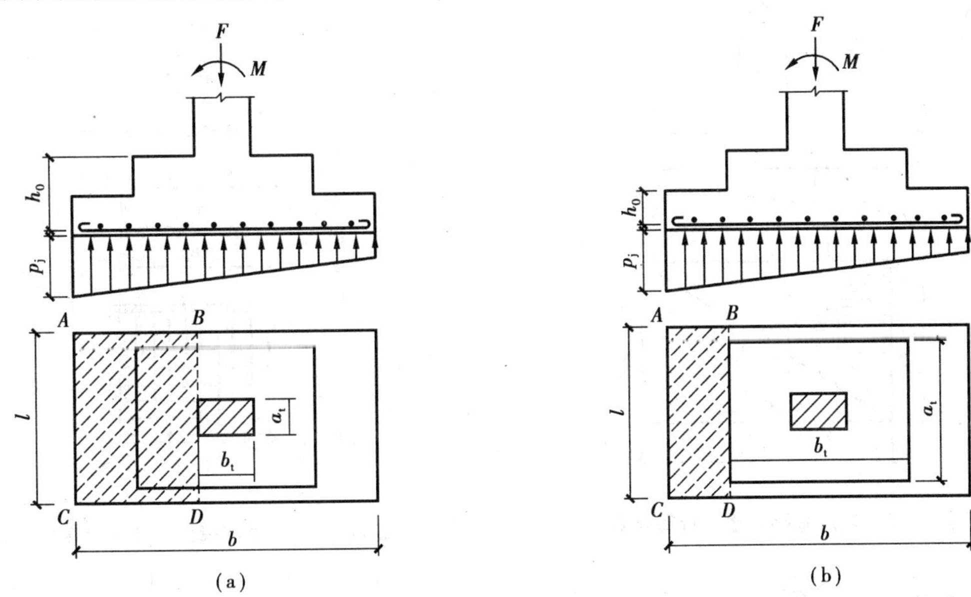

图 11.8 验算阶形基础受剪切承载力示意图

(a)柱与基础交接处 (b)基础变阶处

在轴心荷载或单向偏心荷载作用下，当台阶的宽高比≤2.5 和偏心距≤$l/6$ 基础宽度时，柱下矩形独立基础任意截面的底板弯矩可按下列简化方法进行计算，如图 11.9 所示。

$$M_{\mathrm{I}}=\frac{1}{12}a_1^2\left[(2l+a')\left(p_{\max}+p-\frac{2G}{A}\right)+(p_{\max}-p)l\right] \tag{11.11}$$

$$M_{\mathrm{II}}=\frac{1}{48}(l-a')^2(2b+b')\left(p_{\max}+p_{\min}-\frac{2G}{A}\right) \tag{11.12}$$

式中 M_{I}，M_{II}——任意截面Ⅰ—Ⅰ、截面Ⅱ—Ⅱ处相应于作用的基本组合时的弯矩设计值，kN·m；

a_1——任意截面Ⅰ—Ⅰ至基底边缘最大反力处的距离，m；

l，b——基础底面的边长，m；

$p_{\max}$，$p_{\min}$——相应于作用的基本组合时的基础底面边缘最大和最小地基反力设计值，kPa；

p——相应于作用的基本组合时在任意截面Ⅰ—Ⅰ处基础底面地基反力设计值，kPa；

G——考虑作用分项系数的基础自重及其上的土自重，kN，当组合值由永久作用控制时，作用分项系数可取 1.35。

在求出 M_{I} 和 M_{II} 后，即可按下列近似公式计算配筋：

$$A_{s\mathrm{I}}=\frac{M_{\mathrm{I}}}{0.9f_y h_0} \tag{11.13}$$

$$A_{s\mathrm{II}}=\frac{M_{\mathrm{II}}}{0.9f_y(h_0-10)} \tag{11.14}$$

根据计算的配筋量选择钢筋，其直径不小于 10 mm，间距不大于 200 mm。当板长大于

2.5 m时，钢筋的长度可取板长的0.9倍，并交错排列，如图11.10所示。

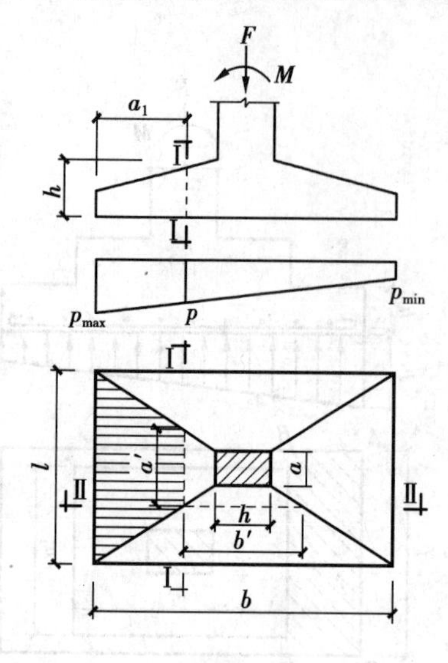

图11.9　矩形基础底板的计算示意图

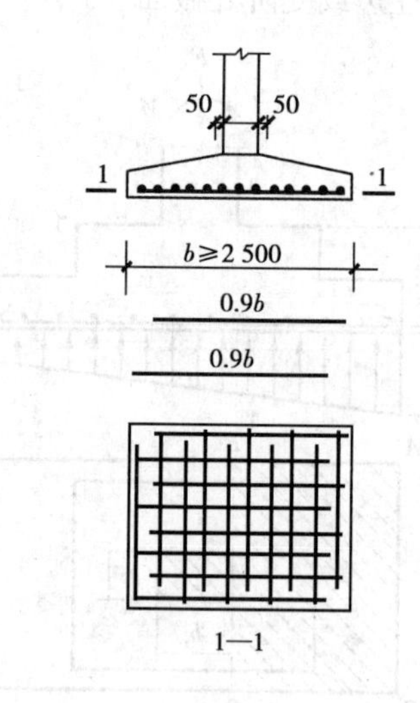

图11.10　柱下混凝土独立基础配筋示意

·11.2.2　条形基础·

1)条形基础的类型

条形基础是指基础长度远大于基础宽度的一种基础形式。按上部结构形式可分为墙下条形基础和柱下条形基础。

(1)墙下条形基础

墙下条形基础是承重墙基础的主要形式。所用材料一般为砖、毛石、三合土或灰土等，当上部结构荷载较大或地基较差时可采用混凝土或钢筋混凝土条形基础。墙下混凝土条形基础一般做成无肋式，但若地基土质不均匀，为了增强基础整体性，减小不均匀沉降，也可做成有肋式的条形基础，如图11.11所示。

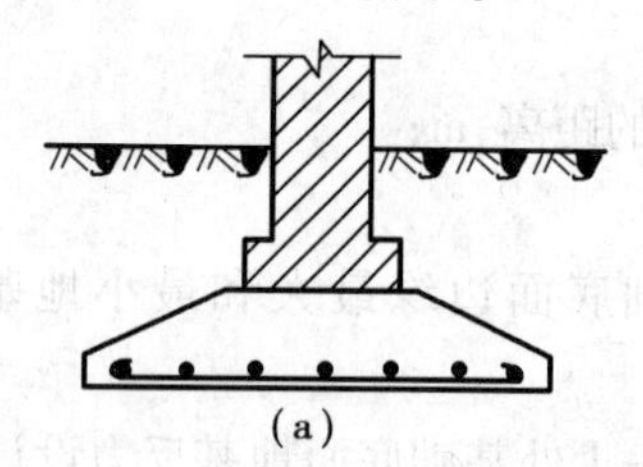
(a)

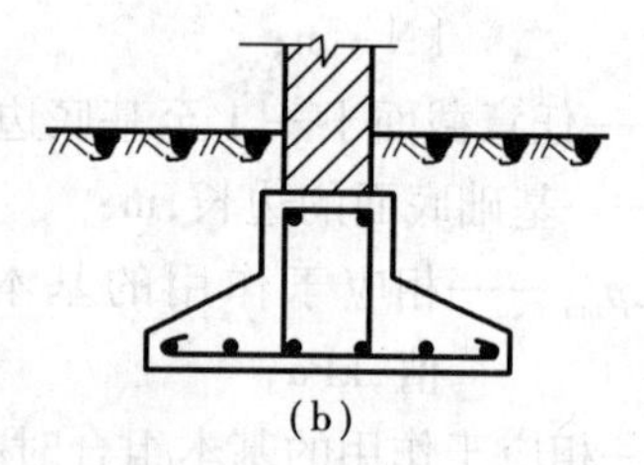
(b)

图11.11　墙下钢筋混凝土条形基础

(a)无肋式；(b)有肋式

(2)柱下钢筋混凝土条形基础

当上部结构荷载较大或地基土层较弱时，如柱下仍采用独立基础，基础底面积必然很大而相互靠得很近，此时可将同一排的柱基础连通，做成钢筋混凝土条形基础，如图11.12所示。

2)墙下钢筋混凝土条形基础设计

(1)构造要求(图11.13)

①锥形基础边缘高度，不宜小于200 mm；阶梯形基础的每阶高度，宜为300～500 mm。

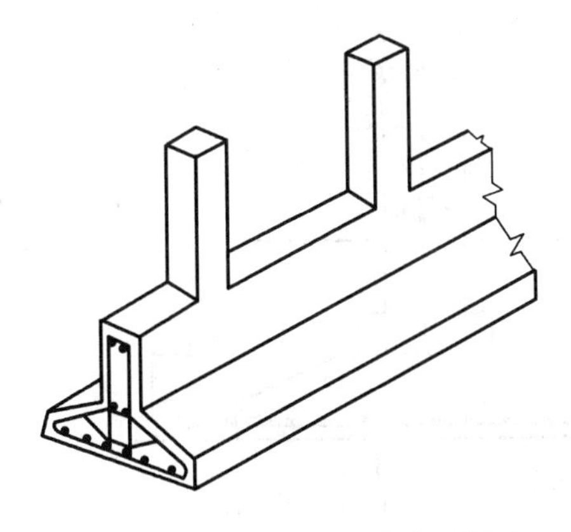

图 11.12 柱下钢筋混凝土条形基础

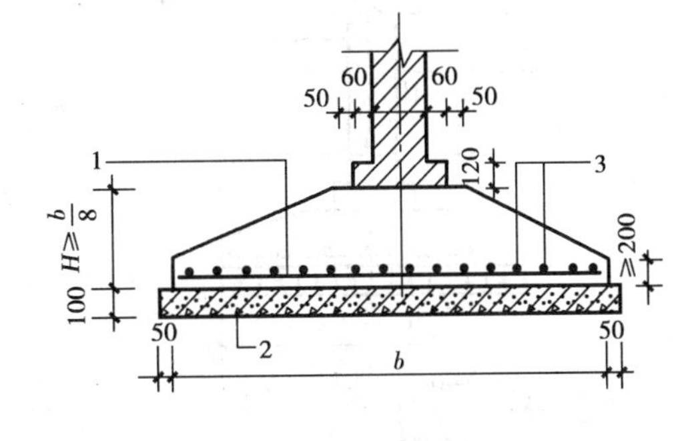

图 11.13 墙下钢筋混凝土条形基础的构造

1—受力钢筋;2—C15 混凝土垫层;3—构造钢筋

②垫层的厚度不宜小于 70 mm,垫层混凝土强度等级应为 C15,两端各宽出基础边缘 50 mm。

③基础底板受力钢筋的最小直径不宜小于 10 mm,间距不宜大于 200 mm,也不宜小于 100 mm。基础纵向分布钢筋的直径不小于 8 mm,间距不大于 300 mm,每延米分布钢筋的面积应不小于受力钢筋面积的 1/10。当有垫层时,钢筋保护层的厚度不小于 40 mm,无垫层时不小于 70 mm。

④混凝土强度等级不应低于 C20。

⑤当基础宽度大于或等于 2.5 m 时,底板受力钢筋的长度可取宽度的 0.9 倍,并宜交错布置。

⑥钢筋混凝土条形基础底板在 T 形及十字形交接处,底板横向受力钢筋仅沿一个主要受力方向通长布置,另一方向的横向受力钢筋可布置到主要受力方向底板宽度的 1/4 处,如图 11.14 所示。在拐角处底板横向受力钢筋应沿两个方向布置。

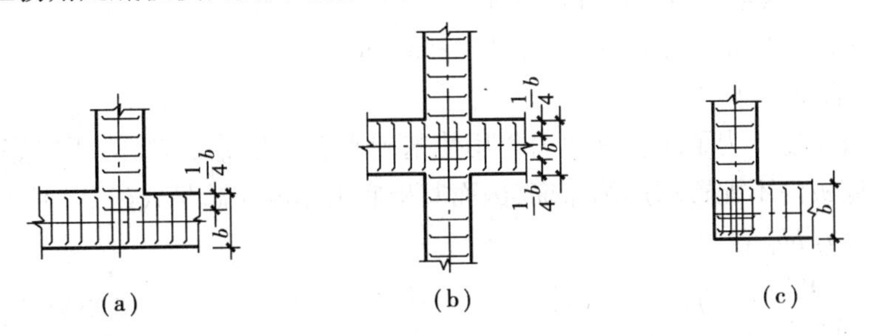

图 11.14 墙下条形基础交接处底板受力钢筋布置示意图

(a)工形交接;(b)十形交接;(c)L 形交接

(2)基础底板厚度

基础底板的受力情况犹如一倒置的悬臂梁,由自重 G 产生的均布压力与相应的地基反力相抵,即底板仅受到上部结构传来的荷载设计值产生的地基净反力的作用。

①轴心荷载作用时(图 11.15)。

- 地基净反力计算 地基净反力是扣除基础自重及其上土重后相应于荷载效应基本组合时的地基单位面积净反力,可按式(11.15)计算:

$$p_j = \frac{F}{b} \tag{11.15}$$

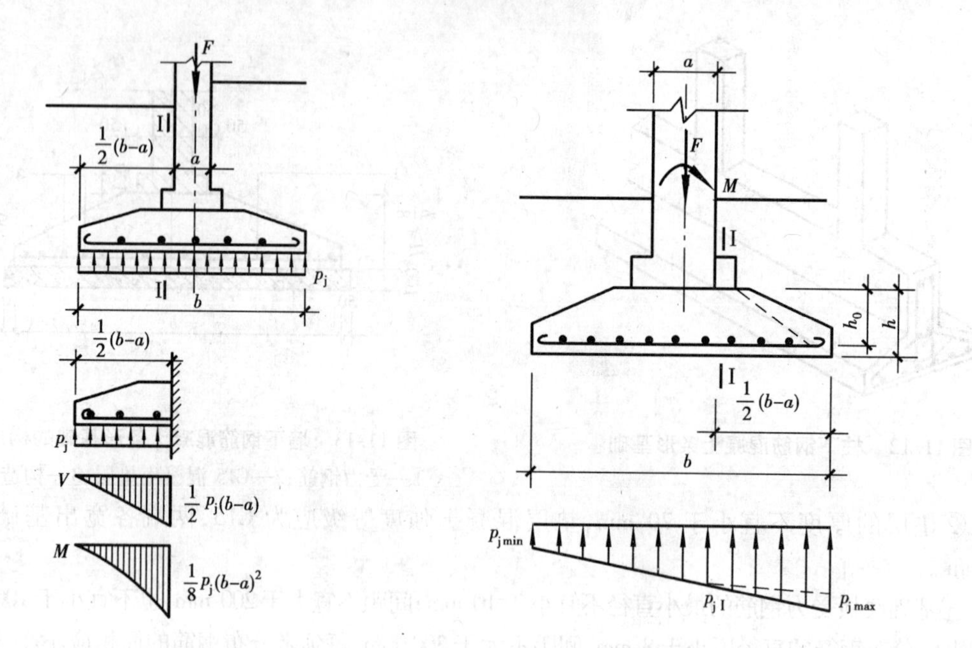

图 11.15　墙下条形基础轴心荷载下受力分析　　图 11.16　墙下条形基础受偏心载荷作用下受力分析

式中　F——上部结构传来荷载效应的基本组合设计值。

• 最大内力设计值(取墙边截面)

$$V = \frac{1}{2}p_j(b-a) \tag{11.16}$$

$$M = \frac{1}{8}p_j(b-a)^2 \tag{11.17}$$

式中　V——基础底板最大剪力设计值,kN/m;

M——基础底板最大弯矩设计值,(kN·m)/m;

a——砖墙厚。

• 基础底板厚度　为了防止因剪力作用使基础底板发生剪切破坏,要求底板应有足够的厚度。因基础底板内不配置箍筋和弯筋,因而基础底板厚度应满足式(11.18)要求:

$$V \leqslant 0.7f_t b h_0 \tag{11.18}$$

或

$$h_0 \geqslant \frac{V}{0.7f_t b} \tag{11.19}$$

式中　f_t——混凝土轴心抗拉强度设计值,N/mm^2;

h_0——基础底板有效厚度,mm。

• 基础底板配筋　计算公式为:

$$A_s = \frac{M}{0.9f_y h_0} \tag{11.20}$$

式中　A_s——条形基础底板受力钢筋面积,mm^2/m;

f_y——钢筋抗拉强度设计值,N/mm^2。

②偏心荷载作用时(图 11.16)。

• 地基净反力偏心距 e_{0n}

$$e_{0n} = \frac{M}{F} \tag{11.21}$$

- 地基净反力

$$p_{\substack{jmax\\jmin}} = \frac{F}{b}\left(1 \pm \frac{6e_{0n}}{b}\right) \tag{11.22}$$

$$p_{jⅠ} = p_{jmin} + \frac{b+a}{2b}(p_{jmax} - p_{jmin}) \tag{11.23}$$

- 最大内力设计值

$$V = \frac{1}{4}(p_{jmax} + p_{jⅠ})(b-a) \tag{11.24}$$

$$M = \frac{1}{16}(p_{jmax} + p_{jⅠ})(b-a)^2 \tag{11.25}$$

- 基础底板厚度及配筋计算　仍用式(11.19)和式(11.20)。

3)柱下条形基础设计

(1)柱下条形基础构造要求

柱下条形基础除了要满足墙下条形基础与柱下独立基础的构造要求外,还须满足以下要求:

①柱下钢筋混凝土条形基础的高度宜为柱距的 1/4 ~ 1/8,翼板厚度不应小于 200 mm。当翼板厚度大于 250 mm 时,宜用变厚度翼板,其坡度宜小于或等于 1∶3。

②条形基础的端部宜外伸,以增大底面积及调整底面形心位置,使反力分布合理,但不宜伸出过长,一般为第一跨跨距的 1/4。

③现浇柱与条形基础梁的交接处,其平面尺寸不应小于图 11.17 规定,即一般情况下基础梁宽度宜每边宽于柱边 50 mm,当与基础梁轴线垂直的柱边长大于或等于 600 mm 时,可仅在柱子处将基础梁局部加宽。

④条形基础梁顶面和底面的纵向受力钢筋除满足计算要求外,顶面钢筋宜全部贯通,底面通长钢筋不应少于底面受力钢筋总面积的 1/3。

⑤梁上部和下部的纵向受力钢筋的配筋率均不小于 0.2%,当梁高大于 700 mm 时,应在梁侧加设腰筋,其直径不小于 10 mm,箍筋直径不小于 8 mm。

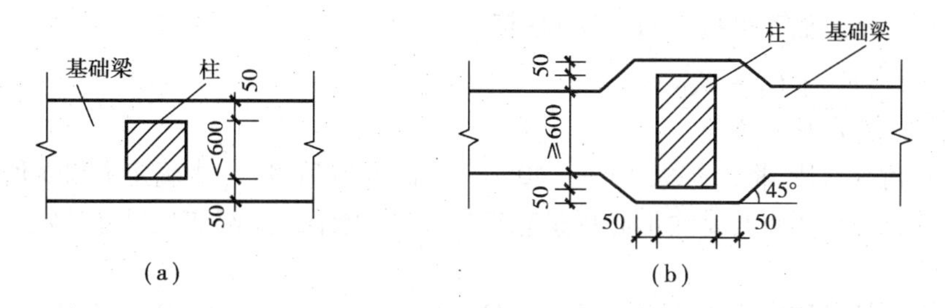

图 11.17　现浇柱与条形基础梁交接处平面尺寸

(a)与基础梁轴线垂直的柱边长 <600 mm 时;(b)与基础梁轴线垂直的柱边长≥600 mm 时

(2)柱下条形基础的简化计算

《建筑地基基础设计规范》(GB 50007—2011)规定,在比较均匀的地基上,上部结构刚度较好,荷载分布较均匀,且条形基础梁的高度不小于 1/6 柱距时,地基反力可按直线分布,条形基础梁的内力可按连续梁计算,即通常所称的“倒梁法”。若不满足上述要求,宜按弹性地基梁法计算。倒梁法是一种实用的计算基础梁的简化方法。

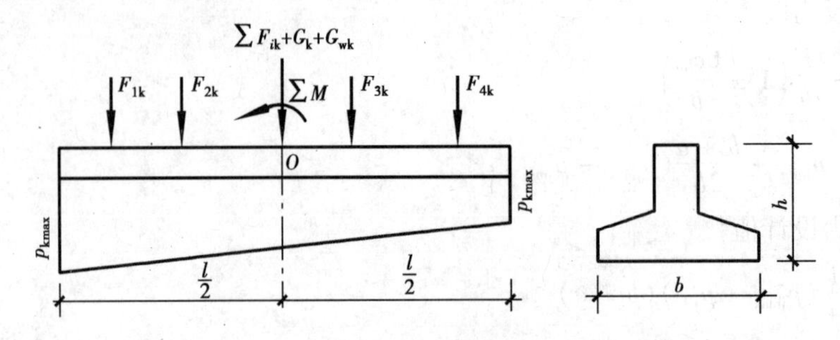

图 11.18 基底反力按直线分布

①地基承载力验算。如前所述,假设基底反力是直线分布,因此在确定基础尺寸时将作用在基础上的柱荷载向基础梁中心点简化,如图 11.18 所示,然后按式(11.26)和式(11.27)计算基底反力:

轴心荷载作用时:

$$p_{\mathrm{k}} = \frac{\sum F_{i\mathrm{k}} + G_{\mathrm{k}} + G_{\mathrm{wk}}}{lb} \tag{11.26}$$

偏心荷载作用时,除应满足上式外,还应满足:

$$p_{\mathrm{kmax}} = \frac{\sum F_{i\mathrm{k}} + G_{\mathrm{k}} + G_{\mathrm{wk}}}{lb} + \frac{6\sum M_{i\mathrm{k}}}{bl^2} \leqslant 1.2f_{\mathrm{a}} \tag{11.27}$$

式中 $\sum F_{i\mathrm{k}}$—— 各柱传至基础顶面的荷载效应标准组合值,kN;

G_{k}—— 基础及上覆土重标准值,kN;

G_{wk}—— 作用在基础梁上墙重标准值,kN;

$\sum M_{i\mathrm{k}}$—— 各荷载效应标准值对基础中点的力矩代数和,kN·m;

b—— 基础底面翼板宽度,m;

l—— 基础梁长度,m;

f_{a}—— 修正后地基承载力特征值,kPa。

柱下条形基础底面积可按式(11.28)估算:

$$A \geqslant \frac{\sum F_{i\mathrm{k}} + G_{\mathrm{k}} + G_{\mathrm{wk}}}{f_{\mathrm{a}} - \gamma_{\mathrm{G}} d} \tag{11.28}$$

若为偏心荷载作用,将 A 扩大 10% ~40%。底面选定后,进一步确定 l 和 b 值,基础长度可按主要荷载合力作用点与基底形心尽量靠近的原则,并结合端部伸长尺寸选定,一般采用试算法。

②基础底板的计算。由于假定基底反力是直线分布,所以基础自重和上覆土重产生的基底压力与相应的地基反力相抵,故地基净反力按式(11.29)计算:

$$p_{\substack{\mathrm{jmax}\\ \mathrm{jmin}}} = \frac{\sum F_i + G_{\mathrm{w}}}{bl} \pm \frac{6\sum M_i}{bl^2} \tag{11.29}$$

式中 $\sum F_i$—— 各柱传来的总荷载效应设计值, kN;

$\sum M_i$—— 各荷载效应设计值对基础中点的力矩代数和，kN·m；

G_w—— 作用在基础梁上墙重设计值，kN。

为简化计算，地基净反力在横向按均匀分布考虑。作用在基础底板上的地基净反力可取每柱距 a 内的最大值，如图 11.19 所示，故各柱距内底板的配筋是不同的。当净反力相差不大时，宜采用同一配筋。翼板的计算方法与墙下钢筋混凝土条形基础相同。

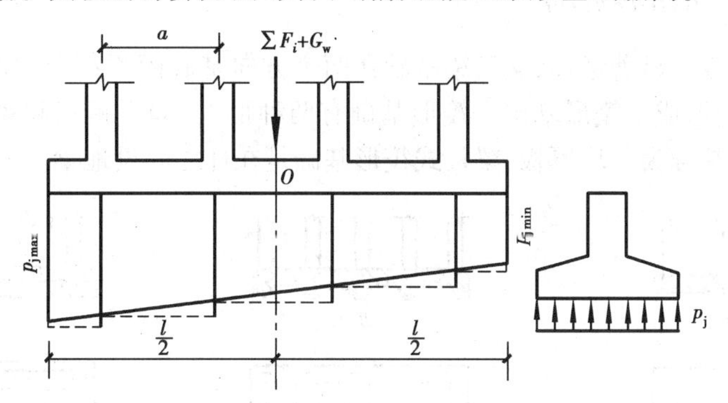

图 11.19 基础底板上的净反力

③基础梁内力计算。采用简化的方法求出基底反力后，可按倒梁法计算条形基础梁的内力，即以柱作为基础梁的不动铰支座（可认为上部结构的刚度很大），地基净反力作为荷载，求连续梁的内力。

由于沿梁全长作用的均布墙重、基础及上覆土重均由其产生的地基反力所抵平，故作用在基础梁上的净反力只有由柱传来的荷载所产生，这时：

$$p_{\substack{\text{jmax}\\ \text{jmin}}} = \frac{\sum F_i}{bl} \pm \frac{6\sum M_i}{bl^2} \tag{11.30}$$

考虑到上部结构与地基、基础相互作用的影响，在协调地基变形过程中将引起端部地基反力的增加，因而在按地基反力直线分布假设进行计算后，将条形基础两端边跨的跨中弯矩及第一内支座的弯矩值宜乘以系数 1.2。

按以上计算简图求得的“支座”反力，一般不等于原柱传来的荷载。此时可将支座反力与柱子的轴力之差折算成均匀荷载，布置在支座两侧各 1/3 跨内，再按连续梁计算内力，并与原算得的内力叠加。经调整后不平衡力将明显减少，一般调整一二次即可，这个调整方法也称调整倒梁法。

·11.2.3 十字交叉基础·

当上部结构荷载较大，以致沿柱列一个方向上设置条形基础已不再能满足地基承载力和地基变形要求时，可考虑沿柱列的两个方向都设置条形基础，形成十字交叉基础（图 11.20），以增大基础底面积及基础刚度。十字交叉梁基础是具有较大抗弯刚度的超静定体系，对地基的不均匀变形有较大的调节能力。

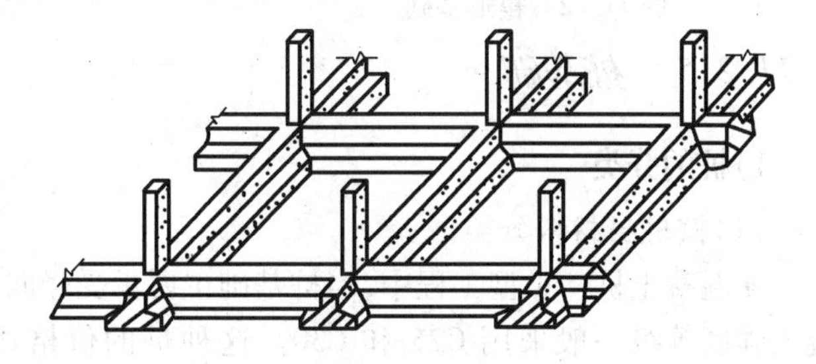

图 11.20 柱下十字交叉基础

柱下交叉梁基础,在每个交叉点(简称节点)上作用有柱传来的轴力及两个方向的弯矩。同柱下条形基础一样,当两个方向的梁高均大于1/6柱距、地基土比较均匀、上部结构刚度较好时,地基反力可近似视为按直线分布。根据节点处两个方向竖向位移和转角相等的条件,可求得各节点在两个方向梁上的分配荷载,然后按柱下条形基础的方法进行设计即可。

·11.2.4 筏形和箱形基础·

当上部结构荷载有显著增加,交叉梁基础在两个方向基底面积都会增加。当增大到一定程度时,连成一片则形成了筏形基础。筏形基础有两种形式,即平板式和梁板式,如图11.21所示。平板式筏形基础为一块厚板,梁板式筏形基础是在柱之间设地梁。

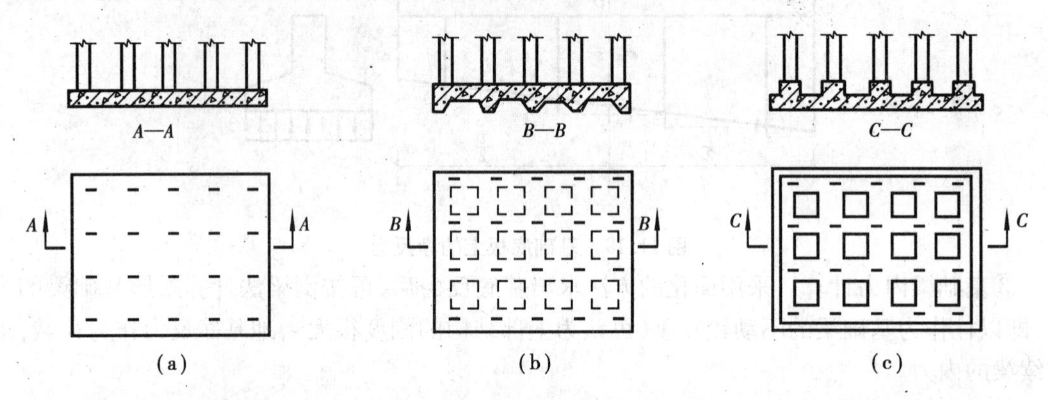

图11.21 筏板基础

(a)平板式;(b),(c)梁板式

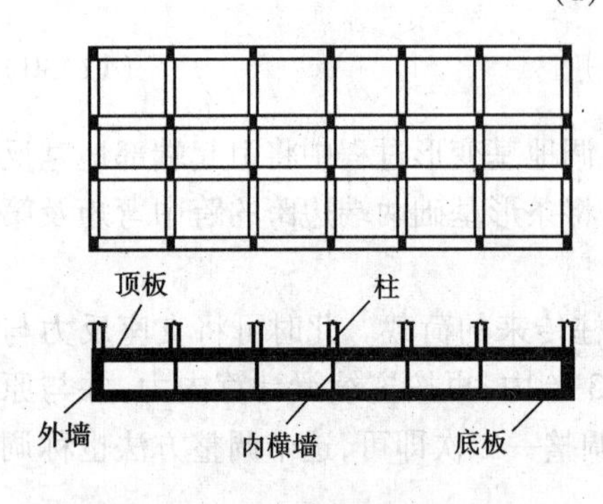

图11.22 箱形基础

筏形基础的受力性质比前几种基础有明显改善,其底面积大,基底压力小,能够有效地增强基础的整体性,调整不均匀沉降。

箱形基础由顶板、底板、外墙和内隔墙组成,是具有一定高度的整体结构。其形式如图11.22所示。

箱形基础与筏形基础相比,基础底面积相差不大,但箱形基础具有更大的抗弯刚度,因而能够调整不均匀沉降,消除因地基变形而使建筑物开裂的现象,同时也具有很好的抗震性能。

·11.2.5 桩基础·

1)桩的分类

(1)按桩身材料分类

●混凝土桩　小型工程中,当桩基础主要承受竖向桩顶受压荷载时,可采用混凝土桩。混凝土强度等级一般采用C25和C30。这种桩的价格比较便宜,截面刚度大,易于制成各种尺寸。

●钢筋混凝土桩　钢筋混凝土桩应用较广,常做成实心的方形或圆形,亦可做成十字形截面,可用于承压、抗拔、抗弯等。可工厂预制或现场预制后打入,也可现场钻孔灌注混凝土成桩。当桩的截面较大时,也可做成空心管桩,常通过施加预应力制作管桩,以提高桩自身的抗裂能力。

• 钢桩　钢桩用各种型钢制作。承载力高、质量轻、施工方便,但价格高、费钢材、易腐蚀。一般在特殊、重要的建筑物中才使用。常见的有钢管桩、宽翼工字型钢桩等。

• 木桩　木桩在我国古代的建筑工程中早已使用。木桩虽然经济,但由于承载力低,易腐烂,木材又来之不易,故现在已很少使用,只在乡村小桥、临时小型构筑物中还少量使用。木桩常用松木、杉木、柏木和橡木制成。木桩在使用时,应打入地下水位0.5 m以下。

• 组合材料桩　组合材料桩是一种新桩型,由两种材料组合而成,以发挥各种材料的特点。如在素混凝土中掺入适量粉煤灰形成粉煤灰素混凝土桩;水泥搅拌桩中插入型钢或预制钢筋混凝土小截面桩。但采用组合材料相对造价较高,故只在特殊地质情况下才采用。

(2)按施工方法分类

• 预制桩　预制桩在工厂或施工现场预先制作成型,然后运送到桩位,采用锤击、振动或静压的方法将桩沉至设计标高。桩的材料有混凝土、钢筋混凝土、预应力钢筋混凝土、钢管、木材等。在工程中应用最广泛的是钢筋混凝土预制桩。

• 灌注桩　灌注桩指在设计桩位用钻、冲或挖等方法成孔,然后在孔中灌注混凝土成桩的桩型。它与预制桩相比,不存在起吊及运输问题,桩身可按内力大小决定配筋或不配筋,用钢量较省。灌注桩要特别注意保证桩身混凝土质量,防止露筋、缩颈、断桩等现象。灌注桩按成孔方法不同可分成沉管灌注桩、钻(冲)孔灌注桩和挖孔灌注桩。

(3)按荷载的传递方式分类

• 端承桩　端承桩是桩顶荷载由桩端阻力承受的桩,如图11.23所示。桩身穿过软弱土层,达到深层坚硬土中。桩侧阻力很小,可略去不计。

• 摩擦桩　摩擦桩是桩顶荷载由桩侧阻力和桩端阻力共同承受的桩,如图11.24所示。它的桩侧阻力很大,起主要承载作用,桩未达到坚硬土层或岩层。

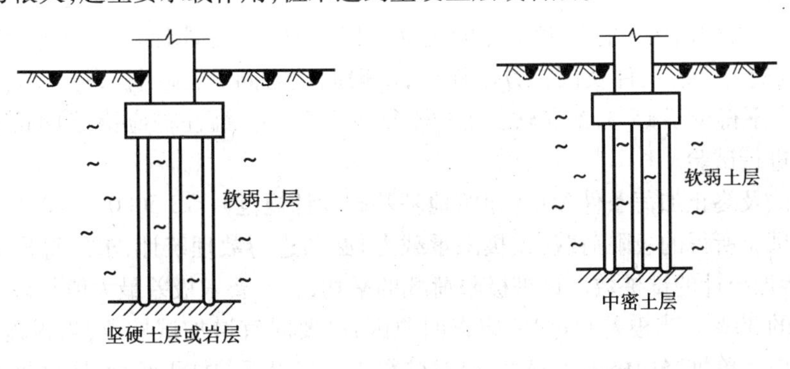

图11.23　端承桩　　　图11.24　摩擦桩

2)单桩竖向承载力特征值

单桩竖向承载力特征值是指竖直单桩在轴向外荷载作用下,不丧失稳定、不产生过大变形时的最大荷载值。

桩基在荷载作用下,主要有两种破坏模式:一种是桩身破坏,桩端支承于很硬的地层上,而桩侧土又十分软弱,桩相当于一根细长柱,此时有可能发生纵向弯曲破坏;另一种是地基破坏,桩穿过软弱土层支承在坚实土层上,其破坏模式类似于浅基础下地基的整体剪切破坏,土从桩端两侧隆起。此外,当桩端持力层为中等强度土或软弱土时,在荷载作用下,桩"切入"土中,称为冲剪破坏或贯入破坏。

由上述可见,单桩竖向承载力应根据桩身的材料强度和土对桩的支承力两方面确定。

(1)根据桩身材料强度确定

通常桩总是同时受轴力、弯矩和剪力的作用,按桩身材料计算桩的竖向承载力时,将桩视为轴心受压构件。对于钢筋混凝土桩:

$$R_a = \psi(f_c A + f'_y A'_s) \tag{11.31}$$

式中 R_a——单桩竖向承载力特征值,N;

ψ——纵向弯曲系数,考虑土的侧向作用,一般取 $\psi = 1$;

f_c——混凝土的轴心抗压强度设计值,N/mm^2;

A——桩身的横截面面积,mm^2;

f'_y——纵向钢筋的抗压强度设计值,N/mm^2;

A'_s——桩身内全部纵向钢筋的截面面积,mm^2。

由于灌注桩成孔和混凝土浇筑的质量难以保证,而预制桩在运输及沉桩过程中受振动和锤击的影响,根据《建筑桩基技术规范》(JGJ 94—2008)规定,应将混凝土的轴心抗压强度设计值乘以桩基施工工艺系数 ψ_c。对混凝土预制桩,$\psi_c = 1$;干作业非挤土灌注桩,$\psi_c = 0.9$;泥浆护壁和套管非挤土灌注桩、部分挤土灌注桩、挤土灌注桩,$\psi_c = 0.8$。

(2)根据土对桩的支承力确定

①按静载荷试验确定。《建筑地基基础设计规范》(GB 50007—2011)规定,对于一级建筑物,单桩竖向承载力标准值应通过现场静载试验确定。单桩竖向静载荷试验是按照设计要求在建筑场地先打试桩,然后在试桩顶上分级施加静荷载,并观测各级荷载作用下的沉降量,直到桩周围地基被破坏或桩身被破坏,从而求得桩的极限承载力。试桩数量一般不少于桩总数的1%,且不少于3根。

对于打入式试验,由于打桩对土体的扰动,试桩必须待桩周围土体的强度恢复后方可开始,间隔天数应视土质条件及沉桩方法而定,一般间歇时间是:预制桩,打入砂土中不宜少于7 d,粘性土中不得少于15 d,饱和软黏土中不得少于25 d。灌注桩应待桩身混凝土达到设计强度后才能进行试验。

试验方法及终止加荷条件参见《建筑地基基础设计规范》(GB 50007—2011)的有关规定。

对静载试验所得的极限荷载(或极限承载力)必须进行数理统计,求出每根试桩的极限承载力后,按参加统计的试桩数取试桩极限荷载的平均值,并要求极差最大值与最小值之差不得超过平均值的30%。当极差超过时,应查明原因,必要时宜增加试桩数;当极差符合规定时,取其平均值作为单桩竖向极限承载力,但对桩数为3根以下的柱下承台,取试桩的最小值为单桩竖向极限承载力。最后,将单桩竖向极限承载力除以2,即得单桩竖向承载力特征值。

②规范公式。根据《建筑地基基础设计规范》(GB 50007—2011)的规定,单桩的承载力特征值是由桩侧总极限摩擦力 Q_{su} 和总极限桩端阻力 Q_{pu} 组成。即:

$$R_a = Q_{su} + Q_{pu} \tag{11.32}$$

对于二级建筑物,可参照地质条件相同的试验资料,根据具体情况确定。初步设计时,假定同一土层中的摩擦力沿深度方向是均匀分布的,以经验公式进行单桩竖向承载力特征值估算。

摩擦桩 $R_a = q_{pa}A_p + \mu_p \sum q_{sia}l_i$ (11.33)

端承桩 $R_a = q_{pa}A_p$ (11.34)

式中 R_a——单桩竖向承载力特征值,kN;

q_{pa}——桩端阻力特征值,kPa,可按地区经验确定,对预制桩可按表11.4选用;

A_p——桩底端横截面面积,m^2;

μ_p——桩身周边长度,m;

q_{sia}——桩周围土的摩阻力特征值,kPa,可按地区经验确定,对预制桩可按表11.5选用;

l_i——按土层划分的各段桩长,m。

表11.4 预制桩桩端土(岩)的承载力特征值 q_{pa} 单位:kPa

土的名称	土的状态	桩的入土深度/m		
		5	10	15
黏性土	$0.5<I_L\leq 0.75$ $0.25<I_L\leq 0.5$ $0<I_L\leq 0.25$	400~600 800~1 000 1 500~1 700	700~900 1 400~1 600 2 100~2 300	900~1 100 1 600~1 800 2 500~2 700
粉 土	$e<0.7$	1 100~1 600	1 300~1 800	1 500~2 000
粉 砂 细 砂 中 砂 粗 砂	中密、密实	800~1 000 1 100~1 300 1 700~1 900 2 700~3 000	1 400~1 600 1 800~2 000 2 600~2 800 4 000~4 300	1 600~1 800 2 100~2 300 3 100~3 300 4 600~4 900
砾 砂 角砾、圆砾 碎石、卵石	中密、密实	3 000~5 000 3 500~5 500 4 000~6 000		
软质岩石 硬质岩石	微风化	5 000~7 500 7 500~10 000		

注:①表中数值仅用作初步设计的估算;

②入土深度超过15 m时,按15 m考虑。

3)桩基础设计

桩基础设计的目的是使作为支承上部结构的地基和基础结构必须具有足够的承载能力,其变形不超过上部结构安全和正常使用所允许的范围。桩基础在设计之前必须要有以下资料:建筑物上部结构的情况、工程地质勘察资料、当地建筑材料供应情况、施工条件、周围环境等。

表 11.5　预制桩周围土的摩阻力特征值 q_{sia}

土的名称	土的状态	q_{sia}/kPa	土的名称	土的状态	q_{sia}/kPa
填　土		9 ~ 13	粉　土	$e>0.9$ $e=0.7\sim0.9$ $e<0.7$	10 ~ 20 20 ~ 30 30 ~ 40
淤　泥		5 ~ 8			
淤泥质土		9 ~ 13			
粘性土	$I_L>1$ $0.75<I_L\leqslant1$ $0.5<I_L\leqslant0.75$ $0.25<I_L\leqslant0.5$ $0<I_L\leqslant0.25$ $I_L\leqslant0$	10 ~ 17 17 ~ 24 24 ~ 31 31 ~ 38 38 ~ 43 43 ~ 48	粉、细砂	稍密 中密 密实	10 ~ 20 20 ~ 30 30 ~ 40
			中　砂	中密 密实	25 ~ 35 35 ~ 45
			粗　砂	中密 密实	35 ~ 45 45 ~ 55
红黏土	$0.75<I_L\leqslant1$ $0.25<I_L\leqslant0.75$	6 ~ 15 15 ~ 35	砾　砂	中密、密实	55 ~ 65

注：①表中数值仅用作初步设计时估算；

②尚未完成固结的填土和以生活垃圾为主的杂填土可不计其摩擦力。

(1)桩基设计内容

①选择桩的类型和几何尺寸，初步确定承台底面标高。

②确定单桩竖向和水平向(承受水平力为主的桩)承载力设计值。

③确定桩的数量、间距和布置方式。

④验算桩基的承载力和沉降。

⑤桩身结构设计。

⑥承台设计。

⑦绘制桩基施工图。

(2)选择桩材、桩型及其几何尺寸

桩的材料主要是混凝土和钢筋，《建筑地基基础设计规范》(GB 50007—2011)规定，预制桩的混凝土强度等级不应低于 C30，灌注桩不应低于 C20，水下灌注桩不应低于 C25，预应力桩不低于 C40。

选择桩的类型及截面尺寸，应从建筑物实际情况出发，结合施工条件及工地地质情况进行综合考虑。预制方桩的截面尺寸一般可在 300 mm×300 mm ~ 500 mm×500 mm 范围内选择；灌注桩的截面尺寸一般可在 300 ~ 1 200 mm^2 范围内选择。

确定桩长的关键在于选择持力层，因桩端持力层对桩的承载力和沉降有着重要影响。坚实土层和岩石最适宜作为桩端持力层，在施工条件容许的深度内，若没有坚实土层，可选中等强度的土层作为持力层。

桩端进入坚实土层的深度应满足下列要求：对黏性土和粉土，不宜小于 2 ~ 3 倍桩径；对砂土，不宜小于 1.5 倍桩径；对碎石土，不宜小于 1 倍桩径；嵌岩桩嵌入中等风化或微风化岩体的最小深度，不宜小于 0.5 m。桩端以下坚实土层的厚度，一般不宜小于 5 倍桩径；嵌岩桩在桩底以下 3 倍桩径范围内应无软弱夹层、断裂带、洞穴和空隙分布。

(3)确定单桩承载力

按前面所述方法确定单桩承载力。

(4)确定桩的根数及其布置

• 确定桩数　根据单桩承载力设计值和上部结构荷载情况可确定桩数。

①当桩基础为中心受压时,桩数 n 为:

$$n \geqslant \frac{F_k + G_k}{R_a} \tag{11.35}$$

②当桩基础为偏心受压时,桩数 n 为:

$$n \geqslant 1.2\frac{F_k + G_k}{R_a} \tag{11.36}$$

式中　F_k——相应于荷载效应标准组合时,作用在桩基承台上的竖向荷载,kN;

G_k——桩基承台自身及承台上土自重标准值,kN;

R_a——单桩竖向承载力特征值,kN。

• 桩的间距　所谓桩距就是指桩的中心距。间距太大会增加承台的体积和用料;太小则使桩基(摩擦型桩)的沉降量增加,且给施工造成困难。《建筑地基基础设计规范》(GB 50007—2011)规定摩擦桩的中心距不宜小于桩身直径的 3 倍;扩底灌注桩的中心距不宜小于桩身直径的 1.5 倍,当扩底直径大于 2 m 时,桩端净距不宜小于 1 m。扩底灌注桩的扩底直径不应大于桩身直径的 3 倍。

• 桩的布置　桩位的布置应尽可能使上部荷载的中心与桩群的横截面重心相重合,当外荷载中弯矩占较大比重时,宜尽可能增大桩群截面抵抗矩,加密外围桩的布置。桩在平面内可布置成方形(或矩形)、网格或三角形网格的形式。条形基础下的桩,可采用单排或双排布置,如图 11.25 所示。

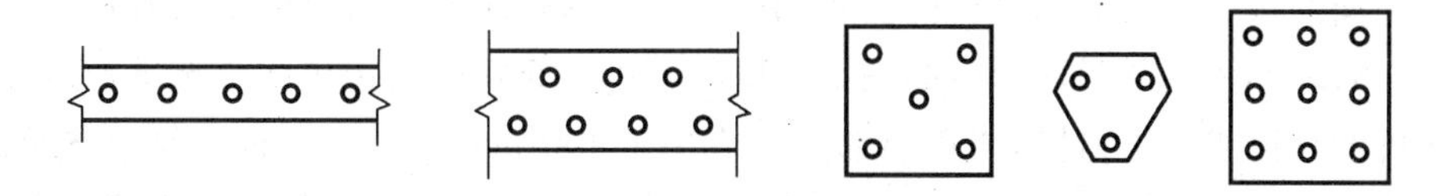

图 11.25　桩位布置图

• 桩基中各桩受力的验算　桩基础中各单桩承受的外力设计值 Q 应按式(11.37)和式(11.38)验算,如图 11.26 所示。

①当轴心受压时:

$$Q_k = \frac{F_k + G_k}{n} \leqslant R_a \tag{11.37}$$

②当偏心受压时:

$$Q_{ik} = \frac{F_k + G_k}{n} \pm \frac{M_{xk} y_i}{\sum y_i^2} \pm \frac{M_{yk} x_i}{\sum x_i^2} \leqslant 1.2R_a \tag{11.38}$$

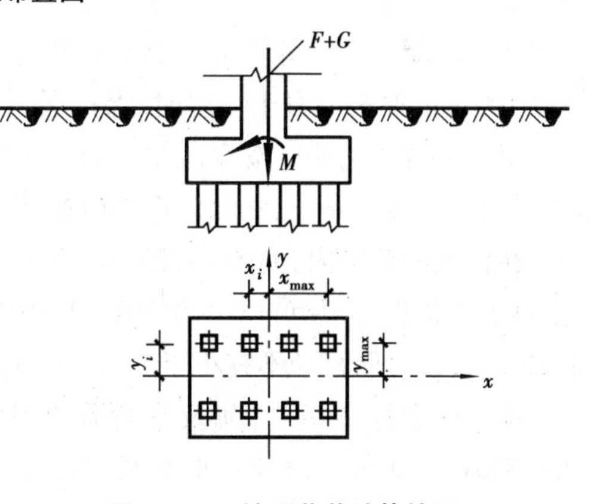

图 11.26　桩顶荷载计算简图

式中　Q_k——相应于荷载标准组合轴心竖向力作用下任一单桩的竖向力；

Q_{ik}——相应于荷载标准组合偏心竖向力作用下第 i 根桩的竖向力；

M_{xk},M_{yk}——相应于荷载标准组合作用于承台底面通过桩群形心的 x,y 轴方向的力矩；

x_i,y_i——第 i 根桩中心至通过桩群形心 x,y 轴线的距离。

(5)桩身结构设计

• 钢筋混凝土预制桩　预制桩桩身混凝土强度等级不宜低于 C30,预应力混凝土桩的混凝土强度等级不宜低于 C40;混凝土预制桩的截面边长不应小于 200 mm,预应力混凝土预制桩的截面边长不宜小于 250 mm。

预制桩的桩身应配置一定数量的纵向钢筋(主筋)和箍筋,最小配筋率一般不宜小于 0.8%。若采用静压法沉桩时,其最小配筋率不宜小于 0.6%。当截面边长在 300 mm 以下者,可用 4 根主筋,箍筋直径 6 ~ 8 mm,间距不大于 200 mm,在桩顶和桩尖处应适当加密。用打入法沉桩时,直接受到锤击的桩顶应放置 3 层钢筋网,桩尖在沉入土层以及使用中要克服土的阻力,故应把所有主筋焊在一根圆钢上或在桩尖处用钢板加强,受力钢筋的混凝土保护层不小于 30 mm。

• 混凝土灌注桩　灌注桩混凝土强度等级不得低于 C20,水下灌注混凝土不得低于 C25,混凝土预制桩尖不得低于 C30。桩身配筋时,其最小配筋率不宜小于 0.2% ~ 0.65%(小直径桩取大值),纵向受力筋应沿桩身周边均匀布置,净距不应小于 60 mm,并尽量减少钢筋接头。箍筋直径 6 ~ 8 mm,间距 200 ~ 300 mm,宜采用螺旋式箍筋。受水平荷载较大的桩基和抗震桩基,桩顶(3 ~ 5)d 范围内箍筋应加密;当钢筋笼长度超过 4 m 时,应每隔 2 m 左右设一道 ϕ12 ~ 18 焊接加劲箍筋。受力筋的混凝土保护层厚度不应小于 35 mm,水下灌注混凝土保护层厚度不得小于 50 mm。

(6)承台设计

承台平面形状应根据上部结构的要求和桩的布置形式决定。常见的形状有矩形、三角形、多边形、圆形、环形及条形等。承台的最小宽度不应小于 500 mm,边桩中心至承台边缘的距离不宜小于桩的直径或边长,且边缘挑出部分不应小于 150 mm。对于条形承台梁,桩的外边缘至承台梁边缘的距离不应小于 75 mm。条形承台和桩下独立桩基承台的厚度不应小于 300 mm。

承台混凝土强度等级不宜小于 C20,承台底面钢筋的混凝土保护层厚度不宜小于 70 mm。当设 100 mm 厚素混凝土垫层时,保护层厚度可减至 40 mm,垫层强度等级宜为 C15。

矩形承台的钢筋应按双向均匀通长布置,如图 11.27(a)所示,钢筋直径不宜小于 10 mm,间距不大于 200 mm;三桩承台钢筋应按三向板带均匀布置,且最里面的 3 根钢筋围成的三角形应在柱截面范围内,如图 11.27(b)所示。承台梁的主筋除满足计算要求外,还应符合现行《混凝土结构设计规范》(GB 50010—2010)关于最小配筋率的规定,纵向受力钢筋直径不宜小于 12 mm,架立筋直径不宜小于 10 mm,箍筋直径不宜小于 6 mm,如图 11.27(c)所示。

承台应进行冲切、抗剪及受弯强度计算。计算方法参阅现行《混凝土结构设计规范》(GB 50010—2010)及《建筑地基基础设计规范》(GB 50007—2011)的有关规定。

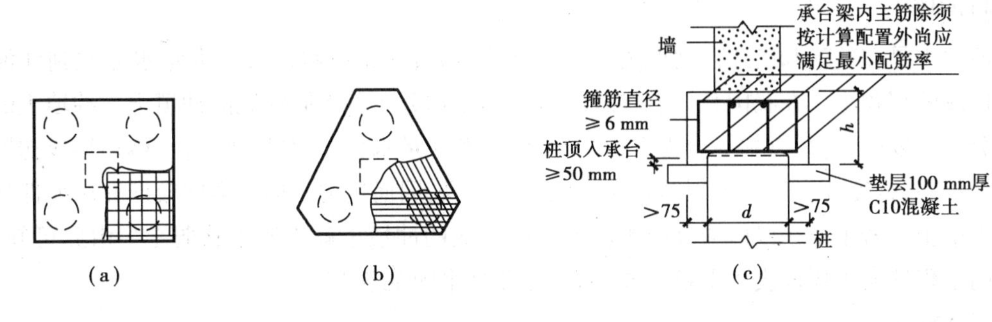

图 11.27 承台配筋示意图

(a)矩形承台配筋;(b)三桩承台配筋;(c)承台剖面配筋

11.3 地基处理知识

我国《建筑地基基础设计规范》(GB 50007—2011)规定,软弱地基是指主要由淤泥、淤泥质土、冲填土、杂填土或其他高压性土层构成的地基。

·11.3.1 软土地基的利用和处理·

当天然地基不能满足设计建筑物对地基强度、稳定性和变形的要求时,常采用各种地基加固、补强等措施,改善地基土的工程性质,以满足工程要求。这些对地基进行加固、补强等做法统称为地基处理。

工程上常需要处理的土类有以下几种:淤泥及淤泥质土、粉质土、细粉砂土、砂砾石类土、膨胀土、黄土、红黏土以及岩溶等。下面简要阐述与地基处理有关的几种土类的特性。

1)淤泥及淤泥质土

淤泥及淤泥质土是在静水或非常缓慢的流水环境中沉积,经生物化学作用形成,天然含水量大于液限,天然孔隙比大于1.0的粘性土。当天然孔隙比大于1.5时为淤泥,天然孔隙比大于1.0而小于1.5时为淤泥质土。在工程上常称淤泥质土为软土,它的主要特性是含水量高、孔隙比大、抗剪强度低、压缩性高、透水性小。这类土比较软弱,作为天然地基的承载力较小,易出现地基局部破坏和滑动,在荷载作用下会产生较大的沉降和不均匀沉降,以及较大的侧向变形,且沉降与变形持续的时间很长,甚至出现蠕变等。

2)粉细砂、粉土和粉质土

粉细砂、粉土和粉质土比淤泥质土的强度要大,压缩性较小,可以承受一定的静荷载。但是在机器震动、波浪和地震等动荷载作用下可能产生液化、震陷,这类土的地基处理问题主要是抗震动液化和隔震等。

3)砂土、砂砾石等

这类土的强度和变形性能是随着其密度大小的变化而变化,一般来说强度较高,压缩性不大,但透水性较大。这类土的地基处理问题主要是抗渗和防渗,防止流土和管涌等。

4)冲填土

冲填土是在整治和疏通江河航道时,用挖泥船通过泥浆泵将泥砂夹大量水分吹到江河两岸而形成的沉积土。在我国长江、黄浦江、珠江两岸均分布着不同性质的冲填土。冲填土的物质成分较为复杂,若是以粘性土为主,由于土中含有大量水分,且难以排出,土体在形成初期处于流动状态,强度要经过一定固结时间才能逐渐提高,因而这类土属于强度较低和压缩性较高的欠固结土。若主要是以砂或其他粗颗粒土所组成的冲填土就不属于软弱土。由此可知,冲填土的工程性质主要取决于颗粒组成、均匀性和排水固结条件。

5)杂填土

杂填土是由于人类活动而任意堆填的建筑垃圾、工业废料和生活垃圾而形成的。杂填土成因没有规律,组成它的物质杂乱,分布极不均匀,结构松散。杂填土的性质随着堆填龄期而变化,其承载力一般随着堆填的时间增长而提高。

杂填土的主要特性是强度低、压缩性大、均匀性差。某些杂填土含有腐植质及亲水或水溶性物质,会给地基带来更大的沉降及浸水湿陷性。

对软弱地基勘察时,应查明软弱土层的均匀性、组成、分布范围和土质情况。对冲填土尚应了解排水固结条件。

软弱地基设计时,应考虑上部结构和地基的共同作用,对建筑体型、荷载情况、结构类型和地质条件进行综合分析,确定合理的建筑措施、结构措施和地基处理方法。

地基处理主要目的与内容应包括:

①提高地基土的抗剪强度,以满足设计对地基承载力和稳定性的要求。

②改善地基的变形性质,防止产生沉降和不均匀沉降以及侧向变形等。

③渗透稳定,防止渗透过大和渗透破坏等。

④提高地基土的抗震(振)性能,防止液化,隔振和减小振动波的振幅等。

⑤消除黄土的湿陷性、膨胀土的胀缩性等。

11.3.2 常用地基处理方法分类

地基处理的方法分类多种多样,按时间可分为临时处理和永久处理,按处理深度可分为浅层处理和深层处理,按土的性质可分为砂性土处理和粘性土处理,按地基处理的作用机理分类见表11.6。

表11.6 地基处理方法分类

序号	分类	处理方法	原理及作用	适用范围
1	湿压及夯实	重锤夯实,机械碾压,振动压实,强夯(动力固结)	利用压实原理,通过机械碾压夯击,把表层地基土压实,强夯则利用强大的夯击能,在地基中产生强烈的冲击波和动应力,迫使地基土固结密实	适用于碎石土、砂土、粉土、低饱和度的黏性土、杂填土等,对饱和粘性土应慎重采用

续表

序号	分　类	处理方法	原理及作用	适用范围
2	换土垫层	砂石垫层，素土垫层，灰土垫层，矿渣垫层	以砂石、素土、灰土和矿渣等强度较高的材料，置换地基表层软弱土，提高持力层的承载力，扩散应力，减小沉降量	适用于处理暗沟、暗塘等软弱土的浅层处理
3	排水固结	天然地基预压，砂井预压，塑料排水带预压，真空预压，降水预压	在地基中增设竖向排水体系，加速地基的固结和强度增长，提高地基的稳定性，加速沉降发展，使基础沉降提前完成	适用于处理饱和软弱土层，对于渗透性极低的泥炭土，必须慎重对待
4	振密挤密	振冲挤密，灰土挤密桩，砂桩，石灰桩，爆破挤密	采用一定的技术措施，通过振动或挤密，使土体的孔隙减少，强度提高，必要时，在振动挤密过程中，回填砂、砾石、灰土、素土等，与地基土组成复合地基，从而提高地基的承载力，减少沉降量	适用于处理松砂、粉土、杂填土及湿陷性黄土
5	置换及拌入	振冲置换，深层搅拌，高压喷射注浆，石灰桩等	采用专门的技术措施，以砂、碎石等置换软弱土地基中的部分软弱土，或在部分软弱土地基中掺入水泥、石灰或砂浆等形成加固体，与未处理部分土组成复合地基，从而提高地基的承载力，减少沉降量	适用于黏性土、冲填土、粉砂、细砂等。振冲置换法对于不排水抗剪强度 E < 20 kPa时慎用
6	加　筋	土工聚合物加筋、锚固、树根桩、加筋土	在土体中埋设强度较大的土工聚合物、钢片等加筋材料，使土体能承受拉力，防止断裂，保持整体性，提高刚度，改变地基土体的应力场和应变场，从而提高地基承载力，改善变形特性	适用于软弱土地基、填土及陡坡填土、砂土

小结11

本章主要讲述以下内容：

①任何建筑物都是建筑在一定的地层（土层或岩层）上，通常将支撑基础的土体或岩体称为地基。地基分为天然地基和人工地基。

②基础是将结构承受的各种作用传递到地基上的结构组成部分，分为浅基础和深基础。

③建筑物的地基都应符合承载力计算和稳定性的有关规定。

④地基计算包括基础埋置深度的确定、承载力计算、变形计算、稳定性计算等内容。

⑤单独基础分为柱下单独基础和墙下单独基础。

⑥条形基础是指基础长度远大于基础宽度的一种基础形式,按上部结构形式可分为墙下条形基础和柱下条形基础。

⑦箱形基础由顶板、底板、外墙和内隔墙组成,是具有一定高度的整体结构。

⑧桩按桩身材料分类有:混凝土桩、钢筋混凝土桩、钢桩、木桩、组合材料桩;按施工方法分类有:预制桩、灌注桩;灌注桩按成孔方法不同可分成:沉管灌注桩、钻(冲)孔灌注桩、挖孔灌注桩;按荷载的传递方式分类有:端承桩、摩擦桩。

⑨桩基设计内容有:选择桩的类型和几何尺寸,初步确定承台底面标高;确定单桩竖向和水平向(承受水平力为主的桩)承载力设计值;确定桩的数量、间距和布置方式;验算桩基的承载力和沉降;桩身结构设计;承台设计;绘制桩基施工图。

⑩地基处理方法有:湿压及夯实、换土垫层、排水固结、振密挤密、置换及拌入、加筋等。

复习思考题 11

11.1　简述地基与基础的概念。

11.2　简述地基基础设计原则。

11.3　简述影响基础埋深的因素。

11.4　如何按地基承载力确定基础底面尺寸?

11.5　柱下条形基础与墙下条形基础在设计上有哪些共同点和不同点?

11.6　试从桩身材料、桩的施工方法及桩上荷载传递方式对桩进行分类。

11.7　桩基础设计包括哪些内容?

11.8　什么是软弱地基?

11.9　地基处理的主要目的是什么?方法有哪些?

12 地震作用与结构抗震

12.1 地震的基本知识

·12.1.1 地震基本概念及其分类·

1)基本概念

(1)地震

地震是一种自然现象,是由于地面运动而引起的振动。振动的原因是由于地壳板块进行构造运动,造成局部岩层变形不断增加,局部应力过大,当应力超过岩石强度时,岩层突然断裂或错动,释放出巨大的变形能,这种能量除一小部分转化为热能外,大部分以地震波的形式传到地面引起的局部地面振动。

(2)震源、震中、震中距、震源深度

造成地震发生的地方称为震源。构造地震的震源是指地下岩层发生断裂、错动的部位。这个部位不是一个点,而是具有一定深度和范围的区域。震源正上方的位置,或者说震源在地表的投影,称为震中。震中附近地面震动最厉害,也是破坏最严重的地区,称为震中区或极震区。地面某处至震中的距离称为震中距。把地面上破坏程度相近的点连成的曲线称为等震线。震源至地面的垂直距离称为震源深度。

(3)地震基本烈度

地震的发生具有一定的随机性,通常采用概率的方法来预测某地区在未来一定时间内可能发生地震的最大烈度。一个地区的基本烈度是指在50年期限内,一般场地条件下可能遭遇的超过概率为10%的地震烈度,该烈度称为地震基本烈度。

强烈的地震会引起地面剧烈颠簸和摇晃,并会造成建筑物和构筑物的破坏,危及人民生命财产安全。地震还可能引起水灾、火灾和滑坡等次生灾害。为了减轻或避免这些损害,需要对地震有较深入的了解,对建筑物进行抗震设计计算。

2)地震分类

(1)地震按其成因分类

地震按其成因可分成4种:构造地震、火山地震、陷落地震和诱发地震。

由于地壳深处岩层的构造变动引起的地震称为构造地震,构造地震分布广,危害最大;由于火山爆发，岩浆猛烈冲击地面引起的地面震动称为火山地震，火山地震在我国较少出现；由于地表或地下岩层突然发生大规模的塌陷和崩塌而引起的小范围内的地面震动称为陷落地震，这种地震很少造成损失，其震级也很小；由于水库蓄水或深井注水等引起的地面震动称为诱发地震。由于构造地震破坏性大、影响面广，建筑抗震设计中主要考虑的是构造地震。

（2）按震源深度分类

通常把震源深度在 60 km 以内的地震称为浅源地震；60 ~ 300 km 的称为中源地震；大于 300 km 的称为深源地震。我国发生的绝大部分地震都属于浅源地震，一般深度为 5 ~ 40 km。我国深源地震分布十分有限，仅在个别地区发生过深源地震，其深度一般为 400 ~ 600 km。由于深源地震所释放出的能量，在长距离传播中大部分被损失掉，所以对地面上的建筑物影响很小。

·12.1.2　地震强度·

1）地震震级

地震震级是地震大小的等级，是衡量一次地震释放能量的尺度。地震震级常用里氏震级表示：

$$M = \lg A \tag{12.1}$$

式中　M——里氏震级；

A——采用标准地震仪（周期 0.8 s，阻尼系数 0.8，放大倍数 2 800 倍）在距离震中 100 km处的坚硬地面上记录到的地面水平振幅（采用两个方向水平分量平均值，单位为 μm，$1\ \mu m = 10^{-3}$ mm），当地震仪距震中不是 100 km 或非标准时，应按规定修正。

由式（12.1）可见，震级相差 1 级时，地面振幅相差 10 倍。

震级与地震释放的能量 E（单位 10^{-7} J）的关系可用经验公式表示：

$$\lg E = 1.5M + 11.8 \tag{12.2}$$

震级高 1 级时，能量增加约 32 倍。

根据 M 的大小可将地震分为：

①微震：$M<2$。

②有感地震：$M=2 \sim 4$。

③破坏性地震（将引起建筑物不同程度的破坏）：$M>5$。

④强烈地震：$M=7 \sim 8$。

⑤特大地震：$M>8$。

2）地震烈度

地震烈度是指地震发生时在一定地点振动的强烈程度，它表示该地点地面和建筑物受破坏的程度（宏观烈度），也反映该地地面运动速度和加速度峰值的大小（定值烈度）。地震烈度与建筑所在场地、建筑物特征、地面运动加速度等有关。一次地震只有一个震级，而不同地点则会有不同的地震烈度。

·12.1.3 地震震害·

1)多层砌体房屋的震害

(1)墙体的破坏

在砌体房屋中,与水平地震作用方向平行的墙体是承担地震作用的主要构件。这类墙体往往因为主拉应力强度不足而引起斜裂缝破坏。由于水平地震反复作用,两个方向的斜裂缝组成交叉裂缝。由于多层房屋墙体下部地震剪力大,交叉形裂缝在多层砌体房屋中一般是下重上轻,如图12.1所示。

图12.1 交叉裂缝

图12.2 墙角破坏

(2)墙角的破坏

由于墙角位于房屋尽端,房屋对它的约束作用减弱,使该处抗震能力相对降低,因此较易破坏。此外,在地震过程中当房屋发生扭转时,墙角处位移反应较房屋其他部位大,这也是造成墙角破坏的一个原因,如图12.2所示。

(3)内外墙连接处的破坏

内外墙连接处是房屋的薄弱部位,特别是有些建筑内外墙分别砌筑,以直槎或马牙槎连接,这些部位在地震中极易拉开,造成外纵墙和山墙外闪、倒塌等现象,如图12.3和图12.4所示。

图12.3 屋盖破坏

图12.4 外纵墙倒塌

(4)楼梯间墙体的破坏

楼梯间除顶层外,一般层墙体计算高度较房屋其他部位墙体小,其刚度较大,因而该处分配的地震剪力大,故容易造成震害。而顶层墙体的计算高度又较其他部位大,其稳定性差,所以也易发生破坏。

(5)楼板与屋盖的破坏

在强烈地震作用下,由于楼板支承长度不足,引起局部倒塌,或其下部支承墙体破坏倒塌,引起楼板与屋盖的破坏,如图 12.3 所示。

(6)房屋附属物的破坏

在房屋中,突出屋面的屋顶间(电梯机房、水箱间等)、烟囱、女儿墙等附属结构,由于地震“鞭端效应”的影响,一般较下部主体结构破坏严重,几乎在 6 度区就发现有破坏。特别是较高的女儿墙、出屋面的烟囱,在 7 度区普遍破坏,8 ~9 度区几乎全部损坏或倒塌。图 12.5 为烟囱破坏情形。

图 12.5　烟囱破坏

2)多层框架房屋的震害

(1)框架梁、柱和节点的震害

框架梁、柱的震害主要反映在梁柱节点处。柱的震害重于梁,柱顶震害重于柱底,角柱震害重于内柱,短柱震害重于一般柱。震害情况如下:

• 柱顶　柱顶周围有水平裂缝、斜裂缝或交叉裂缝。重者混凝土压碎崩落(图 12.6(a)),柱内箍筋拉断,纵筋压曲呈灯笼状,上部梁、板倾斜。例如,1976 年发生在唐山的“7・28”大地震,以及 1999 年发生在台湾的“9・21”大地震,都有框架柱顶箍筋被拉断、混凝土崩落、纵筋压曲呈灯笼状的破坏现象。这种破坏的主要原因是节点处的弯矩、剪力和轴力都较大,柱的箍筋配置不足或锚固不好,在弯、剪、压的共同作用下,使箍筋失效造成的。这种破坏现象在高烈度区较为普遍,修复也很困难。

(a)　(b)　(c)　(d)

图 12.6　框架结构房屋的破坏

(a)混凝土压碎崩落;(b)柱底出现环向水平裂缝;(c)桥墩短柱破坏;(d)填充墙倒塌

• 柱底　柱的底部常见的震害是在离地面或楼面 100 ~400 mm 处有环向的水平裂缝,其破坏情况与柱顶相似,如图 12.6(b)所示。

• 短柱　当有错层、夹层或有半高的填充墙，或不适当地设置某些连系梁时，容易形成 $H/b \leqslant 4$（H 为柱高，b 为柱截面的边长）的短柱。一方面短柱能承受较大的地震剪力；另一方面短柱也常发生剪切破坏，形成交叉裂缝乃至脆断，图 12.6（c）为桥墩短柱破坏情形。

• 节点　梁柱节点区的破坏大都是因为节点区无箍筋或箍筋不足，混凝土出现斜裂缝甚至挤压破碎，严重时纵向钢筋压曲呈灯笼状。

• 角柱　房屋不可避免地要发生扭转，因此角柱所受剪力最大，同时角柱又受双向弯矩作用，而其约束又较其他部位柱小，所以震害重于内柱。

（2）填充墙的震害

框架结构的砖砌填充墙破坏较为严重，一般 7 度即出现裂缝，端墙、窗间墙及门窗洞口边角部分裂缝最多，9 度以上填充墙大部分倒塌，如图 12.6（d）所示。其原因是在地震作用下，框架的层间位移较大，填充墙企图阻止其侧移，因砖砌体的极限变形很小，在往复水平地震作用下，会产生斜裂缝，甚至倒塌。

框架的变形为剪切形，下部层间位移较大，因此房屋中下部几层填充墙震害较重；框架-抗震墙结构的变形接近弯曲形，上部层间位移较大，故房屋上部几层填充墙震害严重。

（3）地基和其他原因造成的震害

建造在软弱地基上的高柔建筑物，烈度虽不甚高，但当结构自振周期与地基土卓越周期接近时，发生类共振而导致建筑物破坏的例子也屡见不鲜。如：1976 年委内瑞拉发生 6.5 级地震，距震中 56 km 的加拉斯加冲积层场地土上有 4 栋 10 ~ 12 层钢筋混凝土框架全部倒塌；1976 年唐山发生 7.8 级地震，距震中 70 km 的天津塘沽地区，地质条件为淤泥质软土层，建在这一地区的天津碱厂蒸发塔，高 55 m、13 层的框架结构 7 层以上部分倒塌。

防震缝宽度过小，地震时结构相互碰撞也容易造成震害，如天津市友谊宾馆东、西段之间只设有 150 mm 的防震缝，唐山地震时，在防震缝处不少面砖因碰撞而脱落。

12.2　结构的抗震设防

· 12.2.1　抗震设防的依据及目标 ·

1）抗震设防的依据

为了减轻和避免地震对建筑物的破坏，我国《建筑抗震设计规范》（GB 50011—2010）规定，抗震设防烈度为 6 度及以上地区的建筑物必须进行抗震设计。抗震设防烈度是一个地区的建筑抗震设防依据，抗震设防烈度必须按国家规定的权限审批、颁发的文件（图件）确定。

一般情况下，抗震设防烈度可采用国家地震动参数区划图的基本烈度。对于已编制抗震设防区划的城市，可按批准的抗震设防烈度或设计地震动参数进行抗震设防。

2）抗震设防的目标

建筑抗震设防的目标，是指对建筑结构所具有的抗震安全性的要求，即建筑结构遭受水准的地震影响时，对结构、构件、使用功能、设备的损坏程度及人身安全的总要求。

抗震设防的目标分为 3 个水准。一般情况下，第一水准是当遭遇低于本地区抗震设防烈度的多遇地震(小震)影响时,主体结构不受损坏或不需修理可继续使用;第二水准是当遭遇本地区抗震设防烈度的地震(中震)影响时,建筑物可能损坏,经一般修理或不需修理仍可继续使用;第三水准是当遭遇高于本地区抗震设防烈度预估的罕遇地震(大震)影响时,建筑物不致倒塌或发生危及生命的严重破坏。概括地说,就是"小震不坏、中震可修、大震不倒"。

结构物在强烈地震中不损坏是不可能的,抗震设防的底线是建筑物不倒塌,只要不倒塌,就可以大大减少生命财产的损失,减轻灾害。所以,建筑物的抗震设计可以理解为防倒塌设计。

· 12.2.2 建筑结构抗震设计方法 ·

抗震规范采用两阶段设计方法实现上述3个水准的设防要求。

第一阶段设计是结构构件截面抗震承载力验算和实施相应的抗震措施。具体地说是以众值烈度下的地震作用标准值作为设计指标。所谓众值烈度也称为多遇烈度或小震,即烈度概率密度函数曲线峰值点对应的烈度。设计时假定结构和构件处于弹性工作状态,计算结构的地震作用效应(内力和变形),验算结构构件抗震承载力,采取抗震措施。这样,既满足了在第一水准下具有必要的承载力(小震不坏),又满足了第二水准设防要求(中震可修)。另外,对于框架结构和框架-剪力墙结构等较柔的结构,还要验算众值烈度下的弹性层间位移。对大多数结构,可只进行第一阶段设计,第三水准的设计要求则通过抗震构造措施来满足。

第二阶段设计是罕遇地震作用下的结构弹塑性变形验算,并采取提高结构变形能力的构造措施,目的是防止倒塌。首先要根据实际设计截面寻找结构的薄弱层或薄弱部位(层间位移较大的楼层或首先屈服的部位),然后计算和控制其在大震作用下的弹塑性层间位移。

· 12.2.3 抗震设计的基本要求 ·

建筑结构抗震设计的基本要求是确定建筑抗震类别和设防标准、确定地震影响等。

1)抗震设防分类

抗震设计中,根据使用功能的重要性把建筑物分为甲类、乙类、丙类、丁类4个抗震设防的类别。甲类建筑指使用上有特殊设施,涉及国家公共安全的重大建筑工程和地震时可能发生严重次生灾害等特别重大灾害后果,需要进行特殊设防的建筑;乙类建筑指地震时使用功能不能中断或需尽快恢复的生命线相关建筑,以及地震时可能导致大量人员伤亡等重大灾害后果,需要提高设防标准的建筑;丙类建筑为除甲、乙、丁类以外的一般建筑;丁类建筑指使用上人员稀少且震损不致产生次生灾害,允许在一定条件下适度降低要求的建筑。《建筑抗震设防分类标准》(GB 50223—2008)对各类建筑均作了具体规定。

2)抗震设防标准

各抗震设防类别建筑的抗震设防标准,即采用的地震作用和抗震措施应符合下述要求:

• 甲类建筑　地震作用应高于本地区抗震设防烈度的要求,其值应按批准的地震安全性评价结果确定。其抗震措施为:当抗震设防烈度为6~8度时,应符合本地区抗震设防烈度提高1度的要求;当为9度时,应符合比9度抗震设防更高的要求。

• 乙类建筑　地震作用应符合本地区抗震设防烈度的要求。其抗震措施为:当抗震设防烈度为6~8度时,应符合本地区抗震设防烈度提高1度的要求;当为9度时,应符合比9度抗震设防更高的要求。地基基础的抗震措施应符合有关规定。

• 丙类建筑　应按本地区抗震设防烈度确定其抗震措施和地震作用，达到在遭遇高于当地抗震设防烈度的预估罕遇地震影响时不致倒塌或发生危及生命安全的严重破坏的抗震设防目标。

• 丁类建筑　允许比本地区抗震设防烈度的要求适当降低其抗震措施，但抗震设防烈度为 6 度时不应降低。一般情况下，仍应按本地区抗震设防烈度确定其地震作用。

抗震设防烈度为 6 度时，除规范有具体规定外，一般对乙、丙、丁类建筑可不进行地震作用计算。

3）场地条件

选择建筑场地时，应根据工程需要和地震活动情况、工程地质和地震地质的有关资料，对抗震有利、一般、不利和危险地段作出综合评价。对不利地段，应提出避开要求，当无法避开时应采取有效措施。在危险地段，严禁建造甲、乙类建筑，不应建造丙类建筑。有利、一般、不利和危险地段的划分见表 12.1。

表 12.1　有利、一般、不利和危险地段划分

地段类别	地质、地形、地貌
有利地段	稳定基岩，坚硬土，开阔、平坦、密实、均匀的中硬土等
一般地段	不属于有利、不利和危险的地段
不利地段	软弱土，液化土，条状突出的山嘴，高耸孤立的山丘，陡坡、陡坎，河岸和边坡的边缘，平面分布上成因、岩性、状态明显不均匀的土层（含古河道、疏松的断层破碎带、暗埋的塘浜沟谷和半填半挖地基），高含水量的可塑黄土，地表存在结构性裂缝等
危险地段	地震时可能发生滑坡、崩塌、地陷、地裂、泥石流等及发震断裂带上可能发生地表错位的部位

4）建筑场地类型

建筑场地类型根据土层等效剪切波速和场地覆盖层厚度划分为Ⅰ，Ⅱ，Ⅲ，Ⅳ 4 类，其中Ⅰ类可分为Ⅰ_0，Ⅰ_1两个亚类，见表 12.2。

表 12.2　各类建筑场地的覆盖层厚度　　单位：m

土层等效剪切波速 $v_{se}/(\text{m}\cdot\text{s}^{-1})$	场地类别				
	Ⅰ_0	Ⅰ_1	Ⅱ	Ⅲ	Ⅳ
$v_s>800$	$d_{ov}=0$				
$800\geqslant v_s>500$		$d_{ov}=0$			
$500\geqslant v_{se}>250$		$d_{ov}<5$	$d_{ov}\geqslant5$		
$250\geqslant v_{se}>150$		$d_{ov}<3$	$d_{ov}=3\sim50$	$d_{ov}>50$	
$v_{se}\leqslant150$		$d_{ov}<3$	$d_{ov}=3\sim15$	$d_{ov}=15\sim80$	$d_{ov}>80$

注：①土层等效剪切波速的计算见《建筑抗震设计规范》（GB 50011—2010）规定。

②d_{ov}为场地覆盖层厚度，一般情况下应按地面至剪切波速大于 500 m/s 且其下卧各层岩土的剪切波速不小于 500 m/s的土层顶面的距离；当地面 5 m 以下存在剪切波速大于相邻上层土剪切波速 2.5 倍的土层，且其下卧岩土的剪切波速均不小于 400 m/s 时，可按地面至该土层顶面的距离确定；

③表中 v_s 系岩石的剪切波速。

建筑场地为Ⅰ类时,对甲、乙类建筑应允许仍按本地区抗震设防烈度的要求采取抗震构造措施,对丙类建筑应允许按本地区抗震设防烈度降低一度的要求采取抗震构造措施,但抗震设防烈度为6度时按本地区抗震设防烈度的要求采取抗震构造措施。

建筑场地为Ⅲ,Ⅳ类时,设计基本地震加速度为0.15 g和0.30 g的地区,除《建筑抗震设计规范》(GB 50011—2010)另有规定外,宜分别按抗震设防8度(0.20 g)和9度(0.40 g)时各类建筑的要求采取抗震构造措施。

小结12

本章主要讲述以下内容:

①地震按其成因分为构造地震、火山地震、陷落地震和诱发地震。构造地震破坏作用最大,影响范围广,它是建筑物抗震设防研究的主要对象。

②地震震级是指一次地震释放能量的大小;地震烈度是指地震对地表和建筑物影响的强弱程度。一次地震只有一个震级,但对不同地区有多个不同的烈度。

③为了减轻和避免地震对建筑物的破坏,我国《建筑抗震设计规范》(GB 50011—2010)规定,抗震设防烈度为6度及以上地区的建筑物必须进行抗震设计。

④抗震设防烈度是一个地区的建筑抗震设防依据,抗震设防烈度必须按国家规定的权限审批颁发的文件确定。

⑤我国《建筑抗震设计规范》(GB 50011—2010)明确给出了"三水准"的设防目标,即:"小震不坏,中震可修,大震不倒",并采用两阶段设计实现上述3个水准的设防目标要求。

⑥建筑根据其使用功能的重要性分为甲类、乙类、丙类、丁类4个抗震设防类别,并采取相应的地震作用计算取值标准和抗震措施标准。

复习思考题12

12.1 地震按其成因分为哪几类?按震源深度又分为哪几种类型?

12.2 什么叫地震震级?什么叫地震烈度?什么叫地震设防烈度?

12.3 建筑的抗震设防分为哪几类?

12.4 我国《建筑抗震设计规范》(GB 50011—2010)给出的设防目标是什么?

13 建筑抗震概念设计和抗震构造措施

13.1 建筑抗震概念设计

由于地震作用的不确定性以及结构计算模式与实际情况存在差异,除进行地震作用的设计计算外,还应从抗震设计的基本原则出发,从结构的整体布置到关键部位的细节,把握主要的抗震概念进行设计,使计算分析更能反映实际情况。

·13.1.1 建筑的平立面布置·

合理的建筑布置在抗震设计中占有首要地位,建筑设计首先应符合合理的抗震概念设计原则,提倡简单、对称、均匀。震害表明,简单、对称的建筑震害轻,较不容易破坏,结构的地震反应(内力和位移分布)也较易估计,较容易实施结构抗震构造措施和细部处理。

总之,建筑设计不应采用严重不规则的设计方案。规则的建筑结构体现在体型(平面和立面的形状)简单,抗侧力体系的刚度和承载力上下变化连续、均匀,平面布置基本对称,平面、竖向图形或抗侧力体系没有明显、实质的不连续(突变)。

表 13.1 列出了平面不规则主要类型,表 13.2 列出了竖向不规则主要类型。

表 13.1 平面不规则的主要类型

不规则类型	定义和参考指标
扭转不规则	在规则的水平力作用下,楼层的最大弹性水平位移(或层间位移)大于该楼层两端弹性水平位移(或层间位移)平均值的 1.2 倍
凸凹不规则	平面凹进的尺寸,大于相应投影方向总尺寸的 30%
楼板局部不连续	楼板的尺寸和平面刚度急剧变化,例如,有效楼板宽度小于该层楼板典型宽度的 50%,或开洞面积大于该层楼板面积的 30%,或较大的楼层错层

表 13.2 竖向不规则的主要类型

不规则类型	定义和参考指标
侧向刚度不规则	该层的侧向刚度小于相邻上一层的 70%,或小于其上相邻 3 个楼层侧向刚度平均值的 80%;除顶层或出屋面小建筑外,局部收进的水平向尺寸大于相邻下一层的 25%
竖向抗侧力构件不连续	竖向抗侧力构件(柱、抗震墙、抗震支撑)的内力由水平转换构件(梁、桁架等)向下传递
楼层承载力突变	抗侧力结构的层间受剪承载力小于相邻上一楼层的 80%

·13.1.2　结构选型与结构布置·

抗震结构体系应根据建筑的抗震设防类别(建筑重要性、装修标准)、抗震设防烈度、建筑高度、场地条件、地基、结构材料和施工等因素,经技术、经济和使用条件综合比较确定。

抗震结构体系的选择要求是:

①应具有明确的计算简图和合理的地震作用传递途径,使结构抗震分析计算更符合结构在地震时的实际表现。这一要求十分有利于提高结构的抗震性能,是结构选型和布置结构抗侧力体系时首先考虑的因素之一。

②应避免因部分结构或构件破坏而导致整个结构丧失抗震能力或对重力荷载的承载能力。

③应具备必要的抗震承载力、良好的变形能力和消耗地震能量的能力。

④对可能出现的薄弱部位,应采取切实措施提高抗震能力。

(1)结构应有多道抗震防线

设置多道抗震防线的目的是避免因部分结构或构件的破坏而导致结构整体丧失抗震能力或承载力。例如,框架-抗震墙体系由延性框架和抗震墙两个分体系组成,地震时,由抗震墙承受大部分地震作用,在一定强度的地震作用下,抗震墙由于刚度较大先遭受允许的破坏,其刚度随之降低并吸收了相当的地震能量后部分退出工作,框架部分将起到第二道防线的作用。设有多道防线的结构体系的震害会明显减轻。

(2)结构宜具有合理的刚度和承载力分布

合理的刚度和承载力分布可以避免因局部削弱或突变形成薄弱部位,产生过大的应力集中或塑性变形集中。要尽可能从体型和结构体系的设计上采取措施,使刚度和承载力变化趋于均匀,减少形成薄弱部位的因素,减小塑性变形集中的程度,并采取相应的抗震构造措施提高结构的变形能力。

(3)应具有良好的吸能能力

抗震结构体系应具有良好的吸能能力,即在具有必要的承载力、刚度的同时,应有良好的延性(或变形能力)和耗能能力。一方面是提高结构构件的延性,力求避免发生脆性破坏,例如在砌体结构中适当设置钢筋混凝土圈梁和构造柱、芯柱,或采用配筋砌体和组合砌体柱等;另一方面是保证结构构件之间的连接具有较好的延性,为此,构件节点的承载力应不低于其连接构件的承载力,预埋件的锚固承载力应不能低于构件的承载力,装配式结构构件的连接应保证结构的整体性,预应力混凝土构件的预应力钢筋宜在节点核心区以外锚固。此外,装配式单层厂房的各种抗震支撑系统应能保证地震时结构的整体性。

(4)结构在两个主轴方向的动力特性宜相近

两个主轴方向的动力特性相近的结构具有较良好的抗震能力。

13.2 建筑抗震构造措施

· 13.2.1 砌体房屋抗震措施 ·

1)一般规定

(1)房屋高度的限值

对于一般场地,砌体结构房屋的震害程度和破坏率与房屋层数有很大关系,层数越多,高度越高,破坏程度越大。因此,应对砌体房屋的层数和总高度加以限制,我国《建筑抗震设计规范》(GB 50011—2010)规定,多层房屋的层数、高度和层高应符合下列要求:

①一般情况下,房屋的层数和总高度应符合表13.3的规定。

②对医院、教学楼等及横墙较少的多层砌体房屋,总高度应比表13.3的规定降低3 m,层数相应减少1层。各层横墙很少的多层砌体房屋,还应适当降低总高度和减少1层。

③横墙较少的多层砖砌体住宅楼,当按规定采取加强措施并满足抗震承载力要求时,其高度和层数应允许仍按表13.3的规定采用。

表13.3 房屋的层数和总高度限值 单位:m

房屋类别		最小抗震墙厚度/mm	烈度											
			6		7				8				9	
			0.05g		0.10g		0.15g		0.20g		0.30g		0.40g	
			高度	层数	高度	层数	高度	层数	高度	层数	高度	层数	高度	层数
多层砌体	普通砖	240	21	7	21	7	21	7	18	6	15	5	12	4
	多孔砖	240	21	7	21	7	18	6	18	6	15	5	9	3
	多孔砖	190	21	7	18	6	15	5	15	5	12	4	—	—
	小砌块	190	21	7	21	7	18	6	18	6	15	5	9	3

注:①房屋的总高度指室外地面到主要屋面板板顶或檐口的高度。半地下室从地下室室内地面算起,全地下室和嵌固条件好的半地下室允许从室外地面算起,对带阁楼的坡屋面应算到山尖墙的1/2高度处。

②室内外高差大于0.6 m时,房屋总高度允许比表中数据适当增加,但不应多于1 m。

③本表小砌块砌体房屋不包括配筋混凝土小型空心砌块砌体房屋。

④普通砖、多孔砖和小砌块砌体承重房屋的层高,不应超过3.6 m。

(2)房屋最大高宽比的限值

为了保证砌体房屋的整体抗震性,房屋总高度与总宽度的最大比值,应符合表13.4的要求。

(3)抗震横墙间距的限值

多层砌体房屋的整体抗震性能,很大程度上取决于房屋横墙数量的多少。对于横墙,除自身要满足抗震承载力外,还要使横墙间距能保证楼盖对传递水平地震作用所需的刚度要求,必须对横墙间距给予一定的限制。《建筑抗震设计规范》(GB 50011—2010)规定,多层砌体房屋抗震横墙的间距不应超过表13.5的要求。

表13.4　房屋最大高宽比

烈　度	6	7	8	9
最大高宽比	2.5	2.5	2.0	1.5

注:①单面走廊房屋的总宽度不包括走廊宽度。

②建筑平面接近正方形时,其高宽比宜适当减小。

表13.5　房屋抗震横墙最大间距　单位:m

房屋类别	烈　度			
	6	7	8	9
现浇或装配整体式钢筋混凝土楼、屋盖	15	15	11	7
装配式钢筋混凝土楼、屋盖	11	11	9	4
木屋盖	9	9	4	—

注:①多层砌体房屋的顶层,最大横墙间距允许适当放宽。

②表中木屋盖的规定,不适用于小砌块砌体房屋。

(4)房屋局部尺寸的限值

在地震作用下,多层砌体房屋首先在结构薄弱部位破坏。结构薄弱部位一般指:窗间墙、尽端墙段、突出屋顶的女儿墙等。因此,对这些结构薄弱部位尺寸的控制不宜过小。《建筑抗震设计规范》(GB 50011—2010)规定,多层砌体房屋的局部尺寸限值,应符合表13.6的要求。

表13.6　房屋局部尺寸限值　单位:m

部　位	烈　度			
	6	7	8	9
承重窗间墙最小宽度	1.0	1.0	1.2	1.5
承重外墙尽端至门窗洞边的最小距离	1.0	1.0	1.2	1.5
非承重外墙尽端至门窗洞边的最小距离	1.0	1.0	1.0	1.0
内墙阳角至门窗洞边的最小距离	1.0	1.0	1.5	2.0
无锚固女儿墙(非出入口处)的最大高度	0.5	0.5	0.5	0.0

注:①局部尺寸不足时应采取局部加强措施弥补,且最小宽度不宜小于1/4层高和表中数据的80%。

②出入口处的女儿墙应有锚固。

(5)多层砌体房屋的结构体系

为了保证多层砌体房屋的整体抗震性能,多层砌体房屋的结构体系应符合下列要求:应优先采用横墙承重或纵横墙共同承重的结构体系;纵横墙的布置宜均匀对称,沿水平面内宜对齐,沿竖向应上下连续;同一轴线上的窗间墙宜均匀;当房屋立面高差在6 m以上或房屋有错层且楼板高差较大，各部分结构刚度与质量截然不同时宜设置防震缝，缝两侧均应设置墙体，缝宽应按烈度和房屋高度确定，可采用 50 ~ 100 mm；楼梯间不宜设置在房屋的尽端和转角处；烟道、风道、垃圾道等不应削弱墙体。当墙体被削弱时，应对墙体采取加强措施，不宜采用无竖向配筋的附墙烟囱及出屋面的烟囱；不应采用无锚固的钢筋混凝土预制挑檐。

2）多层砖砌体抗震构造措施

（1）设置钢筋混凝土构造柱

在多层砖房中的适当部位设置钢筋混凝土构造柱，并与圈梁连接共同工作，可以增加房屋的延性，提高房屋的抗侧移能力，防止或延缓房屋在地震作用下发生突然倒塌，或减轻房屋的损坏程度。

- 构造柱设置部位

①对于一般情况，根据房屋层数和设防烈度，按表 13.7 的要求设置构造柱。

②外廊式和单面走廊式的多层房屋，应根据房屋增加 1 层后的层数，按表 13.7 要求设置构造柱，且单面走廊两侧的纵墙均应按外墙处理。

③教学楼、医院等横墙较少的房屋，应根据房屋增加 1 层后的层数，按表 13.7 的要求设置构造柱。当教学楼、医院等横墙较少的房屋为外廊式或单面走廊式时，应按②的要求设置构造柱，且 6 度不超过 4 层、7 度不超过 3 层和 8 度不超过 2 层时，应按增加 2 层后的层数考虑。

表 13.7　多层砖砌体构造柱设置要求

<table>
<tr><th colspan="4">房屋层数</th><th colspan="2" rowspan="2">设置部位</th></tr>
<tr><th>6 度</th><th>7 度</th><th>8 度</th><th>9 度</th></tr>
<tr><td>4,5</td><td>3,4</td><td>2,3</td><td></td><td rowspan="3">楼电梯间四角，楼梯斜梯段上下端对应的墙体处；
外墙四角和对应转角；
错层部位横墙与外纵墙交接处；
大房间内外墙交接处；
较大洞口两侧</td><td>隔 12 m 或单元横墙与外纵墙交接处；楼梯间对应的另一侧内横墙与外纵墙交接处</td></tr>
<tr><td>6</td><td>5</td><td>4</td><td>2</td><td>隔开间横墙（轴线）与外墙交接处；山墙与内纵墙交接处</td></tr>
<tr><td>7</td><td>≥6</td><td>≥5</td><td>≥3</td><td>内墙（轴线）与外墙交接处；墙的局部较小墙垛处；内纵墙与横墙（轴线）交接处</td></tr>
</table>

注：较大洞口，内墙指不小于 2.1 m 的洞口；外墙在内外墙交接处已设置构造柱时应允许适当放宽，但洞侧墙体应加强。

- 构造柱的设置要求

①构造柱最小截面可采用 240 mm × 180 mm（墙厚 190 mm 时为 180 mm × 190 mm），纵向钢筋宜采用 4 ϕ 12，箍筋间距不宜大于 250 mm，且在柱上下端宜适当加密；6、7 度时超过 6 层、8 度时超过 5 层和 9 度时，构造柱纵向钢筋宜采用 4 ϕ 14，箍筋间距不应大于 200 mm；房屋四角的构造柱可适当加大截面及配筋。

②构造柱与墙连接处应砌成马牙槎，并应沿墙高每隔 500 mm 设 2 ϕ 6 水平钢筋和ϕ 4 分布短筋平面内点焊组成的拉结网片或ϕ 4 点焊钢筋网片，每边伸入墙内不宜小于 1 m。

③构造柱与圈梁连接处，构造柱的纵筋应穿过圈梁，保证构造柱纵筋上下贯通。

④构造柱可不单独设置基础，但应伸入室外地面下 500 mm，或与埋深小于 500 mm 的基础圈梁相连，如图 13.1 所示。

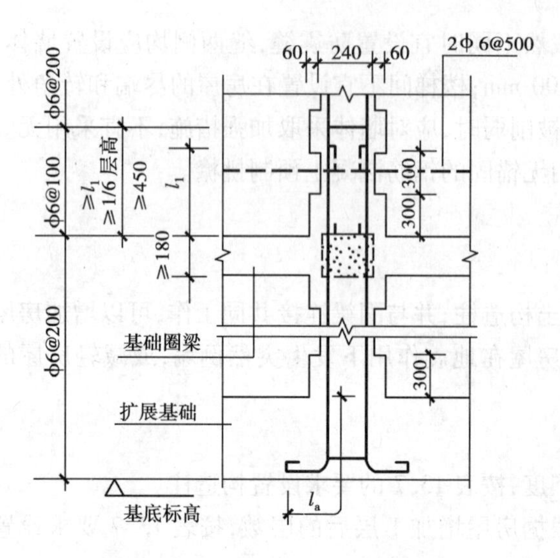

图 13.1　构造柱与基础(梁)的连接

⑤房屋高度和层数接近表 13.3 的限值时，纵横墙内构造柱间距尚应符合下述要求：横墙内构造柱间距不宜大于层高的 2 倍，下部 1/3 的楼层的构造柱间距适当减小；外墙的构造柱间距应每开间设置 1 根；当开间大于 3.9 m 时，应另外采取加强措施。内纵墙的构造柱间距不宜大于 4.2 m。

(2)设置钢筋混凝土圈梁

设置钢筋混凝土圈梁的作用是增加墙体的连接，提高楼盖、屋盖刚度，抵抗地基不均匀沉降，限制墙体裂缝开展，保证房屋整体性。设置圈梁是提高房屋抗震能力的有效构造措施，而且可以减小构造柱计算长度，是充分发挥抗震作用不可缺少的连接构件。因此，钢筋混凝土圈梁在砌体房屋中应用广泛。

• 设置部位　装配式钢筋混凝土楼、屋盖或木楼、屋盖的砖房，横墙承重时应按表 13.8 的要求设置圈梁；纵墙承重时每层均应设置圈梁，且抗震横墙上的圈梁间距应比表内要求适当加密。

现浇或装配整体式钢筋混凝土楼、屋盖与墙体有可靠连接的房屋可不另设圈梁，但楼板沿墙体周边应加强配筋并应与相应的构造柱钢筋可靠连接。

表 13.8　多层砖砌体现浇钢筋混凝土圈梁设置要求

墙　类	烈　度		
	6,7	8	9
外墙和内纵墙	屋盖处及每层楼盖处	屋盖处及每层楼盖处	屋盖处及每层楼盖处
内横墙	同上；屋盖处间距不应大于4.5 m；楼盖处间距不应大于 7.2 m；构造柱对应部位	同上；屋盖处沿所有横墙，且间距不应大于 4.5 m；构造柱对应部位	同上；各层所有横墙

• 构造要求　圈梁应闭合，遇有洞口圈梁应上下搭接。圈梁宜与预制板设在同一标高处或紧靠板底，如图 13.2 所示。

圈梁在表 13.8 要求的间距内无横墙时，应利用梁或板缝中配筋替代圈梁，如图 13.3 所示。

• 圈梁截面尺寸及配筋　圈梁的截面高度不应小于 120 mm，配筋应符合表 13.9 的要求，但在软弱黏性土、液化土、新近填土或严重不均匀土层上的砌体房屋的基础圈梁，截面高度不应小于 180 mm，配筋不应少于 4ϕ12。

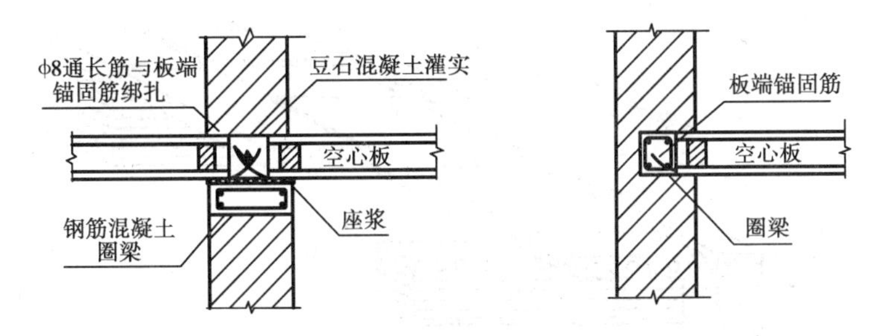

图 13.2　楼盖处圈梁的设置

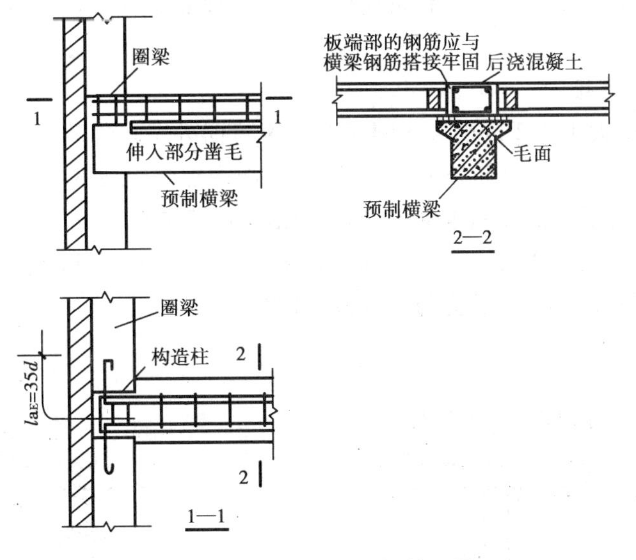

图 13.3　预制梁上圈梁的设置

表 13.9　多层砖砌体圈梁配筋要求

配　筋	烈　度		
	6,7	8	9
最小纵筋	4ф10	4ф12	4ф14
最大箍筋间距/mm	250	200	150

(3)对楼盖、屋盖的要求

● 楼板的支承长度和拉结　现浇钢筋混凝土楼板或屋面板伸进纵、横墙内的长度，均不应小于 120 mm；装配式钢筋混凝土楼板或屋面板，当圈梁未设在板的同一标高时，板端伸进外墙的长度不应小于 120 mm，伸进内墙的长度不应小于 100 mm，在梁上不应小于 80 mm。

当板的跨度大于 4.8 m 并与外墙平行时，靠外墙的预制板侧边应与墙或圈梁拉结，如图 13.4 所示；房屋端部大房间的楼盖，8 度时房屋的屋盖和 9 度时房屋的楼、屋盖，当圈梁设在板底时，钢筋混凝土预制板应相互拉结，并应与梁、墙或圈梁拉结。

● 梁或屋架的连接　楼盖和屋盖处的钢筋混凝土梁或屋架应与墙、柱(包括构造柱)或圈

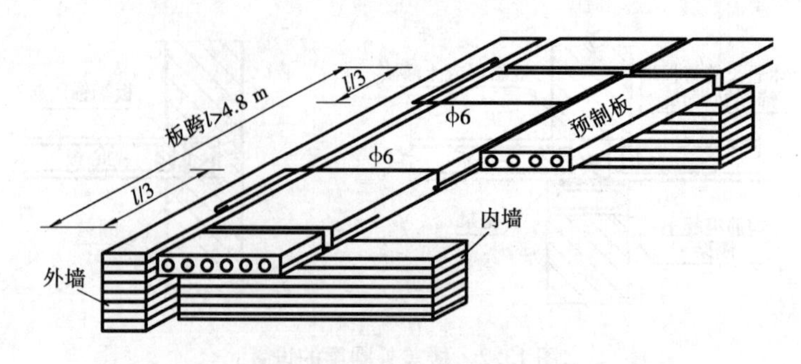

图 13.4　板跨大于 4.8 m 时墙与预制板的拉结

梁可靠连接，梁与砖柱的连接不应削弱柱截面，各层独立砖柱顶部应在两个方向均有可靠连接。

（4）墙体之间的连接

6 度、7 度时长度大于 7.2 m 的大房间，8 度和 9 度时外墙转角及内外墙交接处，应沿墙高每隔 500 mm 配置 2 φ6 水平钢筋和φ4 分布短筋平面内点焊组成的拉结网片或φ4 点焊钢筋网片，如图 13.5 所示；后砌的非承重砌体隔墙，应沿墙高每隔 500 mm 配置 2 φ6 钢筋与承重墙或柱拉结，并每边伸入墙内不应小于 500 mm，如图 13.6 所示；8 度和 9 度时，长度大于 5.0 m 的后砌非承重砌体隔墙的墙顶，还应与楼板或梁拉结。

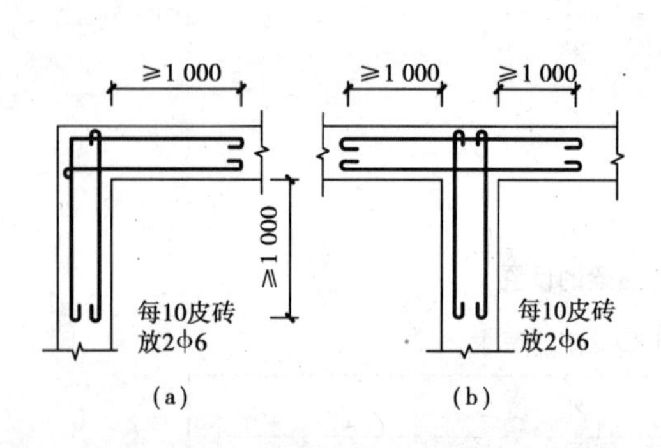

图 13.5　墙体转角拉结钢筋

(a)外墙转角处配筋；(b)内外墙交接处配筋

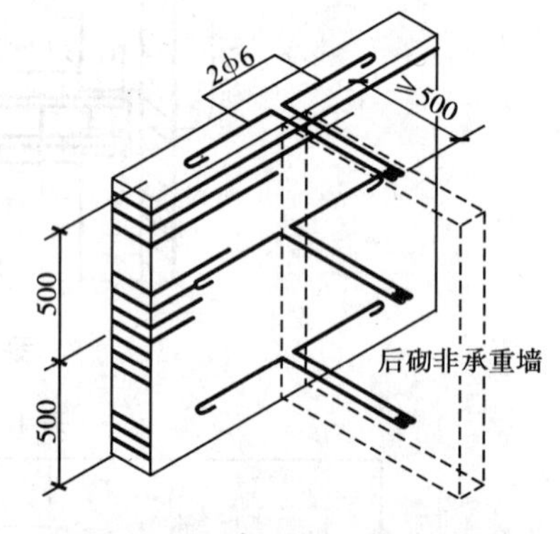

图 13.6　后砌非承重墙与承重墙

（5）对楼梯间的要求

8 度和 9 度时，顶层楼梯间横墙和外墙应沿墙高每隔 500 mm 设 2 φ6 通长钢筋和φ4 分布短筋平面内点焊组成的拉结网片或φ4 点焊钢筋网片；9 度时其他各层楼梯间，应在休息平台或楼层半高处设置 60 mm 厚的钢筋混凝土带或配筋砖带，其砂浆强度等级不应低于 M7.5，钢筋不宜少于 2 φ10。

8 度和 9 度时，楼梯间及门厅内墙阳角处的大梁支承长度不应小于 500 mm，并应与圈梁连接。

突出屋顶的楼、电梯间，构造柱应伸到顶部，并与顶部圈梁连接，内外墙交接处应沿墙高每隔 500 mm 设 2 φ6 水平钢筋和φ4 分布短筋平面内点焊组成的拉结网片或φ4 点焊钢筋网片，且每边伸入墙内不应小于 1 m。

(6)横墙较少的砖房的有关规定与加强措施

横墙较少的多层普通砖、多孔砖房的总高度和层数接近或达到表 13.3 规定的限值时,应采取下列加强措施:

①房屋的最大开间尺寸不宜大于 6.60 m。

②同一个结构单元内横墙错位数量不宜超过横墙总数的 1/3,且连续错位不宜多于 2 道。错位的墙体交接处均应增设构造柱,且楼、屋面板应采用现浇钢筋混凝土板。

③横墙和内纵墙上洞口的宽度不宜大于 1.5 m,外纵墙上洞口的宽度不宜大于 2.1 m 或开间尺寸的 1/2,内外墙上洞口位置不应影响内外纵墙和横墙的整体连接。

④所有纵横墙均应在楼、屋盖标高处设置加强的现浇钢筋混凝土圈梁,圈梁的截面高度不宜小于 150 mm,上下纵筋均应不少于 3 ϕ10,箍筋直径不小于ϕ6,间距不大于 300 mm。

⑤所有纵横墙交接处及横墙的中部,均应增设加强柱。该加强柱在纵横墙内的柱距不宜大于 3.0 m,最小截面尺寸不宜小于 240 mm × 240 mm(墙厚 190 mm 时为 180 mm × 190 mm),配筋宜符合表 13.10 的要求。

表 13.10　增设构造柱的纵筋和箍筋设置要求

位　置	纵向钢筋			箍　筋		
	最大配筋率 /%	最小配筋率 /%	最小直径 /mm	加密区范围 /mm	加密区间距 /mm	最小直径 /mm
角　柱	1.8	0.8	14	全　高	100	6
边　柱			14	上端 700 下端 500		
中　柱	1.4	0.6	12			

⑥同一结构单元的楼、屋面板应设置在同一标高处。

⑦房屋的底层和顶层,在窗台标高处宜设置沿纵横墙通长的水平现浇钢筋混凝土带,其截面高度不小于 60 mm,宽度不小于墙厚,纵向钢筋不小于 2 ϕ10,横向分布钢筋的直径不小于ϕ6且其间距不大于 200 mm。

· *13.2.2　多高层混凝土房屋抗震措施* ·

1)一般要求

(1)结构抗震等级

钢筋混凝土房屋应根据烈度、结构类型和房屋高度采用不同的抗震等级。我国目前抗震等级共分为四级。对丙类多层及高层钢筋混凝土结构房屋的抗震等级划分见表 13.11。

对于甲、乙、丁类建筑,按相应的抗震设防标准和表 13.11 确定对应的抗震等级。由表 13.11 可见,在相同设防烈度和房屋高度的情况下,对于不同的结构类型,其次要抗侧力构件的抗震要求可低于主要抗侧力构件,即抗震等级可低些。如框架-抗震墙结构中的框架,其抗震要求低于框架结构中的框架;相反,其抗震墙则比抗震墙结构有更高的抗震要求。框架-抗震墙结构中,当取基本震型分析时,若抗震墙部分承受的地震倾覆力矩不大于结构总地震倾覆力矩的 50%,考虑到此时抗震墙的刚度较小,其框架部分的抗震等级应按框架结构划分。

表 13.11　现浇钢筋混凝土房屋的抗震等级

<table>
<tr><td colspan="3" rowspan="2">结构类型</td><td colspan="12">设防烈度</td></tr>
<tr><td colspan="2">6</td><td colspan="4">7</td><td colspan="4">8</td><td colspan="2">9</td></tr>
<tr><td rowspan="3">框架结构</td><td colspan="2">高度/m</td><td>≤24</td><td>>24</td><td colspan="2">≤24</td><td colspan="2">>24</td><td>≤24</td><td colspan="3">>24</td><td colspan="2">≤24</td></tr>
<tr><td colspan="2">框　架</td><td>四</td><td>三</td><td colspan="2">三</td><td colspan="2">二</td><td>二</td><td colspan="3">一</td><td colspan="2">一</td></tr>
<tr><td colspan="2">大跨度框架</td><td colspan="2">三</td><td colspan="4">二</td><td colspan="4">一</td><td colspan="2">一</td></tr>
<tr><td rowspan="3">框架-抗震墙结构</td><td colspan="2">高度/m</td><td>≤60</td><td>>60</td><td>≤24</td><td colspan="2">25～60</td><td>>60</td><td>≤24</td><td colspan="2">25～60</td><td>>60</td><td>≤24</td><td>25～50</td></tr>
<tr><td colspan="2">框　架</td><td>四</td><td>三</td><td>四</td><td colspan="2">三</td><td>二</td><td>三</td><td colspan="2">二</td><td>一</td><td>二</td><td>一</td></tr>
<tr><td colspan="2">抗震墙</td><td colspan="2">三</td><td colspan="4">二</td><td colspan="4">一</td><td colspan="2">一</td></tr>
<tr><td rowspan="2">抗震墙结构</td><td colspan="2">高度/m</td><td>≤80</td><td>>80</td><td>≤24</td><td colspan="2">25～80</td><td>>80</td><td>≤24</td><td colspan="2">25～80</td><td>>80</td><td>≤24</td><td>25～60</td></tr>
<tr><td colspan="2">抗震墙</td><td>四</td><td>三</td><td>四</td><td colspan="2">三</td><td>二</td><td>三</td><td colspan="2">二</td><td>一</td><td>二</td><td>一</td></tr>
<tr><td rowspan="4">部分框支抗震墙结构</td><td colspan="2">高度/m</td><td>≤80</td><td>>80</td><td>≤24</td><td colspan="2">25～80</td><td>>80</td><td>≤24</td><td colspan="2">25～80</td><td rowspan="4"></td><td colspan="2" rowspan="4"></td></tr>
<tr><td rowspan="2">抗震墙</td><td>一般部位</td><td>四</td><td>三</td><td>四</td><td colspan="2">三</td><td>二</td><td>三</td><td colspan="2">二</td></tr>
<tr><td>加强部位</td><td>三</td><td>二</td><td>三</td><td colspan="2">二</td><td>一</td><td>二</td><td colspan="2">一</td></tr>
<tr><td colspan="2">框支层框架</td><td colspan="2">二</td><td colspan="3">二</td><td>一</td><td colspan="3">一</td></tr>
<tr><td rowspan="2">框架-核心筒结构</td><td colspan="2">框　架</td><td colspan="2">三</td><td colspan="4">二</td><td colspan="4">一</td><td colspan="2">一</td></tr>
<tr><td colspan="2">核心筒</td><td colspan="2">二</td><td colspan="4">二</td><td colspan="4">一</td><td colspan="2">一</td></tr>
<tr><td rowspan="2">筒中筒结构</td><td colspan="2">外　筒</td><td colspan="2">三</td><td colspan="4">二</td><td colspan="4">一</td><td colspan="2">一</td></tr>
<tr><td colspan="2">内　筒</td><td colspan="2">三</td><td colspan="4">二</td><td colspan="4">一</td><td colspan="2">一</td></tr>
<tr><td rowspan="3">板柱-抗震墙结构</td><td colspan="2">高度/m</td><td>≤35</td><td>>35</td><td colspan="2">≤35</td><td colspan="2">>35</td><td colspan="2">≤35</td><td colspan="2">>35</td><td colspan="2" rowspan="3"></td></tr>
<tr><td colspan="2">框架、板柱的柱</td><td>三</td><td>二</td><td colspan="2">二</td><td colspan="2">二</td><td colspan="4">一</td></tr>
<tr><td colspan="2">抗震墙</td><td>二</td><td>二</td><td colspan="2">二</td><td colspan="2">一</td><td colspan="2">二</td><td colspan="2">一</td></tr>
</table>

注：①建筑场地为Ⅰ类时，除6度外应允许按表内降低1度所对应的抗震等级采取抗震构造措施，但相应的计算要求不应降低；

②接近或等于高度分界时，应允许结合房屋不规则程度及场地、地基条件确定抗震等级；

③大跨度框架是指跨度不小于18 m的框架。

另外，对同一类型结构抗震等级的高度分界，《建筑抗震设计规范》(GB 50011—2010)主要按一般工业与民用建筑的层高考虑，故对层高特殊的工业建筑应酌情调整。设防烈度为6度、建于Ⅰ～Ⅲ类场地上的结构，不需做抗震验算，但需按抗震等级设计截面，满足抗震构造要求。

不同场地对结构的地震反应也不同，通常Ⅳ类场地较高的高层建筑的抗震构造措施与Ⅰ～Ⅲ类场地相比应有所加强，而在建筑抗震等级的划分中并未引入场地参数，没有以提高或降低一个抗震等级来考虑场地的影响，而是通过提高其他重要部位的要求(轴压比、柱纵筋配筋率控制，加密区箍筋设置等)来加以考虑。

(2)房屋最大适用高度

根据国内外震害调查和工程设计经验,为达到建筑既安全适用又经济合理的要求,多层钢筋混凝土框架结构房屋不宜建得太高。房屋适宜的最大高度与房屋的结构类型、抗震设防烈度、建筑物的场地类别等因素有关。《建筑抗震设计规范》(GB 50011—2010)根据不同结构体系的抗震性能、使用效果与经济指标,考虑地震烈度、场地类别等因素,规定了现浇钢筋混凝土房屋适用的最大高度,见表13.12。

表13.12　现浇钢筋混凝土房屋适用的最大高度　　单位:m

结构体系		设防烈度				
		6	7	8(0.2g)	8(0.3g)	9
框　架		60	50	40	35	24
框架-抗震墙		130	120	100	80	50
抗震墙		140	120	100	80	60
部分框支抗震墙		120	100	80	50	不应采用
筒　体	框架-核心筒	150	130	100	90	70
	筒中筒	180	150	120	100	80
板柱-抗震墙		80	70	55	40	不应采用

注:①房屋高度指室外地面到主要屋面板板顶的高度(不包括局部突出屋顶部分);

②框架-核心筒结构是指周边稀柱框架与核心筒组成的结构;

③部分框支抗震墙结构指首层或底部两层框支抗震墙结构,不包括仅个别框支墙的情况;

④表中框架不包括异形柱框架;

⑤板柱-框架墙结构指板柱、框架和抗震墙组成抗侧力体系的结构;

⑥乙类建筑可按本地区抗震设防烈度确定适用的最大高度;

⑦超过本表高度的房屋,应进行专门研究和论证,采取有效的加强措施。

(3)结构选型和布置

选择结构体系,要考虑建筑物刚度与场地条件之间的关系,要注意选择合理的基础形式及埋置深度。我国《高层建筑混凝土结构技术规程》(JGJ 3—2010)规定:基础埋置深度,采用天然地基时,应不小于建筑高度的1/12;采用桩基时,应不小于建筑高度的1/15,桩的长度不计入基础埋置深度内。当基础落在基岩上时,埋置深度可根据工程具体情况确定,可不设地下室,但应采用地锚等措施。

选择结构体系,必须注意经济指标。多层房屋一般用钢量大,造价高,因而要尽量选择轻质高强和多功能的建筑材料,减轻自重,降低造价。

结构体系确定后,结构布置应当密切结合建筑设计进行,使建筑物具有良好的体型,使结构受力构件做到合理的组合。结构体系受力性能与技术经济指标能否做到先进合理,与结构布置密切相关。

多层钢筋混凝土结构房屋结构布置应遵循以下基本原则:

①结构平面应力求简单规则,结构的主要抗侧力构件应对称均匀布置,尽量使结构的刚心与质心重合,避免地震时引起结构扭转及局部应力集中。

②结构的竖向布置,应使其质量沿高度方向均匀分布,避免结构刚度突变,并应尽可能降低建筑物的重心,以利结构的整体稳定性。

③合理地设置变形缝。

④加强楼屋盖的整体性。

⑤尽可能做到技术先进,经济合理。

(4)截面尺寸选择

梁截面尺寸一般依变形要求取 $h=(1/14\sim1/8)l, b=(1/3\sim1/2)h$。

框架柱的截面宽度和高度均不宜小于300 mm,圆柱直径不宜小于350 mm,柱剪跨比宜大于2,柱截面高宽比不宜大于3。

在选择柱截面尺寸时,应使柱的轴压比不超过如下数值:抗震等级一级时,不超过0.7;抗震等级二级时,不超过0.8;抗震等级三级时,不超过0.9。轴压比是指柱的组合轴力设计值 N 与柱的截面面积和混凝土轴心抗压强度设计值 f_c 乘积的比值。

(5)防震缝

当建筑物平面形状复杂时,宜用防震缝将结构划分成较规则、简单的单元。但对高层结构,宜尽可能不设缝。伸缩缝和沉降缝的宽度应符合防震缝的要求。当需要设置防震缝时,其最小宽度应符合下列要求:

①框架结构房屋的防震缝宽度,当高度不超过15 m时可采用70 mm;超过15 m时,6度、7度、8度和9度相应每增加高度5 m,4 m,3 m和2 m,宜加宽20 mm。

②防震缝两侧结构体系不同时,防震缝宽度应按需要较宽的规定采用,并可按较低房屋高度确定缝宽。

③8度、9度框架结构房屋防震缝两侧结构高度、刚度或层高相差较大时,可在缝两侧房屋的尽端沿全高设置垂直于防震缝的抗撞墙,每一侧抗撞墙的数量不应少于2道,宜分别对称布置,墙肢长度可不大于一个柱距。框架和抗撞墙的内力应按考虑和不考虑抗撞墙两种情况分别进行分析,并按不利情况取值。抗撞墙在防震缝一端的边柱,箍筋应沿房屋全高加密。

2)多高层混凝土抗震构造措施

(1)梁、柱端部箍筋的配置

• 梁端箍筋加密　在框架梁梁端应设置箍筋加密区,加密区长度、箍筋间距、直径应满足表13.13的要求。当梁端纵向受拉钢筋配筋率大于2%时,表中箍筋最小直径数值应增大2 mm。

表13.13　梁端箍筋加密区的长度、箍筋的最大间距和最小直径

抗震等级	加密区长度/mm (采用较大值)	箍筋最大间距/mm (采用最小值)	箍筋最小直径 /mm
一	$2h_b$,500	$h_b/4$,$6d$,100	10
二	$1.5h_b$,500	$h_b/4$,$8d$,100	8
三	$1.5h_b$,500	$h_b/4$,$8d$,150	8
四	$1.5h_b$,500	$h_b/4$,$8d$,150	6

注:①d 为钢筋直径,h_b 为梁截面高度。

②箍筋直径大于12 mm,数量不少于4肢且肢距不大于150 mm时,一、二级的最大间距允许适当放宽,但不得大于150 mm。

梁端加密区箍筋肢距，一级不宜大于 200 mm 和 20 倍箍筋直径的较大值；二、三级不宜大于 250 mm 和 20 倍箍筋直径的较大值；四级不应大于 300 mm。第一个箍筋距框架节点边缘不应大于 50 mm。

在梁端箍筋加密区内，一般不宜设置纵筋接头。

非加密区的箍筋间距不宜大于加密区箍筋间距的 2 倍。沿梁全长的配箍率 ρ_{sv} 应不小于 $0.3f_t/f_{yv}$（一级抗震）、$0.28f_t/f_{yv}$（二、三级抗震）、$0.26f_t/f_{yv}$（四级抗震）。

• 柱端箍筋加密　震害调查表明，框架柱的破坏主要集中在柱端 1.0 ~ 1.5 倍柱截面高度范围内。通过加密柱端箍筋可以提高柱端的抗剪能力，约束混凝土、提高混凝土抗压强度及变形能力，可以防止纵筋压曲。试验表明，当箍筋间距小于 6 ~ 8 倍柱纵筋直径时，在受压混凝土压碎前，一般不会出现钢筋压曲的现象。

柱端箍筋加密区范围，应按下列规定采用：

①柱端，取截面高度（圆柱直径）、柱净高的 1/6 和 500 mm 三者的最大值。

②底层柱，当有刚性地面时，除柱端外还应取刚性地面上下各 500 mm。

③剪跨比不大于 2 的柱和因填充墙等形成的柱净高与柱截面高度之比不大于 4 倍的柱，取全高。

④框支柱，取全高。

⑤一级及二级框架的角柱，取全高。

一般情况下，柱端箍筋加密区的箍筋间距和直径，应符合表 13.14 的要求。三级框架柱的截面尺寸不大于 400 mm 时，箍筋最小直径可采用ф6；四级框架柱净高与柱截面高度之比不大于 4 时，箍筋直径应采用ф8；二级框架柱的箍筋直径不小于ф10，且箍筋肢距不大于 200 mm 时，除柱根外，最大间距可采用 150 mm。

表 13.14　柱箍筋加密区的箍筋最大间距和最小直径

抗震等级	箍筋最大间距/mm（采用较小值）	箍筋最小直径/mm
一	$6d$，100	10
二	$8d$，100	8
三	$8d$，150（柱根 100）	8
四	$8d$，150（柱根 100）	6（柱根 8）

注：①d 为纵筋最小直径；

②柱根指底层柱下端箍筋加密区。

框支柱和柱净高与柱截面高度之比不大于 4 及剪跨比小于 2 的柱，箍筋间距不大于 100 mm。

柱箍筋加密区的箍筋肢距，一级不宜大于 200 mm 和 20 倍箍筋直径的较大值；二、三级不宜大于 250 mm 和 20 倍箍筋直径的较大值；四级不应大于 300 mm，且至少每隔一根纵筋宜在两个方向有箍筋约束；采用拉筋组合箍筋时，拉筋宜紧靠纵向钢筋并钩住封闭箍。

《建筑抗震设计规范》（GB 50011—2010）按柱轴压比的不同，规定柱端箍筋加密区约束箍筋的体积配筋率应符合式（13.1）的要求：

$$\rho_v \geqslant \frac{\lambda_v f_c}{f_{yv}} \tag{13.1}$$

式中 ρ_v——柱箍筋加密区的体积配箍率，一级不应小于0.8%，二级不应小于0.6%，三、四级不应小于0.4%，计算复合箍的箍筋体积配箍率时，其非螺旋箍的箍筋体积应乘以折减系数0.80；

f_c——混凝土轴心抗压强度设计值，强度等级低于C35时，应按C35计算；

f_{yv}——箍筋抗拉强度设计值，超过360 N/mm²时，取360 N/mm²；

λ_v——最小配箍特征值，按表13.15采用。

表13.15 柱箍筋加密区的箍筋最小配箍特征值

抗震等级	箍筋形式	柱轴压比								
		≤0.3	0.4	0.5	0.6	0.7	0.8	0.9	1.0	1.05
一	普通箍、复合箍	0.10	0.11	0.13	0.15	0.17	0.20	0.23	—	—
	螺旋箍、复合或连续复合矩形螺旋箍	0.08	0.09	0.11	0.13	0.15	0.18	0.21	—	—
二	普通箍、复合箍	0.08	0.09	0.11	0.113	0.15	0.17	0.19	0.22	0.24
	螺旋箍、复合或连续复合矩形螺旋箍	0.06	0.07	0.09	0.11	0.13	0.15	0.17	0.20	0.22
三	普通箍、复合箍	0.06	0.07	0.09	0.11	0.13	0.15	0.17	0.20	0.22
	螺旋箍、复合或连续复合矩形螺旋箍	0.05	0.06	0.07	0.09	0.11	0.13	0.15	0.18	0.20

注：①普通箍指单个矩形箍和单个圆形箍；复合箍指由矩形、多边形、圆形箍或拉筋组成的箍筋；复合螺旋箍指由螺旋箍与矩形、多边形、圆形箍或拉筋组成的箍筋；连续复合矩形螺旋箍指全部螺旋箍为同一根钢筋加工而成的箍筋。

②框支柱宜采用复合螺旋箍或井字复合箍，其最小配箍特征值应比表内数值增加0.02，且体积配箍率不应小于1.5%。

③剪跨比不大于2的柱宜采用复合螺旋箍或井字复合箍，其体积配箍率不应小于1.2%，9度时不应小于1.5%。

④计算复合螺旋箍的体积配箍率时，其非螺旋箍的箍筋体积应乘以换算系数0.8。

柱箍筋非加密区的箍筋体积配箍率不宜小于加密区的50%。箍筋间距，一、二级框架柱不应大于10倍纵向钢筋直径；三、四级框架柱不应大于15倍纵向钢筋直径。

(2)钢筋接头和锚固

钢筋锚固与接头除应符合《混凝土结构设计规范》(GB 50010—2010)的要求外，尚应符合下列要求：

①纵向钢筋的最小锚固长度 l_{aE}。一、二级时，$l_{aE}=1.15l_a$；三级时，$l_{aE}=1.05l_a$；四级时，$l_{aE}=1.0l_a$。其中，l_a 指纵向钢筋的锚固长度，按《混凝土结构设计规范》(GB 50010—2010)确定。

②纵向钢筋接头位置，宜避开梁端、柱端钢筋加密区。当无法避免时，应采用满足等强度要求的高质量机械连接接头，且钢筋接头面积百分率不应超过50%。

③当采用搭接接头时，其搭接接头长度不应小于 ζl_{aE}；ζ 为纵向受拉钢筋搭接长度修正系数，其值按表13.16采用。在任何情况下搭接接头长度不应小于200 mm。

表 13.16 纵向受拉钢筋搭接长度修正系数 ζ

纵向钢筋搭接接头面积百分数率/%	≤25	50	100
ζ	1.2	1.4	1.6

注：纵向钢筋搭接接头面积百分率按《混凝土结构设计规范》(GB 50010—2010)第 8.4.3 条的规定取值。

④钢筋混凝土框架结构梁、柱的纵向受力钢筋接头方法应遵守以下规定：

• 框架梁　一级抗震等级，宜选用机械连接接头，也可采用搭接接头或焊接接头；二、三、四级抗震等级，可采用搭接接头或焊接接头。

• 框架柱　一级抗震等级，宜选用机械连接接头；二、三、四级抗震等级，宜选用机械接头，也可采用搭接接头或焊接接头。

⑤框架梁柱纵向钢筋在框架节点核芯区锚固和搭接(图 13.7)，应遵守以下规定：

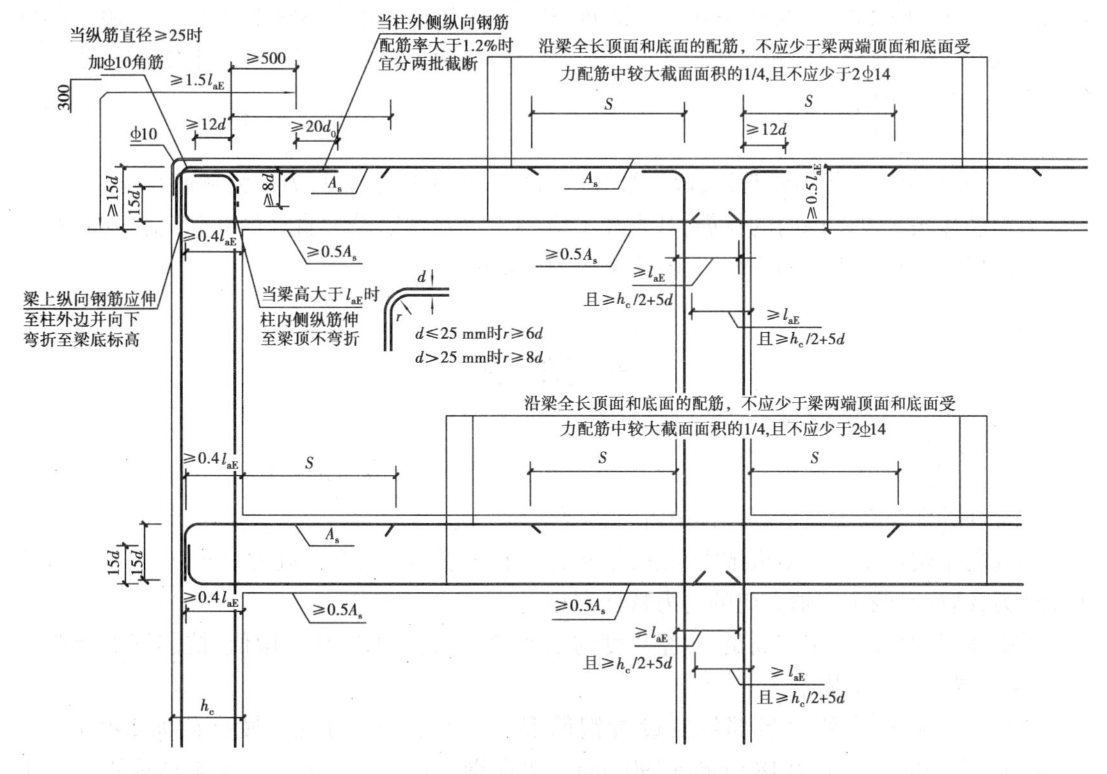

图 13.7　框架梁柱纵向钢筋在节点的锚固与搭接

• 框架梁在框架中间层中间点内　框架梁上部纵向钢筋应贯穿中间节点，对一、二级梁的下部纵向钢筋伸入中间节点的锚固长度不应小于 l_{aE}，且伸过中心线不应小于 $5d$。梁内贯穿中柱的每根纵向钢筋直径，对于一、二级抗震等级，不宜大于柱在该方向截面尺寸的 1/20。且当梁纵筋贯穿节点的长度不大于 $15d$ 时，梁端受弯承载力计算中不应计入此钢筋面积。

• 框架梁在框架中间层端点内　框架梁上部纵向钢筋锚固长度除应符合 l_{aE} 的规定外，并应伸过接点中心线不小于 $5d$，当纵向钢筋在端节点内的水平锚固长度不够时，沿柱节点边向下弯折，经弯折后的水平投影长度不应小于 $0.4l_{aE}$，垂直投影长度不应少于 $15d$。梁下纵向钢筋在中间层端节点中的锚固措施与梁上的相同,但竖直段应向上弯入节点。

•框架梁在框架顶层中间节点内　框架梁上部纵向钢筋可贯穿中间节点配置,也可以弯折于柱中。对一级抗震等级,上部纵向钢筋应穿过柱轴线,伸至柱对边向下弯折,经弯折后的垂直投影长度不少于 $15d$;对二、三级抗震等级,上部纵向钢筋可贯穿中间节点。对矩形截面柱面节点,纵向钢筋直径不宜大于柱在该方向截面尺寸的 1/25。顶层中间节点下部纵向钢筋,在节点中的锚固要求与中间层节点处相同。

•顶层中间节点内的框架柱　框架柱纵向钢筋长度除应满足 l_{aE} 要求外,并应伸到柱顶,当柱纵向钢筋在节点内的竖向锚固长度不够时,应伸至柱顶后向内或向外水平弯折,弯折前的锚固段竖向投影长度不应小于 $0.5l_{aE}$,弯折后的水平投影长度取 $12d$,当柱筋向外弯折时,伸出柱边的长度不宜小于 500 mm。

在框架顶层端点中,梁上部纵向钢筋与柱外侧纵向钢筋搭接应符合如下规定:对一、二、三级抗震等级,搭接长度不应小于 $1.5l_{aE}$,伸入梁的柱纵向钢筋应不小于柱外侧计算需要的柱纵向钢筋的 2/3。搭接时,搭接接头和纵向钢筋一次截断点的百分率不宜大于 1.2%,超过部分应分批截断,每批截断点的距离不应小于 $20d$。当纵向钢筋直径大于 25 mm 时,在顶层边节点角部应加 3 ϕ 10 角筋。

(3)箍筋的弯钩

箍筋的末端应做成 135°弯钩,弯钩端头平直段长度不应小于 $10d$(d 为箍筋直经)。在纵向受力钢筋接头长度范围内的箍筋,其直径不应小于搭接钢筋较大直径的 0.25 倍,其间距不应大于搭接钢筋较小直径的 5 倍,且不应大于 100 mm。

小结 13

本章主要讲述以下内容:

①合理的建筑布置在抗震设计中占有首要地位。

②抗震结构体系应有多道抗震防线,结构宜具有合理的刚度和承载力分布,应具有良好的吸能能力,结构在两个主轴方向的动力特性宜相近。

③砌体房屋抗震措施应满足:房屋高度的限值、房屋最大高宽比的限值、抗震横墙间距的限值、房屋局部尺寸的限值。

④在多层砖房中的适当部位应设置钢筋混凝土构造柱,构造柱最小截面 240 mm × 180 mm(墙厚 190 mm 时为 180 mm × 190 mm),纵向钢筋宜不少于 4 ϕ 12,箍筋间距不宜大于 250 mm,且在柱上下端宜适当加密。

⑤设置圈梁是提高房屋抗震能力的有效构造措施,圈梁的截面高度应不小于 120 mm,配筋应符合相关抗震的要求。

⑥钢筋混凝土房屋应根据烈度、结构类型和房屋高度采用不同的抗震等级。我国目前抗震等级共分为四级。

⑦多层钢筋混凝土框架结构房屋不宜建得太高。房屋适宜的最大高度与房屋的结构类型、抗震设防烈度、建筑物的场地类别等因素有关。

⑧在框架梁梁端应设置箍筋加密区,加密区长度、箍筋间距、直径应满足相关抗震要求。

⑨震害调查表明,框架柱的破坏主要集中在柱端。柱端应设置箍筋加密区,箍筋加密区的箍筋间距和直径应符合相关抗震要求。

⑩框架梁柱纵向钢筋在框架节点核芯区锚固和搭接应符合相关抗震要求。

复习思考题 13

13.1 什么叫建筑抗震概念设计?

13.2 多层砌体结构房屋抗震一般有哪些要求?

13.3 多层砌体结构房屋抗震构造措施方面有哪些要求?

13.4 多层框架结构房屋抗震一般要求有哪些?

13.5 框架结构构造措施有哪些方面的要求?

14　混凝土结构施工图平法制图规则

建筑结构施工图平面整体设计方法(简称平法),包括常用的平面现浇混凝土柱、墙、梁3种构件的整体表示法制图规则和标准构造两大部分内容。平法的表达形式是把混凝土结构构件的尺寸和配筋等,按照平面整体表示法制图规则,整体、直接地表达在各类构件的结构平面布置图上,再与标准构造详图相配合,形成一套比较新型、完整的结构施工图。

为了规范平法的使用,保证按平法绘制的施工图统一,确保设计、施工质量要求,在采用平法绘制时,施工图纸不但要符合国家现行有关规范、规程和标准,而且也应遵守平法的基本规则和要求。有关平法制图的基本规则如下。

①平法适用于各种现浇混凝土结构的基础、柱、剪力墙、梁、板、楼梯等构件的施工图设计。对于复杂的工业与民用建筑尚需增添模板、开洞和预埋件的平面图。

②平面整体配筋图上直接表示各构件的尺寸、配筋和所选用的标准构造详图。各构件的尺寸和配筋值可按平面注写式、列表注写式和截面注写式3种方法表示。

③在绘制平面整体配筋图时,应将所有构件分类编号,编号中含有类型代号和序号等,其中类型代号的主要作用是指明所选用的标准构件详图。在标准构件详图上,也应按其所属构件类型注明代号,以明确该详图和平面整体配筋图中相同构件的互补关系,使两者合并构成完整的设计。

④绘制施工图时,应按基础、柱、剪力墙、梁、板、楼梯及其他构件的顺序排列,做到有条不紊,便于使用。

⑤在施工图总说明中,应写明所用平法标准图的图集号,所选用混凝土的强度等级与钢筋级别,抗震设防烈度及结构抗震等级,柱(包括墙柱)纵筋、墙身分布筋、梁上部贯通筋等所采用的接头形式和有关要求等。当具体工程中有特殊要求时,应在施工图中另加说明。

⑥对混凝土保护层厚度、钢筋搭接长度和锚固长度,除设计图中说明外,均应按平法构造详图中的有关构造规定执行。

⑦平法所示施工图中,各类构件尺寸均以mm为单位,标高以m为单位标注。

本章仅介绍柱和梁的平法施工图表示方法。

14.1　柱平法施工图的表示方法

柱平法施工图是在柱平面布置图上采用列表注写方式或截面注写方式来表达的施工图。柱平面布置图,可采用适当比例单独绘制,当为框架-剪力墙结构时,柱平面布置图也可与剪力墙平面布置图合并绘制。在柱平法施工图中,应按规定注明各结构层的楼面标高、结构层高及相应的结构层号,还应注明上部结构嵌固部位位置。

·14.1.1 列表注写方式·

列表注写方式就是在柱平面布置图上,先对柱进行编号(见表14.1),然后分别在同一编号的柱中选择一个(当柱断面与轴线关系不同时,需选多个)截面注写几何参数代号(b_1,b_2,h_1,h_2),在柱表中注写柱号、柱段起止标高、几何尺寸(含柱截面对轴线的情况)与配筋的具体数值,并配以各种柱截面形状及其箍筋类型图,来表达柱平面整体配筋施工图(图14.1)的方式。

表14.1 柱编号

柱类型	代 号	序 号	柱类型	代 号	序 号
框架柱	KZ	××	梁上柱	LZ	××
框支柱	KZZ	××	剪力墙上柱	QZ	××
芯柱	XZ	××			

注:编号时,当柱的总高度、分段截面尺寸和配筋均对应相同,仅截面与轴线的关系不同时,仍可将其编为同一柱号,但应在图中注明截面与轴线的关系。

柱表应注写下列规定内容:

①注写柱的编号,柱编号由类型代号和序号组成,应符合表14.1的规定。

②注写各段柱的起止标高,自柱根部往上以变截面位置或截面未变但配筋改变处为界分段注写。框架柱和框支柱的根部标高是指基础顶面标高,梁上柱的根部标高是指梁顶面标高。

③对于矩形柱,注写柱截面尺寸 $b \times h$ 及与轴线关系的几何参数代号 b_1,b_2和 h_1,h_2具体数值,须对应于各段柱分别注写。其中 $b = b_1 + b_2$,$h = h_1 + h_2$。当截面的某一边收缩变化至与轴线重合或偏到轴线的另一侧时,b_1,b_2,h_1,h_2中的某项为零或为负数。对于圆柱,$b \times h$ 栏改为圆柱直径 d ,此时 $d = b_1 + b_2 = h_1 + h_2$。

④注写柱纵筋。当柱的纵筋直径相同,各边根数也相同时(包括矩形柱、圆柱),将纵筋注写在"全部纵筋"一栏中。除此以外,柱纵筋分为角筋、截面 b 边中部筋和 h 边中部筋3项分别注写(对于采用对称配筋的矩形柱,可仅注一侧中部筋)。

⑤在表中箍筋类型栏内注写箍筋类型号及箍筋肢数。各种箍筋类型图以及箍筋复合的具体方式,根据具体工程由设计人员画在表的上部或图中的适当位置,并在其上标注与表中相应的 b,h 和编上类型号。当为抗震设计时,确定箍筋肢数时要满足对柱纵筋"隔一拉一"及箍筋肢距的要求。

⑥注写柱子箍筋,应包括钢筋种类代号、直径与间距。当为抗震设计时,用斜线区分柱端箍筋加密区与柱身非加密区长度范围内箍筋的不同间距(加密区长度由标准构造详图来反映)。当箍筋沿柱全高为同一种间距时,则不使用斜线。当圆柱采用螺旋箍筋时,需在箍筋前加"L"。当柱纵筋采用搭接连接,且为抗震设防时,搭接接头范围内箍筋加密做法也用标准构造详图来反映;当为非抗震设防时,在柱纵筋搭接长度范围内的箍筋加密,应由设计者另行注明。

图14.1为柱采用列表注写方式表达的平法施工图示例。

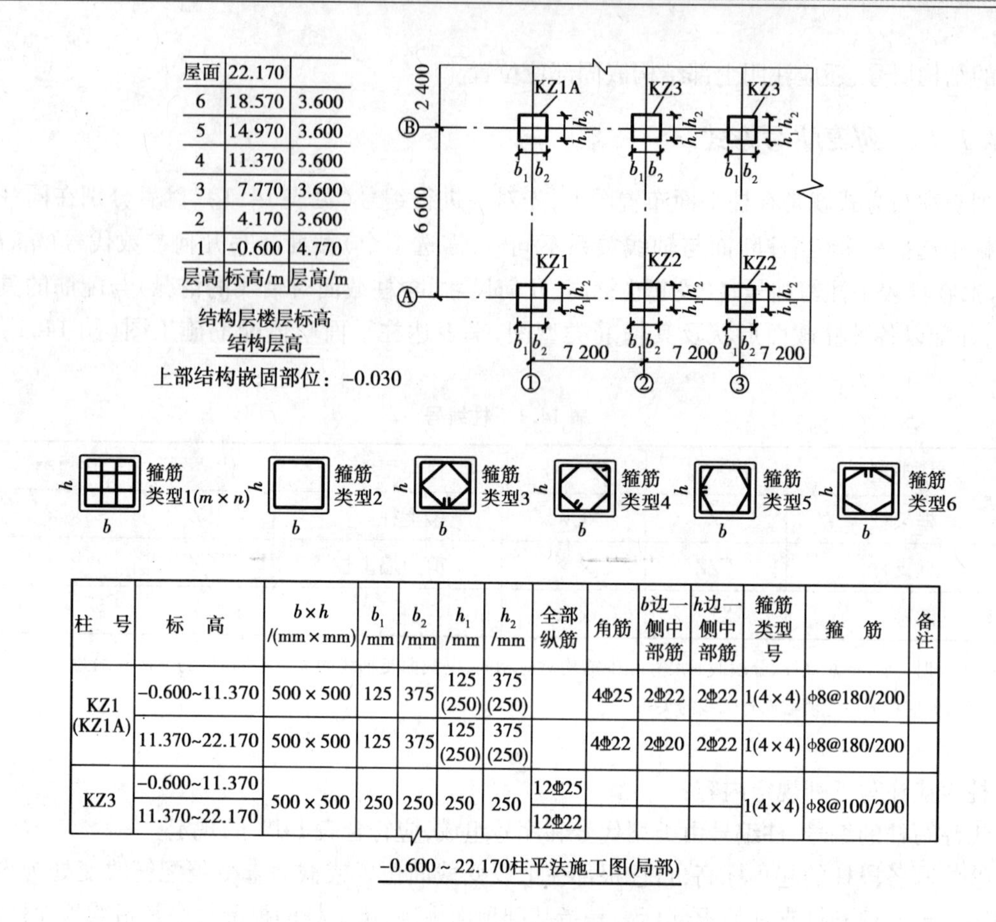

屋面	22.170	
6	18.570	3.600
5	14.970	3.600
4	11.370	3.600
3	7.770	3.600
2	4.170	3.600
1	-0.600	4.770
层高	标高/m	层高/m

柱号	标高	b×h /(mm×mm)	b_1 /mm	b_2 /mm	h_1 /mm	h_2 /mm	全部纵筋	角筋	b边一侧中部筋	h边一侧中部筋	箍筋类型号	箍筋	备注
KZ1 (KZ1A)	-0.600~11.370	500×500	125	375	125 (250)	375 (250)		4Φ25	2Φ22	2Φ22	1(4×4)	ϕ8@180/200	
	11.370~22.170	500×500	125	375	125 (250)	375 (250)		4Φ22	2Φ20	2Φ22	1(4×4)	ϕ8@180/200	
KZ3	-0.600~11.370	500×500	250	250	250	250	12Φ25				1(4×4)	ϕ8@100/200	
	11.370~22.170						12Φ22						

图 14.1　柱平法施工图列表注写方式

·14.1.2　截面注写方式·

截面注写方式是在分标准层绘制的柱(包括框架柱、框支柱、梁上柱、剪力墙上柱)平面布置图的柱断面上,分别在同一编号的柱中选择一个截面,以直接注写截面尺寸和配筋具体数值来表达柱平面整体配筋施工图的方式,如图 14.2 所示。

截面注写应符合以下规定:

①对除芯柱之外所有柱截面进行编号,柱编号由代号和序号组成,并应符合表 14.1 的规定。然后从相同编号的柱中选择一个截面,按另一种比例原位放大绘制柱截面配筋图,并在各配筋图上继其编号后再注写截面尺寸 $b\times h$ (对于圆柱改为圆柱直径 d)、角筋或全部纵筋(当纵筋采用同一种直径且能够图示清楚时)、箍筋的具体数值。在柱截面配筋图上标注柱断面与轴线关系的 b_1,b_2,h_1,h_2的具体数值。

②当纵筋采用两种直径时,须注写截面各边中部纵筋的具体数值(对于采用对称配筋的矩形截面柱,可仅在一侧注写中部纵筋,对称边省略不注)。当在某些框架柱的一定高度范围内,在其内部的中心位置设置芯柱时,其标注方式详见平法标准图集(11G 101—1)的有关规定。

③在表中箍筋栏内注写箍筋,包括钢筋种类、直径和间距(间距表示方法及纵筋搭接时加密的表达同列表注写方式)。

④截面注写方式中,若柱的分段截面尺寸和配筋均相同,仅分段截面与轴线的关系不同时,可将其编为同一柱号。但此时应在未画配筋的柱截面上注写该柱截面与轴线关系的具体尺寸。

⑤可以根据具体情况，在一个柱平面布置图上加小括号“( )”和尖括号“〈 〉”来区分和表达不同标准层的注写数值，但与柱标高要一一对应。

⑥采用截面注写方式绘制的柱施工图中，图名应注写各段柱的起止标高，自柱根部往上以变截面位置或截面未变但配筋改变处为界分段注写。框架柱和框支柱的根部标高为基础顶面标高；芯柱的根部标高系指根据结构实际需要而定的起始位置标高；梁上柱的根部标高为梁顶面标高；而剪力墙上柱的根部标高为墙顶部标高（柱筋锚在剪力墙顶部），但当柱与剪力墙重叠一层时，其根部标高为墙顶往下一层的结构层楼面标高。断面尺寸或配筋改变处常为结构层楼面标高处。

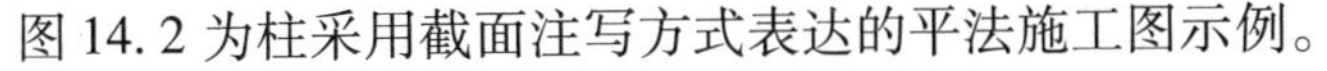
图 14.2 为柱采用截面注写方式表达的平法施工图示例。

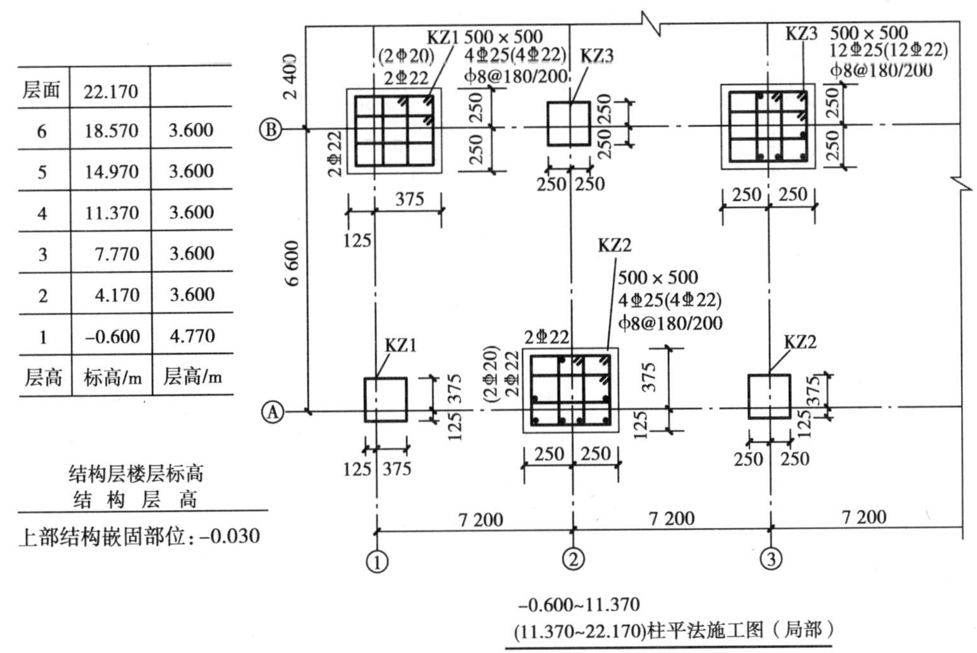

层面	22.170	
6	18.570	3.600
5	14.970	3.600
4	11.370	3.600
3	7.770	3.600
2	4.170	3.600
1	-0.600	4.770
层高	标高/m	层高/m

图 14.2 柱平法施工图截面注写方式

14.2 梁平法施工图的表示方法

梁平法施工图是在梁平面布置图上，采用平面注写方式或截面注写方式或两者并用表达出来的施工图。平面注写方式是在梁平面布置图上，分别在不同编号的梁中各选择一根梁，在其上直接注写梁几何尺寸和配筋具体数值表达梁平面整体配筋施工图的方式。截面注写方式是在梁平面布置图上，分别在不同编号的梁中选择一根梁，在用剖面号引出的截面配筋图上注写截面尺寸和配筋具体数值来表达梁平面整体配筋施工图的方式。

· 14.2.1 平面注写方式与截面注写方式 ·

1) 平面注写方式

平面注写方式包括集中标注和原位标注两种类型，如图 14.3 所示。集中标注表达梁的通用数值,原位标注表达梁的特殊数值。当集中标注中的某项数值不适用于梁的某部位时,则在该部位将其实际数值进行原位标注,施工时,原位标注的数值优先使用。

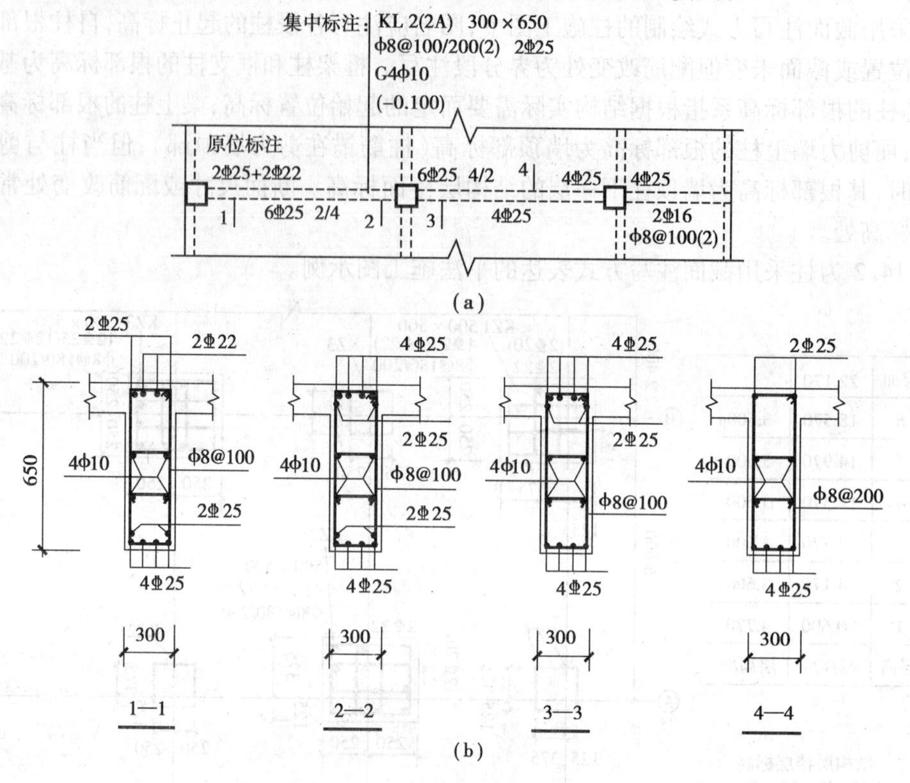

图 14.3 梁平法施工图平面注写方式

(a)平面注写方式示例;(b)传统绘图方式示例

如果将这种标注的施工图与传统表示方法绘制的施工图(图 14.3(b))相比较,就会发现平法标注的内容与传统相同,但比较简洁,设计工程量较小。

图 14.4 为梁平法施工图平面注写方式示例。

在采用平面注写方式时,除了遵守平法的总体要求外,还应按下列规则执行:

①平面标注梁时,应将各梁逐一编号。梁编号要由梁类型、代号、序号、跨数及有无悬挑代号几项组成,见表 14.2。例如:KL5(3A)表示第 5 号框架梁,3 跨,一端有悬挑;L7(4B)表示第 7 号非框架梁,4 跨,两端有悬挑。

表 14.2 梁编号

梁类型	代 号	序 号	跨数及是否带有悬挑
楼层框架梁	KL	××	(××)、(××A)或(××B)
屋面框架梁	WKL	××	(××)、(××A)或(××B)
框支梁	KZL	××	(××)、(××A)或(××B)
非框架梁	L	××	(××L)、(××A)或(××B)
悬挑梁	XL	××	
井字梁	JZL	××	(××)、(××A)或(××B)

注:(××A)为一端有悬挑,(××B)为两端有悬挑,悬挑不计人跨数。

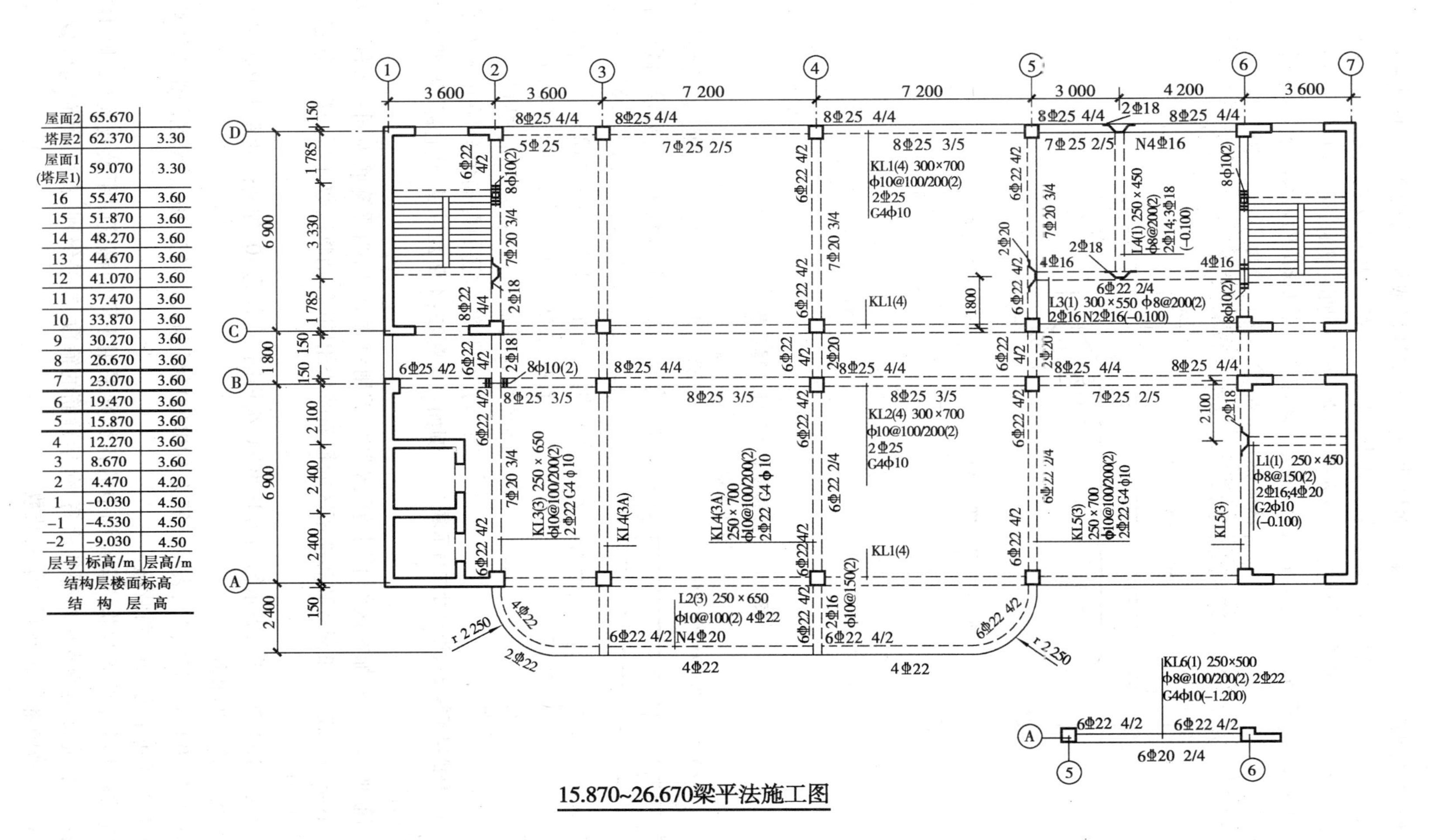

层号	标高/m	层高/m
屋面2	65.670	
塔层2	62.370	3.30
屋面1(塔层1)	59.070	3.30
16	55.470	3.60
15	51.870	3.60
14	48.270	3.60
13	44.670	3.60
12	41.070	3.60
11	37.470	3.60
10	33.870	3.60
9	30.270	3.60
8	26.670	3.60
7	23.070	3.60
6	19.470	3.60
5	15.870	3.60
4	12.270	3.60
3	8.670	3.60
2	4.470	4.20
1	-0.030	4.50
-1	-4.530	4.50
-2	-9.030	4.50

结构层楼面标高
结构层高

图14.4　梁平法施工图平面注写方式示例

②梁集中标注时,应将梁编号、梁截面尺寸、梁上部贯通筋或架立筋根数、梁箍筋 4 项必注值和梁顶面标高高差一项选注值表示出来。其中,梁编号应符合表 14.2 的规定。

③梁截面尺寸,若为等截面梁时,用 $b \times h$ 表示;若为竖向加腋梁时,用 $b \times h$ GY$c_1 \times c_2$表示(其中 c_1为腋长,c_2为腋高);若为水平加腋梁时,一侧加腋时用 $b \times h$ PY$c_1 \times c_2$ 表示(其中 c_1 为腋长,c_2 为腋宽),如图 14.5 所示。若有悬挑梁且根部和端部的高度不同时,用斜线将根部与端部的高度值分隔开来,即 $b \times h_1/h_2$,如图 14.6 所示。

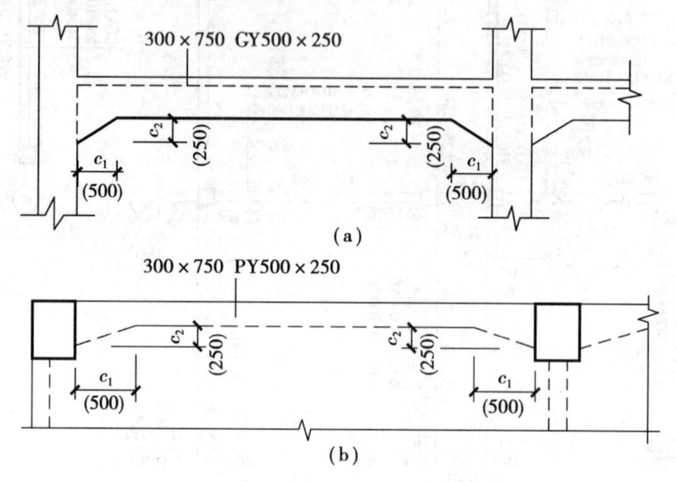

图 14.5 加腋梁截面尺寸注写示意

(a)竖向加腋;(b)水平加腋

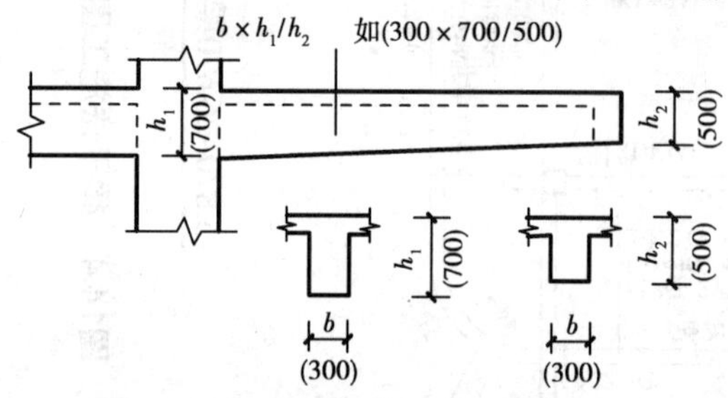

图 14.6 悬挑梁不等高截面尺寸注写示意

④梁上部贯通筋或架立筋根数,应根据结构受力要求及箍筋肢数等构造要求而定。注写时,应将架立筋写入括号内,以示与贯通筋的区别。例如:3 Φ 20 + (4 Φ 12),表示 3 Φ 22 为贯通筋,2 Φ 12 为架立筋。当梁的上、下部纵筋均为贯通筋,且各跨配筋相同时,可用";"将上、下部纵筋的配筋值分隔开来表示。例如:"4 Φ 22;4 Φ 22",表示上部、下部均为 4 Φ 22的贯通筋。

⑤梁箍筋加密区和非加密区的不同间距及肢数需用斜线分开;当梁箍筋为同一种间距及肢数时,则不需用斜线;当加密区和非加密区的箍筋肢数相同时,则将肢数注写一次。箍筋肢数应写在括号内。

例如:φ10@100/200(4),表示箍筋为 HPB300 级钢筋,直径为 10,加密区间距为 100,非加密区间距为 200,均为四肢箍。

例如:φ10@100(4)/150(2),表示箍筋为 HPB300 级钢筋,直径为 10,加密区间距为 100,四肢箍,非加密区间距为 150,两肢箍。

当抗震结构中的非框架及非抗震结构中的各类梁采用不同的箍筋间距及肢数时,也用斜线分开。注写时,先注写梁支座端部的箍筋(包括箍筋的箍数、钢筋级别、直径、间距与肢数),在斜线后注写梁跨中部分的箍筋间距及肢数。

例如:15 ϕ10@150/200(4),表示箍筋为HPB300级钢筋,直径为10,梁的两端各有15个四肢箍,间距为150;梁跨中部分,间距为200,四肢箍。

⑥梁顶面标高高差,即相对楼层结构标高的高差。若有此高差时,则需将其写入括号内。当梁的顶面高于所在楼层的结构标高时,其标高高差为正值,反之为负值。

例如:某楼层结构标高为44.950 m和48.250 m,当某梁的梁顶面标高高差注写为-0.050时,则表明该梁顶面标高分别相对44.950 m和48.250 m低0.050 m。

⑦梁支座的上部纵筋(含贯通筋)、梁的下部纵筋、侧面纵向构造钢筋或侧面抗扭纵筋、附加箍筋或吊筋等采用原位标注时,必须注意如下事项:

• 梁支座的上部纵筋(含贯通筋)　当上部纵筋多于一排时,用斜线将其自上而下分开;当同排纵筋有两种直径时,用"+"号将其相连,注写时角筋写在前面;当梁中间支座两边的上部纵筋相同时,可仅在支座的一边标注配筋值,另一边可略去不注;当梁某跨支座与跨中的上部纵筋相同,且其配筋值与集中标注的梁上部贯通筋值相同时,则不需在该跨上部任何部位重复做原位标注,若与集中标注不同时,可仅在上部跨中注写一次,支座省去不注,如图14.7所示。

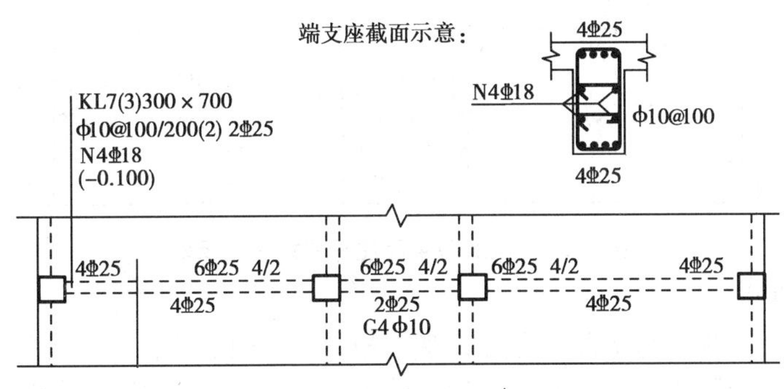

图14.7　大小跨梁的注写示意图

• 梁的下部纵筋　若下部纵筋多于一排时,可用斜线将其自上而下分开;若同排纵筋有两种直径时,可用"+"号将其相连,注写时角筋写在前面;若梁下部纵筋不全部伸入支座时,可将梁支座下部纵筋减少的数量写在括号内;若梁已按集中标注规则注写了梁上、下部纵筋值,则不需在梁下部重复做原位标注。例如:梁下部纵筋注写为2Φ22+3Φ20(-3)/5Φ22,表示上排纵筋为2Φ22+3Φ20,其中3Φ20不伸入支座;下一排纵筋为5Φ22,全部伸入支座。

• 梁侧面纵向构造钢筋或侧面抗扭纵筋　当梁腹板高度 h_w≥450 mm时,须配置纵向构造钢筋,所注规格与根数应符合规范规定。注写时,应以大写字母G打头,后注写设置在梁两个侧面的总配筋值,且对称配置,如G4Φ14表示梁两个侧面各配置纵向构造钢筋4Φ14。当某梁跨侧面布置抗扭纵筋时,须在该跨适当位置标注抗扭纵筋总配筋值,此项注写值以大写字母N打头,如图14.7所示。例如:N4Φ18表示该梁两侧共配置4Φ18受扭纵筋,每侧各配置2Φ18。

• 附加箍筋或吊筋　可将其直接画于平面图中的主梁上,用引线注写总配筋值,如图14.8所示。当多数附加箍筋或吊筋相同时,可在梁平面施工图上统一说明,少数与统一注明值不同时,再采用原位标注。

另外,采用集中标注的梁截面尺寸、箍筋、上部贯通筋或架立筋,以及梁顶面标高高差中的某一项(或几项)数值不适用于某跨或某悬挑部分时,应将其不同数值原位标注在该跨或该悬挑部分,施工时应以原位标注的数值为准。

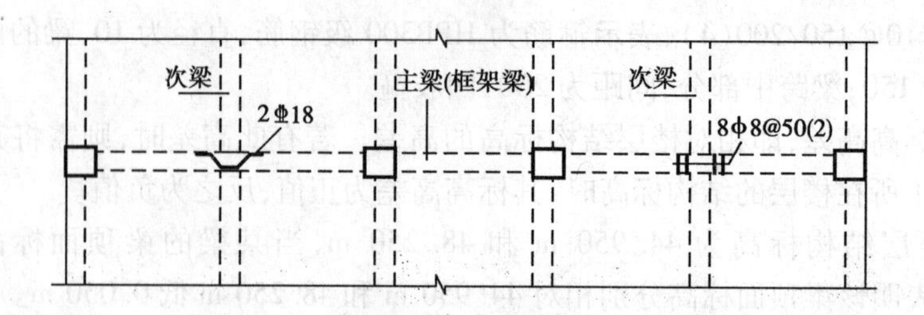

图 14.8　附加箍筋和吊筋的画法示例

对于多跨梁的集中标注中已注明加腋，而该梁某跨的根部却不需要加腋时，则应在该跨原位标注等截面的 $b \times h$，以修正集中标注中的加腋信息，如图 14.9 所示。

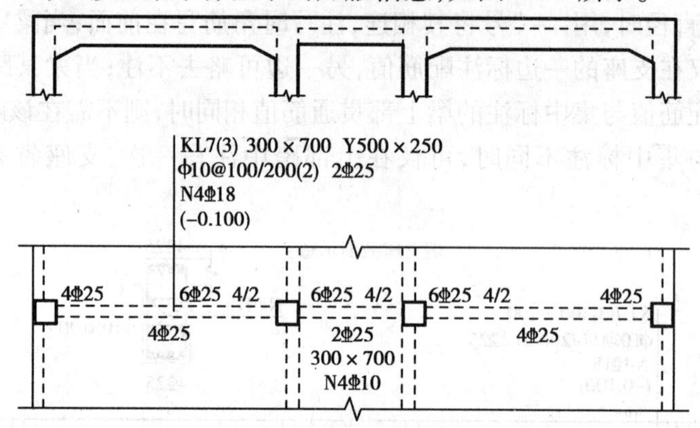

图 14.9　梁加腋平面注写方式表达示例

2)截面注写方式

采用截面注写，其规则与平面注写方式基本相同。不同之处在于，平面注写是在梁上直接标注，截面注写是在用剖面号引出的截面配筋图上标注。施工图纸上，两者常互补使用，如图 14.10 所示。

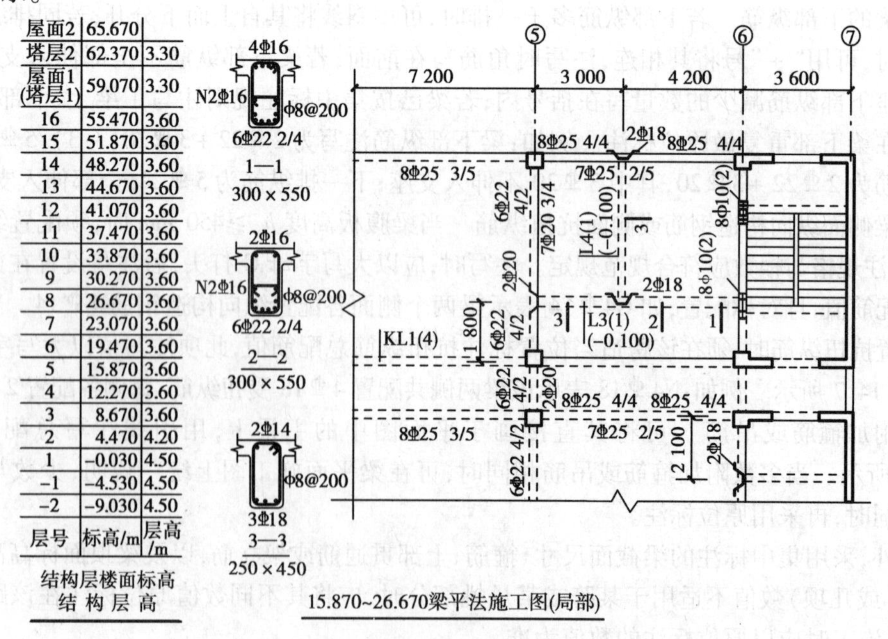

屋面2	65.670	
塔层2	62.370	3.30
屋面1(塔层1)	59.070	3.30
16	55.470	3.60
15	51.870	3.60
14	48.270	3.60
13	44.670	3.60
12	41.070	3.60
11	37.470	3.60
10	33.870	3.60
9	30.270	3.60
8	26.670	3.60
7	23.070	3.60
6	19.470	3.60
5	15.870	3.60
4	12.270	3.60
3	8.670	3.60
2	4.470	4.20
1	−0.030	4.50
−1	−4.530	4.50
−2	−9.030	4.50
层号	标高/m	层高/m

图 14.10　梁平法施工图截面注写方式示例

·14.2.2　受力钢筋及其相关构造要求·

1)梁支座上部纵筋

①凡框架梁的所有支座和非框架梁的中间支座上部纵筋的延伸长度 a_0 值,在标准构造详图中统一规定为:第一排非贯通筋从柱(梁)边起延伸至 $\frac{l_n}{3}$ 位置;第二排非贯通筋延伸至 $\frac{l_n}{4}$ 位置。其中 l_n 的取值为:对于端支座为本跨的净跨值;对于中间支座为支座两边较大跨的净跨值。

②悬挑梁(包括其他类型梁的悬挑部分)上部第一排纵筋延伸至梁端头并下弯;第二排延伸到 $\frac{3l}{4}$ 位置(l 为自柱或梁边算起的悬挑净长)。

2)不伸入支座的梁下部纵筋

①当梁下部纵筋不全部伸入支座时,不伸入支座的梁下部纵筋截断点距支座边的距离,在标准构造详图中统一取值为 $0.1l_{ni}$(l_{ni} 即本跨梁的净跨值)。

②当按①项确定不伸入支座的梁下部纵筋的数量时,要考虑符合《混凝土结构设计规范》(GB 50010—2010)的相关规定。

3)梁纵向受拉钢筋搭接长度和锚固长度

①纵向受拉钢筋的基本锚固长度取值应符合表 14.3 的规定(d 为受拉钢筋直径)。

表 14.3　纵向受拉钢筋基本锚固长度 l_{ab},l_{abE}

钢筋种类	抗震等级	混凝土强度等级								
		C20	C25	C30	C35	C40	C45	C50	C55	≥C60
HPB300	一、二级(l_{abE})	45d	39d	35d	32d	29d	28d	26d	25d	24d
	三级(l_{abE})	41d	36d	32d	29d	26d	25d	24d	23d	22d
	四级(l_{abE}) 非抗震(l_{ab})	39d	34d	30d	28d	25d	24d	23d	22d	21d
HRB335 HRBF335	一、二级(l_{abE})	44d	38d	33d	31d	29d	26d	25d	24d	24d
	三级(l_{abE})	40d	35d	31d	28d	26d	24d	23d	22d	22d
	四级(l_{abE}) 非抗震(l_{ab})	38d	33d	29d	27d	25d	23d	22d	21d	21d
HRB400 HRBF400 RRB400	一、二级(l_{abE})	—	46d	40d	37d	33d	32d	31d	30d	29d
	三级(l_{abE})	—	42d	37d	34d	30d	29d	28d	27d	26d
	四级(l_{abE}) 非抗震(l_{ab})	—	40d	35d	32d	29d	28d	27d	26d	25d
HRB500 HRBF500	一、二级(l_{abE})	—	55d	49d	45d	41d	39d	37d	36d	35d
	三级(l_{abE})	—	50d	45d	41d	38d	36d	34d	33d	32d
	四级(l_{abE}) 非抗震(l_{ab})	—	48d	43d	39d	36d	34d	32d	31d	30d

②纵向受拉钢筋的锚固长度取值应符合表 14.4 的规定。

表 14.4　纵向受拉钢筋的锚固长度 l_a、抗震锚固长度 l_{aE}

非抗震	抗　震	注:1. l_a 不应小于 200 mm; 2. 锚固长度修正系数 ζ_a 按表 14.5 取用,当多余一项时,可按连乘计算,但不应小于 0.6; 3. ζ_{aE} 为抗震锚固长度修正系数,一、二级抗震等级取 1.15,三级抗震等级取 1.05,四级抗震等级取 1.00
$l_a=\zeta_a l_{ab}$	$l_{aE}=\zeta_{aE} l_a$	

注:①HPB300 级钢筋末端应做 180°弯钩,弯后平直段长度不应小于 $3d$,但作为受压钢筋时可不做弯钩。

②当锚固钢筋的保护层厚度不大于 $5d$ 时,锚固钢筋长度范围内应设置横向构造钢筋,其直径不应小于 $d/4$(d 为锚固钢筋的最大直径);梁、柱等构件间距不应大于 $5d$,板、墙等构件间距不应大于 $10d$,且均不应大于 100 mm(d 为锚固钢筋的最小直径)。

表 14.5　筋锚固长度修正系数 ζ_a

锚固条件		ζ_a	
带肋钢筋的公称直径大于 25		1.10	
环氧树脂涂层带肋钢筋		1.25	
施工过程中易受扰动的钢筋		1.10	
锚固区保护层厚度	$3d$	0.80	注:1. 中间时按内插值; 2. d 为锚固钢筋直径
	$5d$	0.70	

③纵向受拉钢筋绑扎搭接长度应满足表 14.6 的要求。

表 14.6　纵向受拉钢筋绑扎搭接长度 l_l,l_{lE}

纵向受拉钢筋绑扎搭接长度 l_l,l_{lE}				注:1. 当直径不同的钢筋搭接时,l_l,l_{lE} 按直径较小的钢筋计算; 2. 任何情况下不得小于 300 mm; 3. 式中的纵向受拉钢筋搭接长度修正系数,当纵向钢筋搭接接头百分率位于表中的中间值时,可按内插取值
非抗震	抗震			
$l_l=\zeta_l l_a$	$l_{lE}=\zeta_l l_{aE}$			
纵向受拉钢筋搭接长度修正系数 ζ_l				
纵向钢筋搭接接头面积百分率/%	≤25	50	100	
ζ_l	1.2	1.4	1.6	

小结 14

本章主要讲述以下内容:

①平法的表达形式是把混凝土结构构件的尺寸和配筋等,按照平面整体表示法制图规则,整体直接表达在各类构件的结构平面布置图上,再与标准构造详图相配合,形成一套比较新

型、完整的结构施工图。

②采用平法绘制施工图纸不但要符合国家现行有关规范、规程和标准,而且也应遵守平法的基本规则和要求。

③柱平法施工图是在柱平面布置图上采用列表注写方式或截面注写方式来表达的施工图。

④梁平法施工图是在梁平面布置图上,采用平面注写方式或截面注写方式或两者并用表达出来的施工图。

复习思考题 14

14.1 平法制图规则的基本要求有哪些?

14.2 如图 14.2 示,说明 KZ3 注写含义。

14.3 如图 14.4 示,说明 B 轴线、④轴线上梁的注写含义。

参考文献

[1] 中华人民共和国住房和城乡建设部. GB 50010—2010　混凝土结构设计规范[S]. 北京:中国建筑工业出版社,2011.
[2] 中华人民共和国住房和城乡建设部. GB 50003—2011　砌体结构设计规范[S]. 北京:中国建筑工业出版社,2012.
[3] 中华人民共和国住房和城乡建设部. GB 50009—2012　建筑结构荷载规范[S]. 北京:中国建筑工业出版社,2012.
[4] 中华人民共和国住房和城乡建设部. GB 50017—2003　钢结构设计规范[S]. 北京:中国建筑工业出版社,2004.
[5] 中华人民共和国住房和城乡建设部. GB 50011—2010　建筑抗震设计规范[S]. 北京:中国建筑工业出版社,2010.
[6] 中华人民共和国住房和城乡建设部. GB 50007—2011　建筑地基基础设计规范[S]. 北京:中国建筑工业出版社,2012.
[7] 程文瀼,等. 混凝土结构:中册[M]. 北京:中国建筑工业出版社,2003.
[8] 丁阳. 钢结构设计原理[M]. 天津:天津大学出版社,2004.
[9] 龚伟,郭继武. 建筑结构:下册[M]. 北京:中国建筑工业出版社,1995.
[10] 郭继武. 混凝土结构与砌体结构[M]. 北京:高等教育出版社, 1990.
[11] 薛伟辰. 现代预应力结构设计[M]. 北京:中国建筑工业出版社,2003.
[12] 张学宏. 建筑结构[M]. 2 版. 北京:中国建筑工业出版社,2004.
[13] 汪霖祥. 钢筋混凝土结构与砌体结构[M]. 北京:机械工业出版社,2001.
[14] 中国建筑标准研究所. 2003 全国民用建筑工程设计技术措施:结构[M]. 北京:中国计划出版社,2003.
[15] 国振喜. 简明钢筋混凝土结构构造手册[M]. 北京:机械工业出版社,2003.
[16] 林宗凡. 建筑结构原理及设计[M]. 北京:高等教育出版社,2002.
[17] 郑琪. 基本概念体系建筑结构基础[M]. 北京:中国建筑工业出版社,2005.
[18] 熊丹安,鄢利华,熊海燕. 建筑结构[M]. 广州:华南理工大学出版社,2003.
[19] 哈尔滨建筑大学与华南理工大学. 建筑结构[M]. 北京:中国建筑工业出版社,1998.
[20] 何世玲. 地基与基础工程[M]. 武汉:武汉理工大学出版社,2002.
[21] 尚守平. 结构抗震设计[M]. 北京:高等教育出版社,2003.
[22] 赵华玮. 建筑结构[M]. 武汉:武汉理工大学出版社, 2005.
[23] 张保善. 砌体结构[M]. 北京:化学工业出版社, 2005.
[24] 中国建筑标准设计研究院. 11G 101—1　混凝土结构施工图平面整体表示方法制图规则和构造详图[S]. 北京:中国计划出版社,2011.